2020年版全国一级建造师执业资格考试一次通关

水利水电工程管理与实务

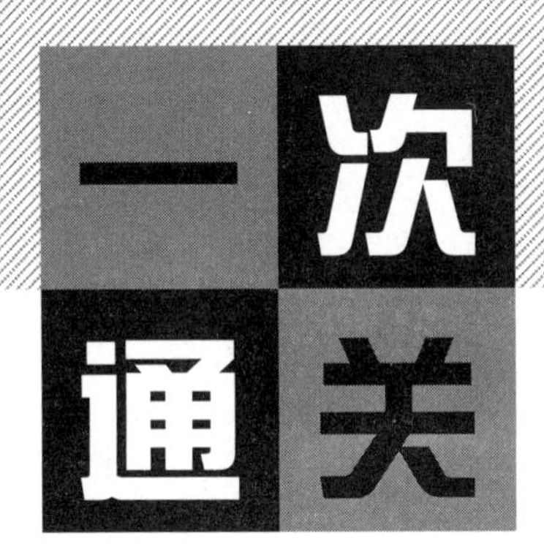

品思文化专家委员会　组织编写

李　想　主编

中国建筑工业出版社

图书在版编目（CIP）数据

水利水电工程管理与实务一次通关/品思文化专家委员会组织编写；李想主编. —北京：中国建筑工业出版社，2020.5

2020年版全国一级建造师执业资格考试一次通关

ISBN 978-7-112-25125-4

Ⅰ.①水… Ⅱ.①品… ②李… Ⅲ.①水利水电工程-工程管理-资格考试-自学参考资料 Ⅳ.①TV

中国版本图书馆CIP数据核字（2020）第076782号

责任编辑：李 璇 牛 松 张国友

责任校对：党 蕾

2020年版全国一级建造师执业资格考试一次通关

水利水电工程管理与实务一次通关

品思文化专家委员会 组织编写

李 想 主 编

*

中国建筑工业出版社出版、发行（北京海淀三里河路9号）

各地新华书店、建筑书店经销

北京红光制版公司制版

天津安泰印刷有限公司印刷

*

开本：787×1092毫米 1/16 印张：26¼ 字数：634千字

2020年6月第一版 2020年6月第一次印刷

定价：**68.00**元

ISBN 978-7-112-25125-4

（35753）

品思文化专家委员会

（按姓氏笔画排序）

前　言

自2004年全国首次举行一级建造师执业资格考试以来，已经举行了十余次。10多年来，一级建造师考试题目从单一性、记忆性朝综合性、灵活性、实践性等多方面向纵深发展，通过率越来越趋于平稳。为了更好地帮助广大考生复习应考，提高考试通过率，我们专门组织国内顶级名师，依据最新版“考试大纲”和“考试用书”的要求，对各门课程的历年考情、核心考点、考题设计等进行了全面的梳理和剖析，精心编写了一级建造师执业资格考试一次通关辅导丛书，全书共分8册，分别为《建设工程经济一次通关》《建设工程项目管理一次通关》《建设工程法规及相关知识一次通关》《建筑工程管理与实务一次通关》《机电工程管理与实务一次通关》《市政公用工程管理与实务一次通关》《公路工程管理与实务一次通关》《水利水电工程管理与实务一次通关》。

《水利水电工程管理与实务》主要包括以下四个部分：

1.“导学篇”——分析了2017—2019年度真题命题涉及的核心考点、各个考点的可考性提示、命题规律及复习技巧，为考生提供清晰的复习思路，突出重点、把握规律，帮助制定系统全面的复习计划。

2.“核心考点升华篇”——①“核心考点及可考性提示”：归纳各章节近十年核心考点及2020年可考性提示，让考生大体了解知识点；②“核心考点剖析”：按照章节顺序，提炼每节核心考点提纲，针对各个核心考点，结合真题或模拟题，总结各种典型考法，深入剖析核心考点，使考生全面了解考试命题意图、明晰解题思路；③“考法题型及预测题”：针对每个核心考点，精选1～2道典型真题，使考生做到心中有底，并针对每个核心考点，选取部分典型模拟题，使考生全面扎实掌握各个知识点。

3.“近年真题篇”——对2018—2019年考试真题进行了详细解析，让考生全面了解考试内容，提前体验考试场景，尽快进入考试状态。

4.“模拟预测篇”——以最新考试大纲要求和最近命题信息为导向，参考历年试题核心考点分布情况，精编2套全真模拟试卷，并对难点进行解析。2套试题覆盖全部核心考点，力求预测2020年命题新趋势，帮助广大考生准确把握考试命题规律。

本书具有以下三大特点：

1.“全”——对2016—2019年历年的一建考试真题进行了全面梳理和精选，对2016—2019年核心考点进行了全面归纳和剖析，点睛考点，总结考法，指明思路；每个核心考点都配套了历年典型真题和模拟题，帮助考生消化考点内容，加深对知识点的理解，拓宽解题思路，提高答题技巧；结合核心考点，精心编写 2 套全真模拟试卷并对难点进行解析，帮助考生进一步巩固知识点。

2. “新”——严格配套最新考试用书和考试大纲，充分体现 2020 年考试趋势；体例新颖，每一核心考点均总结各种考法，并对其进行精准剖析，理清解题思路，提炼答题技巧，每节附模拟强化练习并逐一解析，使考生举一反三，尽快适应 2020 年的考试要求。

3. “简”——核心知识点罗列清晰，在尽可能涵盖所有考点的前提下，简化考试用书内容，使考生一目了然，帮助考生在短时间内将考试用书由厚变薄，节省时间，掌握考点。

本书在编写过程中得到了诸多行内专家的指点，在此一并表示感谢！由于时间仓促、水平有限，书中难免有疏漏和不当之处，敬请广大考生批评指正。

愿我们的努力能够帮助大家顺利通过考试！

目　录

导　学　篇

核心考点升华篇

近 年 真 题 篇

模 拟 预 测 篇

导 学 篇

一、近三年考点分值统计

2019 年一建水利分值统计

	内容	单选题		多选题		实务操作和案例题	合计
		数量	分值	数量	分值		
技术	水利水电工程勘测与设计	3	3	2	4	10	17
	水利水电施工导流					5	5
	地基处理工程	1	1	1	2		3
	土石方工程	1	1				1
	土石坝工程			1	2		2
	混凝土坝工程	3	3			23	26
	堤防与疏浚工程						0
	水闸、泵站与水电站						0
	水利水电工程施工安全技术						0
管理	水利工程建设程序	3	3	1	2		5
	水利水电工程施工分包管理			1	2		2
	招标投标					14	14
	合同管理					5	5
	水利工程质量管理与事故处理	1	1	1	2		3
	水利工程建设安全生产管理					10	10
	水力发电工程项目施工质量与安全管理			1	2		2
	水利水电工程施工质量评定					3	3
	水利工程验收	1	1	1	2		3
	水力发电工程验收					3	3
	水利水电工程施工组织设计	2	2			27	29
	水利水电工程施工成本管理					10	10
	水利工程建设监理	1	1			2	3
	水力发电工程施工监理						0
法规	水利水电工程法规			1	2		2
	水利水电工程建设强制性标准	4	4			4	8
超纲						4	4
合计		20	20	10	20	120	160

2018 年一建水利分值统计

	内容	单选题		多选题		实务操作和案例题	合计
		数量	分值	数量	分值		
技术	水利水电工程勘测与设计	5	5	1	2	3	10
	水利水电施工导流	1	1				1
	地基处理工程	1	1	1	2	8	11
	土石方工程						0
	土石坝工程	1	1				1
	混凝土坝工程	2	2			13	15
	堤防与疏浚工程						0
	水闸、泵站与水电站					14	14
	水利水电工程施工安全技术	1	1	1	2		3
管理	水利工程建设程序	3	3	2	4		7
	水利水电工程施工分包管理	1	1				1
	招标投标			1	2	17	19
	合同管理	1	1			11	12
	水利工程质量管理与事故处理	1	1	1	2	7	10
	水利工程建设安全生产管理	1	1	1	2	7	10
	水力发电工程项目施工质量与安全管理						0
	水利水电工程施工质量评定						0
	水利工程验收					8	8
	水力发电工程验收						0
	水利水电工程施工组织设计					18	18
	水利水电工程施工成本管理	1	1			7	8
	水利工程建设监理						0
	水力发电工程施工监理						0
法规	水利水电工程法规			1	2		2
	水利水电工程建设强制性标准	1	1	1	2		3
超纲						7	7
合计		20	20	10	20	120	160

2017 年一建水利分值统计

	内容	单选题		多选题		实务操作和案例题	合计
		数量	分值	数量	分值		
技术	水利水电工程勘测与设计	3	3	2	4	4	11
	水利水电施工导流	1	1	1	2		3
	地基处理工程	1	1				1
	土石方工程	1	1				1
	土石坝工程	1	1			4	5
	混凝土坝工程	2	2	2	4		6
	堤防与疏浚工程						0
	水闸、泵站与水电站						0
	水利水电工程施工安全技术					5	5
管理	水利工程建设程序	3	3	2	4		7
	水利水电工程施工分包管理	1	1				1
	招标投标					10	10
	合同管理			1	2	24	26
	水利工程质量管理与事故处理					4	4
	水利工程建设安全生产管理	1	1			16	17
	水力发电工程项目施工质量与安全管理	1	1	1	2		3
	水利水电工程施工质量评定					11	11
	水利工程验收	1	1			21	22
	水力发电工程验收	1	1				1
	水利水电工程施工组织设计					8	8
	水利水电工程施工成本管理	1	1			9	10
	水利工程建设监理						0
	水力发电工程施工监理						0
法规	水利水电工程法规			1	2		2
	水利水电工程建设强制性标准	2	2			4	6
超纲							0
合计		20	20	10	20	120	160

二、核心考点及可考性提示

核心知识		核心考点	可考性提示
1F410000　水利水电工程技术（分值预估40～60分）	1F411000　水利水电工程勘测与设计	水利水电工程勘测	★★
		水利水电工程设计	★★★
	1F412000　水利水电工程施工水流控制	施工导流与截流	★★
		导流建筑物及基坑排水	★
	1F413000　地基处理工程	地基处理工程	★
	1F414000　土石方工程	土石方工程	★
	1F415000　土石坝工程	土石坝施工技术	★★★
		混凝土面板堆石坝施工技术	★
	1F416000　混凝土坝工程	混凝土的生产与浇筑	★★
		模板与钢筋	★★
		混凝土坝的施工技术	★★
		碾压混凝土坝的施工技术	★
	1F417000　堤防与河湖整治工程	堤防工程施工技术	★
		河湖整治工程施工技术	★
	1F418000　水闸、泵站与水电站工程	水闸施工技术	★
		泵站与水电站的布置及机组安装	★
	1F419000　水利水电工程施工安全技术	水利水电工程施工场区安全要求	★
		水利水电工程施工操作安全要求	★
1F420000　水利水电工程项目施工管理（分值预估90～110分）	1F420010　水利工程建设程序	水利工程建设程序	★★
	1F420020　水利水电工程施工分包管理	水利水电工程施工分包管理	★
	1F420030　水利水电工程标准施工招标文件的内容	水利水电工程标准施工招标文件的内容	★★★

续表

核心知识		核心考点	可考性提示
1F420000　水利水电工程项目施工管理（分值预估 90～110 分）	1F420040　水利工程质量管理与事故处理	水利工程质量管理与事故处理	★★
	1F420050　水利工程建设安全生产管理	水利工程建设安全生产管理	★★
	1F420060　水力发电工程项目施工质量与安全管理	水力发电工程项目施工质量与安全管理	★
	1F420070　水利水电工程施工质量评定	水利水电工程施工质量评定	★★★
	1F420080　水利工程验收	水利工程验收	★★
	1F420090　水力发电工程验收	水力发电工程验收	★
	1F420100　水利水电工程施工组织设计	水利水电工程施工组织设计	★★★
	1F420110　水利水电工程施工成本管理	水利水电工程施工成本管理	★★★
	1F420120　水利工程建设监理	水利工程建设监理	★
	1F420130　水力发电工程施工监理	水力发电工程施工监理	★
	1F420140　水利水电工程项目综合管理案例	水利水电工程项目综合管理案例	☆
1F430000　水利水电工程项目施工相关法规与标准（分值预估 0～10 分）	1F431000　水利水电工程法规	水法与工程建设有关的规定	★★
		防洪的有关法律规定	★
		水土保持的有关法律规定	★
		大中型水利水电工程建设征地补偿和移民安置的有关规定	★
	1F432000　水利水电工程建设强制性标准	水利工程施工的工程建设标准强制性条文	★★
		水力发电及新能源工程施工及验收的工程建设标准强制性条文	★

三、命题规律及复习方法

（一）命题规律

1. 紧扣考纲

每年的全国一级建造师执业资格考试大纲是确定考试内容的唯一依据，而考试用书是对考试大纲的具体细化。

2. 挖掘陷阱

主要表现为三个方面：(1) 在题干中设置隐含陷阱，考试用书中以肯定形式表达的内容，命题者以否定形式提问；考试用书中从正面角度阐述的内容，命题者从反面角度提问；(2) 命题者喜欢将考试用书中某些知识点的关键字拉出来设置其他干扰项；(3) 提干和选项同时设置陷阱，命题者会同时选择两个以上的知识点来迷惑考生。

3. 体现关联

某些多项选择题可能涉及两个以上知识点，实务操作和案例分析题更是将考试用书不同章节但同一主题（如第一章中水利水电工程施工水流控制、第二章中水利水电工程施工组织设计和第三章中水利工程施工的工程建设标准强制性条文）的知识点关联在一起出题，回答问题时要依据考试用书所阐述的概念、方法、公式，注重不同知识点之间的关联性，多方面多角度考虑、慎重作答。

4. 注重实务

全国一级建造师执业资格考试的目的是考查考生运用基本理论知识和基本技能综合分析解决问题的能力，考试试题更趋向于涉及施工现场的质量、安全、成本、进度、环保和职业健康等实务性方面，越来越全面细致，越来越注重题干的复杂性、干扰性、迷惑性，回答问题时，要善于利用相关理论，同时结合工程实际，来分析和解答试题。

（二）题型分析

1. 概念型选择题

此类选择题主要依据基本概念来出题，对基本概念的特点、原因、分类、原则、内容、作用、结果等进行选择，经常出现的主要标志性措辞有“性质是”“内容是”“特点是”“标志是”“准确地理解是”等。在各备选项的表述上，命题者一般会采用混淆、偷梁换柱、以偏概全、以末代本、因果倒置等手法。

2. 否定型选择题

也称为逆向选择题，此题型题干部分采用否定式的提示或限制，如“无”“不是”“没有”“不包括”“无关的”“不正确”“错误的”“不属于”等提示语。

3. 因果型选择题

此类选择题即考查原因和结果的选择题，其基本结构一般有两种形式：一种是题干列出了原因，各备选项列出结果，在试题中常出现的标志性词语有“影响”“结果”等；另一种是题干列出了结果，而各备选项列出了原因，在试题中常出现的标志性词语有“原因是”“目的是”“是为了”等。

4. 计算型选择题

对于计算型的选择题，一般计算量不会很大，需要我们熟记一些计算公式，如果考生对解决该问题的计算方法很明白，就可轻而易举地作答，而且备选项还可以起到验算的作用。

5. 程度型选择题

此类选择题的提干多有“最主要”“最重要”“主要”“根本”等表示程度的副词或形容词，每个备选项都可能符合题意，但只有一项最符合题意，其余选项因不够全面或处于次要地位而不能成为最佳选项。

6. 比较型选择题

比较型选择题是把具有可比性的内容放在一起，让考生通过分析、比较，归纳出其相同点或不同点。此类题在题干中一般会出现“相同点”“不同点”“共同”“相似”等标志性词语，有些题也有反映程度性的词语，如“最大的不同点”“最根本的不同”“本质上的相似之处”等，主要考查考生的分析、归纳和比较能力。

7. 组合型选择题

此类选择题是将同类选项按一定关系进行组合，并冠之以数字序号，然后分解组成各选项作为备选项。解答组合型选择题的关键是要有准确牢固的基础知识，同时由于此题型的逻辑性较强，所以考生还应具备一定的分析能力。

8. 案例题

案例题的背景材料比较复杂，内容和要求回答的问题较多。一个案例往往要求回答多个问题，而且又是考题本身并未明确问题的数量，要求考生自己找；内容往往涉及许多不同的知识点，案例题的难度也是最大的，要求考生具备一定的理论水平和实践经验。

（三）复习方法

1. 依纲靠本（搭框架）

我们首先要根据考试大纲的要求，确保有充足的时间理解考试用书中的知识点，尤其是核心知识点；然后，我们要明白，考试时所有的试题和标准答案均来自考试用书，答题时必须严格按考试用书的内容、观点和要求去回答每个问题。

2. 提前准备

根据经验，考试用书至少要通读三遍。第一遍要仔细地看，不放过任何一个要点、难点、关键词；第二遍要快速地看，主要针对核心考点和第一遍中不理解的内容；第三遍要飞快地看，主要是看第二遍没有看懂或者没有彻底掌握的核心考点。复习前，要制定一个切实可行的学习计划，杜绝先松后紧、突击复习造成精神紧张甚至失眠。很多考生临考前总会抱怨“再给我一周时间，肯定能够过关”，与其考后后悔，不如笨鸟先飞，提前准备。

3. 紧抓核心（知识点聚焦重点和考点）

复习时，要特别注意知识点之间的内在联系，有些知识点可能跨越好几页，而这些知识点往往是多项选择题的出题点，要留意层级关系，深刻把握，举一反三，以不变应万变。复习中，必须把握重点，避免平均分配。本书提供的核心考点几乎囊括了该课程所有出题点，建议考生严格按照本书顺序和逻辑，好好复习，大幅提高效率。

4. 学会总结（聚焦后厚书变薄）

我们要做到一边看书，一边做总结性标记，罗列要点、难点，将书由厚变薄。要注意准确把握文字背后的复杂含义，要注意不同章节之间的内在联系。本书是作者多年教学辅导经验的结晶，总结了该课程所有的核心考点，同时非常注意章节之间的联系，可以带领大家快速掌握考试用书内容。

5. 精选资料

复习资料不宜过多，多了浪费时间，难以取舍、增加压力。备考过程中，适当做一些真题和模拟题，但千万不要舍本逐末，以题代学，杜绝题海战术。本书针对每个核心考点，都详细讲解了命题思路、考试方法，配套了例题、历年真题和强化模拟题，相信在此书能让大家达到事半功倍的效果。

（四）答题技巧

1. 控制情绪

考试前一定要休息好，考试过程中，要学会控制自己的情绪，不要急躁，如果心里紧张，深呼吸几口气，做到心平气和，面对不会的题，善于跳跃，千万不要被命题者一开始的下马威吓住，更加要杜绝心里想的是答案 A 却涂成答案 C 的情况。

2. 稳步推进

单项选择题难度较小，答题要稍快，同时注意准确率；多项选择题可以稍慢一点，但要求稳。一定要耐着性子读完题目中的每个字，提高准确率，杜绝心急。根据考试时间的分配，单项选择题按照每题 1min、多项选择题按照每题 1.5min 的速度稳步推进，效果良好。

3. 讲究方法

针对上述 8 类题型，可以采用不同的答题方法。概念性选择题采用逻辑推理法，解题的关键是要注意一些隐性的限制词，结合相关的理论知识来判断选项是否符合题意。否定性选择题可以采用排除法、推理法、直选法等方式进行。因果性选择题要正确理解有关概念的含义，注意相互之间的内在联系，全面分析和把握影响的各种因素，准确把握提干与各备选项之间的逻辑关系，弄清二者之间谁因谁果。计算性选择题可以采用估算法、代入法、比例法、极端法来作答。程度性选择题主要运用优选法，逐个比较、分析备选项，找出最佳答案。比较性选择题一般都是对考试用书内容的重新整合，要善于运用理论进行分析判断，采用排除法，从同中找异，从异中求同。组合性选择题可以采用肯定筛选法和否定筛选法，肯定筛选法是先根据试题要求分析各个选项，确定一个正确的选项，排除不包含此选项的组合，然后一一筛选，最后得出正确答案。否定筛选法即确定一个或两个不符合题意的选项，排除包含这些选项的组合，得出正确答案。

4. 回头检查

按照上述时间稳步推进，至少可以预留 15～20min 的回头检查时间。考试过程中，把不太肯定或不会做的题目在题号位置标记一个符号，回头主要对这些题进行检查，做到心中有数、有的放矢。

核心考点升华篇

1F410000　水利水电工程技术

1F411000　水利水电工程勘测与设计

1F411010　水利水电工程勘测

核心考点提纲

水利水电工程勘测
- 测量仪器的使用
- 水利水电工程施工测量的要求
- 水利水电工程地质与水文地质条件分析

1F411011　测量仪器的使用

核心考点及可考性提示

考　点			2020 可考性提示
测量仪器的使用	一、常用测量仪器及其作用	水准仪分类及作用	★
		经纬仪分类及作用	★
	二、常用测量仪器的使用	水准仪的使用	★
		经纬仪的使用	★★

★不大，★★一般，★★★极大

核心考点剖析

核心考点一、常用测量仪器及其作用

1. 水准仪分类及作用

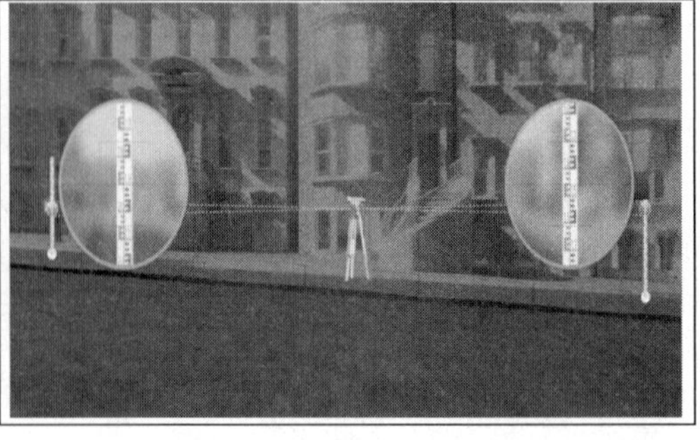

◆ 按精度分类：普通水准仪和精密水准仪；

精密水准测量：一、二等水准测量（DS05、DS1）。

◆ D为“大地测量”，S为“水准仪”，“3”表示每公里往返测量高差中数的偶然中误差为±3mm。

◆ 作用：水准测量，根据已知点的高程，推算另一个点的高程。

2. 经纬仪分类及作用

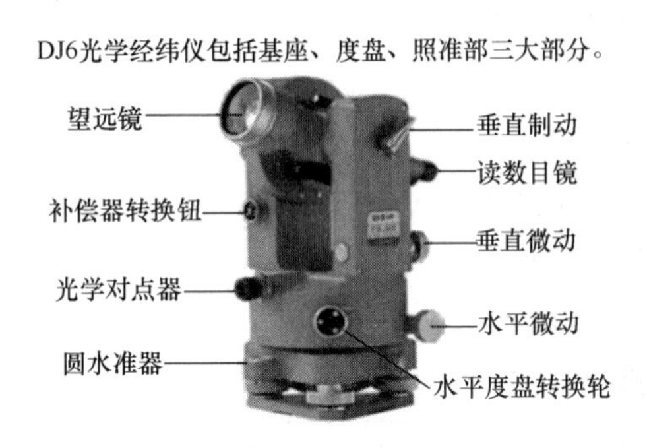

◆ 按精度分类：DJ07、DJ1、DJ2、DJ6 和 DJ10 等。

◆ D为“大地测量”，J为“经纬仪”，数字 07、1、2、6、10 表示该仪器精度。如“05”表示一测回方向观测中的误差不超过±0.5″。

◆ 根据底盘刻度和读数方式不同，分为游标经纬仪、光学经纬仪和电子经纬仪。

【考法题型及预测题】

2017（2）-21. 根据度盘刻度和读数方式的不同，经纬仪可分为(　　)。

A. 游标经纬仪　　B. 光学经纬仪

C. 电子经纬仪　　D. 激光经纬仪

E. 微倾经纬仪

参考答案：A、B、C

核心考点二、常用测量仪器的使用

1. 水准仪的使用

◆ 微倾水准仪的使用步骤（安粗→调照→精平→读数）

安置水准仪和粗平：选安置点，架仪器，大致水平（架腿踩实）；调整三个脚螺旋，使圆水准气泡居中。

调焦和照准：调焦（目镜）使十字丝清晰，照准成像（物镜）。

视差：目标影像与十字丝分划板不重合，影响读数的正确性。

消除视差：先调目镜看清十字丝，再转动物镜调焦螺旋，直至尺像与十字丝平面重合。

精平：当符合水准管气泡成像吻合时，表明已精确整平。

读数：由小的一端向大的一端读出。通常读数保留四位数。

2. 经纬仪的使用

◆ 经纬仪的使用步骤：对中、整平、照准和读数四个操作步骤。

(1) 垂球对中→ (2) 整平，气泡居中为止→ (3) 照准→ (4) 读数。

◆ 照准的步骤：

(1) 目镜调焦：使十字丝清晰。

(2) 粗瞄目标。

(3) 物镜调焦：使目标成像清晰。注意消除视差现象。

(4) 准确瞄准目标

【考法题型及预测题】

2017 (1)-1. 使用经纬仪进行照准操作时，正确的步骤是(　　)。

A. 目镜调焦→粗瞄目标→物镜调焦→准确瞄准目标

B. 目镜调焦→物镜调焦→粗瞄目标→准确瞄准目标

C. 物镜调焦→粗瞄目标→目镜调焦→准确瞄准目标

D. 粗瞄目标→目镜调焦→物镜调焦→准确瞄准目标

参考答案：A

1F411012　水利水电工程施工测量的要求

核心考点及可考性提示

<table>
<tr><th colspan="3">考　点</th><th>2020 可考性提示</th></tr>
<tr><td rowspan="14">水利水电工程施工测量的要求</td><td rowspan="2">一、基础知识</td><td>高程</td><td>★</td></tr>
<tr><td>地图的比例尺及比例尺精度</td><td>★★</td></tr>
<tr><td rowspan="3">二、施工放样的基本工作</td><td>放样数据准备</td><td>★★</td></tr>
<tr><td>平面位置放样方法</td><td>★</td></tr>
<tr><td>高程放样方法</td><td>★</td></tr>
<tr><td rowspan="3">三、开挖工程测量</td><td>开挖工程测量的内容</td><td>★★</td></tr>
<tr><td>开挖工程细部放样</td><td>★</td></tr>
<tr><td>断面测量和工程量计算</td><td>★★</td></tr>
<tr><td>四、立模与填筑放样</td><td>略</td><td></td></tr>
<tr><td rowspan="3">五、施工期间的外部变形监测</td><td>监测的内容</td><td>★</td></tr>
<tr><td>选点与埋设</td><td>★★</td></tr>
<tr><td>观测方法的选择</td><td>★★★</td></tr>
<tr><td>六、竣工测量</td><td>测量误差</td><td>★</td></tr>
<tr><td colspan="4">★不大，★★一般，★★★极大</td></tr>
</table>

核心考点剖析

核心考点一、基础知识

1. 高程

◆ 地面点到高度起算面的垂直距离称为高程。高度起算面又称高程基准面。

2. 地图的比例尺及比例尺精度

◆ 比例尺表示形式有两种：数字比例尺和图示比例尺。

◆ 数字比例尺

地形图比例尺分为三类：大比例尺（1 万以内）；中比例尺（10 万以内）；小比例尺（100 万以内）。

类型	数值	作用
大比例尺（≤1 万）	1∶500、1∶1000、1∶2000	以上为水工设计需要
	1∶5000、1∶10000	以上为工程布置及地质勘探需要
中比例尺（1 万～10 万）	1∶10000、1∶25000	以上为计算水库库容需要
	1∶50000、1∶100000	以上为流域规划需要
小比例尺	1∶250000、1∶500000、1∶1000000	

【考法题型及预测题】

为满足水工设计需要，工程中采用的比例尺地形图有（　　）。

A. 1∶500　　B. 1∶1000

C. 1∶2000　　D. 1∶5000

E. 1∶10000

参考答案：A、B、C

核心考点二、施工放样的基本工作

1. 名词解释

◆ 施工放样：把设计图纸上工程建筑物的平面位置和高程，用一定的测量仪器和方法测设到实地上去的测量工作称为施工放样（也称施工放线）。

◆ 测图工作：是利用控制点测定地面上地形特征点，缩绘到图上。施工放样则与此相反，是根据建筑物的设计尺寸，找出建筑物各部分特征点与控制点之间位置的几何关系，算得距离、角度、高程、坐标等放样数据，然后利用控制点，在实地上定出建筑物的特征点，据以施工。

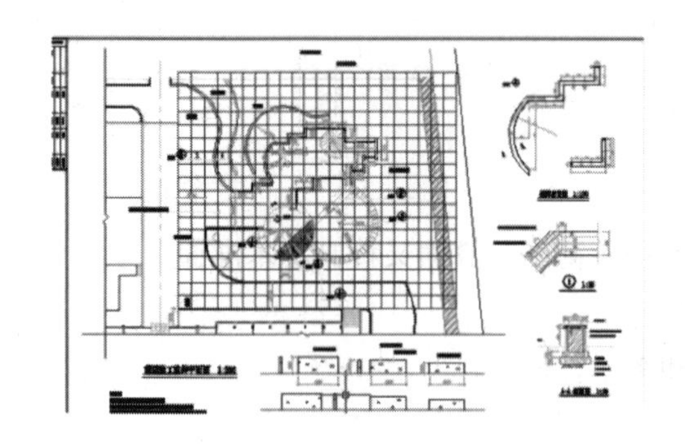

2. 放样数据准备

（1）放样前

应根据设计图纸和有关数据及使用的控制点成果，计算放样数据，绘制放样草图，所有数据、草图均应经两人独立计算与校核。

（2）应将施工区域内的平面控制点、高程控制点、轴线点、测站点等测量成果，以及设计图纸中工程部位的各种坐标（桩号）、方位、尺寸等几何数据编制成放样数据手册，供放样人员使用。

（3）（施工中）现场放样所取得的测量数据，应记录在规定的放样手簿中。

【考法题型及预测题】

关于放样数据准备，以下说法正确的是（　　）。

A. 施工测量计算依据是放样数据手册

B. 将施工区域内的平面控制点、高程控制点、轴线点、测站点等测量成果，以及设计图纸中工程部位的各种坐标（桩号）、方位、尺寸等几何数据编制成放样手簿，供放样人员使用

C. 现场放样所取得的测量数据，应记录在规定的控制点成果中

D. 平面位置放样方法直角交会法、极坐标法角度交会法、距离交会法

参考答案：D

解析：A 选项是 2016（1）选择题，施工测量计算依据是“控制点成果”；B 选项，正确的回答是，将施工区域内的……等几何数据编制成（放样数据手册），供放样人员使用；C 选项，正确回答是，现场放样所取得的测量数据，应记录在规定的（放样手簿）中。

3. 平面位置放样方法

◆ 方法：直角交会法、极坐标法、角度交会法、距离交会法等几种。（4 种方法）

4. 高程放样方法

◆ 方法：水准测量法、光电测距三角高程法、解析三角高程法和视距法等。（4 种方法）

◆ 对于高程放样中误差要求不大于±10mm 的部位，应采用水准测量法。（要求精度最高的）（使用的仪器是水准仪）

◆ 采用经纬仪代替水准仪进行工程放样时（要求精度低的），应注意以下两点：

（1）放样点离高程控制点不得大于 50m。

（2）必须用正倒镜置平法读数，并取正倒镜读数的平均值进行计算。

核心考点三、开挖工程测量

1. 开挖工程测量的内容

◆ 测量内容：开挖区原始地形图和原始断面图测量；开挖轮廓点放样；开挖竣工地形、断面测量和工程量测算。（和后面内容重复）

2. 开挖工程细部放样

（1）放样部位：坡顶点、转角点或坡脚点，并用醒目的标志加以标定。

（2）放样方法：极坐标法、测角前方交会法、后方交会法等，但基本的方法主要是极坐标法和前方交会法。

（3）距离丈量方法

① 用钢尺或经过比长的皮尺丈量，以不超过一尺段为宜。

② 用视距法测定，其视距长度不应大于50m。预裂爆破放样，不宜采用视距法。

③ 用视差法测定，端点法线长度不应大于70m。

3. 断面测量和工程量计算

◆ 开挖工程动工前，必须实测开挖区的原始断面图或地形图；开挖过程中，应定期测量收方断面图或地形图；开挖工程结束后，必须实测竣工断面图或竣工地形图，作为工程量结算的依据。（和前面一样）

◆ 开挖施工过程中，应定期测算开挖完成量（已完成量）和工程剩余量（未完成量）。开挖工程量的结算应以测量收方的成果为依据。开挖工程量的计算中面积计算方法可采用解析法或图解法（求积仪）。

【考法题型及预测题】

1. 2016（1)4.1.

背景：

某引调水枢纽工程，工程规模为中型。建设内容主要有泵站、节制闸、新筑堤防、上下游河道疏浚等，泵站地基设高压旋喷桩防渗墙，工程布置如图 2-1 所示（略）。

事件 1：为做好泵站和节制闸基坑土方开挖工程量计算，施工单位编制了土方开挖工程测量方案，明确了开挖工程测量的内容和开挖工程量计算中面积计算的方法。

问题：事件 1 中，基坑土方开挖工程测量包括哪些工作内容？开挖工程量计算中面积计算方法有哪些？

参考答案：（总分 6 分）

（1）开挖工程测量包括：

①开挖区原始地形图和原始断面图测量；②开挖轮廓点放样；③开挖过程中，测量收方断面图或地形图；④开挖竣工地形、断面测量和工程量测算。（答对一项，给 1 分，总分 4 分）

（2）面积计算方法可采用解析法或图解法。（答对一方法，给 1 分，总分 2 分）

2. 开挖工程量的计算中面积计算方法可采用(　　)。

A. 解析法　　B. 图解法

C. 视距法　　D. 视差法

E. 交会法

参考答案：A、B

核心考点四、施工期间的外部变形监测

1. 监测的内容

◆ 监测的内容：施工区的滑坡观测；高边坡开挖稳定性监测；围堰的水平位移和沉陷观测；临时性的基础沉陷（回弹）和裂缝监测等。

◆ 精度应不低于四等网的标准。

2. 选点与埋设

基点与测点对比：

工作基点的选择与埋设，应注意以下几点	测点的选择与埋设，应符合下列要求
（1）基点必须建立在变形区以外稳固的基岩上。基点应尽量靠近变形区，其位置的选择应注意使它们对测点构成有利的作业条件。 （2）垂直位移的基点，至少要布设一组，每组不少于三个固定点	（1）测点应与变形体牢固结合，并选在变形幅度、变形速率大的部位，且能控制变形体的范围。 （2）滑坡测点宜设在滑动量大、滑动速度快的轴线方向和滑坡前沿区等部位。 （3）高边坡稳定监测点，宜呈断面形式布置在不同的高程面上，其标志应明显可见，尽量做到无人立标。 （4）采用视准线监测的围堰变形点，其偏离视准线的距离不应大于 20mm。垂直位移测点宜与水平位移测点合用。围堰变形观测点的密度，应根据变形特征确定：险要地段 20～30m 布设一个测点；一般地段 50～80m 布设一个测点。 （5）山体或建筑物裂缝观测点，应埋设在裂缝的两侧。标志的形式应专门设计

【考法题型及预测题】

2016 (2)-3. 下列关于土坝施工放样水准点设置的说法中，正确的是(　　)。

A. 永久性水准点、临时性水准点均应设在施工范围内

B. 永久性水准点、临时性水准点均应设在施工范围外

C. 永久性水准点设在施工范围内，临时性水准点设在施工范围外

D. 永久性水准点设在施工范围外，临时性水准点设在施工范围内

参考答案：D

解析：

此类题目，出题的思路就是排列组合，组合方式有：

①永久＋范围内；②永久＋范围外；③临时＋范围内；④临时＋范围外。

四种组合，四道单选题；本题是四种组合的综合题。

3. 观测方法的选择

一般情况下，

滑坡、高边坡稳定监测采用交会法；

水平位移监测采用视准线法（活动觇牌法和小角度法）；

垂直位移观测，宜采用水准观测法，也可采用满足精度要求的光电测距三角高程法；

地基回弹宜采用水准仪与悬挂钢尺相配合的观测方法。

【考法题型及预测题】

2018（1）-1. 下列观测方法中，适用于翼墙沉降观测的是（　　）。

A. 交会法　　B. 视准线法

C. 小角度法　　D. 水准观测法

参考答案：D

应试口诀：记住“水准”两字即可。

核心考点五、竣工测量

测量误差

（1）误差产生的原因	1）人的原因	包括仪器校正不完善的误差、对光误差、水准尺误差等
	2）仪器的原因	包括整平误差、视差 、照准误差、估读误差、水准尺竖立不直的误差等
	3）外界环境的影响	包括仪器升降的误差、尺垫升降的误差、地球曲率的影响、大气折光的影响等
（2）误差的分类与处理原则	1）系统误差	出现的误差在符号和数值上都相同，或按一定的规律变化，这种误差称为“系统误差”
	2）偶然误差	误差出现的符号和数值大小都不相同，从表面上看没有任何规律性，这种误差称为“偶然误差”
	3）粗差	由于观测者粗心或者受到干扰造成的错误

【考法题型及预测题】

2018（2）-2. 下列工程施工放样产生的误差中，属于仪器误差的是（　　）。

A. 照准误差　　B. 整平误差

C. 对光误差　　D. 估读误差

参考答案：B

1F411013　水利水电工程地质与水文地质条件分析

核心考点及可考性提示

考　　点			2020 可考性提示
水利水电工程地质与水文地质条件分析	一、地质构造及地震		★
	二、边坡的工程地质条件分析		★
	三、土质基坑工程地质问题分析	基坑施工中，为防止边坡失稳，采取的措施	★★★
		降排水途径：明排法和人工降水	★★★

★不大，★★一般，★★★极大

核心考点剖析

核心考点一、地质构造及地震

◆ 地质构造按构造形态可分为倾斜构造、褶皱构造和断裂构造三种类型。

◆ 褶皱构造指组成地壳的岩层受构造应力作用，使岩层形成一系列波状弯曲而未丧失其连续性的构造，其基本类型包括背斜和向斜两种。

◆ 断裂构造指岩层在构造应力作用下，岩层沿着一定方向产生机械破裂，失去连续性和完整性，可分为节理、劈理、断层三类。

【考法题型及预测题】

关于地质构造，下列说法不正确的是(　　)。

A. 岩层层面的产状要素包括走向、节理和断层

B. 地质构造按构造形态可分为倾斜、褶皱和断裂

C. 褶皱构造基本类型包括向斜和倾斜

D. 岩层断裂构造分为节理、劈理和蠕变

E. 地质断层按断块之间相对错动的方向可划分为正断层、反断层和平移断层

参考答案：A、C、D、E

解析：A 选项是 2012［10 月］（2）、2013（2）、2017（2）选择题，岩层层面的产状要素包括（走向、倾向和倾角）；B 选项正确；C 选项，褶皱分为（向斜和背斜）；D 选项 2019（1）选择题，岩层断裂构造分为（节理、劈理和断层）；E 选项是 2010（2）、2019（2）选择题，地质断层按断块之间相对错动的方向可划分为（正断层、逆断层和平移断层）

核心考点二、边坡的工程地质条件分析

边坡变形破坏的类型和特征

◆ 常见的边坡变形破坏主要有松弛张裂、蠕变、崩塌、滑坡四种类型。

◆ 此外尚有塌滑、错落、倾倒等过渡类型。

◆ 另外泥石流也是一种边坡破坏的类型。

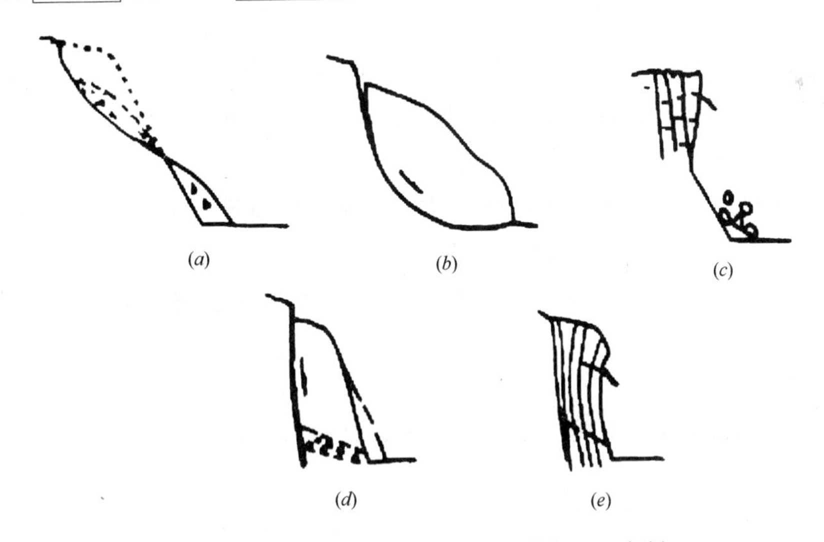

（a）坍塌；（b）滑坡；（c）崩塌；（d）错落；（e）倾倒

●松弛张裂：产生近似平行于边坡的拉张裂隙，一般称为边坡卸荷裂隙。

●蠕变：发生长期缓慢的塑性变形的现象，有表层蠕动和深层蠕动两种类型。

●崩塌：是指较陡边坡上的岩（土）体突然脱离母体崩落、滚动堆积于坡脚的地质现象。有岩崩和土崩。

●滑坡：是指边坡岩（土）体主要在重力作用下沿贯通的剪切破坏面发生滑动破坏的现象。分布最广、危害最大。

【考法题型及预测题】

下列说法正确的是（　　）。

A. 常见的边坡变形破坏类型主要有接触冲刷、接触流土、松弛张裂和蠕动变形

B. 边坡过渡类型有塌滑、错落、滑坡

C. 分布最广、危害最大的边坡变形破坏是蠕动变形

D. 蠕变发生长期缓慢的塑性变形的现象，分为表层蠕动和深层蠕动两种类型

参考答案：D

解析：A 选项是 2011（2）、2018（2）选择题，边坡变形破坏主要有（松弛张裂、蠕变、崩塌、滑坡）四种类型；B 选项，边坡过渡类型有（塌滑、错落、倾倒）；C 选项，分布最广、危害最大的边坡变形破坏是（滑坡）。

核心考点三、土质基坑工程地质问题分析

1. 地质问题：边坡稳定和基坑降排水。

2. 基坑施工中，为防止边坡失稳，保证施工安全，采取的措施有：设置合理坡度、设置边坡护面、基坑支护、降低地下水位等。

【考法题型及预测题】

2018（2）1.3.

背景：

事件 2：基坑初期排水过程中，发生围堰边坡坍塌事故，施工单位通过调整排水流量，避免事故再次发生。处理坍塌边坡增加费用 1 万元，增加工作时间 10d。施工单位以围堰施工方案经总监批准为由向发包方提出补偿 10d 工期和 1 万元费用的要求。

事件 3：因闸门设计变更，导致闸门制作与运输工作拖延 30d 完成。施工单位以设计变更是发包人责任为由提出补偿工期 30d 的要求。

问题：指出事件 2 中初期排水排水量的组成。发生围堰边坡坍塌事故的主要原因是什么？

参考答案：（满分 5 分）

（1）初期排水排水量的组成包括：基坑积水（1 分），初期排水过程中的降雨（1 分），渗水（1 分）。

（2）发生围堰边坡坍塌事故的主要原因是：水位降低速度过快（或初期排水速率过大）。（2 分）。（解析：本题的答案就是 2014（1）3.4 的题干。）

3. 降排水的目的

（1）增加边坡的稳定性；

（2）对于细砂和粉砂土层的边坡，防止流砂和管涌的发生；

（3）对下卧承压含水层的黏性土基坑，防止基坑底部隆起；

（4）保持基坑土体干燥，方便施工。

4. 降排水途径：明排法和人工降水。

（1）明排法的适用条件	（2）轻型井点降水的适用条件	（3）管井降水适用条件
不易产生流砂、流土、潜蚀、管涌、淘空、塌陷等现象的黏性土、砂土、碎石土的地层； 基坑地下水位超出基础底板或洞底标高不大于2.0m	黏土、粉质黏土、粉土的地层； 基坑边坡不稳，易产生流土、流砂、管涌等现象； 地下水位埋藏小于6.0m，宜用单级真空点井； 当大于6.0m时，场地条件有限宜用喷射点井、接力点井；场地条件允许宜用多级点井	第四系含水层厚度大于5.0m；含水层渗透系数 k 宜大于1.0m/d

1F411020 水利水电工程设计

核心考点提纲

水利水电工程设计：
- 水利水电工程等级划分及工程特征水位
- 水利水电工程合理使用年限及耐久性
- 水工建筑物结构受力状况及主要设计方法
- 水利水电工程建筑材料的应用
- 水力荷载
- 渗流分析
- 水流形态及消能方式

1F411021 水利水电工程等级划分及工程特征水位

核心考点及可考性提示

考点			2020可考性提示
水利水电工程等级划分及工程特征水位	一、水利水电工程等别划分	说明：1张表	★★★
	二、水工建筑物级别划分	永久性水工建筑物级别	★★★
		堤防工程级别	★★
		临时性水工建筑物级别	★★★
	三、水利水电工程洪水标准	说明：6张表	★★
	四、水利水电工程抗震设防标准	说明：1张表	★
	五、水库特征水位及特征库容	（6水位、7库容、1图片）	★
★不大，★★一般，★★★极大			

核心考点剖析

核心考点一、水利水电工程等别划分

根据《水利水电工程等级划分及洪水标准》SL 252—2017 的规定，水利水电工程的等别根据其工程规模、效益和在经济社会中的重要性，划分为Ⅰ、Ⅱ、Ⅲ、Ⅳ、Ⅴ五等，适用于不同地区、不同条件下建设的防洪、治涝、灌溉、供水和发电等水利水电工程，按下表确定。

工程等别	工程规模	水库总库容(10^8m^3)	防洪			灌溉	供水		发电
			保护人口(10^4人)	保护农田面积(10^4亩)	保护区当量经济规模(10^4人)	灌溉面积(10^4亩)	供水对象重要性	年引水量(10^8m^3)	装机容量(MW)
Ⅰ	大(1)型	≥10	≥150	≥500	≥300	≥150	特别重要	≥10	≥1200
Ⅱ	大(2)型	<10, ≥1.0	<150, ≥50	<500, ≥100	<300, ≥100	<150, ≥50	重要	<10, ≥3	<1200, ≥300
Ⅲ	中　型	<1.0, ≥0.10	<50, ≥20	<100, ≥30	<100, ≥40	<50, ≥5	中等	<3, ≥1	<300, ≥50
Ⅳ	小(1)型	<0.1, ≥0.01	<20, ≥5	<30, ≥5	<40, ≥10	<5, ≥0.5	一般	<1, ≥0.3	<50, ≥10
Ⅴ	小(2)型	<0.01, ≥0.001	<5	<5	<10	<0.5		<0.3	<1

注：

1. 水库总库容指水库最高水位以下的静库容；治涝面积指设计治涝面积；灌溉面积指设计灌溉面积；年引水量指供水工程渠道设计年均引（取）水量。
2. 保护区当量经济规模指标仅限于城市保护区；防洪、供水中的多项指标满足 1 项即可。
3. 按供水对象的重要性确定工程等别时，该工程应为供水对象的主要水源。

【考法题型及预测题】

关于水利工程等别和工程规模，下列说法正确的是(　　)。

A. 水利水电工程等别分为五级

B. 小（1）型水库的总库容是 $1\times10^6\sim10\times10^6m^3$，$5\times10^7m^3$属于中型水库

C. 某水库设计灌溉面积为 98 万亩，则此水库的工程等别至少应为Ⅱ等

D. 年调水量 $7.6\times10^8m^3$的引水工程，工程等别至少应为Ⅱ等

E. 电站装机容量为 15 万 kW，该工程等别至少应为Ⅲ等

参考答案：B、C、D、E

解析：A 选项是 2019（2）选择题，工程分“等”，建筑物分“级”，工程等别分为(五等)；B 选项是 2010（2）、2013（2）、2016（2）选择题，2014（2）、2019（2）、2016（1）、2017（1）案例题，正确；C 选项是 2018（2）选择题，正确；D 选项是 2018（1）案例题，正确；E 选项是 2016（1）、2017（1）案例题，正确。

核心考点二、水工建筑物级别划分

1. 永久性水工建筑物级别

（1）水库及水电站工程的永久性水工建筑物级别

◆ 水库及水电站工程的永久性水工建筑物的级别，根据工程的等别或永久性水工建筑物的分级指标划分为五级，按下表确定。

工程等别	主要建筑物	次要建筑物	工程等别	主要建筑物	次要建筑物
Ⅰ	1	3	Ⅳ	4	5
Ⅱ	2	3	Ⅴ	5	5
Ⅲ	3	4			

◆ 水利枢纽工程水库大坝按上表规定为 2 级、3 级的永久性水工建筑物，如坝高超过下表指标，其级别可提高一级，但洪水标准可不提高。

级别	坝型	坝高（m）
2	土石坝	90
	混凝土坝、浆砌石坝	130
3	土石坝	70
	混凝土坝、浆砌石坝	100

水库工程中最大高度超过 200m 的大坝建筑物，其级别应为 1 级，其设计标准应专门研究论证，并报上级主管部门审查批准。

【考法题型及预测题】

关于永久性水工建筑物，下列说法，错误的是(　　)。

A. 水利水电工程等别分为五等，永久性水工建筑物的级别共分为五级

B. 某水库工程等别Ⅲ等，混凝土面板堆石坝建筑物的级别 3 级

C. 某泵站工程等别为Ⅲ等，其次要建筑物级别应为 4 级

D. 某水利枢纽工程总库容为 9000 万 m^3，装机容量 33×10^4kW。其水库大坝为土石坝，坝高 105m，则大坝的级别为 2 级

参考答案：D

解析：A 选项是 2012（2）、2019（2）选择题，对比例题，正确；B 选项是 2013（2）、2014（2）、2015（2）、2016（2）、2017（2）、2019（2）、2015（1）、2017（1）、2018（1）案例题，正确；C 选项是 2010［福建］（2）、2013（1）选择题，2017（2）案例题，正确；D 选项，装机容量 33×10^4kW 是Ⅱ等工程，大坝级别应该是 2 级，因为是土石坝，高度超过 90m，大坝级别提高为 1 级。

(2) 拦河闸永久性水工建筑物级别

拦河闸永久性水工建筑物的级别，应根据其所属工程的等别按永久性水工建筑物级别表确定。按永久性水工建筑物级别表规定为 2 级、3 级，其校核洪水过闸流量分别大于 5000m^3/s、1000m^3/s 时，其建筑物级别可提高一级，但洪水标准可不提高。

2. 堤防工程级别

防洪工程中堤防永久性水工建筑物的级别应根据其保护对象的防洪标准按下表确定。当经批准的流域、区域防洪规划另有规定时，应按其规定执行。

防洪标准（重现期，年）	≥100	<100，且≥50	<50，且≥30	<30，且≥20	<20，且≥10
堤防工程级别	1	2	3	4	5

分洪道（渠）、分洪与退洪控制闸永久性水工建筑物级别，应不低于所在堤防永久性水工建筑物级别。

【考法题型及预测题】

关于堤防工程，下列说法，正确的是（　　）。

A. 堤防工程的级别根据工程的保护对象确定

B. 某堤防工程保护对象的防洪标准为 50 年一遇，该堤防工程的级别为 2 级

C. 某分洪闸位于 2 级河道堤防上，该分洪闸工程等别为Ⅲ等工程，该分洪闸闸室等主要建筑物的级别对应为 3 级

D. 某水库为Ⅲ等工程，则该水库对应的堤防级别为 3 级

参考答案：B

解析：A 选项是 2011（2）选择题，堤防工程的级别根据保护对象的（防洪标准）确定；B 选项是 2012［10 月］（2）、2014（1）选择题，正确；C 选项是 2016（2）案例题，穿堤建筑物的级别，根据自身的级别和堤防的级别，两者取大，所以该分洪闸闸室等主要建筑物的级别为（2 级）；D 选项错误，堤防的级别，取决于保护对象的（防洪标准），而不是由工程的等别确定。

3. 临时性水工建筑物级别

水利水电工程施工期使用的临时性挡水和泄水建筑物的级别，应根据保护对象的重要性、失事造成的后果、使用年限和临时建筑物的规模，按下表确定。

当临时性水工建筑物根据下表指标同时分属于不同级别时，其级别应按照其中最高级别确定。但对于 3 级临时性水工建筑物，符合该级别规定的指标不得少于两项。

级别	保护对象	失事后果	使用年限（年）	临时性水工建筑物规模	
				高度（m）	库容（$10^8 m^3$）
3	有特殊要求的 1 级永久性水工建筑物	淹没重要城镇、工矿企业、交通干线或推迟总工期及第一台（批）机组发电，造成重大灾害和损失	>3	>50	>1.0
4	1、2 级永久性水工建筑物	淹没一般城镇、工矿企业、交通干线或推迟总工期及第一台（批）机组发电，造成较大经济损失	3～1.5	50～15	1.0～0.1
5	3、4 级永久性水工建筑物	淹没坑基，但对总工期及第一台（批）机组发电影响不大，经济损失较小	<1.5	<15	<0.1

【考法题型及预测题】

关于临时建筑物，下列说法，不正确的是(　　)。

A. 水利水电工程施工导流建筑物级别最高是 3 级，划分为 3～5 级

B. 确定临时水工建筑物级别的依据包括（保护对象的重要性、失事后果、临时建筑物的规模、使用年限）等

C. 工程等别Ⅱ等，电站主要建筑物 2 级，次要建筑物为 3 级，临时建筑物则是 4 级

D. 工程等别Ⅰ等，水闸主要建筑物 1 级，围堰等临时建筑物则是 3 级

参考答案：D

解析：A 选项是 2009（1）、2013（2）选择题，正确；B 选项是 2015（2）、2012（1）、2017（1）选择题，正确；C 选项是 2013（2）、2017（2）、2007（1）、2017（1）、2019（1）案例题，正确；D 选项错误，3 级围堰保护对象的是（有特殊要求）的（1 级建筑物），两个条件要同时满足，本题只满足一个条件，所以围堰级别只是（4 级）。

核心考点三、水利水电工程洪水标准

◆ 当水库大坝施工高程超过临时性挡水建筑物顶部高程时，坝体施工期临时度汛的洪水标准，应根据坝型及坝前拦洪库容，按下表确定。根据失事后对下游的影响，其洪水标准可适当提高或降低。

坝　　型	拦洪库容（10^8m^3）			
	≥10	<10，≥1.0	<1.0，≥0.1	<0.1
土石坝[重现期(年)]	≥200	200～100	100～50	50～20
混凝土坝、浆砌石坝[重现期(年)]	≥100	100～50	50～20	20～10

◆ 水库工程导流泄水建筑物封堵期间，进口临时挡水设施的洪水标准应与相应时段的大坝施工期洪水标准一致。水库工程导流泄水建筑物封堵后，如永久泄洪建筑物尚未具备设计泄洪能力，坝体洪水标准应分析坝体施工和运行要求后按下表确定。

坝　　型		大坝级别		
		1	2	3
混凝土坝、浆砌石坝[重现期(年)]	设计	200～100	100～50	50～20
	校核	500～200	200～100	100～50

续表

坝型		大坝级别		
		1	2	3
土石坝[重现期(年)]	设计	500～200	200～100	100～50
	校核	1000～500	500～200	200～100

◆ 临时性水工建筑物的洪水标准，应根据建筑物的结构类型和级别，在下表的幅度内，合理选用。对失事后果严重的，应考虑遇超标准洪水的应急措施。

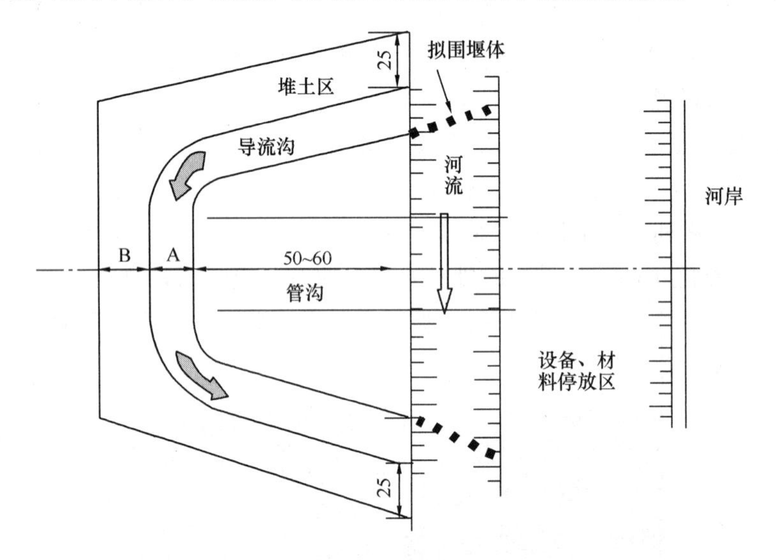

(图中单位：m)

临时性建筑物类型	临时性水工建筑物级别		
	3	4	5
土石结构	50～20	20～10	10～5
混凝土、浆砌石结构	20～10	10～5	5～3

【考法题型及预测题】

关于洪水标准，下列说法正确的是(　　)。

A. 土石围堰的级别为 5 级，土石围堰的洪水标准为 5～3 年一遇

B. 枢纽工程等别为Ⅱ等，主要建筑物级别为 2 级，则施工围堰（土石围堰）洪水标准范围为 10～20 年一遇。

C. 某土石坝工程施工高程超过上游围堰高程，其相应的拦洪库容为 $0.8\times10^{8}m^{3}$，该坝施工期临时度汛的洪水标准为 20～50 年一遇。

D. ①土石围堰的级别为 5 级，则土石围堰的洪水标准为 10～5 年；②根据施工进度安排和度汛要求，第一年汛后坝体施工由导流洞导流，土石围堰挡水，围堰高度 14.8m；第二年汛前坝体施工高程超过上游围堰顶高程，汛期大坝临时挡洪度汛，

相应大坝可拦洪库容为 $0.3 \times 10^8 m^3$，面板堆石坝施工期临时度汛的洪水标准：100～50 年。

E. 某水电站工程主要工程内容包括：碾压混凝土坝、电站厂房、溢洪道等，工程规模为中型。导流洞封堵完成，溢洪道尚不具备设计泄洪能力，则①坝体（3 级永久建筑物）设计洪水标准 20～50 年一遇；②坝体校核洪水标准 50～100 年一遇

参考答案：D、E

解析：A 选项是 2011（1）选择题、2018（2）、2019（1）案例题，5 级土石围堰的洪水标准为（10～5 年一遇）；B 选项是 2015（1）案例题，2 级建筑物对应的围堰是 4 级，4 级土石围堰的洪水标准为（10～20 年一遇）；C 选项是 2018（1）选择题、2018（2）、2019（1）案例题，该坝施工期临时度汛的洪水标准为（50～100）年一遇；D 选项是 2018（2）完整案例题，正确；E 选项是 2019（1）案例题，正确。

核心考点四、水利水电工程抗震设防标准

水工建筑物的工程抗震设防类别，应根据其重要性和工程场地基本烈度按下表确定。

<table>
<tr><th>工程抗震设防类别</th><th>建筑物级别</th><th>场地基本烈度</th></tr>
<tr><td>甲</td><td>1（壅水和重要泄水）</td><td rowspan="2">≥Ⅵ</td></tr>
<tr><td>乙</td><td>1（非壅水），2（壅水）</td></tr>
<tr><td>丙</td><td>2（非壅水），3</td><td rowspan="2">≥Ⅶ</td></tr>
<tr><td>丁</td><td>4，5</td></tr>
</table>

注：重要泄水建筑物是指其失效可能危及壅水建筑物安全的泄水建筑物。

核心考点五、水库特征水位及特征库容

◆ 特征水位

（1）校核洪水位。水库遇大坝的校核洪水时（非常运用），在坝前达到的最高水位。确定大坝顶高程及进行大坝安全校核的主要依据。

（2）设计洪水位。水库遇大坝的设计洪水时，在坝前达到的最高水位。挡水建筑物稳定计算的主要依据。

（3）防洪高水位。水库遇下游保护对象的设计洪水时，在坝前达到的最高水位。只有水库承担下游防洪任务时，才需确定这一水位。

（4）防洪限制水位（汛前限制水位）。水库在汛期允许兴利的上限水位，也是水库汛期防洪运用时的起调水位。

（5）正常蓄水位（正常高水位、设计蓄水位、兴利水位）。水库在正常运用的情况下，为满足设计的兴利要求在供水期开始时应蓄到的最高水位。是水库最重要的一项特征参数，也是挡水建筑物稳定计算的主要依据。

（6）死水位（设计低水位）。水库在正常运用的情况下，允许消落到的最低水位。

◆ 水库特征库容

（1）静库容。坝前某一特征水位水平面以下的水库容积。

（2）总库容。最高洪水位以下的水库静库容。

（3）防洪库容。防洪高水位至防洪限制水位之间的水库容积。用以控制洪水，满足水

库下游防护对象的防护要求。

（4）调洪库容。校核洪水位至防洪限制水位之间的水库容积。

（5）兴利库容（有效库容、调节库容）。正常蓄水位至死水位之间的水库容积。用以调节径流，按兴利要求提供水库的供水量或水电站的流量。

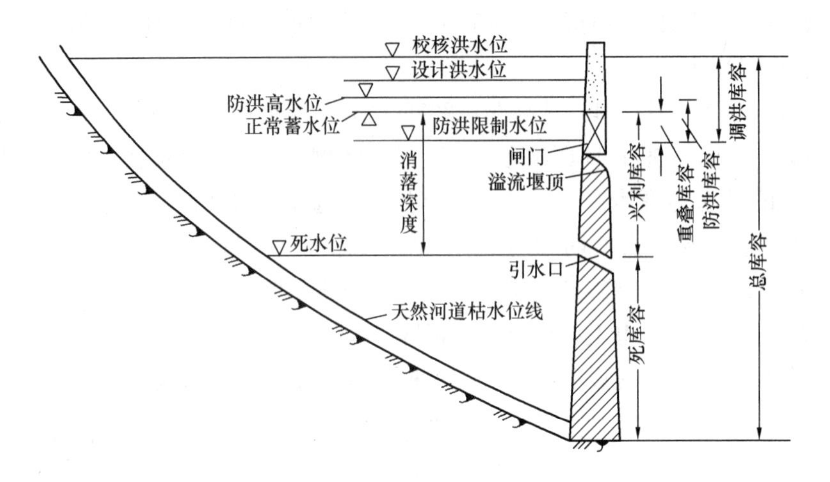

【考法题型及预测题】

关于水库特征水位下列说法正确的是(　　)。

A. 兴利库容是水库死水位与设计洪水位之间的库容

B. 最高洪水位以下特征库容为调洪库容

C. 结合库容是水库正常蓄水位与防洪高水位之间的库容

D. 某水库特征水位示意图如右，h 是指正常蓄水位

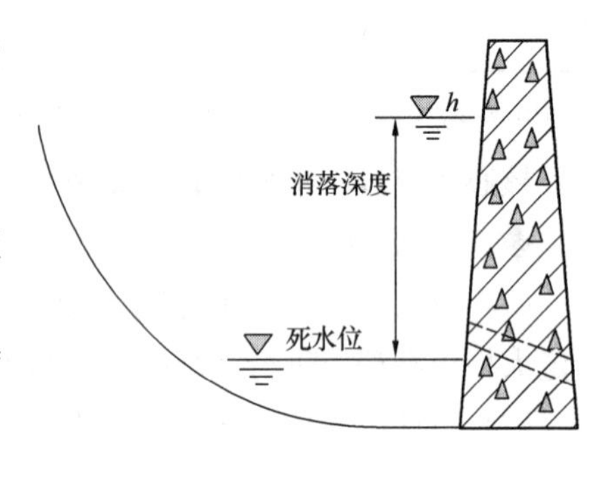

参考答案：D

解析：A 选项是 2012（1）选择题，兴利库容是水库死水位与（正常蓄水位）之间的库容；B 选项是 2019（1）选择题，最高洪水位以下特征库容为（总库容）；C 选项结合库容是水库正常蓄水位与（防洪限制水位）之间的库容；D 选项是 2017（1）选择题，正确。

1F411022　水利水电工程合理使用年限及耐久性

核心考点及可考性提示

考　　点		2020 可考性提示
水利水电工程合理使用年限及耐久性	一、工程合理使用年限	★
		★
	二、耐久性设计要求	★
★不大，★★一般，★★★极大		

核心考点剖析

核心考点一、工程合理使用年限

◆工程合理使用年限及耐久性定义

水利水电工程及其水工建筑物合理使用年限是指：水利水电工程及其水工建筑物建成投入运行后，在正常运行使用和规定的维修条件下，能按设计功能安全使用的最低要求年限。

建筑物耐久性是指：在设计确定的环境作用和规定的维修、使用条件下，建筑物在合理使用年限内保持其适用性和安全性的能力。

◆ 水利水电工程合理使用年限，应根据工程类别和等别按下表确定。

对综合利用的水利水电工程，当按各综合利用项目确定的合理使用年限不同时，其合理使用年限应按其中最高的年限确定。

工程等别	工程类别					
	水库	防洪	治涝	灌溉	供水	发电
Ⅰ	150	100	50	50	100	100
Ⅱ	100	50	50	50	100	100
Ⅲ	50	50	50	50	50	50
Ⅳ	50	30	30	30	30	30
Ⅴ	50	30	30	30		30

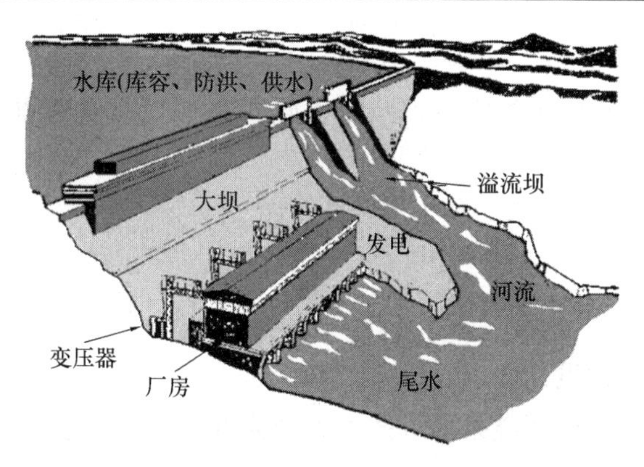

水利水电工程各类永久性水工建筑物的合理使用年限，应根据其所在工程的建筑物类别和级别按下表的规定确定，且不应超过工程的合理使用年限。当永久性水工建筑物级别提高或降低时，其合理使用年限应不变。

工程合理使用年限>永久性水工建筑物的合理使用年限

建筑物级别	建筑物类别								
	水库壅水建筑物	水库泄洪建筑物	调(输)水建筑物	发电建筑物	防洪（潮）、供水水闸	供水泵站	堤防	灌排建筑物	灌溉渠道
1	150	150	100	100	100	100	100	50	50
2	100	100	100	100	100	100	50	50	50

续表

建筑物级别	建筑物类别								
	水库壅水建筑物	水库泄洪建筑物	调(输)水建筑物	发电建筑物	防洪（潮）、供水水闸	供水泵站	堤防	灌排建筑物	灌溉渠道
3	50	50	50	50	50	50	50	50	50
4	50	50	30	30	30	30	30	30	30
5	50	50	30	30	30	30	20	20	20

1 级、2 级永久性水工建筑物中闸门的合理使用年限应为 50 年，其他级别的永久性水工建筑物中闸门的合理使用年限应为 30 年。

【考法题型及预测题】

1. 2019 (1)-2. 水库大坝级别为 3 级，其合理使用年限为(　　)年。

A. 150　　B. 100

C. 50　　D. 30

参考答案：B

2. 2019 (2)-22. 水工建筑物的耐久性是指在合理使用年限内保持其(　　)的能力。

A. 经济性　　B. 适用性

C. 安全性　　D. 外观性

E. 维护性

参考答案：B、C

3. 2018 (1)-3. 某溢洪道工程控制端建筑物级别为 2 级，其闸门的合理使用年限为(　　)年。

A. 20　　B. 30

C. 50　　D. 100

参考答案：C

核心考点二、耐久性设计要求

水工建筑物所处的侵蚀环境条件可按下表分为五个类别。

环境类别	环境条件
一	室内正常环境
二	室内潮湿环境；露天环境；长期处于水下或地下的环境
三	淡水水位变化区；有轻度化学侵蚀性地下水的地下环境；海水水下区
四	海上大气区；轻度盐雾作用区；海水水位变化区；中度化学侵蚀性环境
五	使用除冰盐的环境；海水浪溅区；重度盐雾作用区；严重化学侵蚀性环境

1F411023 水工建筑物结构受力状况及主要设计方法

核心考点及可考性提示

考点		2020 可考性提示
水工建筑物结构受力状况及主要设计方法	一、水工建筑物的分类	★
	二、水工建筑物结构荷载	★
	三、水工建筑物渗流分析	★
★不大，★★一般，★★★极大		

核心考点剖析

核心考点一、水工建筑物的分类

◆ 按使用期限可分为永久性水工建筑物和临时性水工建筑物。

◆ 永久性建筑物是指工程运行期间长期使用的水工建筑物。根据其重要性又分为主要建筑物和次要建筑物，见下表。

永久建筑物		临时性建筑物
主要建筑物： 是指失事后造成下游灾害或严重影响工程效益的水工建筑物。例如：坝、泄水建筑物、输水建筑物及电站厂房等	次要建筑物： 是指失事后不致造成下游灾害，或工程效益影响不大，易于恢复的水工建筑物。 例如：失事后不影响主要建筑物和设备运行的挡土墙、导流墙、工作桥及护岸等	临时性建筑物是指工程施工期间使用的建筑物，如围堰、导流隧洞、导流明渠等

【考法题型及预测题】

以下建筑物，可以进行分包的是（　　）。

A. 水库　　B. 水电站

C. 挡土墙　　D. 泄洪洞

参考答案：C

解析：这类题目，一般不会考这么直接的选择题，考案例题的概率大点，案例题的出题思路就是把 A、B、D 这类不可以分包的工程分包出去，然后要考生找错误。

核心考点二、水工建筑物结构荷载

◆ 分类：根据《水工建筑物荷载设计规范》SL 744—2016，按荷载随时间的变异，水工建筑物结构上的荷载分为永久荷载、可变荷载、偶然荷载。

◆ 补充解释

(1) 永久荷载：在合理使用年限内其量值不随时间而变化，或其变化值与平均值比较可忽略不计的荷载称永久荷载。

（2）可变荷载：在合理使用年限内其量值随时间变化，且其变化值与平均值比较不可忽略不计的荷载称可变荷载。

（3）偶然荷载：在合理使用年限内出现的概率很小，一旦出现，其值很大且持续时间很短的荷载称偶然荷载。

◆ 实例

（1）永久荷载：建筑物结构自重、永久设备自重、地应力、围岩压力、土压力、预应力锚固荷载、淤沙压力（有排沙设施时可列为偶然荷载）。

（2）可变荷载：静水压力、外水压力、扬压力、动水压力、风荷载、雪荷载、冰压力、冻胀力、浪压力、楼面活荷载、平台活荷载、桥机荷载、闸门启闭机荷载、温度荷载、灌浆荷载、土壤空隙水压力、系缆力、撞击力等。

（3）偶然荷载：校核洪水时的静水压力、地震荷载等。

核心考点三、水工建筑物抗滑稳定分析

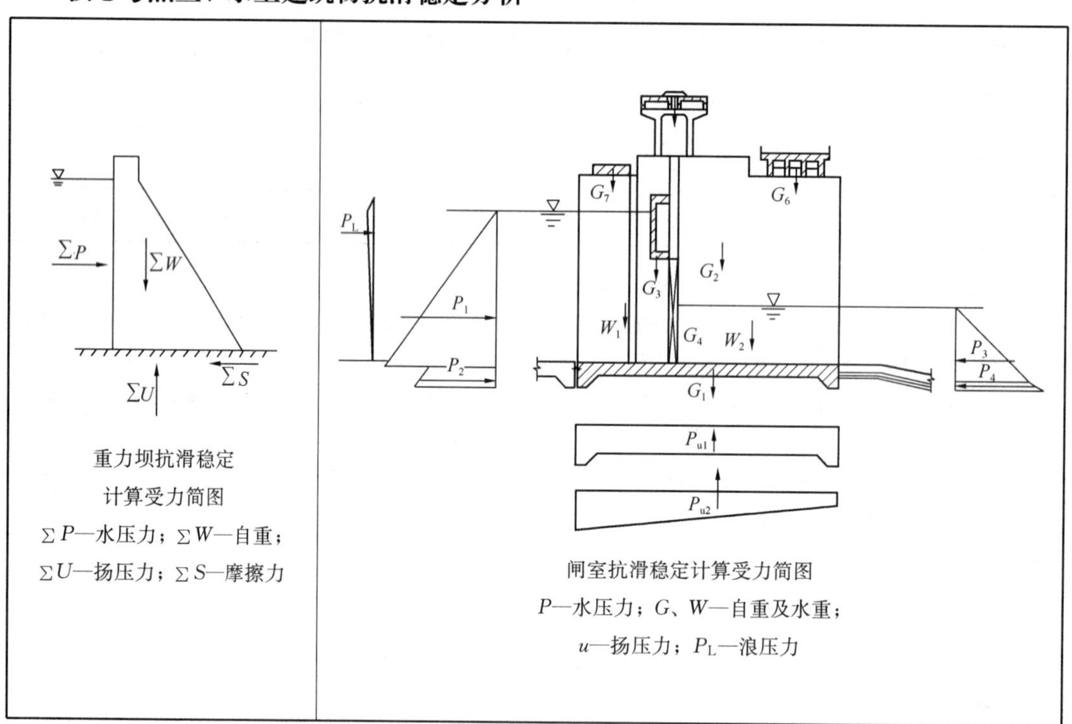

重力坝抗滑稳定计算受力简图

ΣP—水压力；ΣW—自重；ΣU—扬压力；ΣS—摩擦力

闸室抗滑稳定计算受力简图

P—水压力；G、W—自重及水重；u—扬压力；P_L—浪压力

【考法题型及预测题】

2019（1）3.1.

背景：

某水利水电枢纽由拦河坝、溢洪道、发电引水系统、电站厂房等组成。水库库容为 $12\times10^8m^3$。拦河坝为混凝土重力坝，最大坝高 152m，坝顶全长 905m。重力坝抗滑稳定计算受力简图如下图所示。

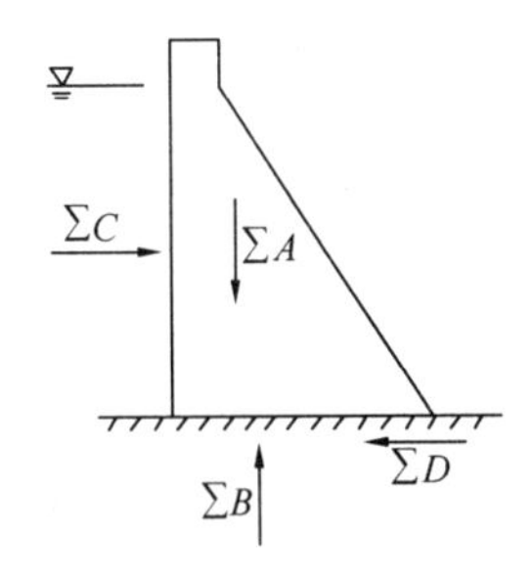

重力坝抗滑稳定计算受力简图

问题：1. 写出上图中$\sum A$、$\sum B$、$\sum C$、$\sum D$分别对应的荷载名称。

参考答案：1.（满分 4 分）

$\sum A$：自重（1 分）；$\sum B$：扬压力（1 分）；$\sum C$：水压力（1 分）；$\sum D$：摩擦力（1 分）。

核心考点四、水工建筑物渗流分析

◆ 渗流分析主要内容有：确定渗透压力、确定渗透坡降（或流速）、确定渗流量。

◆ 对土石坝，还应确定浸润线的位置。

1F411024　水利水电工程建筑材料的应用

核心考点及可考性提示

考　点			2020 可考性提示
水利水电工程建筑材料的应用	一、建筑材料的类型		☆
	二、建筑材料的应用条件	筑坝用土石料	★
		土工合成材料	★
		建筑石材	★
		水泥	★★
		水泥砂浆	★
		水泥混凝土（补充 1）	
		建筑钢材（补充 2）	

★不大，★★一般，★★★极大

考　点				2019 可考性提示
补充部分	水泥混凝土（补充 1）	和易性		★★
		混凝土的强度		★
		混凝土的耐久性		★★
		水工建筑物不同部位混凝土的要求		★
		混凝土的配合比		★★★
		骨料	细骨料	★
			粗骨料	★
		混凝土的外加剂		★
		粉煤灰		☆

续表

考点			2019 可考性提示
补充部分	建筑钢材（补充 2）	钢筋的应力一应变曲线	★
		钢筋的强度和变形指标	★★
		钢筋检验	★★★
★不大，★★一般，★★★极大			

核心考点剖析

核心考点一、建筑材料的应用条件

（一）筑坝用土石料

◆ 土石坝构造图

	心墙坝（分欧）	均质坝
	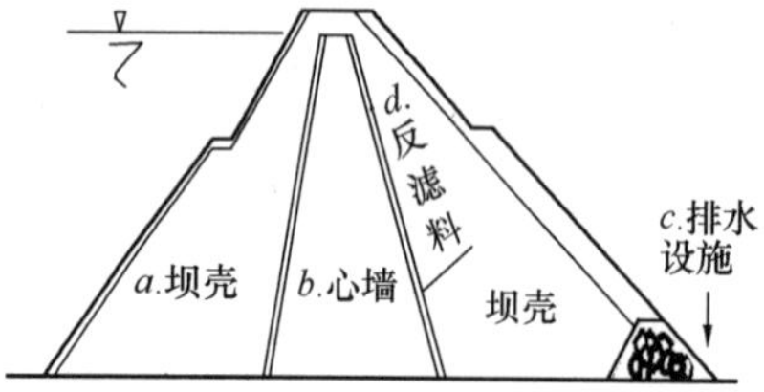 a.坝壳 b.心墙 d.反滤料 坝壳 c.排水设施 心墙坝(分区坝)	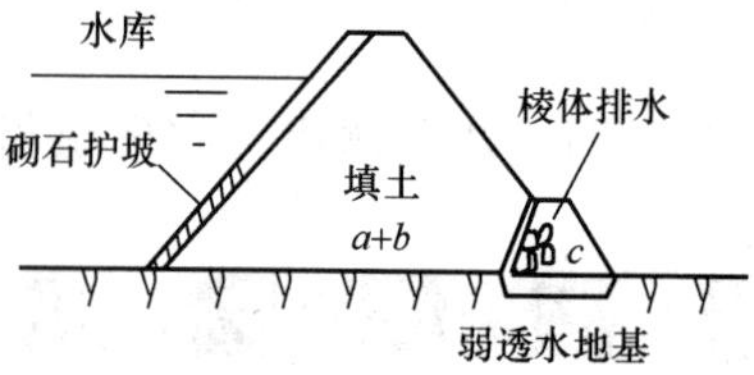 水库 砌石护坡 填土 a+b 棱体排水 c 弱透水地基
土坝（体）壳用土石料	心墙坝和斜墙坝多用粒径级配较好的中砂、粗砂、砾石、卵石及其他透水性较高、抗剪强度参数较大的混合料	常用于均质土坝的土料是砂质黏土和壤土，要求其应具有一定的抗渗性和强度（有这个要求，这块区域就不能全是土了），其渗透系数不宜大于 1×10^{-4}cm/s；黏料含量一般为 10%～30%；有机质含量（按重量计）不大于 5%，易溶盐含量小于 5%
防渗体用土石料	一般采用黏土、砂壤土、壤土、黏质土等材料	
排水设施和砌石护坡用石料	可采用块石，其饱和抗压强度不小于 40～50MPa，岩石孔隙率不大于 3%，吸水率（按孔隙体积比计算）不大于 0.8，重度应大于 22kN/m^3。也可采用碎石、卵石，不宜使用风化岩石	

（二）土工合成材料

土工合成材料在水利水电工程中的应用包括：

1. 防渗。利用土工膜或复合土工膜防渗性强的特点，进行土坝、堤防、池塘等工程的防渗。

2. 反滤、排水。利用土工布透水性好、孔隙小的特点，作为土石坝、水闸、堤防、挡土墙等工程的排水和反滤体。

3. 防护工程。需要利用工程措施实现防冲、防浪、防冻、防震、固砂、险情抢护、防止盐渍化、防泥石流或需用轻质材料使结构减载等时，可选用相应的土工合成材料。

4. 加筋土工程。土工合成材料可用作加筋材改善土体强度，提高土工结构物稳定性和地基承载力。用作加筋材的土工合成材料按不同结构需要可分为：土工格栅、土工织物、土工带和土工格室等。

（三）建筑石材

◆ 分类

1. 火成岩	2. 水成岩	3. 变质岩
（1）花岗岩； （2）闪长岩； （3）辉长岩； （4）辉绿岩； （5）玄武岩等	（1）石灰岩； （2）砂岩	（1）片麻岩； （2）大理岩（由石灰岩重结晶而成）； （3）石英岩

【考法题型及预测题】

关于岩石的分类，下列说法正确的是（　　）。

A. 岩石按坚固系数的大小分为 16 级

B. 水成岩包括石灰岩、石英岩和砂岩等

C. 变质岩包括石英岩、砂岩和片麻岩等

D. 岩浆岩包括花岗岩、大理岩、石英岩、辉绿岩和玄武岩等

参考答案：A

解析：A 选项是 2011（2）、2017（1）选择题，岩石按坚固系数的大小分为（12）级；B 选项是 2013（2）选择题，水成岩包括（石灰岩和砂岩），不包括（石英岩）；C 选项是 2014（2）选择题，变质岩包括（大理岩、石英岩和片麻岩）；D 选项是 2017（2）选择题，岩浆岩包括（花岗岩、辉绿岩和玄武岩）等，不包括（大理岩、石英岩）。

（四）水泥

1. 水泥的品种及主要性能

（1）通用水泥：包括硅酸盐水泥、普通硅酸盐水泥、矿渣硅酸盐水泥、火山灰质硅酸盐水泥、粉煤灰硅酸盐水泥和复合硅酸盐水泥；初凝时间不得早于 45min，终凝时间不得迟于 600min。

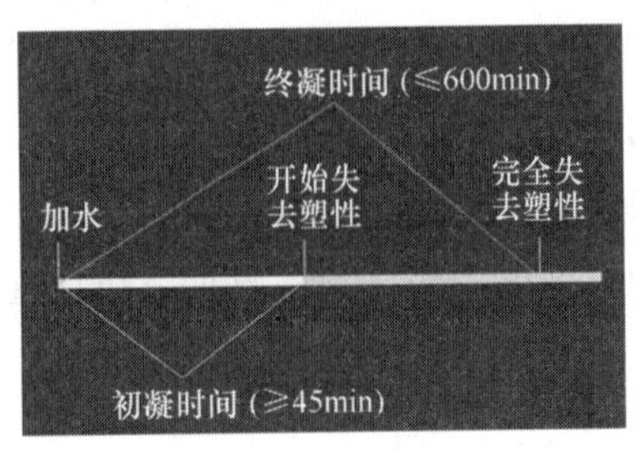

（2）专用水泥：专用水泥是指有专门用途的水泥，如中、低热水泥，大坝水泥，道路水泥等。

(3) 特性水泥：如快硬硅酸盐水泥、抗硫酸盐水泥、膨胀水泥等。

2. 水泥的适应范围

(1) 外部混凝土	水位变化区域的外部混凝土、溢流面受水流冲刷部位的混凝土：优先选用硅酸盐水泥、普通硅酸盐水泥、硅酸盐大坝水泥，避免采用火山灰质硅酸盐水泥
(2) 有抗冻要求混凝土	有抗冻要求的混凝土，应优先选用硅酸盐水泥、普通硅酸盐水泥、硅酸盐大坝水泥，并掺用引气剂或塑化剂
(3) 大体积混凝土	大体积建筑物内部的混凝土，应优先选用矿渣硅酸盐大坝水泥、矿渣硅酸盐水泥、粉煤灰硅酸盐水泥、火山灰质硅酸盐水泥等，以适应低热性的要求
(4) 水中混凝土	位于水中和地下部位的混凝土，宜采用矿渣硅酸盐水泥、粉煤灰硅酸盐水泥、火山灰质硅酸盐水泥等

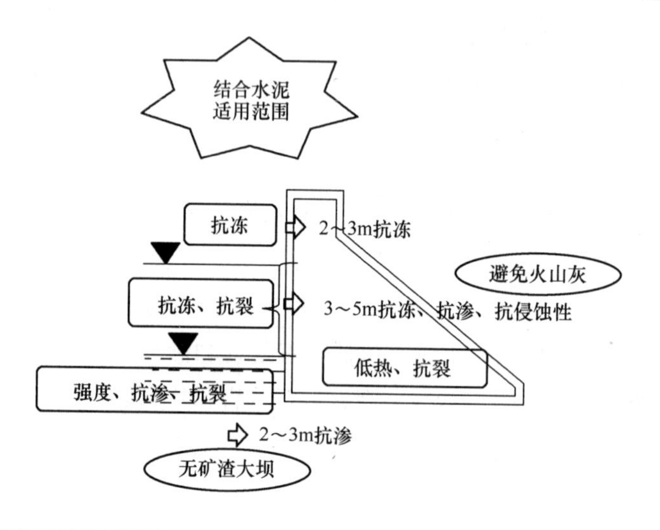

3. 水泥检验的要求

◆ 有生产厂家的出厂质量证明书（包括厂名、品种、强度等级、出厂日期、抗压强度、安定性等代表该产品质量的内容）以及 28d 强度证明书。

◆ 有下列情况之一者，应复试并按复试结果使用：

(1) 用于承重结构工程的水泥，无出厂证明者。

(2) 存储超过 3 个月（快硬水泥超过 1 个月）。

(3) 对水泥的厂名、品种、强度等级、出厂日期、抗压强度、安定性不明或对质量有怀疑者。

(4) 进口水泥。

【考法题型及预测题】

1. 2017 (1)-22. 下列用于水利工程施工的水泥，须按规定经过复试并按复试结果使用的有(　　)。

A. 进口水泥　　　　　　　　　　B. 存储 2 个月的普通水泥

C. 存储 2 个月的快硬水泥　　　　D. 对质量有怀疑的水泥

E. 用于承重结构工程且无出厂证明的水泥

参考答案：A、C、D、E

2. 模拟题

背景：水泥检验中，检查了生产厂家的出厂质量证明书和另外一份证书。

问题：指出水泥检验的要求中的另外一份证书是什么证书，并指出水泥的出厂质量证明书包含哪些内容。

参考答案：

（1）另外一份证书是 28d 强度证明书；

（2）出厂质量证明书包含厂名、品种、强度等级、出厂日期、抗压强度、安定性等代表该产品质量的内容。

（五）水泥砂浆

新拌砂浆的和易性是指其是否便于施工并保证质量的综合性质。具体技术指标包括流动性和保水性两个方面。

1. 流动性	2. 保水性
常用沉入度表示。沉入度即标准圆锥体在砂浆中沉入的深度。沉入度大的砂浆，流动性好	即保有水分的能力。保水性可用泌水率表示。工程上采用较多的是分层度这一指标。所谓分层度通常用上下层砂浆沉入度的差值来表示。分层度大于 2cm 的砂浆易泌水，不宜使用，分层度接近于 0 的砂浆，虽保水性好，但因胶凝材料用量太多，容易发生干缩裂缝。故砂浆的分层度以 1～2cm 为宜

（六）水泥混凝土

◆ 质量指标有：和易性、强度及耐久性。

质量指标	要　求
1. 和易性	◆ 包括流动性、黏聚性、保水性三个方面。 ◆ 影响因素有水泥浆的用量、水泥浆的稠度、砂率、水泥的品种、水泥细度、外加剂的掺入、时间和温度等。坍落度的大小反映了混凝土拌合物的和易性 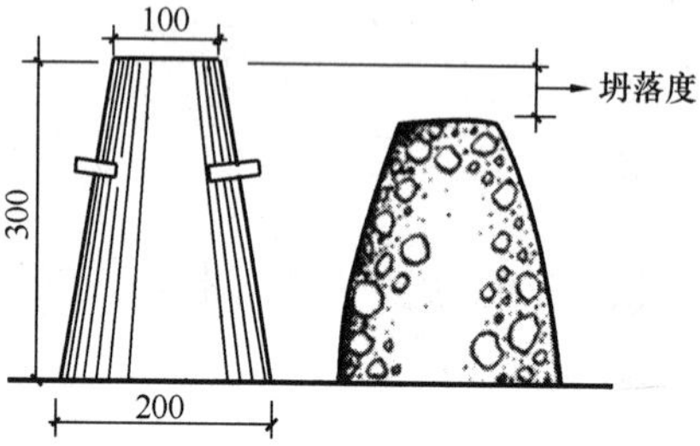 
2. 混凝土的强度	◆ 有抗压、抗拉、抗弯及抗剪强度等，以抗压强度最大，结构中主要是利用混凝土的抗压强度。 ◆ 混凝土的抗压强度：15cm 的标准立方体试件，在标准养护条件（温度 20℃±2℃，相对湿度 95%以上）下，养护到 28d 龄期，按照标准的测定方法测定的混凝土立方体试件抗压强度（以 MPa 计）。 ◆ 影响混凝土强度的因素有：施工方法、施工质量、水泥强度、水胶比、骨料种类及级配、养护条件及龄期等 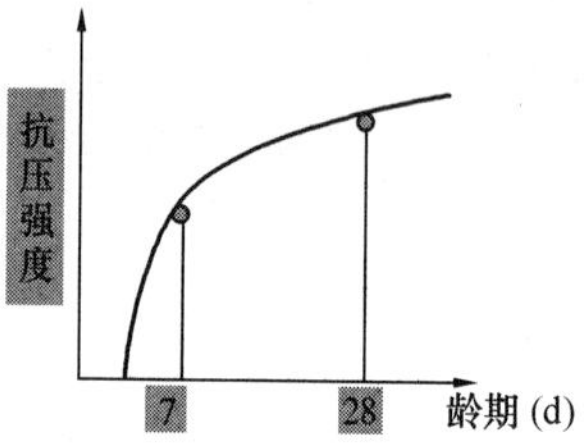  
3. 混凝土的耐久性	◆ 混凝土的耐久性包括抗渗性、抗冻性、抗冲磨性、抗侵蚀性、抗碳化性等。 （1）抗渗性是指混凝土抵抗压力水渗透作用的能力。抗渗等级分为：W2、W4、W6 等，即表示混凝土能抵抗 0.2MPa、0.4MPa 的水压力而不渗水。影响混凝土抗渗性的因素有水胶比、骨料最大粒径、养护方法、水泥品种、外加剂、掺合料和龄期。 （2）抗冻性：经多次冻融循环作用而不严重降低强度（抗压强度下降不超过 25%，重量损失不超过 5%）的性能。抗冻等级分为：F50、F100 等。 （3）抗冲磨性：抵抗高速含砂水流冲刷破坏的能力。 （4）抗侵蚀性：抵抗环境水侵蚀的能力。 （5）抗碳化性：抵抗环境大气中二氧化碳的碳化能力

续表

<table>
<tr><th>质量指标</th><th colspan="2">要　求</th></tr>
<tr><td>4. 水工建筑物不同部位混凝土的要求</td><td colspan="2">(1) 上、下游最高水位以上。用厚 2～3m 的抗冻混凝土。
(2) 上、下游水位变化区。主要考虑抗冻、抗裂因素，多采用厚 3～5m 的抗渗、抗冻并具有抗侵蚀性的混凝土。
(3) 上、下游最低水位以下。主要考虑强度、抗渗、抗裂因素，多采用厚 2～3m 的抗渗混凝土。
(4) 坝体内部混凝土。主要考虑低热、抗裂因素。
(5) 溢流坝等抗冲刷部位。主要考虑强度、抗冻、抗冲刷、抗侵蚀因素</td></tr>
<tr><td>5. 混凝土的配合比</td><td colspan="2">常采用的方法有：
(1) 单位用量表示法：以每立方米混凝土中各项材料的重量来表示；
(2) 相对用量表示法：以各项材料间的重量比来表示。
混凝土配合比的设计：确定水胶比、砂率、浆骨比
<table>
<tr><th colspan="6">C20 喷射混凝土配比单</th></tr>
<tr><th>材料名称</th><th>水泥 (32.5 普)</th><th>砂 (中砂)</th><th>水</th><th>细石</th><th>速凝剂</th></tr>
<tr><td>每立方用量 (kg)</td><td>405</td><td>963</td><td>182</td><td>838</td><td>12</td></tr>
<tr><td>质量比</td><td>1</td><td>2.378</td><td>0.45</td><td>2.069</td><td>0.03</td></tr>
<tr><td>实际用量 1 (kg)</td><td>100</td><td>237.8</td><td>45</td><td>206.9</td><td>3</td></tr>
<tr><td>实际用量 0.1 立方 (kg)</td><td>40.5</td><td>96.3</td><td>18.2</td><td>83.8</td><td>1.2</td></tr>
<tr><td>施工说明</td><td colspan="5">1. 正确计量、计量准确。
2. 做到工完场清。
3. 混凝土应搅拌应充分、均匀</td></tr>
</table></td></tr>
<tr><td rowspan="5">6. 骨料</td><td rowspan="2">(1) 细骨料</td><td>粒径在 0.16～5mm 之间的骨料</td></tr>
<tr><td>按细度模数 $F \cdot M$ 分为粗砂 (3.7～3.1)、中砂 (3.0～2.3)、细砂 (2.2～1.6)、特细砂 (1.5～0.7)</td></tr>
<tr><td rowspan="3">(2) 粗骨料</td><td>粒径大于 5mm 的骨料</td></tr>
<tr><td>分为特大石 (150～80mm 或 120～80mm)、大石 (80～40mm)、中石 (40～20mm)、小石 (20～5mm) 四级</td></tr>
<tr><td>施工中，宜将粗骨料按粒径分成下列几种粒径组合：
① 当最大粒径为 40mm 时，分成 D_{20}、D_{40} 两级。
② 当最大粒径为 80mm 时，分成 D_{20}、D_{40}、D_{80} 三级。
③ 当最大粒径为 150 (120) mm 时，分成 D_{20}、D_{40}、D_{80}、D_{120} 四级</td></tr>
</table>

续表

质量指标	要求
7. 混凝土的外加剂	(1) 改善混凝土和易性的外加剂，包括减水剂、引气剂、泵送剂等。 (2) 调节混凝土凝结时间、硬化性能的外加剂，包括速凝剂、早强剂、缓凝剂。 (3) 改善混凝土耐久性的外加剂，包括引气剂、防水剂、阻锈剂、养护剂等。 (4) 改善混凝土其他性能的外加剂，包括膨胀剂、防冻剂、防水剂和泵送剂等
8. 粉煤灰	拌制混凝土和砂浆用粉煤灰分为三个等级：Ⅰ级、Ⅱ级、Ⅲ级。Ⅰ级粉煤灰细颗粒含量更多

【考法题型及预测题】

1. 2019（1）4.4.

背景：

事件2：投标人甲编制的投标文件中，河道护坡现浇混凝土配合比材料用量（部分）见下表。

序号	混凝土强度等级	A	B	C	预算材料量（kg/m³）				
					D	E	石子	泵送剂	F
	泵送混凝土								
1	C20（40）	42.5	二	0.44	292	840	1215	1.46	128
2	C25（40）	42.5	二	0.41	337	825	1185	1.69	138
	砂浆								
3	水泥砂浆 M10	42.5		0.7	262	1650			183
4	水泥砂浆 M7.5	42.5		0.7	224	1665			157

主要材料预算价格：水泥0.35元/kg，砂0.08元/kg，水0.05元/kg。

问题：分别指出事件2表中A、B、C、D、E、F所代表的含义。

参考答案：（满分6分）

A代表水泥强度等级（1分）；B代表级配（1分）；C代表水灰比（1分）；D代表水泥（1分）；E代表砂（黄砂、中粗砂）（1分）；F代表水（1分）。

2. 2019（2）1.3. 混凝土配合比

背景：

事件2：施工单位在面板混凝土施工前，提供了面板混凝土配合比，见下表。

编号	水泥品种等级	水胶比	砂率	每方混凝土材料用量 kg/m³					
				水	水泥	砂	小石	中石	粉煤灰
1-1	P. MH 42.5	A	B	122	249	760	620	620	56

问题：计算事件2混凝土施工配合比表中的水胶比A值（保留小数点后两位）和砂率B值（用%表示、保留小数点后两位）。

参考答案：（满分4分）

水胶比：A=水/(水泥+粉煤灰)=122/(249+56)=0.40（2分）；

砂率：B=砂/(砂+石子)=760/(760+620+620)×100%=38.00%（2分）。

3. 2018 (1)-21. 下列材料用量对比关系中，属于混凝土配合比设计的内容是(　　)。

A. 砂率　　　　B. 水砂比

C. 水胶比　　　　D. 浆骨比

E. 砂石比

参考答案：A、C、D

4. 2018 (2) 4.1. 混凝土材料字母含义

背景：

某水利枢纽工程包括节制闸和船闸工程，工程所在地区每年5～9月份为汛期。项目于2014年9月开工，计划2017年1月底完工。项目划分为节制闸和船闸两个单位工程。根据设计要求，节制闸闸墩、船闸侧墙和底板采用C25、F100、W4混凝土。

问题：1. 背景资料中C25、F100、W4分别表示混凝土的哪些指标？其中数值25、100、4的含义分别是什么？

参考答案：1.（总分6分）

（1）C25表示混凝土强度等级，F100表示混凝土抗冻等级，W4表示混凝土抗渗等级。（每项1分，总分3分）

（2）数值25的含义是混凝土立方体抗压强度标准值为25MPa，数值100的含义是混凝土在饱和含水状态下能经受100次冻融循环不破坏，数值4的含义是混凝土能承受的最大水压力0.4MPa。（每项1分，总分3分）

5. 2016 (1)-11. 使用天然砂石料时，三级配碾压混凝土的砂率为(　　)。

A. 22%～28%　　　　B. 28%～32%

C. 32%～37%　　　　D. 37%～42%

参考答案：B

6. 混凝土和易性指标包括(　　)三个方面。

A. 安定性　　　　B. 流动性

C. 黏聚性　　　　D. 耐久性

E. 保水性

参考答案：B、D、E

（七）建筑钢材

◆ 分类

建筑钢材			
钢结构用钢材	钢筋混凝土用钢筋		钢丝
	分类（四种）	检查及性能	
	热轧钢筋	钢筋的应力—应变曲线	
	冷拉热轧钢筋	钢筋的强度和变形指标	
	冷轧带肋钢筋	质量检验	
	热处理钢筋	拉力检验	

◆ 钢筋的应力—应变曲线如下图所示：

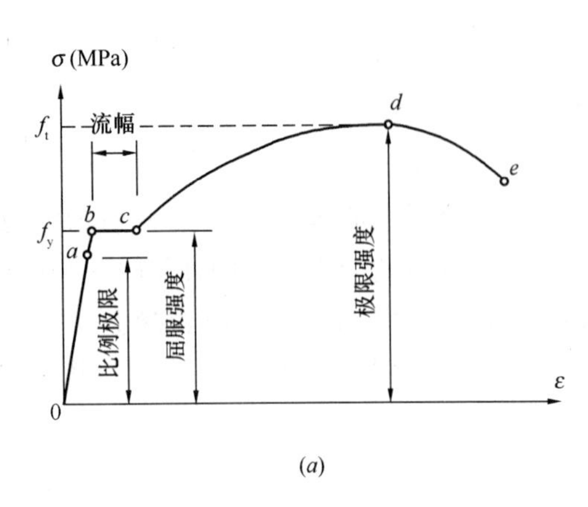

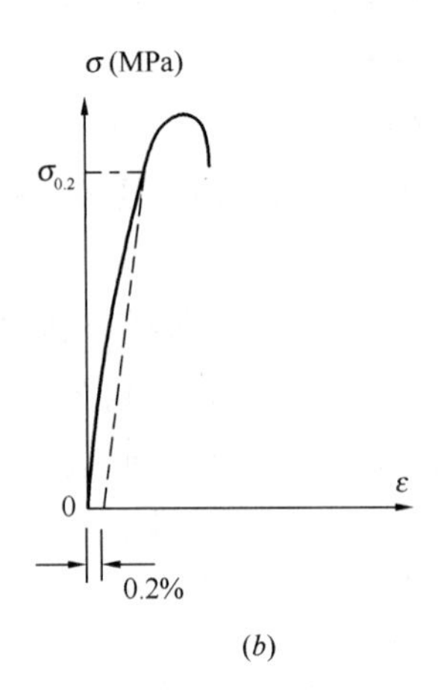

(*a*) 有物理屈服点钢筋的 σ－ε 图；(*b*) 无物理屈服点钢筋的 σ－ε 图

◆ 钢筋的强度和变形指标

强度指标（“刚”指标）	变形指标（“柔”指标）
有物理屈服点的钢筋的屈服强度是钢筋强度的设计依据。 另外，钢筋的屈强比（屈服强度与极限抗拉强度之比）表示结构可靠性的潜力，抗震结构要求钢筋屈强比不大于 0.8，因而钢筋的极限强度是检验钢筋质量的另一强度指标。 无物理屈服点的钢筋由于其条件屈服点不容易测定，因此这类钢筋的质量检验以极限强度作为主要强度指标	反映钢筋塑性性能的基本指标是伸长率和冷弯性能。 伸长率是钢筋试件拉断后的伸长值与原长的比值，它反映了钢筋拉断前的变形能力。伸长率大的钢筋（如有物理屈服点的钢筋）在拉断前有足够的预兆，属于延性破坏。伸长率小的钢筋（如无物理屈服点的钢筋）塑性差，拉断前变形小，破坏突然，属于脆性破坏。 钢筋的冷弯性能是钢筋在常温下承受弯曲变形的能力。在达到规定的冷弯角度时钢筋应不出现裂纹或断裂。因此冷弯性能可间接地反映钢筋的塑性性能和内在质量

◆ 几组对比的知识点

屈服强度、极限强度、伸长率和冷弯性能是有物理屈服点钢筋进行质量检验的四项主要指标，而对无物理屈服点的钢筋则只测定后三项。

钢材的力学性能主要有抗拉性能（抗拉屈服强度、抗拉极限强度、伸长率）、硬度和冲击韧性等。

◆ 钢筋检验

现场钢筋查什么	仓库钢筋查什么
进入施工现场的钢筋，应具有出厂质量证明书或试验报告单，每捆（盘）钢筋均应挂上标牌，标牌上应注有厂标、钢号、产品批号、规格、尺寸等项目，在运输和储存时不得损坏和遗失这些标牌	第一步：查外观 到货钢筋应分批检查每批钢筋的外观质量，查看锈蚀程度及有无裂缝、结疤、麻坑、气泡、砸碰伤痕等，并应测量钢筋的直径。 第二部：进行检验 应分批进行检验，检验时以60t同一炉（批）号、同一规格尺寸的钢筋为一批。（先）随机选取2根经外部质量检查和直径测量合格的钢筋，（后）各截取一个抗拉试件和一个冷弯试件进行检验，不得在同一根钢筋上取两个或两个以上同用途的试件。 第三步：检验怎么抽样 钢筋取样时，钢筋端部要先截去500mm再取试样。在拉力检验项目中，包括屈服点、抗拉强度和伸长率三个指标，如有一个指标不符合规定，即认为拉力检验项目不合格。冷弯试件弯曲后，不得有裂纹、剥落或断裂。对钢号不明的钢筋，需经检验合格后方可使用。检验时抽取的试件不得少于6组

【考法题型及预测题】

1. 2018（2）4.2. 实操题（钢筋标牌内容）

背景：

事件1：根据合同要求，进场钢筋应具有出厂质量证明书或试验报告单，每捆钢筋均应挂上标牌，标牌上应标明厂标等内容。

问题：除厂标外，指出事件1中钢筋标牌上应标注的其他内容。

参考答案：（总分4分）

标牌上的内容还应包括：钢号、产品批号、规格、尺寸。（每项1分，总分4分）

2. 有抗震结构要求的钢筋屈强比应（　　）。

A. 不小于0.5　　B. 不大于0.5

C. 不小于0.8　　D. 不大于0.8

参考答案：D

解析：这类考法比较难，是难在数字“0.5、0.8”的记忆，难在“不大于”还是“不小于”的记忆，这类记忆极易混淆。

1F411025　水力荷载

核心考点及可考性提示

考点		2020可考性提示
水力荷载	一、静水压力	★
	二、扬压力	★★
★不大，★★一般，★★★极大		

核心考点剖析

核心考点一、静水压力

压强计算	压力计算
$P=\gamma h$	$P=(1/2)*\gamma H^2$
式中 P——计算点处的静水压强（kN/m^2）； h——计算点处的作用水头（m），按计算水位与计算点之间的高差确定； γ——水的重度（kN/m^3），一般采用 $9.81kN/m^3$，对于多泥砂河流应根据实际情况确定	式中 P——单位宽度作用面上的水平静水压力（kN）； H——水深（m）； γ——水的重度（kN/m^3），一般采用 $9.81kN/m^3$，对于多泥砂河流应根据实际情况确定

【考法题型及预测题】

尺寸为 1.5m×1.0m×0.8m（长×宽×高）的箱体平放在水深为 2.8m 的水池底面，箱体顶面受到的静水压力为（　　）kN。（水的重度取 $10kN/m^3$）。

A. 20　　B. 27

C. 30　　D. 42

参考答案：C

解析：本题是求竖直方向压力，不能直接套用压力公式：$P=(1/2)*\gamma H^2$。本题正确的计算步骤是先通过压强公式求顶部压强，再通过压强×面积求竖直方向压力。

核心考点二、扬压力

扬压力	
上浮力	渗流压力
上浮力是由坝体下游水深产生的浮托力	渗流压力是在上、下游水位差作用下，产生的向上静水压力

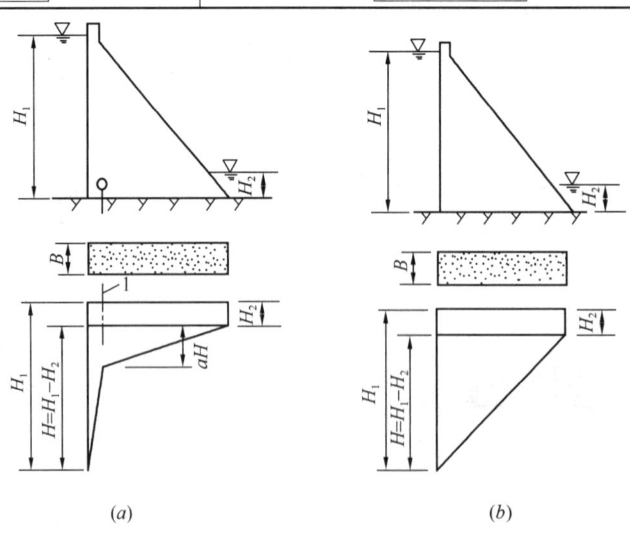

（a）实体重力坝；（b）未设帷幕灌浆的实体重力坝

【考法题型及预测题】

关于扬压力，下列说法正确的是(　　)。

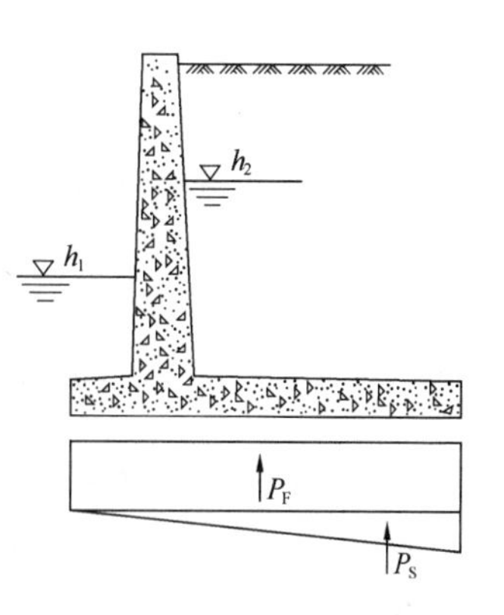

A. 混凝土重力坝所受荷载中，属于扬压力的有浮托力和渗透压力

B. 混凝土坝坝底承受的渗透压力大小与上、下游水头差成正比

C. 混凝土坝的上浮力是由坝体上游水深产生的浮托力

D. 右图为挡土墙底板扬压力示意图，图中的 P_S 是指浮托力

E. 右图为挡土墙底板扬压力示意图，图中的 P_F 是指渗透压力

参考答案：A、B

解析：A 选项是 2012（2）选择题，正确；B 选项是 2010（1）选择题，正确；C 选项混凝土坝的上浮力是由坝体（下游水深）产生的浮托力；D 选项是 2018（1）选择题，P_S 是指（渗透压力）；E 选项，P_F 是指（浮托力）。

1F411026　渗流分析

核心考点及可考性提示

<table>
<tr><th colspan="3">考　　点</th><th>2020 可考性提示</th></tr>
<tr><td rowspan="10">渗流分析</td><td colspan="2" rowspan="2">一、土石坝的渗流分析和闸基的渗流分析</td><td>★★</td></tr>
<tr><td>★★</td></tr>
<tr><td colspan="2">二、渗透系数</td><td>★★</td></tr>
<tr><td rowspan="6">三、渗透变形</td><td>管涌</td><td>★★★</td></tr>
<tr><td>流土</td><td>★★★</td></tr>
<tr><td>接触冲刷</td><td>★</td></tr>
<tr><td>接触流失</td><td>★</td></tr>
<tr><td>防止渗透变形的工程措施</td><td>★★</td></tr>
<tr><td>反滤层和过渡层</td><td>☆</td></tr>
<tr><td colspan="4">★不大，★★一般，★★★极大</td></tr>
</table>

核心考点剖析

核心考点一、土石坝的渗流分析和闸基的渗流分析

	教材前面（1023）	教材后面（1026）	
	渗流分析主要内容	土石坝的渗流分析	闸基的渗流分析
不同内容	①确定渗透压力	—	①渗透压力

续表

	教材前面（1023）	教材后面（1026）	
相同内容	②确定渗透坡降（或流速）	② 确定渗流的主要参数——渗流流速与坡降	②渗透坡降； ③渗透流速
相同内容	③确定渗流量	③ 确定渗流量	④渗流量
不同内容	④土石坝，还应确定浸润线的位置	① 确定浸润线的位置	—

核心考点二、渗透系数

◆ 渗透系数 k 是反映土的渗流特性的一个综合指标。

◆ $k=(QL)/(AH)$

式中 Q——实测的流量（m^3/s）；

A——通过渗流的土样横断面面积（m^2）；

L——通过渗流的土样高度（m）；

H——实测的水头损失（m）。

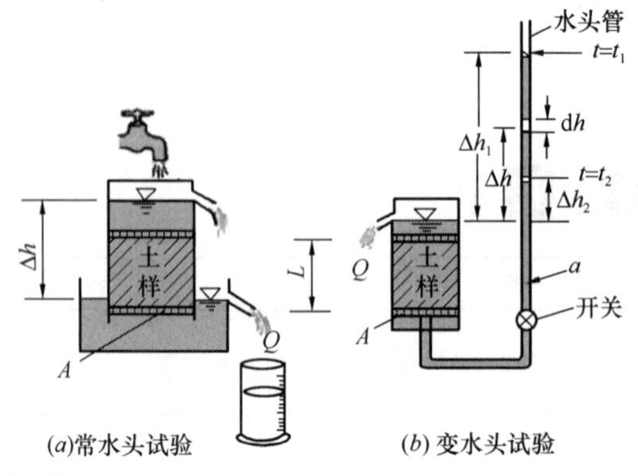

(a)常水头试验　(b) 变水头试验

核心考点三、渗透变形

1. 管涌、流土、接触冲刷、接触流失的区分

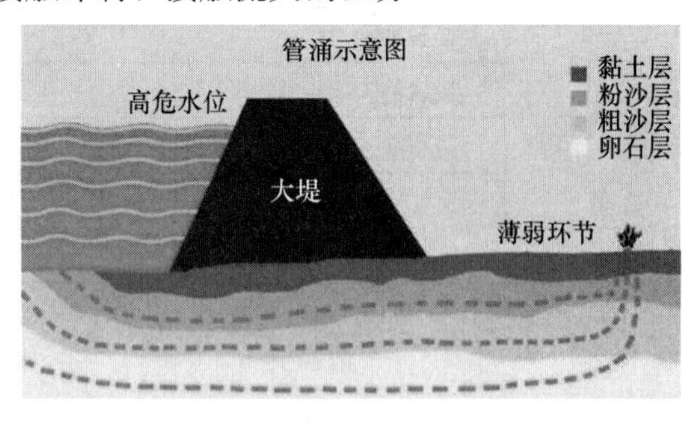

管涌	非黏性土	小颗粒沿着粗大颗粒间的孔隙通道移动或被渗流带出。 管涌一般发生在无黏性砂土、砂砾土的下游坡面和地基渗流的逸出处
流土	非黏性土	非黏性土土体内的颗粒群同时发生移动的现象

续表

流土	黏性土	黏性土土体发生隆起、断裂和浮动等现象，都称为流土。主要发生在渗流出口处（此处渗透坡降大）
接触冲刷	接触面	当渗流沿着两种渗透系数不同的土层接触面或建筑物与地基的接触面流动时，在接触面处的土壤颗粒被冲动而产生的冲刷现象称为接触冲刷
接触流失	垂直	在层次分明、渗透系数相差悬殊的两层土中，当渗流垂直于层面时，将渗透系数小的一层中的细颗粒带到渗透系数大的一层中的现象称为接触流失

【考法题型及预测题】

下列说法正确的是（　　）。

A. 由于基坑降水中断，黏性土地基发生土体隆起的形式属于流土

B. 在渗流作用下，非黏性土土体内的颗粒群同时发生移动的现象称为管涌

C. 在渗流作用下，非黏性土土体小颗粒沿着粗大颗粒间的孔隙通道移动的现象称为管涌

D. 当渗流沿着两种渗透系数不同的土层接触面或建筑物与地基的接触面流动时，在接触面处的土壤颗粒被冲动而产生的冲刷现象称为接触流失

E. 在层次分明、渗透系数相差悬殊的两层土中，当渗流垂直于层面时，将渗透系数小的一层中的细颗粒带到渗透系数大的一层中的现象称为接触冲刷

参考答案：A、C

解析：A 选项是 2014（1）选择题，正确；B 选项是 2013（1）、2017（1）选择题，在渗流作用下，非黏性土土体内的颗粒群同时发生移动的现象称为（流土）；C 选项，正确；D 选项在接触面处的土壤颗粒被冲动而产生的冲刷现象称为（接触冲刷）；E 选项当渗流垂直于层面时，将渗透系数小的一层中的细颗粒带到渗透系数大的一层中的现象称为（接触流失）。

2. 防止渗透变形的工程措施

实际是三大类措施

第一类措施	改善岩土体的结构特性（解决内部不渗）	第一类措施通常只用在岩体中。可采用水泥灌浆、化学灌浆、混凝土防渗墙、局部置换等方法
第二类措施	截断岩（土）体中的渗透水流或减小岩（土）体中渗透水流渗透比降（解决不受外部渗透影响）	设置水平与垂直防渗体，增加渗径的长度，降低渗透坡降或截阻渗流
第三类措施	内部有渗水，尽快把渗水排除。在排水过程中，为了拦截可能被渗流带走的颗粒，再设置盖重及反滤层	1. 设置排水沟或减压井，以降低下游渗流口处的渗透压力，并且有计划地排除渗水。 2. 对有可能发生管涌的地段，应铺设反滤层，拦截可能被渗流带走的细小颗粒。 3. 可能产生流土的地段，则应增加渗流出口处的盖重。盖重与保护层之间也应铺设反滤层

【考法题型及预测题】

背景：略

问题：请指出防止土石坝产生渗透变形的工程措施有哪些。

参考答案：

（1）设置水平与垂直防渗体，增加渗径的长度，降低渗透坡降或截阻渗流。

（2）设置排水沟或减压井，以降低下游渗流口处的渗透压力，并且有计划地排除渗水。

（3）对有可能发生管涌的地段，应铺设反滤层，拦截可能被渗流带走的细小颗粒。

（4）可能产生流土的地段，则应增加渗流出口处的盖重。盖重与保护层之间也应铺设反滤层。

1F411027　水流形态及消能方式

核心考点及可考性提示

考　　点		2020可考性提示
水流形态及消能方式	一、水流形态	★
	二、消能方式	★
★不大，★★一般，★★★极大		

核心考点剖析

核心考点一、水流形态

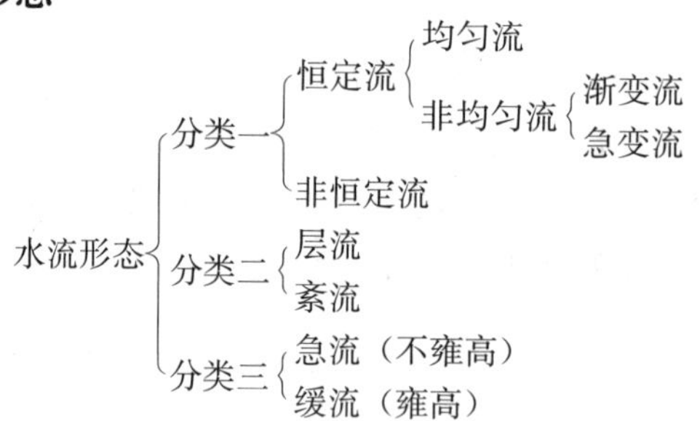

【考法题型及预测题】

1. 非均匀流，可分为(　　)。

A. 恒定流　　B. 非恒定流

C. 渐变流　　D. 急变流

E. 急流

参考答案：C、D

2. 各流层的液体质点有条不紊地运动，该流动形态为(　　)。

A. 层流　　B. 紊流

C. 急流　　D. 缓流

参考答案：A

3. 当水流遇到障碍物时，障碍物对水流的干扰可向上游传播是(　　)。

A. 层流　　　　　　　　　　B. 紊流

C. 急流　　　　　　　　　　D. 缓流

参考答案：D

核心考点二、消能方式

◆ 消能方式有：底流消能、挑流消能、面流消能、消力戽消能。

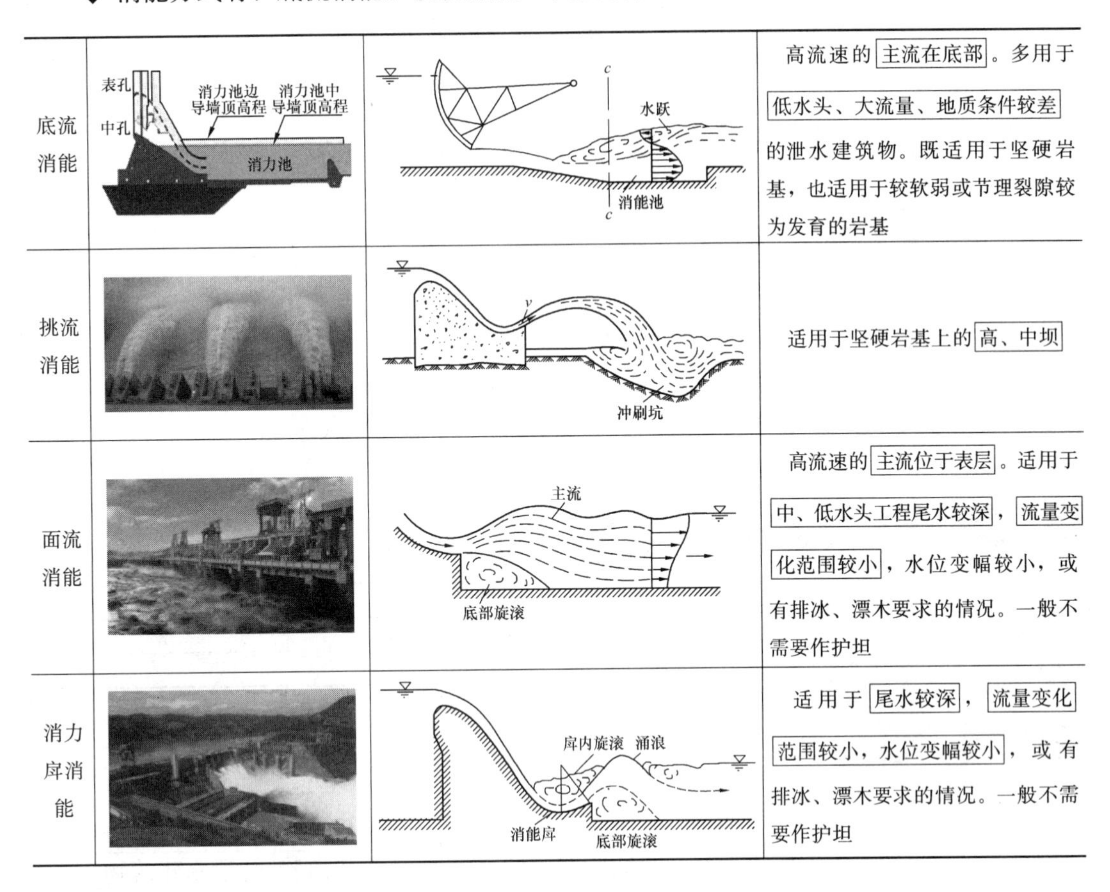

消能方式			特点
底流消能			高流速的主流在底部。多用于低水头、大流量、地质条件较差的泄水建筑物。既适用于坚硬岩基，也适用于较软弱或节理裂隙较为发育的岩基
挑流消能			适用于坚硬岩基上的高、中坝
面流消能			高流速的主流位于表层。适用于中、低水头工程尾水较深，流量变化范围较小，水位变幅较小，或有排冰、漂木要求的情况。一般不需要作护坦
消力戽消能			适用于尾水较深，流量变化范围较小，水位变幅较小，或有排冰、漂木要求的情况。一般不需要作护坦

【考法题型及预测题】

关于消能方式，下列说法正确的是(　　)。

主流

底部旋滚

图 1　　　　　　　　　　图 2

A. 图 1 所示消能方式属于底流消能

B. 图 2 所示消能方式属于面流消能

C. 高流速的主流位于表层，一般选用面流消能

D. 坚硬岩基上的高、中坝一般选用消力戽消能

参考答案：C

解析：A 选项是 2007（1）选择题，图 1 所示消能方式属于（面流）消能；B 选项是 2018（1）选择题，图 2 所示消能方式属于（底流）消能；C 选项正确；D 选项坚硬岩基上的高、中坝一般选用（挑流）消能。

1F412000 水利水电工程施工水流控制

1F412010 施工导流与截流

核心考点提纲

施工导流与截流：
- 施工导流标准
- 施工导流方式
- 截流方法

1F412011 施工导流标准

核心考点及可考性提示

考点		2020 可考性提示
施工导流标准	施工导流相关定义	★
★不大，★★一般，★★★极大		

核心考点剖析

核心考点 施工导流相关定义

◆ 导流建筑物系指枢纽工程施工期所使用的临时性挡水建筑物和泄水建筑物。

◆ 导流标准主要包括导流建筑物级别、导流建筑物设计洪水标准、施工期临时度汛洪水标准和导流泄水建筑物封堵后坝体度汛洪水标准等。

◆ 导流建筑物级别根据其保护对象、失事后果、使用年限和导流建筑物规模等指标划分为Ⅲ～Ⅴ级。

1F412012 施工导流方式

核心考点及可考性提示

考点		2020 可考性提示
施工导流方式	一、分期围堰导流	★★★
	二、一次拦断河床围堰导流	★
★不大，★★一般，★★★极大		

核心考点一、分期围堰法导流

<table>
<tr><th colspan="3">三峡工程施工导流与施工分期</th></tr>
<tr><td>一期一段</td><td>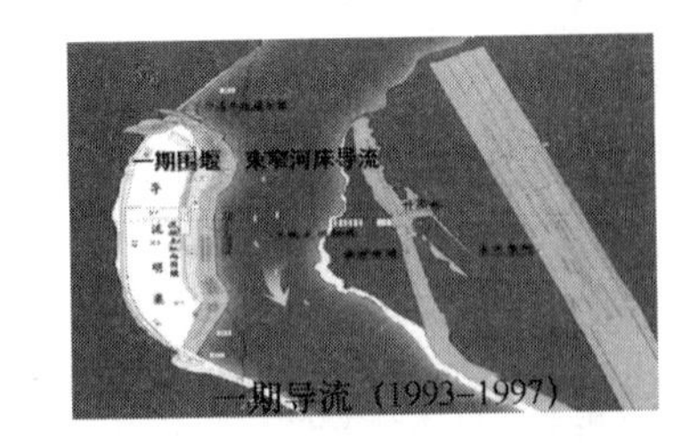</td><td></td></tr>
<tr><td>二期二段</td><td>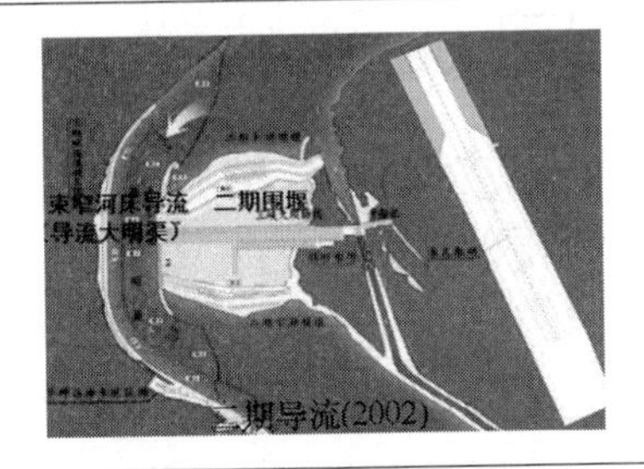</td><td></td></tr>
<tr><td>三期一段</td><td>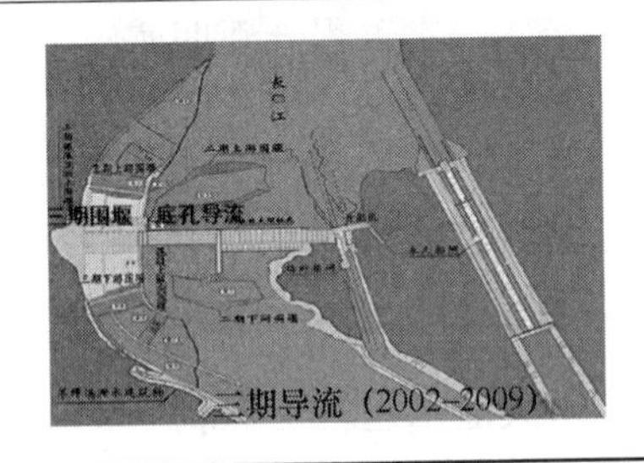</td><td></td></tr>
</table>

1. 概念：也称分段围堰导流（或河床内导流），就是用围堰将水工建筑物分段分期围护起来进行施工的方法。工程实践中，两段两期导流采用得最多。

2. 适用：河床宽、流量大、工期长，尤其适用通航和冰凌严重的河道。

3. 优点：费用低。

4. 前期一般用束窄河床，后期用完建的建筑物（底孔导流、缺口导流、梳齿孔导流，厂房导流等）。

【考法题型及预测题】

2015(1) 1.2.

背景：

该枢纽工程在施工期间发生如下事件：

事件一：为方便施工导流和安全度汛，施工单位计划将泵站与节制闸分两期实施，在分流岛部位设纵向围堰，上、下游分期设横向围堰，如上图所示。纵、横向围堰均采用土石结构。在基坑四周布置单排真空井点进行基坑降水。

问题：2. 根据事件一，本枢纽工程是先施工泵站还是先施工节制闸？为什么？

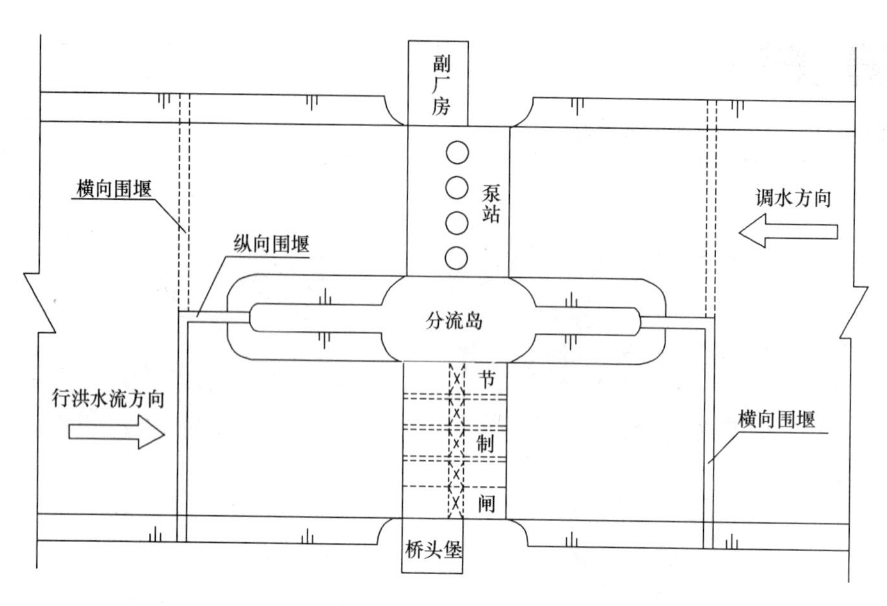

枢纽工程布置示意图

参考答案：2.（满分 6 分）

（1）先施工节制闸。（2 分）

（2）根据事件一分期实施方案和工程总体布置，本工程分两期实施主要是方便施工导流，先施工节制闸，利用原有河道导流（泵站无法进行施工导流）（2 分）；在泵站施工时可利用节制闸导流（2 分）。

核心考点二、一次拦断河床围堰导流

1. 概念：在河床内距主体工程上下游一定的距离，修筑拦河堰体，一次性截断河道，使河道中的水流经河床外修建的临时泄水道或永久泄水建筑物下泄。

2. 适用：枯水期流量不大，河道狭窄。

3. 分类：明渠导流、隧洞导流、涵管导流等。

明渠导流	适用：岸坡平缓或有一岸具有较宽的台地、垭口或古河道的地形。 优点：施工简单，适合大型机械施工；有利于加速施工进度，缩短工期；对通航、放木条件也较好	
隧洞导流	适用：河谷狭窄、两岸地形陡峻、山岩坚实的山区河流	

续表

涵管导流	适用：导流流量较小的河流或只用来担负枯水期的导流。一般在修筑土坝、堆石坝等工程中采用。涵管通常布置在河岸滩地上，其位置常在枯水位以上，这样可在枯水期不修围堰或只修小围堰就可将涵管筑好，节省费用	

1F412013　截流方法

核心考点及可考性提示

考　　点		2020 可考性提示
截流方法	一、截流方式	★★
	二、减小截流难度的技术措施	★

★不大，★★一般，★★★极大

核心考点剖析

核心考点一、截流方式

◆ 截流过程

三峡截流过程		
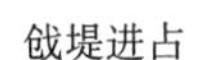戗堤进占	 	
龙口加固	 	

续表

三峡截流过程		
龙口合龙		
闭气		

◆ 截流多采用戗堤法，宜优先采用立堵截流方式；在条件特殊时，经充分论证后可选用建造浮桥及栈桥平堵截流、定向爆破、建闸等其他截流方式。

◆ 混合堵是采用立堵与平堵相结合的方法，有立平堵和平立堵两种。

立平堵	平立堵
为了充分发挥平堵水力条件较好的优点，降低架桥的费用，工程中可采用先立堵、后架桥平堵的方式	对于软基河床，单纯立堵易造成河床冲刷，往往采用先平抛护底再立堵合龙的方案。此时，平抛多利用驳船进行

◆ 截流方式应综合分析水力学参数、施工条件和截流难度、抛投材料数量和性质、抛投强度等因素，进行技术经济比较，并应根据下列条件选择：(易出模拟题)

(1) 截流落差不超过 4.0m 和流量较小时，宜优先选择单戗立堵截流。当龙口水流较大，流速较高，应制备特殊抛投材料。

（2）截流流量大且落差大于4.0m和龙口水流能量较大时，可采用双戗、多戗或宽戗立堵截流。

截流水力学计算应确定截流过程中的落差、单宽流量、单宽能量、流速等水力学参数及其变化规律，确定截流抛投材料的尺寸和重量。

【考法题型及预测题】

1．2017（1）-4．截流方法中，属于戗堤法截流的是（　　）。

A．水力冲填截流　　B．定向爆破截流

C．浮运结构截流　　D．立堵截流

参考答案：D

2．截流水力学计算应确定（　　）等水力学参数及其变化规律，确定截流抛投材料的尺寸和重量。

A．截流过程中的落差　　B．单宽流量

C．单宽能量　　D．流速

E．截流难度

参考答案：A、B、C、D

核心考点二、减小截流难度的技术措施

◆ 截流工程的难易程度取决于河道流量、泄水条件、龙口的落差、流速、地形地质条件、材料供应情况及施工方法、施工设备等因素。

◆ 主要技术措施：加大分流量，改善分流条件；改善龙口水力条件；增大抛投料的稳定性，减少块料流失；加大截流施工强度；合理选择截流时段等。

减小截流难度的技术措施		
加大分流量，改善分流条件	1. 合理确定导流建筑物尺寸、断面形式和底高程。 2. 确保泄水建筑物上下游引渠开挖和上下游围堰拆除的质量（关键环节）。 3. 在永久泄水建筑物泄流能力不足时，可以专门修建截流分水闸或其他形式泄水道帮助分流，待截流完成后，借助于闸门封堵泄水闸，最后完成截流任务。 4. 增大截流建筑物的泄水能力	
改善龙口水力条件	1. 双戗截流：组织复杂；护底工程量大（如需要）；对通航不利。 2. 三戗截流。 3. 宽戗截流：抛投强度大，用料多，过于浪费。 4. 平抛垫底	

减小截流难度的技术措施		
增大抛投料的稳定性，减少块料流失	采用特大块石、葡萄串石、钢构架石笼、混凝土块体（包括四面体、六面体、四脚体、构架）等。也可在龙口下游设置拦石坎	 大矿石“葡萄串”
加大截流施工强度	可减少龙口的流量和落差，减少抛投料损失；加大材料供应量、改进施工方法、增加施工设备投入等	
合理选择截流时段	对航运影响小时段、避开流冰期、尽量提前	 枯水期

1F412020　导流建筑物及基坑排水

核心考点提纲

导流建筑物及基坑排水
- 围堰的类型
- 围堰布置与设计
- 基坑排水技术
- 导流泄水建筑物

1F412021　围堰的类型

核心考点及可考性提示

考　　点		2020 可考性提示
围堰的类型	围堰类型分类	★
★不大，★★一般，★★★极大		

核心考点剖析

核心考点　围堰类型分类

◆ 围堰：临时性挡水建筑物，用来围护施工基坑，保证水工建筑物能在干地施工。在导流任务完成后，若围堰不能与主体工程结合成为永久工程的一部分，应予以拆除。

◆ 围堰的类型

<table>
<tr>
<td rowspan="2">土石围堰</td>
<td>特点：可与截流戗堤结合，可利用弃渣，利用主体工程施工设备机械化施工。我国应用最广泛的围堰形式。
土石围堰的防渗结构形式有：斜墙式、斜墙带水平铺盖式、垂直防渗墙式及灌浆帷幕式等</td>
<td></td>
</tr>
<tr>
<td colspan="2">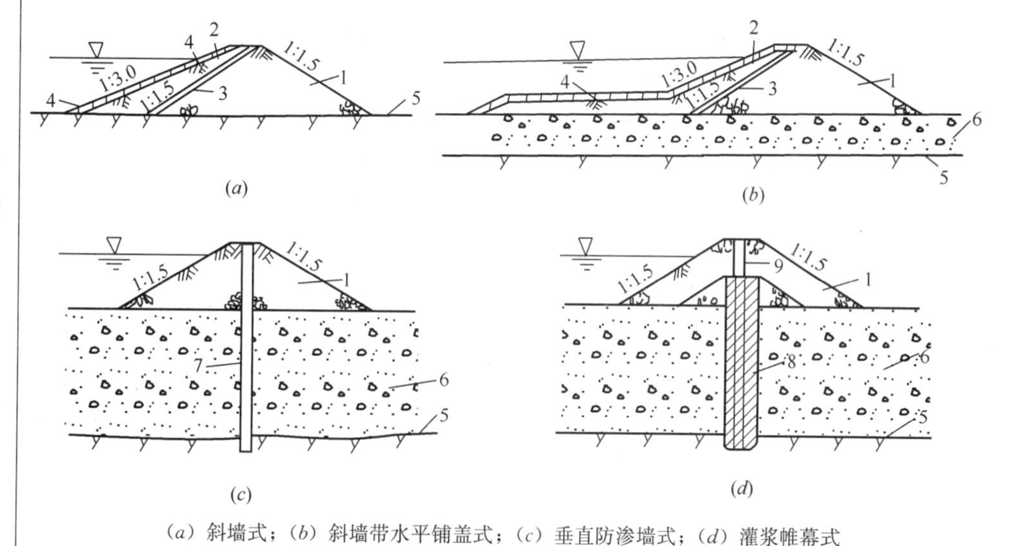

(a) 斜墙式；(b) 斜墙带水平铺盖式；(c) 垂直防渗墙式；(d) 灌浆帷幕式
1—堆石体；2—黏土斜墙、铺盖；3—反滤层；4—护面；5—隔水层；6—覆盖层；
7—垂直防渗墙；8—灌浆帷幕；9—黏土心墙</td>
</tr>
</table>

【考法题型及预测题】

2016 (1)-2. 下列能组成临时建筑物一部分的是(　　)。

A. 土石围堰　　B. 草土围堰

C. 竹笼围堰　　D. 木笼围堰

参考答案：A

1F412022　围堰布置与设计

核心考点及可考性提示

考　　点		2020 可考性提示
围堰布置与设计	围堰稳定及堰顶高程	★★★
★不大，★★一般，★★★极大		

核心考点剖析

核心考点　围堰稳定及堰顶高程

◆ 稳定安全系数

(1) 土石围堰边坡稳定安全系数应满足下表的规定。

围堰级别	计算方法	
	瑞典圆弧法	简化毕肖普法
3 级	≥1.20	≥1.30
4 级、5 级	≥1.05	≥1.15

(2) 重力式混凝土围堰、浆砌石围堰。

重力式混凝土围堰、浆砌石围堰		
公式	要求 1	要求 2
采用抗剪断公式	安全系数 K'应不小于 3.0	排水失效时，安全系数 K'应不小于 2.5
采用抗剪强度公式计算时	安全系数 K'应不小于 1.05	

【考法题型及预测题】

下列说法不正确的是(　　)。

A. 某 2 级水闸工程采用土围堰挡水施工，其围堰边坡稳定最小安全系数为 1.05

B. 4 级均质土石围堰，分别采用瑞典圆弧法（K_1）和简化毕肖普法（K_2）计算围堰边坡稳定安全系数，K_1、K_2计算结果应不小于 1.05 和 1.15

C. 重力式混凝土围堰采用抗剪断公式，安全系数 K'应不大于 3.0；排水失效时，K'应不大于 2.0

D. 重力式混凝土围堰采用抗剪强度公式计算时，安全系数 K'应不小于 1.05

参考答案：C

解析：A 选项是 2010（2）选择题，正确；B 选项是 2011（2）、2011（2）、2018（2）、2018（1）选择题，2014（1）、2019（1）案例题，正确；C 选项重力式混凝土围堰采用抗剪断公式，安全系数 K'应（不小于 3.0）；排水失效时，K'应（不小于 2.5）；D 选项，正确。

◆ 堰顶高程计算

（1）堰顶高程不低于设计洪水的静水位与波浪高度及堰顶安全加高值之和，其堰顶安全加高不低于下表值。

不过水围堰的安全超高下限值（m）

围堰形式	围堰级别	
	3	4～5
土石围堰	0.7	0.5
混凝土围堰、浆砌石围堰	0.4	0.3

（2）土石围堰防渗体顶部在设计洪水静水位以上的加高值：斜墙式防渗体为 0.6～0.8m；心墙式防渗体为 0.3～0.6m。

【考法题型及预测题】

1. 2017（2）-25. 计算土围堰的堰顶高程，应考虑的因素包括（　　）。

A. 河道宽度　　B. 施工期水位

C. 围堰结构型式　　D. 波浪爬高

E. 安全超高

参考答案：B、D、E

2. 根据《水利水电工程施工组织设计规范》SL 303—2004，不过水土石围堰防渗体顶部高程应不低于（　　）。

A. 设计洪水静水位

B. 设计洪水静水位与波浪高度之和

C. 设计洪水静水位与安全加高值之和

D. 设计洪水静水位与波浪高度及安全加高值之和

参考答案：C

解析：注意对比，本题是求“渗体顶部高程”，不是求“堰顶高程”。

3. 背景：

某水闸除险加固工程主要工程内容包括：加固老闸，扩建新闸，开挖引河等。新闸设计流量 $1100m^3/s$（提示：Ⅱ等工程）。

施工合同约定工程施工总工期为 3 年。工程所在地主汛期为 6～9 月份，扩建新闸、加固老闸安排在非汛期施工，相应施工期设计洪水水位为 10.0m，该工程施工中发生了如下事件：

事件二：施工单位优化施工导流方案和施工组织方案报监理单位审批，并开展施工导流工程设计，其中施工围堰采用斜墙式防渗体土围堰，围堰工程级别为 4 级，波浪高度为 0.8m。

问题：2. 根据《水利水电工程施工组织设计规范》SL 303—2004，计算事件二中施工围堰的设计顶高程；该围堰的防渗体顶部高程最低是多少？该围堰的边坡稳定安全系数最小应为多少？

参考答案：2.（满分 6 分）

（1）围堰的设计顶高程＝10.0＋0.8（1 分）＋0.5（1 分）＝11.3m（1 分）；

（2）防渗体顶部高程最小值＝10＋0.6（1 分）＝10.6m（1 分）；

（3）边坡稳定安全系数最小值＝1.05（1 分）。

1F412023　基坑排水技术

核心考点及可考性提示

<table>
<tr><th colspan="3">考　点</th><th>2020 可考性提示</th></tr>
<tr><td rowspan="3">基坑排水技术</td><td>一、初期排水</td><td>排水量的组成及计算</td><td>★★</td></tr>
<tr><td rowspan="2">二、经常性排水</td><td rowspan="2">水位降落速度及排水时间</td><td></td></tr>
<tr><td>★★</td></tr>
<tr><td colspan="4">★不大，★★一般，★★★极大</td></tr>
</table>

核心考点剖析

核心考点一、初期排水

1. 排水量的组成及计算

◆ 组成

围堰合龙闭气之后，为使主体工程能在干地施工，必须首先排除基坑积水、堰体和堰基的渗水、降雨汇水等，称为初期排水。

排水量的组成及计算：

初期排水总量应按围堰闭气后的基坑积水量、抽水过程中围堰及地基渗水量、堰身及基坑覆盖层中的含水量，以及可能的降水量等组成计算。其中可能的降水量可采用抽水时段的多年日平均降水量计算。

初期排水：对比	
排“什么”水	计算排水“量”
基坑积水	基坑积水量
堰体和堰基的渗水	围堰及地基渗水量
	覆盖层中的含水量
降雨汇水	可能的降水量

◆ 计算

可根据地质情况、工程等级、工期长短及施工条件，参考下式计算：

$$Q = \eta V/T$$

式中 Q——初期排水流量（m^3/s）；

V——基坑的积水体积（m^3）；

T——初期排水时间（s）；

η——经验系数，主要与围堰种类、防渗措施、地基情况、排水时间等因素有关，一般取 $\eta=3\sim6$。当覆盖层较厚。渗透系数较大时取上限。

2. 水位降落速度及排水时间

◆ 为了避免基坑边坡因渗透压力过大，造成边坡失稳产生塌坡事故，在确定基坑初期抽水强度时，应根据不同围堰形式对渗透稳定的要求确定基坑水位下降速度。

◆ 对于土质围堰或覆盖层边坡，其基坑水位下降速度必须控制在允许范围内。开始排水降速以0.5～0.8m/d为宜，接近排干时可允许达1.0～1.5m/d。其他形式围堰，基坑水位降速一般不是控制因素。

◆ 排水时间的确定，应考虑基坑工期的紧迫程度、基坑水位允许下降的速度、各期抽水设备及相应用电负荷的均匀性等因素，进行比较后选定。一般情况下，大型基坑可采用5～7d，中型基坑可采用3～5d。

【考法题型及预测题】

关于基坑初期排水，下列说法正确的是(　　)。

A. 初期排水流量 $Q=\eta V/T$，其中 η 为经验系数，一般最小为 2

B. 对于土质围堰或覆盖层边坡，其基坑水位下降速度必须控制在允许范围内。开始排水降速以 1～1.5m/d 为宜

C. 大型基坑的排水时间一般为（3～5）天

D. 基坑水位下降速度过快，基坑边坡因渗透压力过大而造成边坡失稳产生塌坡事故

参考答案：D

解析：A 选项初期排水流量 $Q=\eta V/T$，其中 η 为经验系数，一般最小为（3～6）；B 选项是开始排水降速以（0.5～0.8）m/d 为宜；C 选项大型基坑的排水时间一般为（5～7）天；D 选项是 2014（1）、2014（2）、2018（2）案例题，正确。

核心考点二、经常性排水

经常性排水应分别计算围堰和地基在设计水头的渗流量、覆盖层中的含水量、排水时降水量及施工弃水量。其中降水量按抽水时段最大日降水量在当天抽干计算；施工弃水量与降水量不应叠加。基坑渗水量可分析围堰形式、防渗方式、堰基情况、地质资料可靠程度、渗流水头等因素适当扩大。

初期排水		经常性排水
排“什么”水	计算排水“量”	计算排水“量”
基坑积水	基坑积水量	施工弃水量
堰体和堰基的渗水	围堰及地基渗水量	设计水头的渗流量
	覆盖层中的含水量	覆盖层中的含水量
降雨汇水	可能的降水量	排水时降水量

【考法题型及预测题】

1. 2017(1)-23. 围堰合龙闭气后，基坑初期排水总量包括(　　)等。

A. 基坑积水量　　B. 施工弃水量

C. 可能的降水量　　D. 堰身含水量

E. 围堰渗水量

参考答案：A、C、D、E

2. 2016(1)-23. 围堰基坑经常性排水包括(　　)。

A. 堰身渗水　　B. 覆盖层含水

C. 施工弃水　　D. 基坑积水

E. 排水期间降水

参考答案：A、B、C、E

1F412024　导流泄水建筑物

核心考点及可考性提示

考　点		2020可考性提示
导流泄水建筑物	几种泄水建筑物的对比	★
		★
		★
		★
★不大，★★一般，★★★极大		

核心考点剖析

核心考点　几种泄水建筑物的对比

导流泄水建筑物包括导流明渠、导流隧洞、导流涵管、导流底孔、坝体预留缺口等临时建筑物和部分利用的永久泄水建筑物。

导流明渠	导流隧洞

导流涵管	坝体预留缺口

◆ 导流明渠

弯道半径不宜小于 3 倍明渠底宽，进出口轴线与河道主流方向的夹角宜小于 30°，避免泄洪时对上下游沿岸及施工设施产生冲刷。

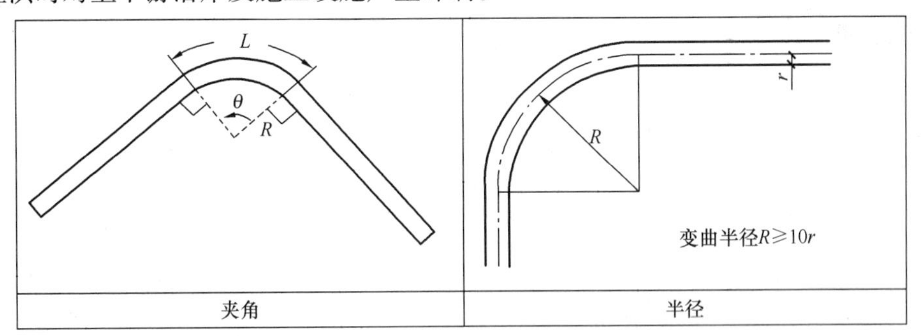

夹角	半径

◆ 导流隧洞

弯曲半径不宜小于 5 倍洞径（或洞宽），转角不宜大于 60°，且应在弯段首尾设置直线段，其长度不宜小于 5 倍洞径（或洞宽）。高流速有压隧洞弯曲半径和转角宜通过试验确定。

【考法题型及预测题】

关于导流泄水建筑物，下列说法正确的是(　　)。

A. 导流明渠的弯道半径不宜大于 3 倍明渠底宽

B. 导流明渠的进出口轴线与河道主流方向的夹角宜小于 30°

C. 导流隧洞的弯曲半径不宜小于 3 倍洞径

D. 导流隧洞的转角宜大于 60°

参考答案：B

解析：A 选项导流明渠的弯道半径（不宜小于 3 倍）明渠底宽；B 选项正确；C 选项导流隧洞的弯曲半径（不宜小于 5 倍）洞径；D 选项导流隧洞的转角（不宜大于 60°）。

1F413000 地 基 处 理 工 程

核心考点提纲

地基处理工程
- 地基基础的要求及地基处理的方法
- 灌浆施工技术
- 防渗墙施工技术

1F413001 地基基础的要求及地基处理的方法

核心考点及可考性提示

考点			2020 可考性提示
地基基础的要求及地基处理的方法	一、地基基础的要求	水工建筑物的地基分类	★★
		水工建筑物对地基基础的基本要求	★
	二、地基处理的方法		★★
★不大，★★一般，★★★极大			

核心考点剖析

核心考点一、地基基础的要求

◆ 水工建筑物的地基分类

水工建筑物的地基分类		
硬基	软基	
岩基是由岩石构成的地基，又称硬基	软基是由淤泥、壤土、砂、砂砾石、砂卵石等构成的地基。又可细分为砂砾石地基、软土地基	
岩基 	砂砾石地基 	软土地基 

续表

岩基	砂砾石地基	软土地基
岩石构成	砂砾石地基是由砂砾石、砂卵石等构成的地基，它的空隙大，孔隙率高，因而渗透性强	软土地基是由淤泥、壤土、粉细砂等细微粒子的土质构成的地基。这种地基具有孔隙率大、压缩性大、（含水量大）、（渗透系数小）、水分不易排出、承载能力差、沉陷大、触变性强等特点，在外界的影响下很容易变形

【考法题型及预测题】

与砂砾石地基相比，软土地基具有的特点有（　　）。

A. 空隙率大　　B. 孔隙率大

C. 渗透性强　　D. 渗透系数小

E. 含水量大

参考答案：B、D、E

◆ 水工建筑物对地基基础的基本要求

1. 具有足够的强度。能够承受上部结构传递的应力。

2. 具有足够的整体性和均一性。能够防止基础的滑动和不均匀沉陷。

3. 具有足够的抗渗性。能够避免发生严重的渗漏和渗透破坏。

4. 具有足够的耐久性。能够防止在地下水长期作用下发生侵蚀破坏。

核心考点二、地基处理的方法

水利水电工程地基处理的基本方法主要有开挖、灌浆、防渗墙、桩基础、锚固，还有置换法、排水法以及挤实法等。

1. 开挖

开挖处理是将不符合设计要求的覆盖层、风化破碎有缺陷的岩层挖掉，是地基处理最通用的方法。

2. 灌浆

灌浆是利用灌浆泵的压力，通过钻孔、预埋管路或其他方式，把具有胶凝性质的材料（水泥）和掺合料（如黏土等）与水搅拌混合的浆液或化学溶液灌注到岩石、土层中的裂隙、洞穴或混凝土的裂缝、接缝内，以达到加固、防渗等工程目的的技术措施。

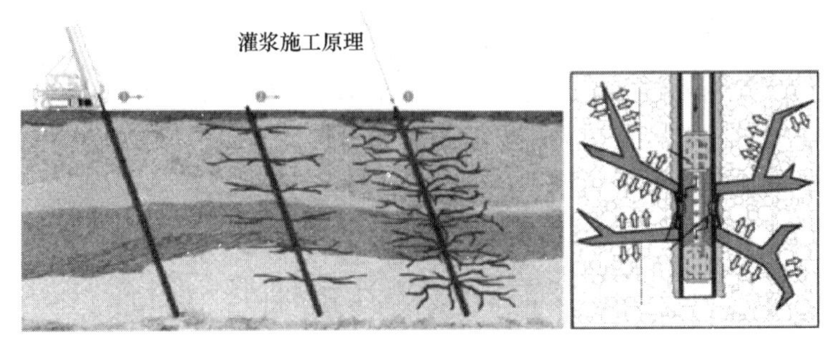

3. 防渗墙

防渗墙是使用专用机具钻凿圆孔或直接开挖槽孔，以泥浆固壁，孔内浇灌混凝土或其他防渗材料等，或安装预制混凝土构件，而形成连续的地下墙体。也可用板桩、灌注桩、旋喷桩或定喷桩等各类桩体连续形成防渗墙。

4. 置换法

置换法是将建筑物基础底面以下一定范围内的软弱土层挖去，换填无侵蚀性及低压缩性的散粒材料，从而加速软土固结的一种方法。

5. 排水法

排水法是采取相应措施如砂垫层、排水井、塑料多孔排水板等，使软基表层或内部形成水平或垂直排水通道，然后在土壤自重或外荷压载作用下，加速土壤中水分的排除，使土壤固结的一种方法。

6. 挤实法

挤实法是将某些填料如砂、碎石或生石灰等用冲击、振动或两者兼而有之的方法压入土中，形成一个个的柱体，将原土层挤实，从而增加地基强度的一种方法。

7. 桩基础

可将建筑物荷载传到深部地基，起增大承载力，减小或调整沉降等作用。桩基础有打入桩、灌注桩、旋喷桩及深层搅拌桩。

8. 锚固

将受拉杆件的一端固定于岩（土）体中，另一端与工程结构相连接，利用锚固结构的抗剪、抗拉强度，改善岩土力学性质，增强抗剪强度，对地基与结构物起到加固作用的技术。

【考法题型及预测题】

关于地基处理方法中，下列说法错误的是(　　)。

A. 能形成复合地基的方法是挤实法

B. 适用于软土地基处理的方法有置换法、排水法、强夯法、挤实法等方法

C. 适用于砂砾石地基处理的方法有开挖、防渗墙等方法

D. 对软基和岩基均适用的方法是灌浆法

参考答案：B

解析：A选项是2010（2）选择题，正确；B选项是2012［10月］（2）、2018（2）选择

题，软土地基处理方法包括：（开挖、桩基础、置换法、排水法、挤实法）等，没有“强夯法”；C选项2011（2）、2016（2）选择题，正确；D选项是2017（1）选择题，正确。

1F413002　灌浆施工技术

核心考点及可考性提示

考点		2020可考性提示
灌浆施工技术	一、灌浆分类	★
	二、钻孔灌浆用的机械设备	★
	三、灌浆方式和灌浆方法	★
	四、帷幕灌浆	★★★
	五、固结灌浆	★★
	六、高压喷射灌浆	★★
★不大，★★一般，★★★极大		

核心考点剖析

核心考点一、灌浆分类

◆ 按灌浆目的分类

1. 帷幕灌浆。减小渗流量或降低扬压力。
2. 固结灌浆。提高岩体的整体性和抗变形能力。
3. 接触灌浆。增加接触面结合能力。
4. 接缝灌浆。改善传力条件增强坝体整体性。
5. 回填灌浆。增强围岩或结构的密实性的灌浆。

岩基灌浆时，一般先进行固结灌浆，后进行帷幕灌浆，可以抑制帷幕灌浆时地表抬动和冒浆。

【考法题型及预测题】

关于灌浆分类，下列说法正确的是（　　）。

A. 用浆液灌入岩体裂隙中以提高岩体的整体性和抗变形能力的称为固结灌浆

B. 适用于均质土坝坝体灌浆的是充填灌浆

C. 泄洪隧洞衬砌混凝土与围岩之间空隙的灌浆方式属于充填灌浆

D. 改善传力条件增强坝体整体性是接触灌浆

E. 接触灌浆。增加接触面结合能力是接缝灌浆

参考答案：A、B

解析：A选项是2009（1）选择题，正确；B选项是2010（1）选择题，正确，该知识点教材已经删除，了解即可；C选项是2011（1）选择题，泄洪隧洞衬砌混凝土与围岩之间空隙的灌浆方式属于（回填）灌浆；D选项，改善传力条件增强坝体整体性是（接缝灌浆）；E选项，增加接触面结合能力是（接触灌浆）。

核心考点二、钻孔灌浆用的机械设备

◆ 钻孔机械：有回转式、回转冲击式、冲击式三大类。

◆ 灌浆机械：主要有灌浆泵、浆液搅拌机及灌浆记录仪等

核心考点三、灌浆方式和灌浆方法

◆ 灌浆方式：纯压式和循环式两种

纯压式	循环式
（1）概念：纯压式灌浆是指浆液注入孔段内和岩体裂隙中，不再返回的灌浆方式。（只进不出） （2）特点：设备简单，操作方便；但浆液流动速度较慢，容易沉淀，堵塞岩层缝隙和管路。 （3）适用：多用于吸浆量大，并有大裂隙存在和孔深不超过 15m 的情况	（1）概念：部分浆液通过回浆管返回，保持浆液呈循环流动状态。（有进有出） （2）特点：浆液保持流动状态，防止水泥沉淀，灌浆效果好；根据进浆和回浆液比重的差值，判断岩层吸收水泥的情况

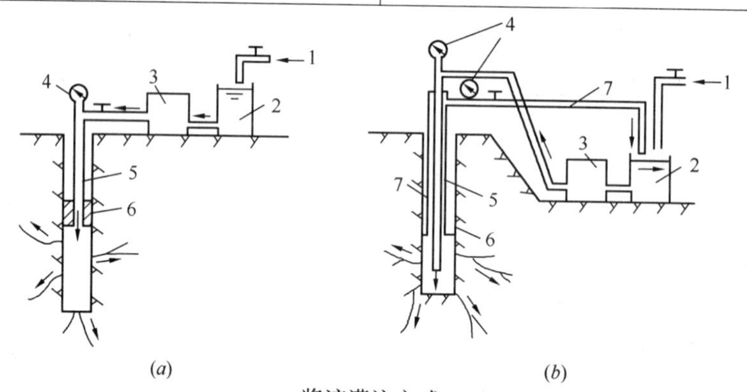

浆液灌注方式

（*a*）纯压式；（*b*）循环式

1—水；2—拌浆筒；3—灌浆泵；4—压力表；5—灌浆管；6—灌浆塞；7—回浆管

◆ 灌浆方法（5 种方法）

灌浆方法	特　点
全孔一次灌浆	（1）将孔一次钻完，全孔段一次灌浆。 （2）特点：施工简便。 （3）适用：孔深不深，地质条件比较好，基岩比较完整的情况
自下而上分段灌浆	将灌浆孔一次钻进到底，然后从钻孔的底部往上，逐段安装灌浆塞进行灌浆，直至孔口的灌浆方法
自上而下分段灌浆法	从上向下逐段进行钻孔，逐段安装灌浆塞进行灌浆，直至孔底的灌浆方法
综合灌浆法	某些段采用自上而下分段灌浆，另一些段采用自下而上分段灌浆的方法
孔口封闭灌浆法（目前常用，灌压大，质量好）	在钻孔的孔口安装孔口管，自上而下分段钻孔和灌浆，各段灌浆时都在孔口安装孔口封闭器进行灌浆的方法

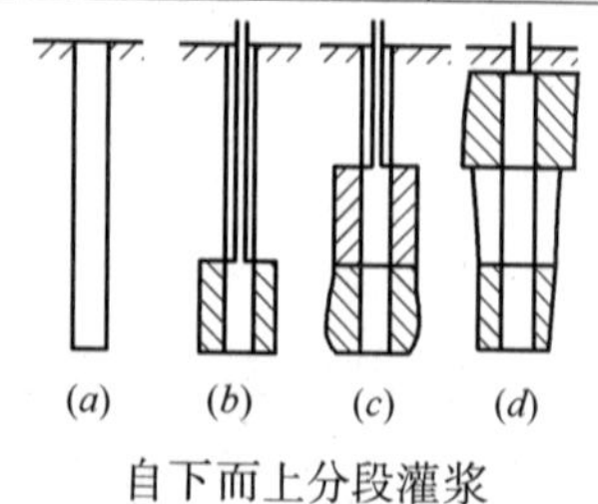

自下而上分段灌浆

（*a*）钻孔；（*b*）第三段灌浆；

（*c*）第二段灌浆；（*d*）第一段灌浆

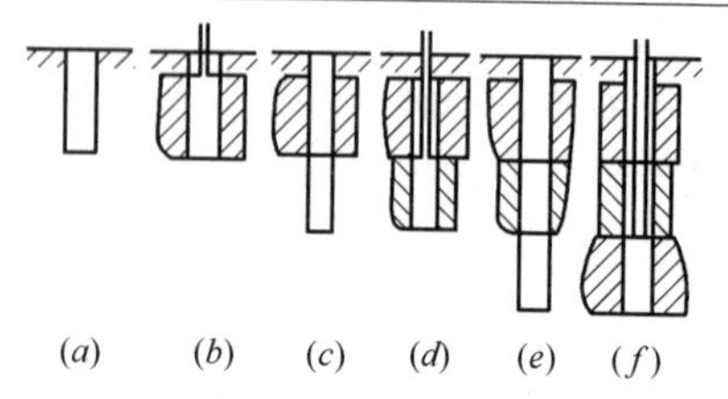

自上而下分段灌浆

（*a*）第一段钻孔；（*b*）第一段灌浆；（*c*）第二段钻孔；

（*d*）第二段灌浆；（*e*）第三段钻孔；（*f*）第三段灌浆

【考法题型及预测题】

2019（1)-24. 混凝土防渗墙下基岩帷幕灌浆宜采用(　　)。

A. 自上而下分段灌浆　　B. 自下而上分段灌浆

C. 孔口封闭法灌浆　　D. 全孔一次灌浆

E. 纯压式灌浆

参考答案：A、B

核心考点四、帷幕灌浆

帷幕灌浆施工工艺主要包括：钻孔、裂隙冲洗、压水试验、灌浆和灌浆的质量检查等。

<table>
<tr><td>钻孔</td><td colspan="2">帷幕灌浆中的各类钻孔均应分段进行孔斜测量</td></tr>
<tr><td rowspan="2">裂隙冲洗和压水试验</td><td>冲洗</td><td>· 采用自上而下分段灌浆法和孔口封闭法进行帷幕灌浆时，各灌浆段在灌浆前应进行裂隙冲洗，冲洗压力可为灌浆压力的 80%，并不大于 1MPa。
· 当采用自下而上分段灌浆法时，可在灌浆前对全孔进行一次裂隙冲洗</td></tr>
<tr><td>压水试验</td><td>· 帷幕灌浆先导孔、质量检查孔应自上而下分段进行压水试验，压水试验宜采用单点法。
· 采用自上而下分段灌浆法、孔口封闭灌浆法进行帷幕灌浆时，各灌浆段在灌浆前应进行简易压水试验。简易压水试验可与裂隙冲洗结合进行。
· 采用自下而上分段灌浆法时，灌浆前可进行全孔一段简易压水试验和孔底段简易压水试验</td></tr>
<tr><td>灌浆方式和灌浆方法</td><td>灌浆方式
（三排孔）
（★★★）</td><td>· 帷幕灌浆应按分序加密的原则进行。
· 由三排孔组成的帷幕，应先灌注下游排孔，再灌注上游排孔，后灌注中间排孔，每排孔可分为二序。 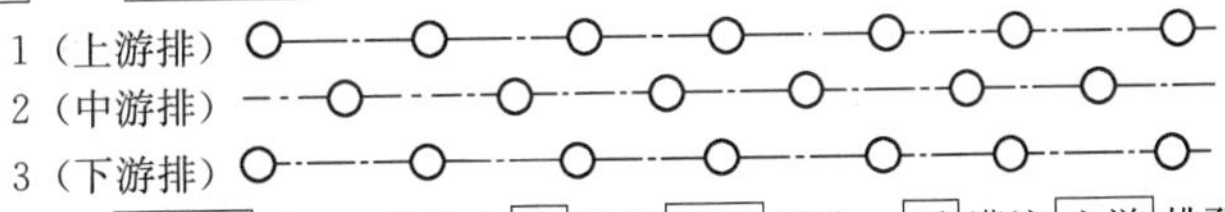
1（上游排）
2（中游排）
3（下游排）
· 由两排孔组成的帷幕应先灌注下游排孔，后灌注上游排孔，每排孔可分为二序或三序。
· 单排孔帷幕应分为三序灌浆，如下图所示  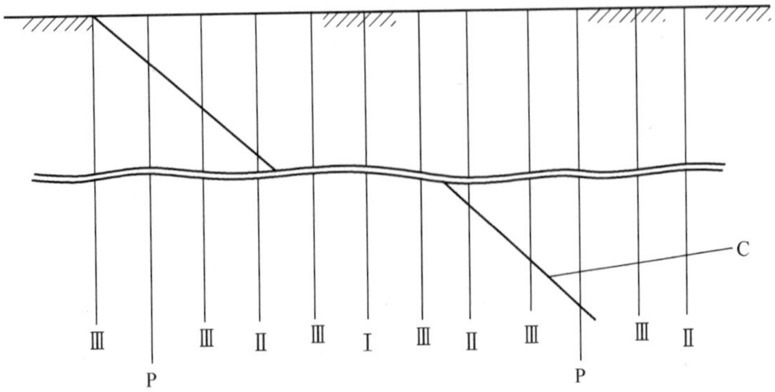
帷幕灌浆孔的施工工序
P—先导孔；Ⅰ、Ⅱ、Ⅲ—第一、二、三次序孔；C—检查孔</td></tr>
</table>

续表

钻孔	帷幕灌浆中的各类钻孔均应分段进行孔斜测量	
灌浆方式和灌浆方法	灌浆方式（三序施工）（★★★）	在帷幕的先灌排或主帷幕孔中宜布置先导孔，先导孔应在一序孔中选取，其间距宜为16～24m，或按该排孔数的10%布置。岩溶发育区、岸坡卸荷区等地层性状突变部位先导孔宜适当加密
	灌浆方法（略）	根据不同的地质条件和工程要求，帷幕灌浆可选用自上而下分段灌浆法、自下而上分段灌浆法、综合灌浆法及孔口封闭灌浆法
灌浆压力和浆液变换	· 纯压式灌浆，压力表应安装在孔口进浆管路上；循环式灌浆，压力表应安装在孔口处回浆管路上。 · 灌浆浓度应由稀到浓，逐级变换。浆液水灰比可采用5∶1、3∶1、2∶1、1∶1、0.8∶1、0.6∶1、0.5∶1七个比级。开灌水灰比可采用5∶1	
灌浆结束标准和封孔方法	略	
特殊情况处理（★★）	· 冒浆漏浆：应根据具体情况采用嵌缝、表面封堵、低压、浓浆、限流、限量、间歇灌浆等方法进行处理。 · 串浆：如串浆孔具备灌浆条件，可以同时进行灌浆。应一泵灌一孔。否则应将串浆孔用塞塞住，待灌浆孔灌浆结束后，再对串浆孔进行扫孔、冲洗，而后继续钻进和灌浆	
工程质量检查	检查部位	帷幕灌浆工程质量的评价应以检查孔压水试验成果为主要依据，结合施工成果资料和其他检验测试资料进行综合分析确定。帷幕灌浆检查孔应在分析施工资料基础上在下列位置布置： (1)帷幕中心线上。(2)地质条件复杂的部位。(3)末序孔注入量大的孔段附近。(4)钻孔偏斜过大、灌浆过程不正常有影响的部位。(5)防渗要求高的重点部位
	检查数量（★★）	帷幕灌浆检查孔数量可按灌浆孔数的一定比例确定。单排孔帷幕时，检查孔数量可为灌浆孔总数的10%左右，多排孔帷幕时，检查孔的数量可按主排孔数10%左右。一个坝段或一个单元工程内，至少应布置一个检查孔。 帷幕灌浆检查孔应采取岩芯，绘制钻孔柱状图，岩芯应全部拍照，重要岩芯应长期保留
	检查时间（★★）	帷幕灌浆的检查孔压水试验应在该部位灌浆结束14d后进行，检查孔应向上而下分段钻进，分段阻塞，分段压水试验，宜采用单点法
	质量的评定标准	帷幕灌浆工程质量的评定标准为： (1) 经检查孔压水试验检查，坝体混凝土与基岩接触段的透水率的合格率为100%；（关键部位合格率100%） (2) 其余各段的合格率不小于96%；（普通部位合格率96%） (3) 不合格试段的透水率不超过设计规定的150%； (4) 且不合格试段的分布不集中； (5) 其他施工或测试资料基本合理，灌浆质量可评为合格

【考法题型及预测题】

1. 关于灌浆施工，下列说法不正确的是(　　)。

A. 水工隧洞中的灌浆施工顺序为先回填灌浆，后固结灌浆，再接缝灌浆

B. 下图所示的帷幕灌浆工程中，灌浆施工顺序应为 3→1→2

1（上游排）

2（中游排）

3（下游排）

C. 固结灌浆施工程序依次是钻孔→压水试验→灌浆→封孔→质量检查

D. 帷幕灌浆施工过程中，控制浆液浓度变化的原则是先浓后稀

参考答案：D

A 选项是 2017（2）、2019（1）选择题，2018（2）、2018（1）案例题，正确；B 选项是 2016（2）选择题，2018（2）、2018（1）案例题，正确；C 选项是 2010［福建］（2）选择题，2018（2）、2018（1）案例题，正确；D. 选项是 2006（1）、2011（2）选择题，帷幕灌浆或者固结灌浆，控制浆液浓度变化的原则都是先稀后浓，压力由小到大。

2. 关于灌浆施工，下列说法正确的是(　　)。

A. 帷幕灌浆施工的主要参数包括防渗标准、灌浆压力、上下游水头、灌浆深度、帷幕厚度等

B. 某土石坝地基采用固结灌浆处理，灌浆总孔数为 200 个，如用单点法进行简易压水试验，试验孔数最少需 20 个

C. 帷幕灌浆必须按分序加密的原则进行

D. 回填灌浆应在衬砌混凝土强度达到设计强度的 75%后进行

参考答案：C

解析：A 选项是 2010［福建］（2）选择题，帷幕灌浆参数不包含“上下游水头”；B 选项是 2012（2）选择题，固结灌浆试验孔数为总孔数的 5%，即 200×5%＝10 个；C 选项是 2018（2）案例题，正确；D 选项是 2018（2）案例题，回填灌浆应在衬砌混凝土强度达到设计强度的（70%）后进行。

核心考点五、固结灌浆

一般规定	（1）固结灌浆宜在有盖重混凝土的条件下进行。盖重混凝土应达到50%设计强度后方可进行灌浆。 （2）固结灌浆应按分序加密的原则进行
钻孔、裂隙冲洗和压水试验	灌浆孔灌浆前的压水试验应在裂隙冲洗后进行，采用单点法。试验孔数不宜少于总孔数的5%
灌浆和封孔	略
质量检查	略

核心考点六、高压喷射灌浆

高压喷射灌浆（简称高喷灌浆或高喷）是采用钻孔，将装有特制合金喷嘴的注浆管下到预定位置，然后用高压水泵或高压泥浆泵（20～40MPa）将水或浆液通过喷嘴喷射出来，冲击破坏土体，使土粒在喷射流束的冲击力、离心力和重力等综合作用下，冲击、切割、破碎地层土体，并以水泥基质浆液充填、掺混其中，形成桩柱或板墙状的凝结体，用以提高地基防渗或承载能力的施工技术。

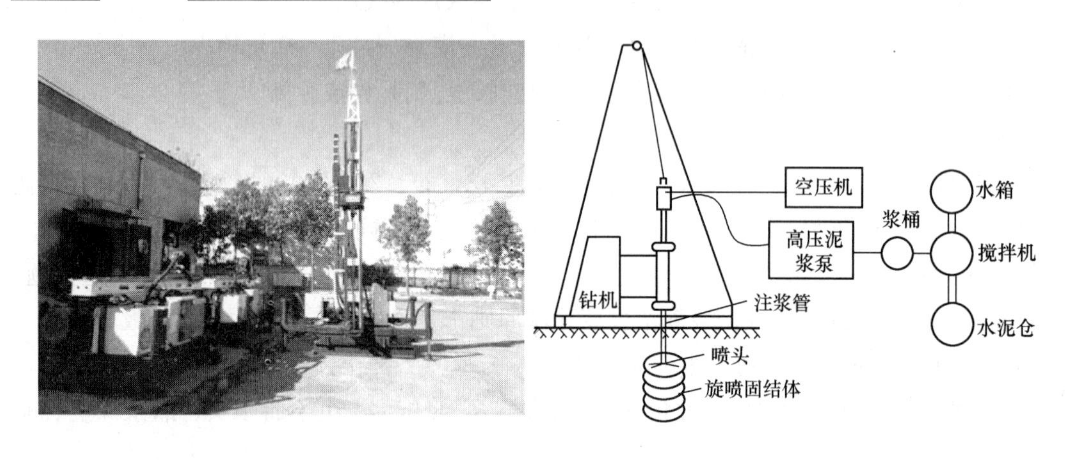

◆ 高压喷射灌浆的适用范围

软弱土层（防渗和加固）。实践证明，砂类土、黏性土、黄土和淤泥等地层均能进行喷射加固，有较多漂石或块石地层慎用。（欺软怕硬）

◆ 高压喷射灌浆的基本方法

高压喷射灌浆的基本方法有：单管法、二管法、三管法和新三管法等。

方法	直径
单管法	直径达 0.5～0.9m
二管法	直径达 0.8～1.5m
三管法	直径达 1.0～2.0m
新三管法	大粒径地层

◆ 高压喷射灌浆的喷射形式

高压喷射灌浆的喷射形式有旋喷（桩柱体）、摆喷（哑铃体）、定喷（板状体）三种。

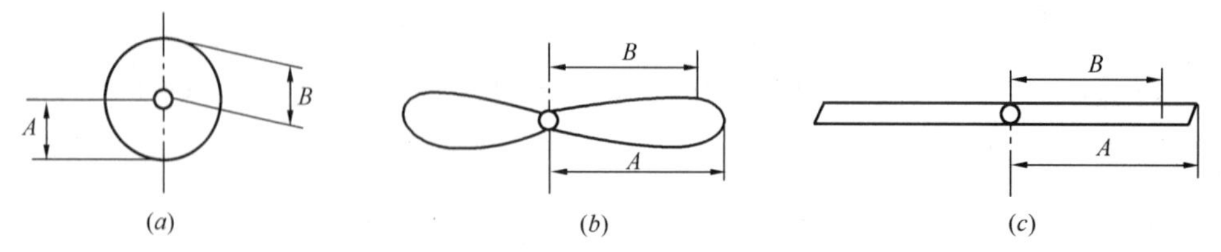

（a）旋喷体（桩）；（b）摆喷体（板墙）；（c）定喷体（薄板墙）

◆ 高压喷射灌浆的施工程序

应分排分序进行。应先下游排孔，后上游排孔，最后中间排孔。在同一排内，应先施工Ⅰ序孔，后施工Ⅱ序孔。先导孔应最先施工。

施工程序为钻孔、下喷射管、喷射提升、成桩成板或成墙等。

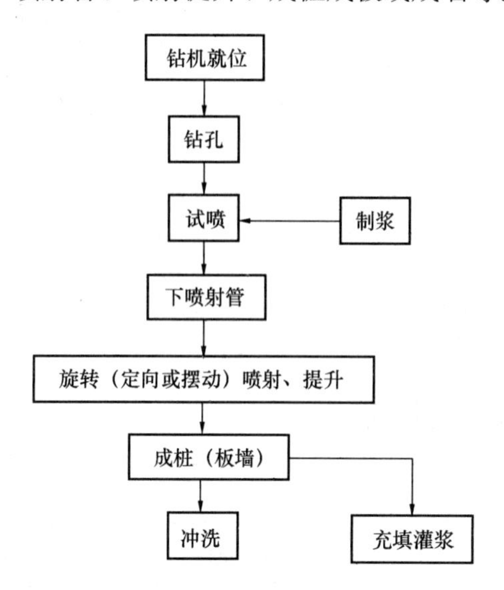

高压喷射灌浆施工流程示意图

◆ 高压喷射灌浆的质量检验

高喷墙的防渗性能	高喷墙整体效果
高喷墙的防渗性能应根据墙体结构形式和深度选择围井、钻孔或其他方法进行检查。 高喷墙质量检查宜在以下重点部位进行：地层复杂的部位；漏浆严重的部位；可能存在质量缺陷的部位	高喷墙整体效果的检查可采用以下方法： （1）坝（堤）基高喷墙，可在其下游侧布置测压管，观测和对比测压管与上游水位差；亦可在坝（堤）下游安设量水堰，观测和对比施工前、后渗水量，据此分析整体防渗效果。 （2）围堰堰体和堰基中的高喷墙，可在基坑开挖时测定其渗水量，并检查有无集中渗水点，据以分析整体防渗效果
· 围井检查法适用于所有结构形式的高喷墙； · 厚度较大的和深度较小的高喷墙可选用钻孔检查法	
· 围井检查宜在围井的高喷灌浆结束7d后进行，如需开挖或取样，宜在14d后进行。 · 钻孔检查宜在该部位高喷灌浆结束28d后进行	

【考法题型及预测题】

关于高压喷射灌浆，下列说法正确的是(　　)。

A. 对于成桩直径为0.6m的高压喷射灌浆，施工方法宜采用二管法

B. 高压喷射灌浆的喷射形式有旋喷、摆喷和定喷，其中右图为旋喷

C. 采用钻孔法检查高喷墙的防渗性能时，钻孔检查宜在相应部位灌浆结束14d后进行

D. 高压旋喷桩的施工程序为：①钻孔→②试喷→④下喷射管→③喷射提升→⑤成桩

参考答案：D

解析：A选项是2014（1）选择题，成桩直径为0.6m的高压喷射灌浆，施工方法宜采用（单管法）；B选项是2009（1）、2013（1）、2015（1）选择题，该图为（摆喷）；C选项是2018（1）选择题，钻孔检查宜在相应部位高喷灌浆结束（28d）后进行；D选项是2016（1）案例题，正确。

1F413003　防渗墙施工技术

核心考点及可考性提示

考　　点		2020可考性提示
防渗墙施工技术	防渗墙质量检查	★☆
★不大，★★一般，★★★极大		

核心考点剖析

核心考点　防渗墙质量检查

防渗墙质量检查程序应包括工序质量检查和墙体质量检查。

工序质量检查	墙体质量检查
工序质量检查应包括造孔、终孔、清孔、接头处理、混凝土浇筑（包括钢筋笼、预埋件、观测仪器安装埋设）等检查。 各工序检查合格后，应签发工序质量检查合格证。上道工序未经检查合格，不应进行下道工序。 ◆ 槽孔建造的终孔质量检查应包括下列内容： （1）孔深、槽孔中心偏差、孔斜率、槽宽和孔形。（2）基岩岩样与槽孔嵌入基岩深度。（3）一期、二期槽孔间接头的套接厚度。 ◆ 槽孔的清孔质量检查应包括下列内容： （1）接头孔刷洗质量。（2）孔底淤积厚度。（3）孔内泥浆性能（包括密度、黏度、含砂量）。 ◆ 混凝土浇筑质量检查应包括下列内容： （1）导管布置。（2）导管埋深。（3）浇筑混凝土面的上升速度。（4）钢筋笼、预埋件、观测仪器安装埋设。（5）混凝土面高差	墙体质量检查应在成墙28d后进行，检查内容为必要的墙体物理力学性能指标、墙段接缝和可能存在的缺陷。 检查可采用钻孔取芯、注水试验或其他检测等方法。检查孔的数量宜为每15～20个槽孔1个，位置应具有代表性。遇有特殊要求时，可酌情增加检测项目及检测频率，固化灰浆和自凝灰浆的质量检查可在合适龄期进行

【考法题型及预测题】

1. 2018（1）-22. 混凝土防渗墙的检测方法包括（　　）。

A. 开挖检验　　B. 取芯试验

C. 注水试验　　D. 光照检验

E. 无损检测

参考答案：B、C

2. 防渗墙墙体质量检查应在成墙（　　）后进行，检查内容为必要的墙体物理力学性能指标、墙段接缝和可能存在的缺陷。

A. 7d　　B. 14d

C. 28d　　D. 56d

参考答案：C

1F414000 土石方工程

核心考点提纲

土石方工程：
- 土石方工程施工的土石分级
- 土方开挖技术
- 石方开挖技术
- 锚固技术
- 地下工程施工

1F414001 土石方工程施工的土石分级

核心考点及可考性提示

考点		2020 可考性提示
土石方工程施工的土石分级	一、土的分级	★
	二、岩石的分级	★
	三、洞室开挖的围岩分类	★
★不大，★★一般，★★★极大		

核心考点剖析

土石分级，依开挖方法、开挖难易、坚固系数等，共划分为 16 级，其中土分 4 级，岩石分 12 级。

核心考点一、土的分级

◆ 土的分级

土的等级	土的名称	自然湿重度（kN/m³）	外观及其组成特性	开挖工具
Ⅰ	砂土、种植土	16.5～17.5	疏松、黏着力差或易进水，略有黏性	用锹或略加脚踩开挖
Ⅱ	壤土、淤泥、含根种植土	17.5～18.5	开挖时能成块，并易打碎	用锹需用脚踩开挖
Ⅲ	黏土、干燥黄土、干淤泥、含少量砾石的黏土	18.0～19.5	粘手、看不见砂粒，或干硬	用镐、三齿耙开挖或用锹需用力加脚踩开挖
Ⅳ	坚硬黏土、砾质黏土、含卵石黏土	19.0～21.0	结构坚硬，分裂后成块状，或含黏粒、砾石较多	用镐、三齿耙等开挖

【考法题型及预测题】

2018 (2)-4. 水利水电工程施工中，依开挖方法和开挖难易程度等，将土分为(　　)类。

A. 3　　B. 4　　C. 5　　D. 6

参考答案：B

核心考点二、岩石的分级

级别	坚固系数	级别	坚固系数
Ⅴ(5)	1.5～2	Ⅺ(11)	12～14
Ⅵ(6)	2～4	Ⅻ(12)	14～16
Ⅶ(7)	4～6	XⅢ(13)	16～18
Ⅷ(8)	6～8	XⅣ(14)	18～20
Ⅸ(9)	8～10	XⅤ(15)	20～25
Ⅹ(10)	10～12	XⅥ(16)	>25

【考法题型及预测题】

1. 2017 (1)-6. 工程施工中，将土石分为16级，其中岩石分(　　)级。

A. 6　　B. 8　　C. 10　　D. 12

参考答案：D

2. 坚固系数为13的石头属于(　　)。

A. Ⅸ级　　B. Ⅹ级　　C. Ⅺ级　　D. Ⅻ级

参考答案：C

核心考点三、洞室开挖的围岩分类

地下洞室的围岩根据岩石强度、岩体完整程度、结构面状态、地下水和主要结构面产状等五项因素之和的总评分为基本依据，以围岩强度应力比为参考依据，

进行工程地质分类。(3 稳定 2 不稳定)

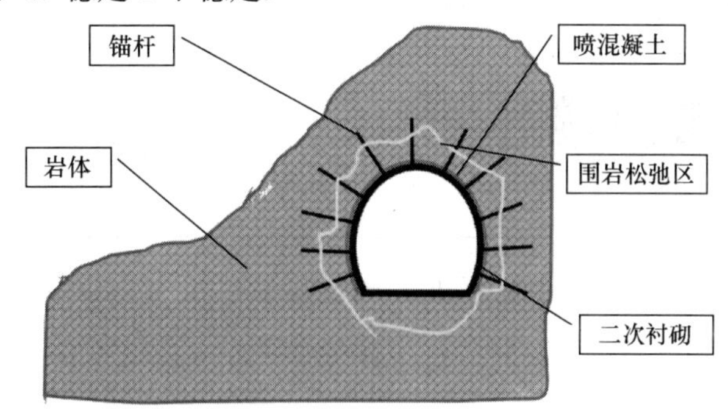

围岩类别	围岩稳定性	围岩总评分 T	围岩强度应力比 S	支护类型
Ⅰ	稳定。围岩可长期稳定，一般无不稳定块体	$T>85$	>4	不支护或局部锚杆或喷薄层混凝土。大跨度时，喷混凝土、系统锚杆加钢筋网
Ⅱ	基本稳定。围岩整体稳定，不会产生塑性变形，局部可能产生掉块	$85\geqslant T>65$	>4	
Ⅲ	稳定性差。围岩强度不足，局部会产生塑性变形，不支护可能产生塌方或变形破坏。完整的较软岩，可能暂时稳定	$65\geqslant T>45$	>2	喷混凝土、系统锚杆加钢筋网。跨度为 20～25m 时，浇筑混凝土衬砌
Ⅳ	不稳定。围岩自稳时间很短，规模较大的各种变形和破坏都可能发生	$45\geqslant T>25$	>2	喷混凝土、系统锚杆加钢筋网，并浇筑混凝土衬砌。Ⅴ类围岩还应布置拱架支撑
Ⅴ	极不稳定。围岩不能自稳，变形破坏严重	$T\leqslant 25$	—	

【考法题型及预测题】

1. 2019 (1)-5. Ⅱ类围岩的稳定性状态是(　　)。

A. 稳定　　B. 基本稳定

C. 不稳定　　D. 极不稳定

参考答案：B

2. 地下洞室的围岩根据(　　)和主要结构面产状等五项因素之和的总评分为基本依据，以围岩强度应力比为参考依据，进行工程地质分类。

A. 岩石强度　　B. 岩石硬度

C. 岩体完整程度　　D. 结构面状态

E. 地下水

参考答案：A、C、D、E

3. 围岩总评分为 70 分属于(　　)类围岩。

A. Ⅰ　　B. Ⅱ　　C. Ⅲ　　D. Ⅳ

参考答案：B

1F414002 土方开挖技术

核心考点及可考性提示

考点		2020 可考性提示
土方开挖技术	土方开挖	★
★不大，★★一般，★★★极大		

核心考点剖析

核心考点 土方开挖

开挖方式：自上而下开挖、上下结合开挖、先岸坡后河槽开挖和分期分段开挖等。

开挖方法：机械开挖、人工开挖等。

◆ 机械开挖

1. 挖掘机

正铲挖掘机	适用于开挖停机面以上的土石方，也可挖掘停机面以下不深的土方，但不能用于水下开挖	
反铲挖掘机	基本作业方式有沟端挖掘、沟侧挖掘、直线挖掘、曲线挖掘、保持一定角度挖掘、超深沟挖掘和沟坡挖掘等。 反铲挖掘机每一作业循环包括挖掘、回转、卸料和返回等四个过程	 

续表

索铲（拉铲）挖掘机	开挖停机面以下的土料，适用于坑槽挖掘，也可水下掏掘土石料。挖方宽度较小时，正向开行。挖方宽度较大，侧向开行	
抓斗（抓铲）挖掘机	不能挖掘坚硬土。开挖直井或沉井土方	

2. 装载机

能进行集渣、装载、推运、平整、起重及牵引等工作，生产率较高，购置费用低。

3. 推土机

平整场地、边坡与道路，开挖基坑、骨料与浅沟渠，回填沟槽，以及推树拔根等。运距不超过 60m 为宜。

开行方式：穿梭式。为了提高其生产率，采取在推土刀两侧加挡板，或利用沟槽法推土，或几台推土机并列推土等措施。

4. 铲运机

有拖式和自行式两类。集开挖、运输和铺填三项工序于一身的设备，其施工简单、管理方便、费用低，适用于开挖有黏性的土壤，开挖Ⅰ～Ⅱ级土（Ⅲ、Ⅳ级土需翻松），运距不远（600～1500m）的情况。

开行方式：环形（高差1.5m以内）和“8”字形（超过1.5m）两种。

◆ 闸坝基础人工开挖

先挖出排水沟，然后再分层下挖。临近设计高程时，应留出0.2～0.3m的保护层暂不开挖，待上部结构施工时，再予以挖除。

开挖方法：全面逐层下降，也可分区呈台阶状下挖，分区台阶状下挖方式有利于布置出土坡道，组织施工也较方便。

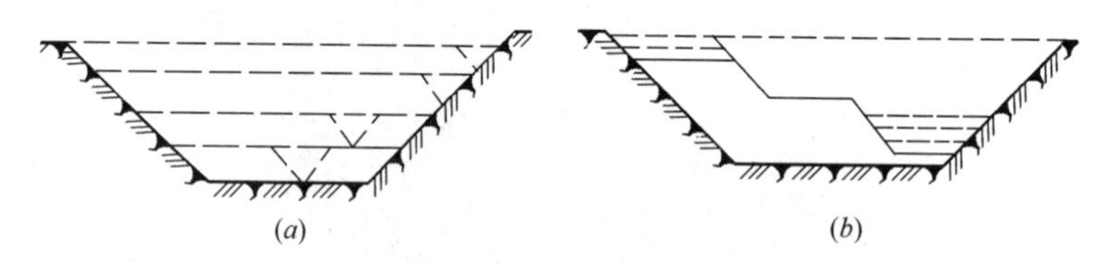

基础分层开挖示意图

(a) 全面逐层下挖；(b) 分区台阶状下挖

【考法题型及预测题】

1. 2014(2)-24. 铲运机按卸土方式可分为（　　）。

A. 回转式

B. 强制式

C. 半强制式

D. 自由式

E. 自行式

参考答案：B、C、D

2. 2009(1)-24. 反铲挖掘机每一作业循环包括(　　)等过程。

A. 挖掘

B. 运土

C. 回转

D. 卸料

E. 返回

参考答案：A、C、D、E

1F414003　石方开挖技术

核心考点及可考性提示

考点		2020 可考性提示
石方开挖技术	一、爆破方法	★★
	二、建基面保护层爆破	★
	三、爆破后检查	★★
★不大，★★一般，★★★极大		

核心考点剖析

核心考点一、爆破方法

爆破工程中台阶爆破、预裂和光面爆破是最基本的方法，广泛应用于露天明挖、地下洞室开挖等工程。

按爆破对象的不同，爆破通常分为明挖爆破、地下洞室爆破、水下爆破、水下岩塞爆破、拆除爆破等。

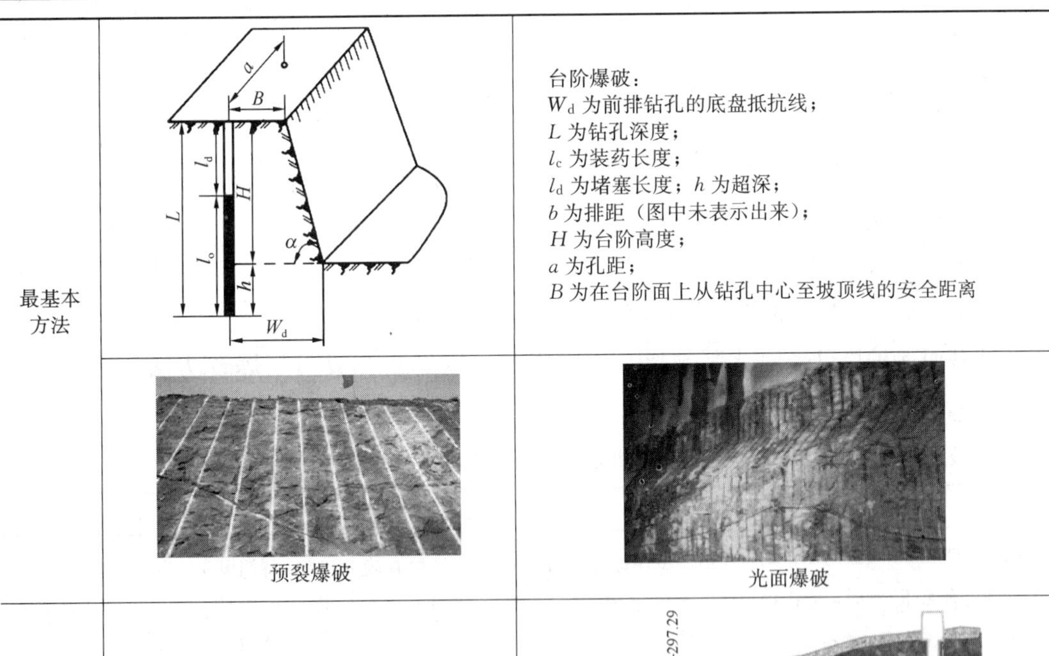

预裂爆破

光面爆破

其他爆破

水下爆破

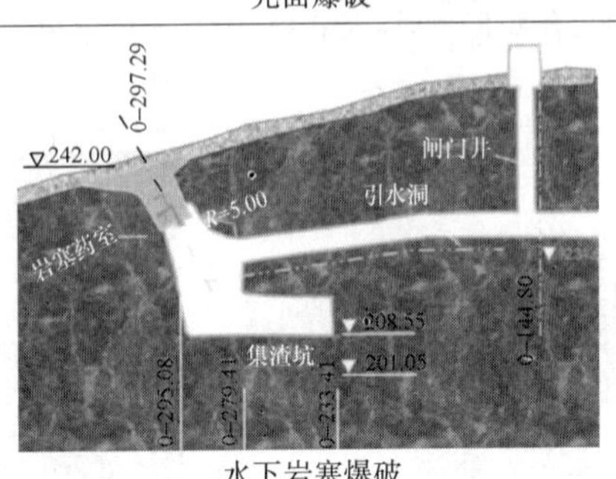

水下岩塞爆破

台阶爆破是指开挖面呈阶梯形状，采用延时爆破技术的爆破作业。延时爆破是指采用延时爆破器材使同一网路中的药包按设定的顺序和时差起爆的爆破，分为毫秒延时爆破、秒延时爆破等。

预裂爆破是指沿开挖边界布置密集爆破孔，采用不耦合装药或装填低威力炸药，在主爆区之前起爆，从而在爆区与保留区之间形成预裂缝，以减弱主爆破对保留岩体的破坏，并形成平整轮廓面的爆破作业。

光面爆破，沿开挖边界布置密集爆破孔，采取不耦合装药或装填低威力炸药，在主爆区之后起爆，从而形成平整轮廓面的爆破作业。

爆破参数是指爆破介质与炸药特性、药包布置、炮孔的孔径和孔深、装药结构及起爆药量等影响爆破效果因素的总称。合理的爆破参数应通过爆破试验确定。

炮孔装药后应采用土壤、细砂或其他混合物堵塞，严禁使用块状、可燃的材料堵塞。用块状材料堵塞，爆破时产生的飞石距离将超出警戒范围造成安全事故，同时堵塞效果也不好；若用可燃材料堵塞，在堵塞作业时易燃烧引爆起爆器材而出现早爆事故。

【考法题型及预测题】

1. 2016（1)-5. 重要建筑物建基面附近进行基坑爆破开挖应采用（　　）。

A. 浅孔爆破　　B. 深孔爆破　　C. 预裂爆破　　D. 光面爆破

参考答案：C

2. 爆破参数是指爆破介质与（　　）等影响爆破效果因素的总称。

A. 炸药特性　　B. 药包布置

C. 炮孔的孔径和孔深　　D. 装药结构及起爆药量

E. 地盘的抵抗线

参考答案：A、B、C、D

核心考点二、建基面保护层爆破

建基面保护层可采用水平预裂、柔性垫层一次爆破法或分层爆破方法。

核心考点三、爆破后检查

爆破后人员进入工作面检查等待时间应按下列规定执行：

明挖爆破	地下洞室爆破	拆除爆破
应在爆破后5min进入工作面；当不能确定有无盲炮时，应在爆破后15min进入工作面	应在爆破后15min，并经检查确认洞室内空气合格后，方可准许人员进入工作面	应等待倒塌建（构）筑物和保留建（构）筑物稳定之后，方可准许人员进入现场

【考法题型及预测题】

1. 明挖爆破应在爆破后(　　)min 进入工作面；当不能确定有无盲炮时，应在爆破后 15min 进入工作面。

A. 5　　B. 10　　C. 15　　D. 30

参考答案：A

2. 地下洞室爆破，应在爆破后(　　)min，并经检查确认洞室内空气合格后，方可准许人员进入工作面。

A. 5　　B. 10　　C. 15　　D. 30

参考答案：C

1F414004　锚固技术

核心考点及可考性提示

考　　点		2020 可考性提示
石方开挖技术	一、锚固技术的概念	★
	二、锚固的应用领域	☆
	三、地下洞室的锚固	☆
★不大，★★一般，★★★极大		

核心考点剖析

核心考点　锚固技术的概念

天然地层	以钻孔灌浆的方式为主
人工填土	锚定板和加筋土两种方式

【考法题型及预测题】

在天然地层中的锚固方法以(　　)的方式为主。

A. 加筋土　　B. 锚定板

C. 钻孔灌浆　　D. 喷混凝土

参考答案：C

核心考点及可考性提示

考　　点		2020 可考性提示
石方开挖技术	一、地下洞室分类和开挖方法	★
	二、平洞分类	★
★不大，★★一般，★★★极大		

核心考点剖析

核心考点一、地下洞室分类和开挖方法

◆ 地下洞室分类

水工地下洞室按照倾角（洞轴线与水平面的夹角）可划分为平洞、斜井、竖井三种类型，其划分原则为：倾角小于等于6°为平洞；倾角6°～75°为斜井，斜井可进一步细分为缓斜井（大于6°，小于等于48°）和斜井（大于48°，小于75°）；倾角大于等于75°为竖井。

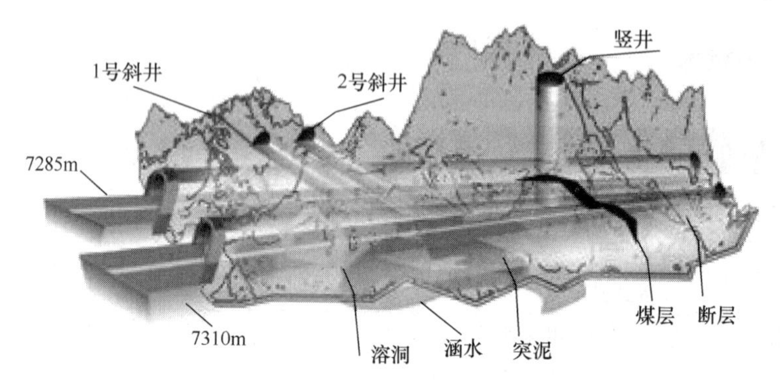

◆ 开挖方法

传统方法是钻孔爆破法，目前仍然普遍采用；对中硬度以下围岩也采用掘进机法。在浅埋软土地基中开挖水工隧洞的近代方法是盾构法和顶管法。

掘进机法

盾构法

◆ 水工隧洞中的灌浆宜按照先回填灌浆、后固结灌浆、再接缝灌浆的原则进行。

核心考点二、平洞分类

地下工程按其规模大小可分为特小断面、小断面、中断面、大断面和特大断面五类，具体尺寸见下表。

规模分类	洞室断面积 A（m^2）	跨度 B（m）
特小断面	$\leqslant 10$	$\leqslant 3$
小断面	$10<A\leqslant 25$	$3<B\leqslant 5$
中断面	$25<A\leqslant 100$	$5<B\leqslant 10$
大断面	$100<A\leqslant 225$	$10<B\leqslant 15$
特大断面	>225	>15

核心考点三、洞口开挖

洞口削坡应自上而下分层进行。洞脸开挖前应对开挖范围外影响安全的危石进行处理，设置排水设施，必要时可在洞脸上方设置柔性防护网或加设挡石栏栅。随坡面下挖，做好坡面和洞脸加固。

洞口段一般采用先导洞后扩挖的方法施工，采取浅孔弱爆破。断面较小时也可采用全断面开挖、及时支护的方法。当洞口明挖量大或岩体稳定性差、工期紧张时，可利用施工支洞或导洞自内向外开挖，并及时做好支护。明挖与洞挖实行平行作业时，应对安全进行评估，并采取相应措施。

核心考点四、平洞开挖

平洞开挖方法应根据围岩类别、工程规模、工期要求、支护参数、施工条件、出渣方式等确定。中小断面洞室，宜采用全断面开挖；大断面、特大断面宜采用分层、分区开挖。

下列情况可采用预先贯通导洞法施工：(1) 地质条件复杂，需进一步查清；(2) 为解决排水或降低地下水位；(3) 改善通风和优化交通。

开挖循环进尺应根据围岩情况、断面大小和支护能力、监测结果等条件进行控制，在Ⅳ类围岩中一般控制在 2m 以内，在Ⅴ类围岩中一般控制在 1m 以内。

核心考点五、斜井与竖井开挖

◆斜井开挖

斜井开挖应综合分析地质条件、结构布置、断面尺寸、坡度、长度、交通条件等因素选择开挖方法和施工设备。

6°～30°	斜井倾角为 6°～30°时，宜采用自上而下全断面开挖
30°～45°	倾角为 30°～45°时，可采用自上而下全断面开挖或自下而上开挖。采用自下而上开挖时，应有扒渣和溜渣设施
45°～75°	倾角为 45°～75°时，可采用自下而上先挖导井、再自上而下扩挖，或自下而上全断面开挖

◆ 竖井开挖

竖井开挖应综合分析地质条件、结构布置、断面尺寸、深度、交通条件等因素选择开挖方法和施工设备。若不具备从竖井底部出渣的条件时，应全断面自上而下开挖；当竖井底部有出渣通道，且竖井断面较大时，可选用导井开挖，扩挖宜自上而下进行。当竖井底部有出渣通道时，小断面竖井和导井可采用反井钻机法、爬罐法或吊罐法进行自下而上全断面开挖。在土层中开挖竖井时，应自上而下开挖，边开挖边支护。

1F414005 地下工程施工

核心考点及可考性提示

考点		2020 可考性提示
石方开挖技术	一、地下洞室分类和开挖方法	★
	二、平洞分类	★
★不大，★★一般，★★★极大		

核心考点剖析

核心考点一、地下洞室分类和开挖方法

◆地下洞室分类

水工地下洞室按照倾角（洞轴线与水平面的夹角）可划分为[平洞]、[斜井]、[竖井]三种类型，其划分原则为：倾角小于等于6°为[平洞]；倾角6°～75°为[斜井]，斜井可进一步细分为[缓斜井]（大于6°，小于等于48°）和[斜井]（大于48°，小于75°）；倾角大于等于75°为[竖井]。

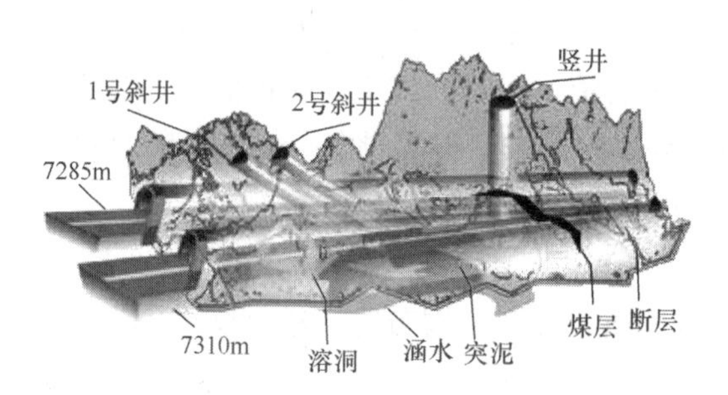

◆开挖方法

传统方法是钻孔爆破法，目前仍然普遍采用；对中硬度以下围岩也采用掘进机法。在浅埋软土地基中开挖水工隧洞的近代方法是盾构法和顶管法。

◆水工隧洞中的灌浆宜按照[先回填灌浆]、[后固结灌浆]、[再接缝灌浆]的原则进行。

核心考点二、平洞分类

地下工程按其规模大小可分为特小断面、小断面、中断面、大断面和特大断面五类，具体尺寸见下表。

按断面规模的洞室分类

规模分类	洞室断面积 A（m^2）	跨度 B（m）
特小断面	≤10	≤3

续表

规模分类	洞室断面积 A（m^2）	跨度 B（m）
小断面	$10<A\leqslant25$	$3<B\leqslant5$
中断面	$25<A\leqslant100$	$5<B\leqslant10$
大断面	$100<A\leqslant225$	$10<B\leqslant15$
特大断面	>225	>15

核心考点三、洞口开挖

洞口削坡应自上而下分层进行。洞脸开挖前应对开挖范围外影响安全的危石进行处理，设置排水设施，必要时可在洞脸上方设置柔性防护网或加设挡石栏栅。随坡面下挖，做好坡面和洞脸加固。

洞口段一般采用先导洞后扩挖的方法施工，采取浅孔弱爆破。断面较小时也可采用全断面开挖、及时支护的方法。当洞口明挖量大或岩体稳定性差、工期紧张时，可利用施工支洞或导洞自内向外开挖，并及时做好支护。明挖与洞挖实行平行作业时，应对安全进行评估，并采取相应措施。

核心考点四、平洞开挖

平洞开挖方法应根据围岩类别、工程规模、工期要求、支护参数、施工条件、出渣方式等确定。中小断面洞室，宜采用全断面开挖；大断面、特大断面宜采用分层、分区开挖。

下列情况可采用预先贯通导洞法施工：（1）地质条件复杂，需进一步查清；（2）为解决排水或降低地下水位；（3）改善通风和优化交通。

开挖循环进尺应根据围岩情况、断面大小和支护能力、监测结果等条件进行控制，在Ⅳ类围岩中一般控制在2m以内，在Ⅴ类围岩中一般控制在1m以内。

核心考点四、斜井与竖井开挖

◆斜井开挖

斜井开挖应综合分析地质条件、结构布置、断面尺寸、坡度、长度、交通条件等因素选择开挖方法和施工设备。

6°～30°	斜井倾角为6°～30°时，宜采用自上而下全断面开挖
30°～45°	倾角为30°～45°时，可采用自上而下全断面开挖或自下而上开挖。采用自下而上开挖时，应有扒渣和溜渣设施
45°～75°	倾角为45°～75°时，可采用自下而上先挖导井、再自上而下扩挖，或自下而上全断面开挖

◆竖井开挖

竖井开挖应综合分析地质条件、结构布置、断面尺寸、深度、交通条件等因素选择开挖方法和施工设备。若不具备从竖井底部出渣的条件时，应全断面自上而下开挖；当竖井底部有出渣通道，且竖井断面较大时，可选用导井开挖，扩挖宜自上而下进行。当竖井底部有出渣通道时，小断面竖井和导井可采用反井钻机法、爬罐法或吊罐法进行自下而上全断面开挖。在土层中开挖竖井时，应自上而下开挖，边开挖边支护。

1F415000 土 石 坝 工 程

1F415010 土石坝施工技术

核心考点提纲

土石坝施工技术
- 土石坝施工机械的配置
- 土石坝填筑的施工碾压试验
- 土石坝填筑的施工方法
- 土石坝的施工质量控制

1F415011 土石坝施工机械的配置

核心考点及可考性提示

考点		2020 可考性提示
土石坝施工机械的配置	常用土方施工机械的经济运距	★
★不大，★★一般，★★★极大		

核心考点剖析

核心考点 常用土方施工机械的经济运距

推土机	15～30m 时，生产率最大。经济运距一般为 30～50m，大型推土机的推运距离不宜超过 100m
装载机	运距一般不超过 100～150m；履带式装载机不超过 100m
牵引式铲运机	牵引式铲运机：经济运距一般为 300m。自行式铲运机：一般为 200～300m
自卸汽车	自卸汽车在运距方面的适应性较强

1F415012 土石坝填筑的施工碾压试验

核心考点及可考性提示

考点		2020 可考性提示
土石坝填筑的施工碾压试验	一、压实机械	★
	二、土料填筑标准	★★★
	三、压实参数的确定	★★★
★不大，★★一般，★★★极大		

核心考点剖析

核心考点一、压实机械

静压碾压、振动碾压、夯击三种基本类型。其中静压碾压设备有羊脚碾、气胎碾等；夯击设备有夯板、强夯机等。

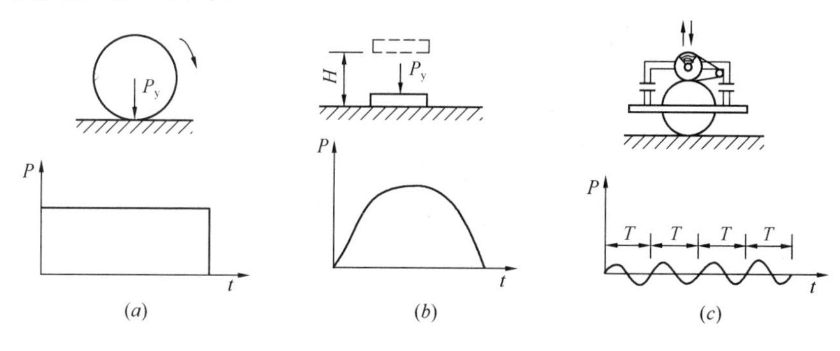

土料压实作用外力示意图

(a) 碾压；(b) 夯击；(c) 振动

核心考点二、土料填筑标准

一建教材：填筑标准	
黏性土的填筑标准	非黏性土的填筑标准
含砾和不含砾的黏性土的填筑标准应以压实度和最优含水率作为设计控制指标 设计最大干密度=击实最大干密度×压实度	砂砾石和砂的填筑标准应以相对密度为设计控制指标
◇ 1级、2级坝和高坝的压实度应为98%~100%； ◇ 3级中低坝及3级以下的中坝压实度应为96%~98%； ◇ 设计地震烈度为8度、9度的地区，宜取大值	◇砂砾石的相对密度不应低于0.75； ◇ 砂的相对密度不应低于0.7； ◇ 反滤料宜为0.7
二建教材：压实标准	
黏性土	非黏性土
用干密度 ρ_d 控制	以相对密度 D_r 控制
	在现场用相对密度 D_r 来控制施工质量不太方便，通常将相对密度 D_r 转换成对应的干密度 ρ_d 来控制
补充：大家查资料，关于干密度几个小问题	
1. 最大干密度，设计干密度，实际干密度三者什么关系？	2. 压实度和干密度有什么关系？
3. 设计压实度和最大压实度又有什么关系？	

【考法题型及预测题】

关于土石坝填筑施工，下列说法不正确的是(　　)。

A. 均质土坝土料压实的现场施工质量采用压实度控制

B. 砂砾石和砂的填筑标准应以压实度为设计控制指标

C. 土坝黏性土填筑的设计控制指标包括最优含水率和干密度

D. 某土坝工程级别为 2 级，采用黏性土填筑，其设计压实度应为 98%～100%

E. 砂砾石的相对密度不应低于 0.70

参考答案：A、B、C、E

解析：A 选项是 2011（2）选择题，黏性土压实的现场施工质量采用（干密度）控制；B 选项是 2017（1）选择题，砂砾石和砂的填筑标准应以（相对密度）为设计控制指标；C 选项是 2010（1）选择题，土坝黏性土填筑的设计控制指标包括（最优含水率和压实度）；D 选项是 2009（1）、2013（1）选择题，正确；E 砂砾石的相对密度不应低于（0.75）。

核心考点三、压实参数的确定

◆ 土料填筑压实参数：碾压机具的重量、含水量、碾压遍数及铺土厚度等，对于振动碾还应包括振动频率及行走速率等。

◆ 黏性土料压实含水量可取 $\omega_1=\omega_p+2\%$；$\omega_2=\omega_p$；$\omega_3=\omega_p-2\%$三种进行试验。ω_p为土料塑限。

◆ 料场应进行碾压试验。以单位压实遍数的压实厚度最大者为最经济合理。

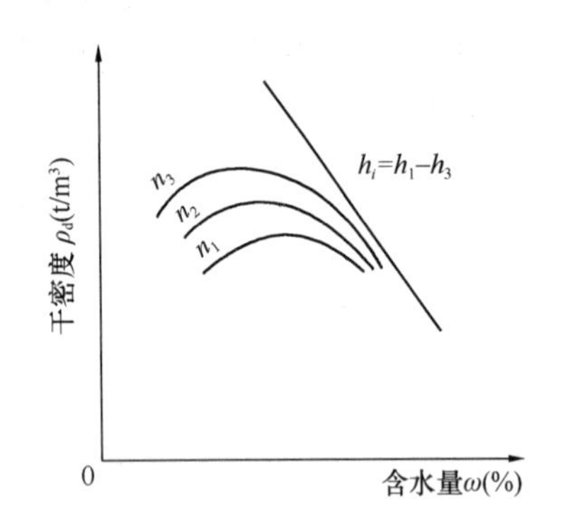

不同铺土厚度、不同压实遍数土料含水量和干密度关系曲线

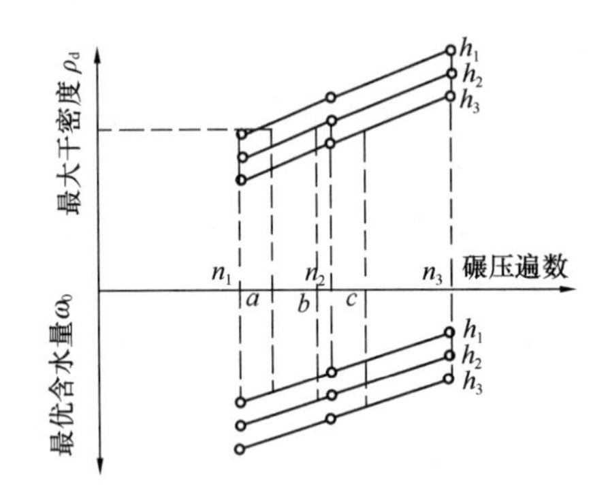

铺土厚度、压实遍数、最优含水量、最大干密度的关系曲线

【考法题型及预测题】

关于土石坝填筑施工，下列说法正确的是(　　)。

A. 土石坝土料填筑压实参数主要包括碾压机具重量、铺土厚度、碾压遍数、含水率

B. 在确定土方填筑压实含水量时，黏性土料需对含水量 $\omega_p+2\%$、ω_p、$\omega_p-2\%$的三种情况进行试验，此处 ω_p是土的液限

C. 非黏性土料的碾压试验，需做出压实遍数、铺土厚度、含水量，干密度的关系曲线

D. 料场应进行碾压试验。以单位压实遍数的压实厚度最小者为最经济合理

参考答案：A

解析：A 选项是 2016（2）、2019（1）选择题，2012（1）案例题，正确；B 选项是 2012［10 月］（2）选择题，ω_p是土的（塑限）；C 选项是 2007（1）、2017（2）选择题，非黏性土料的碾压试验，需做出（压实遍数、铺土厚度、干密度）的关系曲线，非黏性土料没有“含水量”；D 选项，以单位压实遍数的压实厚度（最大者）为最经济合理。

1F415013　土石坝填筑的施工方法

核心考点及可考性提示

考　　点		2020 可考性提示
土石坝填筑的施工方法	一、铺料与整平	★★
	二、碾压	★★
	三、接头处理	★★

★不大，★★一般，★★★极大

核心考点剖析

核心考点一、铺料与整平

1. 铺料宜平行坝轴线进行，厚度要匀，超径打碎，杂物剔除。防渗体内铺料，自卸汽车卸料宜用进占法倒退铺土，避免超压，引起剪力破坏。

2. 按设计厚度铺料整平是保证压实质量的关键。带式运输机或自卸汽车上坝卸料，推土机或平土机散料平土。

3.（加水问题）

黏性土料	黏性土料含水量偏低，主要在料场加水
非黏性土料	非黏性土料，加水工作主要在坝面进行
石渣料和砂砾料	石渣料和砂砾料压实前应充分加水，确保压实质量

4. 光面土层，应刨毛处理，以利层间结合。通常刨毛深度 3～5cm。

【考法题型及预测题】

2018 (1)-8. 黏性土堤防填筑施工中，在新层铺料前，需对光面层进行刨毛处理的压实机具是(　　)。

A. 羊足碾　　B. 光面碾

C. 凸块碾　　D. 凸块振动碾

参考答案：B

核心考点二、碾压

1. 进退错距法

操作简便，碾压、铺土和质检等工序协调，便于分段流水作业，压实质量容易保证。错距宽度 b 按下式计算：

$$b=B/n$$

式中 B——碾滚净宽（m）；

n——设计碾压遍数。

2. 圈转套压法

适用：开行的工作面较大，适合于多碾滚组合碾压。

优点：生产效率较高。

缺点：重压、漏压过多，质量难以保证。

核心考点三、接头处理

层与层接头	层与层之间分段接头应错开一定距离； 分段条带应与坝轴线平行布置，各分段之间不应形成过大的高差。接坡坡比一般缓于1∶3	
土砂接头	采用土、砂平起的施工方法。一种是先土后砂法，即先填土料后填砂砾反滤料；另一种是先砂后土法，即先填砂砾反滤料后填土料。 当采用羊脚碾与气胎碾联合作业时，土砂结合部可用气胎碾进行压实。无此条件时可采用夯实机具。在夯实土砂结合部时，宜先夯土边一侧，等合格后再夯反滤料，不得交替夯实，影响质量	
土混凝土接头	对于坝身与混凝土结构物（如涵管、刺墙等）的连接，靠近混凝土结构物部位采用小型机械夯或人工夯实。 混凝土结构物两侧均衡填料压实，以免对其产生过大的侧向压力，影响其安全	

1F415014　土石坝的施工质量控制

核心考点及可考性提示

考　　点		2020 可考性提示
土石坝的施工质量控制	一、料场的质量检查和控制	★
	二、坝面的质量检查和控制（施工中）	★
	三、坝面的质量检查和控制（施工后）	★
★不大，★★一般，★★★极大		

核心考点剖析

核心考点一、料场的质量检查和控制（施工前）

◆ 土料场经常检查所取土料的土质情况、土块大小、杂质含量和含水量等。

含水量的检查和控制尤为重要。简单办法是“手检”。更精确可靠的方法是用含水量测定仪测定，含水量测定仪使用快捷方便，测试结果直接从LCD读取，即插即读。

（手检：握手成团，落地开花；机检：含水量测定仪。）

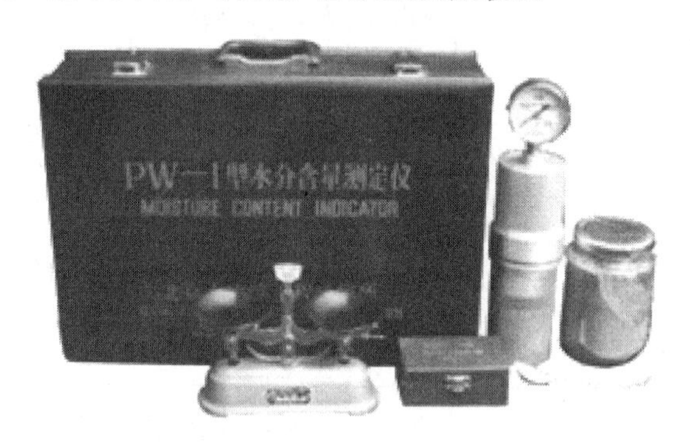

◆ 土料场的含水量检查发现问题怎么办？

问题	解决方法
含水量偏高	改善料场的排水条件和采取防雨措施，进行翻晒处理，或采取轮换掌子面的办法，使土料含水量降低到规定范围再开挖。若以上方法仍难满足要求，可以采用机械烘干法烘干
当含水量偏低时	黏性土料：料场加水。采用分块筑畦埂，灌水浸渍，轮换取土。地形高差大也可采用喷灌机喷洒。无论哪种加水方式，均应进行现场试验。 非黏性土料：可用洒水车在坝面喷洒加水，避免运输时从料场至坝上的水量损失
当土料含水量不均匀	应考虑堆筑“土牛”（大土堆），使含水量均匀后再外运

◆ 对石料场应经常检查石质、风化程度、石料级配大小及形状等是否满足上坝要求。如发现不合要求，应查明原因，及时处理。

核心考点二、坝面的质量检查和控制（施工中）

◆ 黏性土部位查什么

在坝面作业中，应对铺土厚度、土块大小、含水量、压实后的干密度等进行检查，并提出质量控制措施。

对黏性土，含水量的检测是关键，可用含水量测定仪测定

◆ 堆石棱体部位查什么

土坝的堆石棱体与堆石体的质量检查。石料的质量、风化程度、石块的重量、尺寸、形状、堆筑过程有无离析架空现象发生等。应分层埋设沉降管，对施工过程中坝体的沉陷进行定期观测，并作出沉陷随时间的变化过程线。

核心考点三、坝面的质量检查和控制（施工后）

◆ 干密度的测定的方法选择及抽样的数量

构造	方法	抽样
心墙料（土）	黏性土一般可用体积为200～500cm^3的环刀取样测定	（1）力学性能试验抽样； （2）沿坝高5～10m，取代表性试样（总数不宜少于30个）进行室内物理力学性能试验
反滤料	砾质土、砂砾料、反滤料用灌水法或灌砂法测定	（1）在填筑排水反滤层过程中，每层在25m×25m的面积内取样1～2个； （2）对条形反滤层，每隔50m设一取样断面，每个取样断面每层取样不得少于4个，均匀分布在断面的不同部位，且层间取样位置应彼此对应
坝壳料（石）	堆石因其空隙大，一般用灌水法测定。当砂砾料因缺乏细料而架空时，也用灌水法测定	
其他	砂可用体积为500cm^3的环刀取样测定	

1F415020　混凝土面板堆石坝施工技术

核心考点提纲

混凝土面板堆石坝施工技术
- 面板堆石坝结构布置
- 坝体填筑施工
- 面板及趾板施工

1F415021　面板堆石坝结构布置

核心考点及可考性提示

考　　点		2020 可考性提示
面板堆石坝结构布置	一、堆石材料的质量要求	★
	二、堆石坝坝体分区	★★

★不大，★★一般，★★★极大

核心考点剖析

核心考点一、堆石材料的质量要求

面板堆石坝上游面有薄层防渗面板，面板可以是刚性钢筋混凝土的，也可以是柔性沥青混凝土的。

1. 为保证堆石体的坚固、稳定，主要部位石料的抗压强度不应低于 78MPa。

2. 石料硬度不应低于莫氏硬度表中的第三级，其韧性不应低于 $2kg \cdot m/cm^2$（变脆性能）。

3. 石料的天然重度不应低于 $22kN/m^3$，石料的重度越大，堆石体的稳定性越好。

4. 石料应具有抗风化能力，其软化系数水上不低于 0.8，水下不应低于 0.85。

5. 堆石体碾压后应有较大的密实度和内摩擦角，且具有一定渗透能力。

核心考点二、堆石坝坝体分区

堆石体的边坡取决于填筑石料的特性与荷载大小，对于优质石料，坝坡一般在1∶1.3左右。

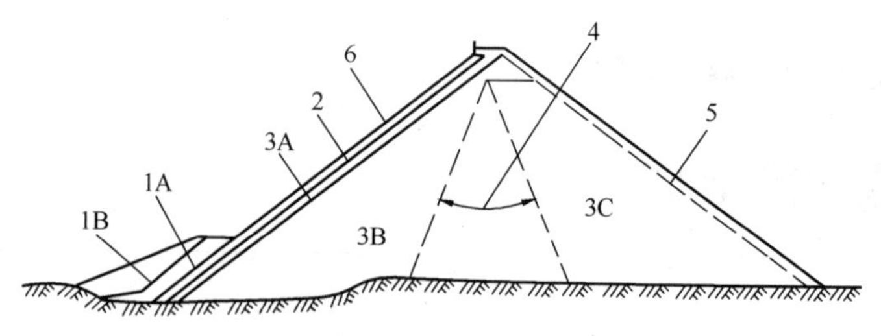

堆石坝坝体分区

1A—上游铺盖区；1B—压重区；2—垫层区；3A—过渡区；3B—主堆石区；3C—下游堆石区；
4—主堆石区和下游堆石区的可变界限；5—下游护坡；6—混凝土面板

堆石坝坝体分区	
垫层区	1. 作用：为面板提供平整、密实的基础，将面板承受的水压力均匀传递给主堆石体，并起辅助渗流控制作用。 2. 要求：具有良好的级配，最大粒径为80～100mm。压实后应具有低压缩性、高抗剪强度、内部渗透稳定，并具有良好施工特性。中低坝可适当降低对垫层料的要求
过渡区	1. 位于垫层区和主堆石区之间。作用：保护垫层区在高水头作用下不产生破坏。 2. 要求：粒径、级配应符合垫层料与主堆石料间的反滤要求，压实后应具有低压缩性和高抗剪强度，并具有自由排水性能，级配应连续，最大粒径不宜超过300mm
主堆石区	1. 位于坝体上游区内。是承受水荷载的主要支撑体，其石质好坏、密度、沉降量大小，直接影响面板的安危。 2. 主堆石区石料要求石质坚硬，级配良好，最大粒径不应超过压实层厚度，压实后能自由排水
下游堆石区	1. 位于坝体下游区。保护主堆石体及下游边坡的稳定。 2. 下游堆石区在下游水位以下部分，应用坚硬、抗风化能力强的石料填筑，压实后应能自由排水；下游水位以上的部分，对坝料的要求可以降低

【考法题型及预测题】

2019 (2)1.1.

背景：

某水库工程由混凝土面板堆石坝、溢洪道和输水隧洞等主要建筑物组成，水库总库容0.9亿m^3。

混凝土面板堆石坝最大坝高68m，大坝上下游坡比均为1∶1.5，大坝材料分区包括：石渣压重（1B）区、黏土铺盖（1A）区、混凝土趾板、混凝土面板及下游块石护坡等。混凝土面板堆石坝材料分区示意图见下图。

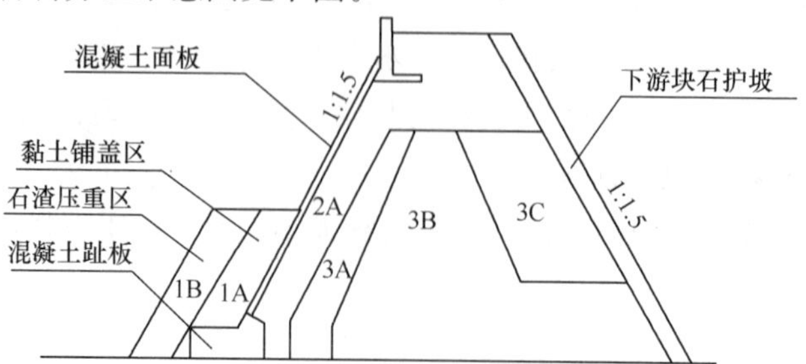

问题：分别指出图1中2A、3A、3B、3C所代表的坝体材料分区名称。

参考答案：（满分4分）

2A——垫层区（1分）；3A——过渡区（1分）；3B——主堆石区（1分）；3C——下游堆石区（1分）。

1F415022　坝体填筑施工

核心考点及可考性提示

考　　点		2020 可考性提示
坝体填筑施工	一、填筑工艺	★★
	二、堆石坝的压实参数和质量控制	★★
★不大，★★一般，★★★极大		

【课前导入】

知识框架图

计划（P）		施工（D）		检查（CA）
压实标准	碾压参数	摊铺	碾压	
按构造选择	按构造选择	按构造选择	按构造选择	九宫格

核心考点剖析

核心考点一、填筑工艺

	摊铺	碾压
垫层料	摊铺多用[后退法]，以减轻物料的分离	采用[斜坡振动碾]或[液压平板振动器]压实
过渡料	—	—
堆石料	宜采用[进占法]，必要时可采用自卸汽车后退法与进占法结合卸料	（1）应采用[振动平碾]，其工作质量不小于10t。 （2）高坝宜采用[重型振动碾]，振动碾行进速度宜小于3km/h。 （3）各碾压段之间的搭接不应小于1.0m
遇到问题	压实过程中，有时表层块石有失稳现象。为改善垫层料碾压质量，采用[斜坡碾压]与[砂浆固坡]相结合的施工方法	

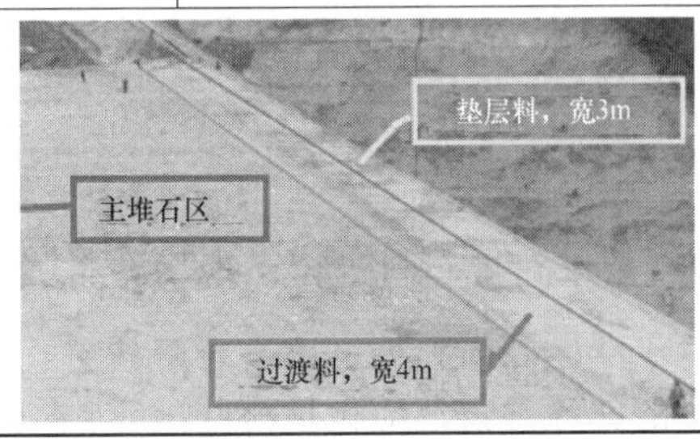

【考法题型及预测题】

1. 2016（2)-6. 堆石坝垫层填筑施工中，当压实层厚度较小时，为减轻物料的分离，铺料宜采用(　　)。

A. 后退法　　B. 进占法

C. 进占卸料，后退铺平法　　D. 进占卸料，进占铺平法

参考答案：A

2.

背景：无。

问题：1. 请分别指出面板堆石坝中堆石和垫层的摊铺和碾压的主要方法。

参考答案：1.

（1）坝体堆石料

铺筑宜采用进占法，必要时可采用自卸汽车后退法与进占法结合卸料。

碾压应采用振动平碾，其工作质量不小于 10t。

（2）垫层料

摊铺多用后退法，以减轻物料的分离。

采用斜坡振动碾或液压平板振动器压实。

解析：见“核心考点一、填筑工艺”中的表格。

3.

背景：

事件 1：面板堆石坝垫层料在压实过程中，承包人发现表层块石有失稳现象，承包人随后采取相应施工方法来改善垫层料碾压量。

问题：1. 根据事件 1，承包人采取哪些施工方法来改善垫层料碾压质量。

参考答案：1.（满分 4 分）

可以采用斜坡碾压（2 分）与砂浆固坡（2 分）相结合的施工方法。

核心考点二、堆石坝的压实参数和质量控制

1. 堆石坝的压实参数

◆ 堆石压实的质量指标（二建教材内容）

用压实重度换算的孔隙率 n 来表示，现场堆石密实度的检测主要采取试坑法。

◆ 堆石坝的压实参数

碾重、行车速率、铺料厚度、加水量、碾压遍数。

【考法题型及预测题】

1. 2019（2)1. 2.

背景：

施工过程中发生如下事件：

事件 1：施工单位在坝体填筑前，按照设计要求对堆石料进行了现场碾压试验，通过试验确定了振动碾的激振力、振幅、频率、行车速度和坝料加水量等碾压参数。

问题：除背景资料所述内容外，事件 1 中的碾压参数还应包括哪些内容？

参考答案：

堆石料的碾压参数还包括碾重、铺层厚度和碾压遍数。

2. 2017（1）3. 3. 面板堆石坝碾压参数＋质量检查

背景：

事件3：堆石坝施工前，施工单位编制了施工方案部分内容如下：

（1）堆石坝主堆石区堆石料最大粒径控制在350mm以下，根据碾压试验结果确定的有关碾压施工参数有：15t振动平碾，行车速率控制在3km/h以内，铺料厚度0.8m等。

（2）坝料压实质量检查采用干密度和碾压参数控制，其中干密度检测采用环刀法，坑深度为0.6m。

问题：事件3中，堆石料碾压施工参数还有哪些？改正坝料压实质量检查工作的错误之处。

参考答案：（满分4分）

（1）碾压参数还有：加水量（1分）和碾压遍数（1分）。

（2）干密度检测采用灌水（砂）法（1分），试坑深度为碾压层厚（或0.8m）（1分）。

3. 堆石坝的堆石压实参数有（　　）。

A. 碾重

B. 铺料厚度

C. 加水量

D. 碾压遍数

E. 含水量

参考答案：A、B、C、D

2. 质量控制

（1）施工前：坝料压实质量检查，应采用碾压参数和干密度（孔隙率）等参数控制，以控制碾压参数为主。

（2）施工中：铺料厚度、碾压遍数、加水量等碾压参数应符合设计要求，铺料厚度应每层测量，其误差不宜超过层厚的10%。

（3）坝料压实检查项目、取样次数见下表。

坝料		检查项目
垫层料	坝面	干密度、颗粒级配
	上游坡面	干密度、颗粒级配
	小区	干密度、颗粒级配
过渡料		干密度、颗粒级配
砂砾料		干密度、颗粒级配
堆石料		干密度、颗粒级配

（4）坝料压实检查方法：

	干密度检测方法		试坑	
			直径	厚度
垫层料	挖坑灌水（砂）法	核子密度仪法	≥最大料径的 4 倍	碾压层厚
过渡料	挖坑灌水（砂）法		≥最大料径的 3～4 倍	碾压层厚
堆石料压实	挖坑灌水（砂）法		≥最大料径的 2～3 倍	碾压层厚

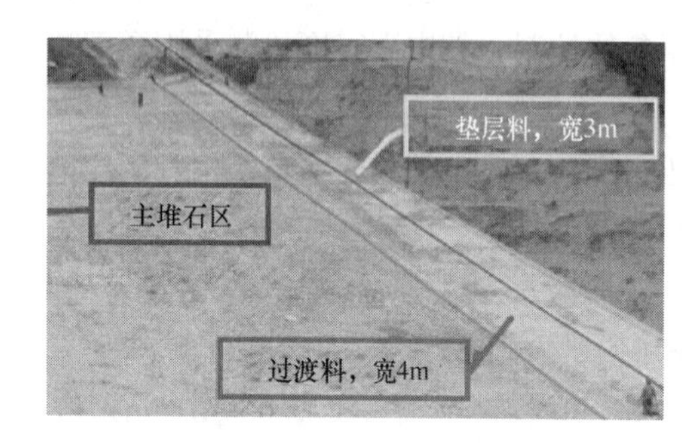

（5）测定的干密度，其平均值不小于设计值，标准差不宜大于 $50g/m^3$。当样本数小于 20 组时，应按合格率不小于 90%，不合格点的干密度不低于设计干密度的 95%控制。

【考法题型及预测题】

1. 2017（1)3. 3.

背景：

事件 3：堆石坝施工前，施工单位编制了施工方案部分内容如下：

（1）堆石坝主堆石区堆石料最大粒径控制在 350mm 以下，根据碾压试验结果确定的有关碾压施工参数有：15t 振动平碾，行车速率控制在 3km/h 以内，铺料厚度 0.8m 等。

（2）坝料压实质量检查采用干密度和碾压参数控制，其中干密度检测采用环刀法，坑深度为 0.6m。

问题：3. 事件 3 中，堆石料碾压施工参数还有哪些？改正坝料压实质量检查工作的错误之处。

参考答案：3.（满分 4 分）

（1）碾压参数还有：加水量（1 分）和碾压遍数（1 分）。

（2）干密度检测采用灌水（砂）法（1 分），试坑深度为碾压层厚（或 0.8m）（1 分）。

2. 2016（1)-22. 混凝土面板堆石坝的垫层料压实干密度测量方法有（　　）。

A. 环刀法　　B. 挖坑灌水法

C. 挖坑灌砂法　　D. 试坑法

E. 核子密度仪法

参考答案：B、C、E

1F415023　面板及趾板施工

核心考点及可考性提示

考　　点		2020 可考性提示
面板及趾板施工	混凝土面板的施工	★
★不大，★★一般，★★★极大		

核心考点剖析

核心考点　混凝土面板的施工

面板（分为面板和趾板）是主要防渗结构，厚度薄、面积大，在满足抗渗性和耐久性条件下，要求具有一定柔性，以适应堆石体的变形。面板的施工主要包括混凝土面板的分块、垂直缝砂浆条铺设、钢筋架立、面板混凝土浇筑、面板养护等作业内容。

混凝土面板的分块	纵缝的间距决定面板的宽度，面板通常采用滑模连续浇筑。面板的宽度决定混凝土浇筑能力。根据坝体变形及施工条件进行面板分缝分块。垂直缝的间距可为12～18m
垂直缝砂浆条铺设	一般宽50cm，是控制面板体型的关键。砂浆铺设完成后，再在其上铺设止水，架立侧模
钢筋架立	1. 面板宜采用单层双向钢筋，钢筋宜置于面板截面中部，每向配筋率为0.3%～0.4%，水平向配筋率可少于竖向配筋率。 2. 在拉应力区或岸边周边缝及附近可适当配置增强钢筋。 3. 计算钢筋面积应以面板混凝土的设计厚度为准
面板混凝土浇筑	1. 通常面板混凝土采用滑模浇筑。 2. 混凝土由混凝土搅拌车运输，溜槽输送混凝土入仓。12m宽滑模用两条溜槽入仓，16m的则采用三条，通过人工移动溜槽尾节进行均匀布料。 3. 施工中应控制入槽混凝土的坍落度在3～6cm，振捣器应在滑模前50cm处进行振捣
面板养护	养护是避免发生裂缝的重要措施。面板的养护包括保温、保湿两项内容。一般采用草袋保温，喷水保湿，并要求连续养护。面板混凝土宜在低温季节浇筑，加强混凝土面板表面的保湿和保温养护，直到蓄水为止，或至少90d

1F416000　混凝土坝工程

知识体系图

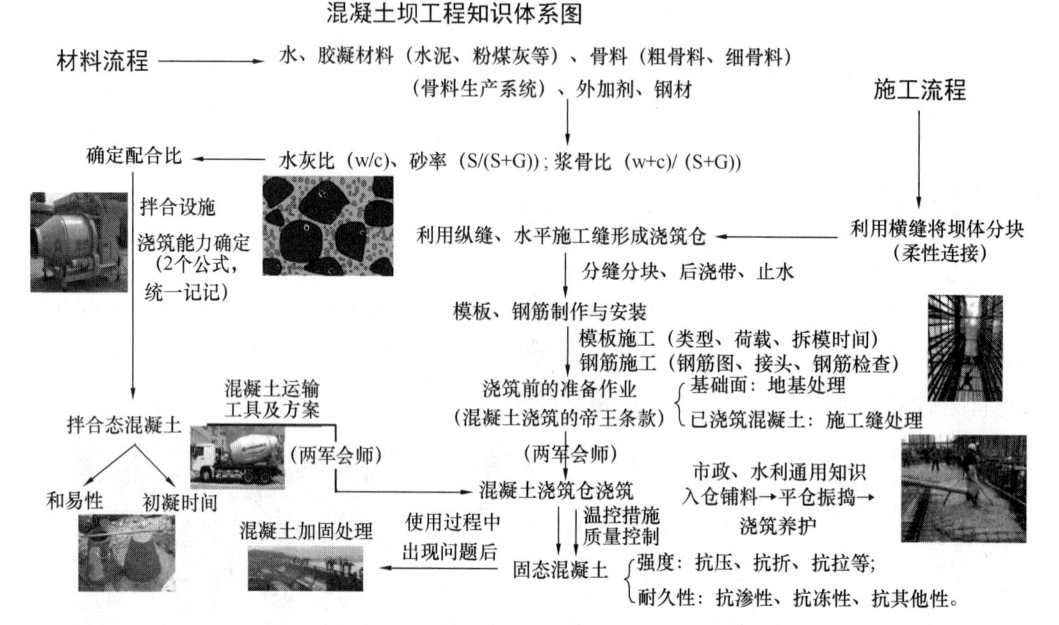

1F416010　混凝土的生产与浇筑

核心考点提纲

混凝土的生产与浇筑
- 混凝土拌合设备及其生产能力的确定
- 混凝土运输方案
- 混凝土的浇筑与养护
- 大体积混凝土温控措施

1F416011　混凝土拌合设备及其生产能力的确定

核心考点及可考性提示

考点		2020 可考性提示
混凝土拌合设备及其生产能力的确定	一、拌合设备	★
	二、拌合设备生产能力的确定	★★

★不大，★★一般，★★★极大

核心考点剖析

核心考点一、拌合设备

◆ 拌合机

分类：分为强制式、自落式和涡流式。自落式有鼓筒式和双锥式两种。

强制式拌合机

自落式拌合机

拌合机的主要性能指标是其工作容量，以 L 或 m^3 计。

◆ 拌合站

拌合站的布置

（1）一字形排列：台阶地形，拌合机数量不多；

（2）双排相向布置：对沟槽路堑地形，拌合机数量多。

◆ 拌合楼

按工艺流程分层布置，分为进料、贮料、配料、拌合及出料共五层，其中配料层是全楼的控制中心，设有主操纵台。

拌合楼

核心考点二、拌合设备生产能力的确定

◆ 拌合设备生产能力的确定方法

拌合设备生产能力：主要取决于设备容量、台数与生产率等因素。

拌合系统生产能力分类表

规模定型	小时生产能力（m^3/h）	月生产能力（万 m^3/月）
大型	＞200	＞6
中型	50～200	1.5～6
小型	＜50	＜1.5

【考法题型及预测题】

2017 (1)-8. 拌合系统生产能力为 2 万 m^3/月的混凝土拌合系统，其规模属于(　　)。

A. 大（1）型　　B. 大（2）型

C. 中型　　D. 小型

参考答案：C

◆ 拌合设备生产能力的计算

混凝土拌合系统[小时生产能力]计算公式	混凝土[初凝条件]校核[小时生产能力]（平浇法施工）计算公式
$Q_h = K_h Q_m/(m \cdot n)$ 式中 Q_h——小时生产能力（m^3/h）； K_h——小时[不均匀系数]，可取[1.3～1.5]； Q_m——混凝土高峰浇筑强度（m^3/月）； m——每月工作天数（d），一般取 25d； n——每天工作小时数（h），一般取 20h	$Q_h \geqslant 1.1SD/(t_1 - t_2)$ 式中 S——最大混凝土块的浇筑面积（m^2）； D——最大混凝土块的浇筑分层厚度（m）； t_1——混凝土的初凝时间（h），与所用水泥种类，气温、混凝土的浇筑温度、外加剂等因素有关； t_2——混凝土出机后浇筑入仓所经历的时间（h）

【考法题型及预测题】

1. 关于混凝土拌合设备及其生产能力的确定，下列说法不正确的是(　　)。

A. 混凝土拌合机的主要性能指标是生产能力

B. 水工混凝土配料中，砂的称量允许偏差为±1.0%

C. 混凝土拌合方式中，属于二次投料法的是预拌水泥裹砂法和预拌水泥砂石法

D. 某水闸底板混凝土采用平浇法施工，最大混凝土块浇筑面积 400m^2，浇筑层厚 40cm，混凝土初凝时间按 3h 计，混凝土从出机口到浇筑入仓历时 30min。根据平层浇筑法计算公式 $Q_h \geqslant K_h SD/(t_1 - t_2)$，则该工程拌合站小时生产能力最小应为 64$m^3$/h。其中字母代表含义分别为：$K_h$—系数；$S$—最大混凝土块的浇筑面积（m）；$D$—最大混凝土块的浇筑分层厚度（m）；$t_1$—混凝土的初凝时间（h）；$t_2$—混凝土出机后浇筑入仓所经历的时间（h）。

E. 混凝土高峰月浇筑强度为 15 万 m^3，每月工作日数取 25d，每日工作时数取 20h，小时不均匀系数取 1.5，混凝土生产系统单位小时能力 P=450m^3/h

参考答案：A、B、C、D

解析：A 选项是 2012（1）选择题，混凝土拌合机的主要性能指标是（工作容量）；B 选项是 2018（2）选择题，砂的称量允许偏差为（±2.0%）；C 选项是 2015（2）选择题，二次投料法的是（预拌水泥砂浆法和预拌水泥净浆法）；D 选项是 2011（1）选择题、2018（1）案例题，该工程拌合站小时生产能力最小应为（70.4m^3/h）；E 选项是 2016（1）案例题，正确。

2. 关于砂石料加工系统、混凝土拌合设备和混凝土生产系统，下列说法正确的是(　　)。

A. 砂石料加工系统中，砂石料加工系统处理能力 1000t/h 属于特大型

B. 混凝土生产系统中，设计生产能力 400m^3/h 属于大型

C. 生产能力为 75m^3/h、150m^3/h 的拌合系统规模，分别属于大型和中型

D. 混凝土拌合系统中，生产能力为 2 万 m^3/月的拌合系统规模为大（2）型

参考答案：A、B、C、D

解析：A 选项是 2019（1）新增加内容，2019（1）未考核，处理能力 1000t/h 属于（大型）；B 选项是 2019（1）新增加内容，2019（1）未考核，正确；C 选项是 2015（1）、2018（1）选择题，生产能力为 75m^3/h、150m^3/h 的，都属于中型；D 选项是 2017（1）选择题，拌合系统规模只有（大型、中型和小型），没有大（2）型；生产能力为 2 万 m^3/月的拌合系统规模为（中型）。

1F416012 混凝土运输方案

核心考点及可考性提示

考点		2020 可考性提示
混凝土运输方案	混凝土运输方案分类	☆
★不大，★★一般，★★★极大		

核心考点剖析

核心考点 混凝土运输方案分类

选择混凝土运输浇筑方案的原则

◆ 混凝土运输过程中，因故停歇过久，混凝土拌合物出现下列情况之一者，应按不合格料处理：

（1）混凝土产生初凝。

（2）混凝土塑性降低较多，已无法振捣。

（3）混凝土被雨水淋湿严重或混凝土失水过多。

（4）混凝土中含有冻块或遭受冰冻，严重影响混凝土质量。

◆ 不论采用何种运输设备，混凝土自由下落高度不宜大于 2m，超过时，应采取缓降或其他措施，防止骨料分离。

◆ 不合格料处理（二建考试用书）

混凝土拌合物出现下列情况之一者，应按不合格料处理：

（1）错用配料单已无法补救，不能满足质量要求。

（2）混凝土配料时，任意一种材料计量失控或漏配，不符合质量要求。

（3）拌合不均匀或夹带生料。

（4）出机口混凝土坍落度超过允许最大值。

◆ 混凝土浇筑仓出现下列情况之一者，应停止浇筑：（一建考试用书）

（1）混凝土初凝且超过允许面积。

（2）混凝土平均浇筑温度超过允许值，并在1h内无法调整至允许温度范围内。

◆ 浇筑仓混凝土出现下列情况之一时，应挖除：（一建考试用书）

1. 拌合物出现不合格料的情形：

（1）错用配料单配料。

（2）混凝土任意一种组成材料计量失控或漏配。

（3）出机口混凝土拌合物不均匀或夹带生料，或温度、含气量和坍落度不符合要求。

2. 低等级混凝土混入高等级混凝土浇筑部位。

3. 混凝土无法振捣密实或对结构物带来不利影响的级配错误混凝土料。

4. 未及时平仓振捣且已初凝的混凝土料。

5. 长时间不凝固的混凝土料。

【考法题型及预测题】

混凝土运输过程中，因故停歇过久，拌合物出现下列情况之一者，应按不合格料处理（　　）。

A. 混凝土产生初凝　　B. 混凝土产生终凝

C. 混凝土塑性降低较多，无法振捣　　D. 混凝土失水过多

E. 混凝土中含有冻块，严重影响混凝土质量

参考答案：A、C、D、E

1F416013　混凝土的浇筑与养护

核心考点及可考性提示

考　点		2020 可考性提示
混凝土的浇筑与养护	一、混凝土浇筑的工艺流程	★
	二、浇筑前的准备作业	★
	三、入仓铺料	★
	四、平仓与振捣	★
	五、混凝土养护	★

★不大，★★一般，★★★极大

核心考点剖析

核心考点一、混凝土浇筑的工艺流程

准备作业→浇筑时入仓铺料→平仓振捣→浇筑后的养护。

入仓铺料

平仓振捣

筑后的养护

核心考点二、浇筑前的准备作业

包括基础面的处理、施工缝处理、立模、钢筋及预埋件安设等。

◆ 基础面的处理

砂砾地基	土基	岩基
应清除杂物，整平建基面，再浇10～20cm低强度等级混凝土作垫层，以防漏浆	应先铺碎石→盖上湿砂→压实后→再浇筑混凝土	人工清除表面松软岩石、棱角和反坡，并用高压水枪冲洗，若粘有油污和杂物，可用金属丝刷洗，直至洁净为止

◆ 施工缝处理

概念：浇筑块间临时的水平和垂直结合缝，也是新老混凝土的结合面。

处理方法：高压水枪、风砂枪、风镐、钢刷机、人工凿毛等方法将老混凝土表面含游离石灰的水泥膜（乳皮）清除，表层石子半露。

纵缝：可不凿毛，但应冲洗干净，以利灌浆。

高压水冲毛：浇筑后5～20h进行；当用风砂枪冲毛：浇后一两天进行。

【考法题型及预测题】

2019 (1)3.3

背景：

事件2：混凝土重力坝基础面为岩基，开挖至设计高程后，施工单位对基础面表面松软岩石、棱角和反坡进行清除，随即开仓浇筑。

问题：事件2中，施工单位对混凝土重力坝基础面处理措施和程序是否完善？请说明理由。

参考答案：（满分5分）

不完善（1分）。混凝土重力坝基础面开挖至设计高程，应对基础面表面松软岩石、棱角和反坡进行清除，之后用高压水枪冲洗，若有油污可用金属丝清洗油污，再用高压枪吹至岩面无积水（2分），经质检合格并按程序验收后，才能开仓浇筑（2分）。

核心考点三、入仓铺料

◆ 铺料间隔时间

主要受混凝土初凝时间和混凝土温控要求的限制。

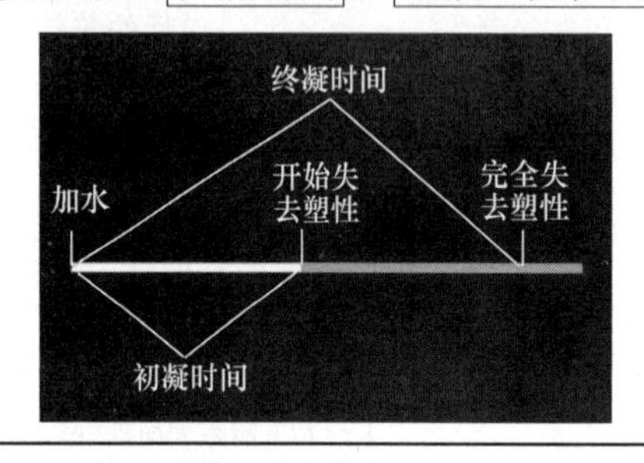

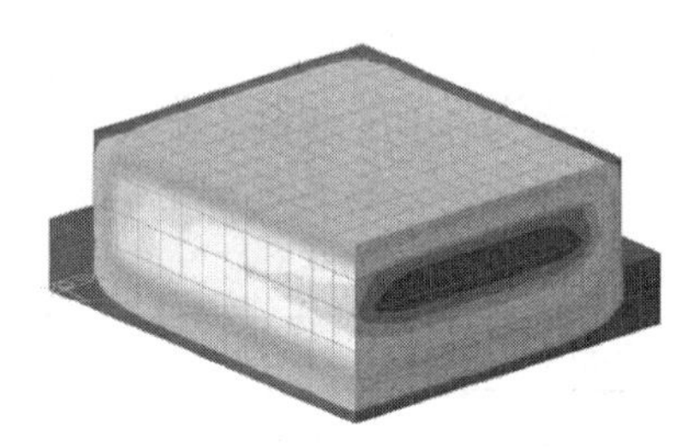

（1）混凝土初凝时间	（2）允许间隔时间的确定
它与水泥品种、外加剂掺用情况、气候条件、混凝土保温措施等有关系	按照混凝土初凝时间和混凝土温控要求两者中较小值确定

◆ 混凝土浇筑仓停止浇筑和挖除情况

混凝土浇筑仓出现下列情况之一者，应停止浇筑	浇筑仓混凝土出现下列情况之一时，应予挖除
（1）混凝土初凝且超过允许面积。 （2）混凝土平均浇筑温度超过允许值，并在1h内无法调整至允许温度范围内	（1）拌合物出现不合格料的情形： 1）错用配料单配料。 2）混凝土任意一种组成材料计量失控或漏配。 3）出机口混凝土拌合物不均匀或夹带生料，或温度、含气量和坍落度不符合要求。 （2）低等级混凝土混入高等级混凝土浇筑部位。 （3）混凝土无法振捣密实或对结构物带来不利影响的级配错误混凝土料。 （4）未及时平仓振捣且已初凝的混凝土料。 （5）长时间不凝固的混凝土料

【考法题型及预测题】

下列属于浇筑仓混凝土应予挖除情况的有(　　)。

A. 错用配料单配料

B. 长时间不凝固的混凝土料

C. 未及时平仓振捣且已初凝的混凝土料

D. 低等级混凝土混入高等级混凝土浇筑部位

E. 混凝土初凝且超过允许面积

参考答案：A、B、C、D

核心考点四、平仓与振捣

平仓：卸入仓内成堆的混凝土料，按规定要求均匀铺平。

振捣：常用插入式振捣器，另有外部式、表面式、振动台。

插入式振捣器（内部振捣器）

外部振捣器（又称附着式振捣器）

表面式

振动台

振实标准：不再明显下沉，不再出现气泡，表面出浆。

核心考点五、混凝土养护

◆ 养护分类

塑性混凝土	低塑性混凝土
在浇筑完毕后6～18h内开始洒水养护（6～18h养护）	宜在浇筑完毕后立即喷雾养护，并及早开始洒水养护（立即养护）

◆ 混凝土养护时间

不宜少于28d。混凝土养护时间的长短，取决于混凝土强度增长和所在结构部位的重要性。

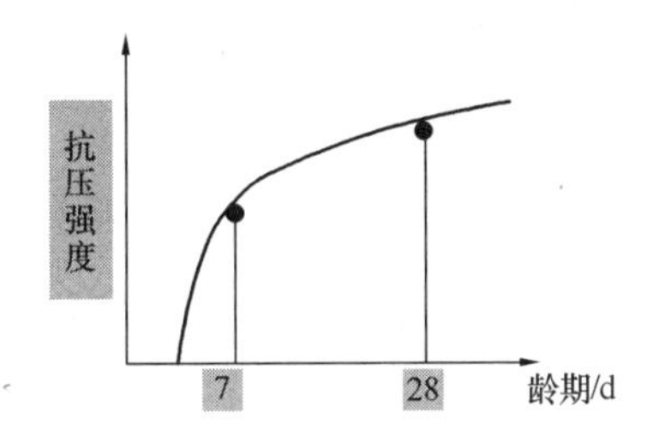

课外知识：

混凝土在正常养护条件下，其强度将随着龄期的增长而增长。最初7～14d内，强度增长较快，28d 达到设计强度。以后增长缓慢，但若保持足够的温度和湿度，强度的增长将延续几十年。普通水泥制成的混凝土，在标准条件下，混凝土强度的发展大致与其龄期的对数成正比关系。

1F416014　大体积混凝土温控措施

核心考点及可考性提示

考点		2020 可考性提示
大体积混凝土温控措施	一、混凝土裂缝情况	★
	二、混凝土温控术语	★★★
★不大，★★一般，★★★极大		

核心考点剖析

核心考点一、混凝土裂缝情况

◆ 温度裂缝有细微裂缝、表面裂缝、深层裂缝和贯穿裂缝。

细微裂缝：缝宽 $\delta \leqslant 0.1 \sim 0.2$mm，缝深≤30cm；

表面裂缝：缝宽 $\delta \leqslant 0.2$mm，缝深≤1m；

深层裂缝：缝宽 $\delta \leqslant 0.2 \sim 0.4$mm，缝深 1～5m，且＜1/3 坝块宽度，缝长＞2m；

贯穿裂缝：基础向上开裂且平面贯通全仓。

大体积混凝土紧靠基础产生的贯穿裂缝，无论对坝的整体受力还是防渗效果的影响比之浅层表面裂缝的危害都大得多。表面裂缝也可能成为深层裂缝的诱发因素，对坝的抗风化能力和耐久性有一定影响。因此，对混凝土坝等大体积混凝土应做好温度控制措施。

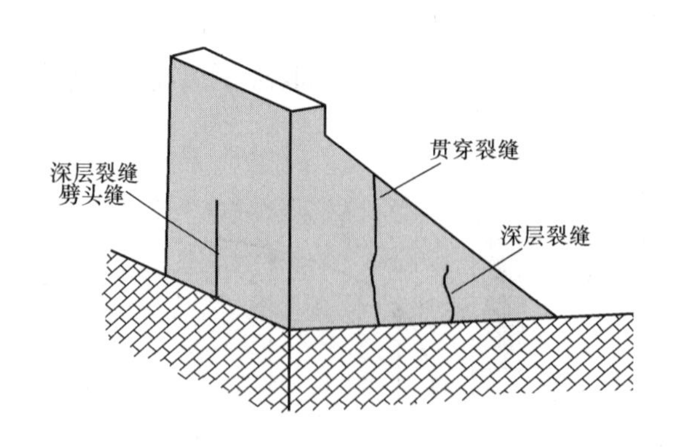

【考法题型及预测题】

表面缝宽 $\delta \leqslant 0.2$mm、缝深 $h \leqslant 1$m 的大体积混凝土温度裂缝属于（　　）。

A. 细微裂缝　　　　　　　　　　　　　　　B. 表面裂缝

C. 深层裂缝　　　　　　　　　　　　　　　D. 贯穿裂缝

参考答案：B

核心考点二、混凝土温控术语

（1）内外温差：混凝土内部最高温度与混凝土表面温度之差。

（2）出机口温度：在拌合设施出料口测得的混凝土拌合物深 3～5cm 处的温度。

（3）入仓温度：混凝土下料后平仓前测得的深 5～10cm 处的温度。

（4）浇筑温度：混凝土经平仓振捣或碾压后、覆盖上坯混凝土前，本坯混凝土面以下 5～10cm 处的温度。

【考法题型及预测题】

2018（1）4.3. 降低混凝土浇筑温度的具体措施

背景：

事件三：施工单位根据《水工混凝土施工规范》SL 667—2014。对大坝混凝土采取了控温措施。首先对原材料和配合比进行优化。降低混凝土水化温升，其次在混凝土拌合、运输和浇筑等过程中采取多种措施，降低混凝土的浇筑温度。

问题：3. 说明事件三中“混凝土浇筑温度”这一规范术语的含义。指出在混凝土拌合、运输过程中降低混凝土浇筑温度的具体措施。

参考答案：3.（满分 6 分）

（1）混凝土浇筑温度，是指在混凝土平仓振捣后，覆盖上层混凝土前，距混凝土表面下 10cm 处的混凝土温度（2 分）。

（2）混凝土拌合、运输过程中降低混凝土浇筑温度的措施有：

①（拌合过程）在混凝土拌合时，加冷水、加冰和骨料预冷（骨料水冷、骨料风冷）；（2 分）

②（运输过程）合理安排混凝土施工时间，减少运输途中和仓面温度回升。（2 分）

核心考点三、混凝土温控与监测——混凝土温度控制措施

◆ 混凝土温度控制主要温度控制指标

混凝土温度控制应提出符合坝体分区容许最高温度及温度应力控制标准的混凝土温度控制措施，并提出出机口温度、浇筑温度、浇筑层厚度、间歇期、表面冷却、通水冷却和表面保护等主要温度控制指标。

◆ 降低混凝土出机口温度采取措施

（1）常态混凝土的粗集料可采用风冷、浸水、喷淋冷水等预冷措施，碾压混凝土的粗集料宜采用风冷措施。采用风冷时冷风温度宜比集料冷却终温低 10℃，且经风冷的集料终温不应低于 0℃。喷淋冷水的水温不宜低于 2℃。

（2）拌合楼宜采用加冰、加制冷水拌合混凝土。加冰时宜采用片冰或冰屑，常态混凝土加冰率不宜超过总水盘的 70%，碾压混凝土加冰率不宜超过总水量的 50%。

加冰时可适当延长拌合时间。

◆ 浇筑后温度控制

（1）混凝土浇筑后温度控制宜采用冷却水管通水冷却、表面流水冷却、表面蓄水降温等措施。坝体有接缝灌浆要求时，应采用水管通水冷却方法。

（2）高温季节，常态混凝土终凝后可采用表面流水冷却或表面蓄水降温措施。表面流水冷却的仓面宜设置花管喷淋，形成表面流动水层；表面蓄水降温应在混凝土表面形成厚度不小于 5cm 的覆盖水层。

（3）坝高大于或温度控制条件复杂时，宜采用自动调节通水降温的冷控制方法。

【考法题型及预测题】

1. 2019 (1)3. 4.

事件 3：混凝土重力坝施工中，早期施工时坝体出现少量裂缝，经分析裂缝系温度应力所致。施工单位编制了温度控制技术方案，提出了相关温度控制措施，并提出出机口温度、表面保护等主要温度控制指标。

问题：事件 3 中，除出机口温度、表面保护外，主要温度控制指标还应包括哪些？

参考答案：

主要温度控制指标还应包括：浇筑温度、浇筑层厚度、间歇期、表面冷却、通水冷却等。

2. 2018 (1)4. 3.

背景：

事件 3：施工单位根据《水工混凝土施工规范》SL 667－2014。对大坝混凝土采取了控温措施。首先对原材料和配合比进行优化。降低混凝土水化温升，其次在混凝土拌合、运输和浇筑等过程中采取多种措施，降低混凝土的浇筑温度。

问题：说明事件 3 中“混凝土浇筑温度”这一规范术语的含义。指出在混凝土拌合，运输过程中降低混凝土浇筑温度的具体措施。

参考答案：

“混凝土浇筑温度”是指混凝土入仓浇筑完毕的温度。

混凝土拌合中采用加冰或加冰水拌合，对骨料进行预冷等。

混凝土运输中搭设凉棚或覆盖等措施。

3. 大体积混凝土温控措施，应提出符合坝体分区的（　　）控制标准的温度控制措施。

A. 出机口温度　　B. 容许最高温度

C. 温度应力　　D. 浇筑温度

E. 浇筑层厚度

参考答案：B、C

4. 高温季节，常态混凝土终凝后可采用（　　）降温措施。

A. 冷却水管通水冷却　　B. 表面流水冷却

C. 表面蓄水　　D. 水管通水冷却

E. 自动调节通水

参考答案：B、C

核心考点四、混凝土温控与监测——施工温度监测与分析

◆ 原材料温度监测

（1）水泥、掺合料、集料、水和外加剂等原材料的温度应至少每 4h 测量 1 次，低温季节施工宜加密至每 1h 测量 1 次。

（2）测量水、外加剂溶液和细集料的温度时，温度传感器或温度计插入深度不小于 10cm；测量粗集料温度时，插入深度不小于 10cm 并大于集料粒径的 1.5 倍，周围用细粒径料充填。

◆ 混凝土出机口温度、入仓温度和浇筑温度监测

（1）混凝土出机口温度应每 4h 测量 1 次；低温季节施工时宜加密至每 2h 测量 1 次。

（2）混凝土入仓后平仓前，应测量深 5～10cm 处的入仓温度。入仓温度应每 4h 测量 1 次；低温季节施工时，宜加密至每 2h 测量 1 次。

（3）混凝土经平仓、振捣或辗压后、覆盖上坯混凝土前，应测量本坯混凝土面以下 5～10cm 处的浇筑温度。浇筑温度测温点应均匀分布，且应覆盖同一仓面不同品种的混凝土；同一坯层每 100m 仓面面积应有 1 个测温点，且每个坯层应不少于 3 个测温点。

【考法题型及预测题】

1. 2019（1）-13. 混凝土入仓温度是指混凝土下料后平仓前测得的混凝土深（　　）处的温度。

A. 3～5cm　　B. 5～10cm

C. 10～15cm　　D. 15～20cm

参考答案：B

2. 混凝土施工过程中，应测量仓内中心点附近距混凝土表面高度（　　）处的气温，并同时测量仓外气温。人工测温时，每天应至少测量 4 次。

A. 0.5m　　B. 1.0m

C. 1.5m　　D. 2.0m

参考答案：C

1F416020　模板与钢筋

核心考点提纲

模板与钢筋
- 模板的分类与模板施工
- 钢筋的加工安装技术要求

1F416021　模板的分类与模板施工

核心考点及可考性提示

考　　点		2020 可考性提示
模板的分类与模板施工	一、模板的分类	★
	二、模板施工	★★★
	三、（二建补充）模板设计	★★★
★不大，★★一般，★★★极大		

核心考点剖析

核心考点一、模板的分类

模板根据制作材料可分为木模板、钢模板、胶合板、塑料板、混凝土和钢筋混凝土预制模板等；根据架立和工作特征可分为固定式、拆移式、移动式和滑升式等。

固定式

拆移式

移动式

滑升式

核心考点二、模板施工

◆ 模板的安装

对于大体积混凝土浇筑块，成型后的偏差，不应超过模板安装允许偏差的50%～

100%，取值大小视结构物的重要性而定。

◆ 模板的拆除

非承重模板（侧模）	承重板：达到规定的混凝土设计强度的百分率				
2.5MPa以上，其表面和棱角不因拆模而损坏方可拆除	悬臂板、梁		其他梁、板、拱		
	跨度≤2m	跨度>2m	跨度≤2m	跨度 2～8m	跨度>8m
	75%	100%	50%	75%	100%

核心考点三、(二建补充）模板设计

◆ 要求：具有足够的强度、刚度和稳定性。结构变形应在允许范围以内。

◆ 荷载：基本荷载和特殊荷载两类。

基本荷载	特殊荷载
(1) 模板及其支架的自重。 (2) 新浇混凝土重量。 (3) 钢筋重量。 (4) 工作人员及浇筑设备、工具等荷载。 (5) 振捣混凝土产生的荷载。 (6) 新浇混凝土的侧压力 (7) 新浇筑的混凝土的浮托力。 (8) 混凝土拌合物入仓所产生的冲击荷载。 (9) 混凝土与模板的摩阻力（适用于滑动模）	(1) 风荷载：按现行《建筑结构荷载规范》GB 50009—2001 确定。 (2) 以上 9 项荷载以外的其他荷载

◆ 抗倾稳定性

承重模板及支架：验算倾覆力矩、稳定力矩和抗倾稳定系数。稳定系数应大于 1.4。

当承重模板的跨度大于 4m时，设计起拱值取跨度的0.3%左右。

【考法题型及预测题】

1. 2017 (2)-7. 下列模板荷载中，属于特殊荷载的是(　　)。

A. 风荷载
B. 模板自重
C. 振捣混凝土土产生的荷载
D. 新浇混凝土的侧压力

参考答案：A

2. 承重模板及支架抗倾稳定性时，要验算(　　)。

A. 倾覆力矩
B. 稳定力矩
C. 抗倾覆系数
D. 稳定扭矩
E. 抗倾稳定系数

参考答案：A、B、E

3. 承重模板及支架抗倾稳定性时，验算倾覆力矩、稳定力矩和抗倾稳定系数。其中稳定系数应(　　)。

A. 小于 1.3
B. 大于 1.3

C. 小于1.4　　　　　　　　　　　　D. 大于1.4

参考答案：D

1F416022　钢筋的加工安装技术要求

核心考点及可考性提示

考　点		2020 可考性提示
钢筋的加工安装技术要求	一、钢筋性能和规格表示	★
	二、钢筋加工	★
	三、钢筋连接	★★★
★不大，★★一般，★★★极大		

核心考点剖析

核心考点一、钢筋的表示方法

序号	名称	图例	说明
1	钢筋横断面		—
2	无弯钩的钢筋端部	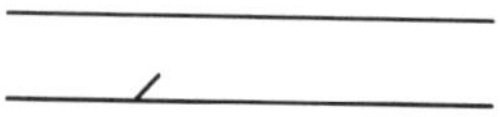	下图表示长，短钢筋投影重叠时，短钢筋的端部用45°斜划线表示
3	带半圆形弯钩的钢筋端部		—
4	带直钩的钢筋端部		—
5	带丝扣的钢筋端部		—
6	无弯钩的钢筋搭接		—
7	带半圆形弯钩的钢筋搭接		—
8	带直钩的钢筋搭接		—
9	花篮螺丝钢筋接头		—
10	机械连接的钢筋接头		用文字说明机械连接的方式（如冷挤压或直螺纹等）

【考法题型及预测题】

下图表示普通钢筋的（　　）。

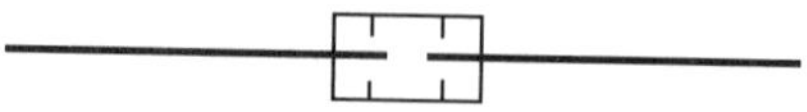

A. 机械连接的钢筋接头

B. 花篮螺丝钢筋接头

C. 绑扎连接的钢筋接头

D. 焊接连接的钢筋接头

参考答案：B

核心考点二、钢筋图的画法

◆ 钢筋图中标注结构的主要尺寸，如下图所示。钢筋图中钢筋的标注形式如下图所示。

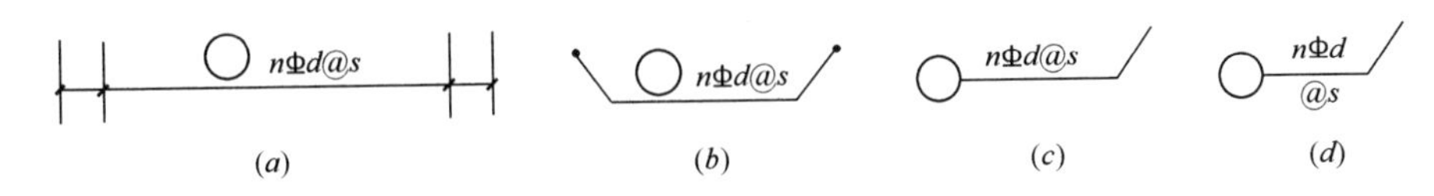

钢筋标注形式

注：圆圈内填写钢筋编号，n 为钢筋的根数。Φ为钢筋种类的代号，d 为钢筋直径的数值，@为钢筋间距的代号，s 为钢筋间距的数值。

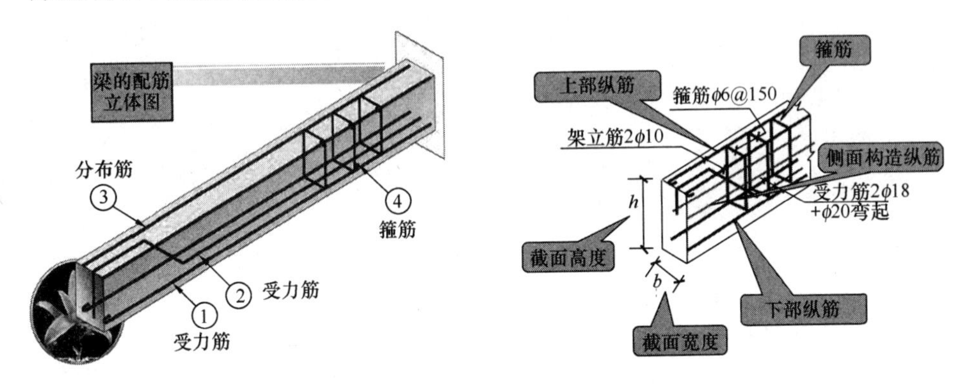

【考法题型及预测题】

2017（2）-2. 钢筋标注形式“$n\Phi d@s$”中，s 表示钢筋（　　）。

A. 根数

B. 等级

C. 直径

D. 间距

参考答案：D

◆ 箍筋、弯起钢筋和单根钢筋

箍筋	弯起钢筋	单根钢筋
箍筋尺寸为内皮尺寸	弯起钢筋的弯起高度为外皮尺寸	单根钢筋的长度应为钢筋中心线的长度
内皮	h l h：外皮尺寸，l：中心线长度	

◆ 平面钢筋和双层钢筋的墙体钢筋立面图

平面钢筋		双层钢筋的墙体钢筋立面图	
底层	顶层	远面	近面
底层钢筋向上或向左弯折	顶层钢筋向下或向右弯折	远面钢筋的弯折向上或向左，代号为“YM”	近面钢筋的弯折向下或向右，代号为“JM”
底层	顶层	JM YM JM YM	

【考法题型及预测题】

1. 平面图中配置双层钢筋的底层钢筋(　　)弯折。

A. 向上　　B. 向左　　C. 向下　　D. 向右

E. 向中间

参考答案：A、B

2. 配有双层钢筋的墙体钢筋立面图中，近面钢筋的弯折(　　)。

A. 向上　　B. 向左　　C. 向下　　D. 向右

E. 向中间

参考答案：C、D

3. 下列双层钢筋的墙体钢筋立面图中，表示远面钢筋的是(　　)。

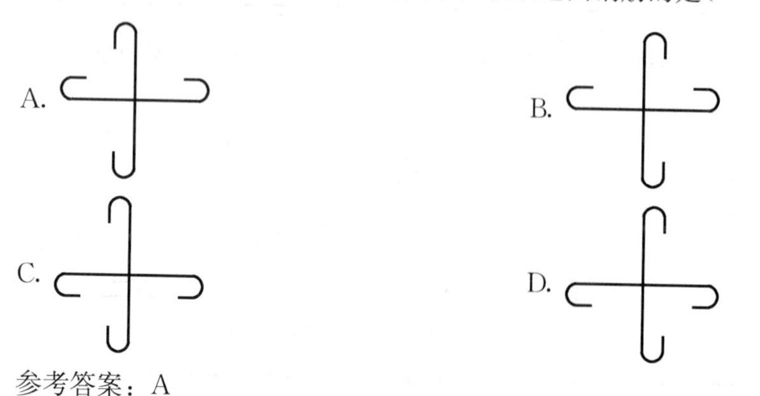

参考答案：A

核心考点三、钢筋加工

◆ 钢筋代换

遵守以下规定：

（1）等截面代换：应满足构造要求。

（2）等强度代换：以高一级钢筋代换低一级钢筋时，宜采用改变钢筋直径的方法而不宜采用改变钢筋根数的方法来减少钢筋截面积。

（3）同钢号，直径变化不超过4mm，总截面面积不得小于98%或大于103%。（与原设计比较）

（4）设计主筋采取同钢号的，保持间距不变，大一级和小一级钢筋间隔配置代换。（粗细搭配，间距不变）

【考法题型及预测题】

下列关于钢筋代换的说法，正确的有（　　）。

A. 应按钢筋承载力设计值相等的原则进行代换

B. 以高一级钢筋代换低一级钢筋时，宜采用改变钢筋直径的方法来减少钢筋截面积

C. 以高一级钢筋代换低一级钢筋时，宜采用改变钢筋根数的方法来减少钢筋截面积

D. 用同钢号某直径钢筋代替另外一种直径钢筋时，其直径变化范围不宜超过4mm

E. 主筋采取同钢号的钢筋代换时，应保持间距不变

参考答案：A、B、D、E

核心考点四、钢筋连接

◆ 筋接头的一般要求

<table>
<tr><th></th><th>受拉区</th><th>受压区</th></tr>
<tr><td>焊接接头</td><td rowspan="2">不宜超过50%</td><td rowspan="2">不受限制</td></tr>
<tr><td>机械连接接头</td></tr>
<tr><td>绑扎接头</td><td>不宜超过25%</td><td>不宜超过50%</td></tr>
</table>

【考法题型及预测题】

下列关于钢筋的接头，正确的有（　　）。

A. ①水利水电工程受弯构件，受压区受力钢筋采用绑扎接头，则同一截面内钢筋接头面积占受力钢筋总截面面积的最大百分率为50%；②若某构件受拉区钢筋面积为2000mm^2，同一截面内绑扎接头钢筋截面面积允许的最大值是500mm^2

B. ①某水利工程受弯构件受拉区的受力钢筋为10ϕ25的钢筋，如受力钢筋采用焊接接头，同一截面内的钢筋接头最多只能有5个；②某钢筋混凝土构件，钢筋采用机械连接，同一截面受拉区钢筋接头的截面面积最多不宜超过受力钢筋总截面面积的50%

C. 下列受弯构件的钢筋接头方式中，同一截面钢筋接头面积占受力钢筋总面积的百

分率①闪光对焊，受拉区 42%；②绑扎，受拉区 40%；③绑扎，受压区 45%；④机械连接，受拉区 38%

D. 在加工场加工钢筋接头时，一般应采用接触点焊接

E. 钢筋经过调直机调直后，其表面伤痕不得使钢筋截面面积减少 8%以上

参考答案：A、B

解析：A 选项是 2012（2）、2006（1）选择题，考核绑扎接头，正确；B 选项是 2012［10 月］（2）、2016（2）选择题，考核焊接接头和机械连接接头，正确；C 选项是 2010（1）选择题，错误是②绑扎，受拉区正确应该是（25%）；D 选项是 2018（1）选择题，在加工场加工钢筋接头时，一般应采用（闪光对焊链接）；E 选项是 2019（1）选择题，钢筋经过调直机调直后，其表面伤痕不得使钢筋截面面积减少（5%）以上。

1F416030　混凝土坝的施工技术

核心考点提纲

混凝土坝的施工技术
- 混凝土坝施工的分缝分块
- 混凝土坝的施工质量控制

1F416031　混凝土坝施工的分缝分块

核心考点及可考性提示

考　　点		2020 可考性提示
混凝土坝施工的分缝分块	分缝的特点及纵缝的识图	★
★不大，★★一般，★★★极大		

核心考点剖析

核心考点　分缝的特点及纵缝的识图

◆ 分缝的特点

<table>
<tr><td>横缝</td><td colspan="3">◇ 沿坝轴线方向，15～24m 设缝，称为横缝。为永久缝。
◇ 拱坝的横缝由于有传递应力的要求，需要进行接缝灌浆处理，称为临时缝</td></tr>
<tr><td rowspan="3">纵缝</td><td rowspan="3">用纵缝（包括竖缝、斜缝、错缝等形式）将一个坝段划分成若干坝块，或者整个坝段不再分缝而进行通仓浇筑</td><td>竖缝分块</td><td>纵缝须要设置键槽，并进行接缝灌浆处理</td></tr>
<tr><td>斜缝分块</td><td>缝面剪应力很小，可以不进行接缝灌浆</td></tr>
<tr><td>错缝分块</td><td>缝面一般不灌浆</td></tr>
</table>

◆ 纵缝的识图

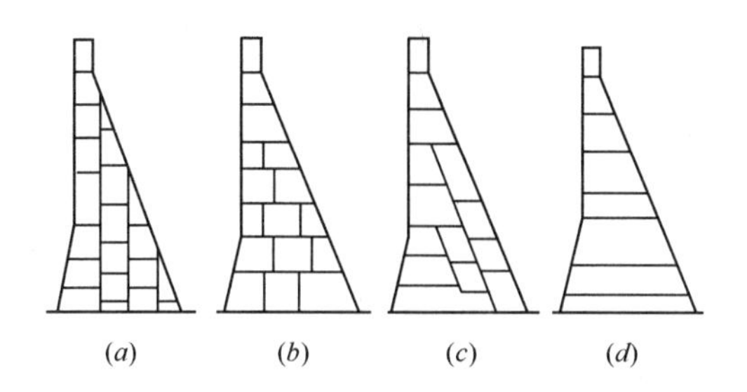

重力坝分缝分块

(a) 竖缝分块；(b) 错缝分块；(c) 斜缝分块；(d) 通仓分块

【考法题型及预测题】

2019 (1)3.2.

背景：

某水利水电枢纽由拦河坝、溢洪道、发电引水系统、电站厂房等组成。水库库容为 $12\times108m^3$。拦河坝为混凝土重力坝，最大坝高 152m，坝顶全长 905m。(略……)

事件 1：混凝土重力坝以横缝分隔为若干坝段。根据本工程规模和现场施工条件，施工单位将每个坝段以纵缝分为若干浇筑块进行混凝土浇筑。每个坝段采用竖缝分块形式浇筑混凝土。

问题：事件 1 中，混凝土重力坝坝段分段长度一般为多少米？每个坝段的混凝土浇筑除采用竖缝分块以外，通常还可采用哪些分缝分块形式？

参考答案：(满分 4 分)

混凝土重力坝分段长度一般为 15～24m (1 分)。

每个坝段的混凝土浇筑除采用竖缝分块以外，通常还可采用通仓浇筑 (1 分)、斜缝分块 (1 分)、错缝分块 (1 分) 等分缝分块形式。

1F416032 混凝土坝的施工质量控制

核心考点及可考性提示

考点		2020 可考性提示
混凝土坝的施工质量控制	施工质量检测方法	★
★不大，★★一般，★★★极大		

核心考点剖析

核心考点　施工质量检测方法

已建成的结构物	应进行钻孔取芯和压水试验
大体积混凝土	取芯和压水试验可按每万立方米混凝土钻孔2～10m，具体钻孔取样部位、检测项目与压水试验的部位、吸水率的评定标准，应根据工程施工的具体情况确定
钢筋混凝土结构物	应以无损检测为主，必要时采取钻孔法检测混凝土

【考法题型及预测题】

1. 2018 (1)4.4.

背景：

事件4：施工单位在某一坝段基础C20混凝土浇筑过程中，共抽取混凝土试样35组进行抗压强度试验，试验结果统计：（1）有3组试样抗压强度为设计强度的80%。（2）试样混凝土的强度保证率为78%。施工单位按《水利水电工程施工质量检验与评定规程》SL 176—2007对混凝土强度进行评定，评定结果为不合格，并对现场相应部位结构物的混凝土强度进行了检测。

问题：说明事件4中混凝土强度评定为不合格的理由。指出对结构物混凝土强度进行检测的方法有哪些?

参考答案：(满分6分)

（1）不合格原因：略…（4分）

（2）检测方法有：钻孔取芯（1分）和无损检测（1分）。

2. 钢筋混凝土结构物质量检测方法应以(　　)为主。

A. 无损检测　　　　B. 钻孔取芯检测

C. 压水试验　　　　D. 原型观测

参考答案：A

1F416040　碾压混凝土坝的施工技术

核心考点提纲

碾压混凝土坝的施工技术
- 碾压混凝土坝的施工工艺及特点
- 碾压混凝土坝的施工质量控制

1F416041　碾压混凝土坝的施工工艺及特点

核心考点及可考性提示

考点		2020 可考性提示
碾压混凝土坝的施工工艺及特点	碾压混凝土坝的施工工序	★
	碾压混凝土坝的施工特点	★
★不大，★★一般，★★★极大		

核心考点剖析

核心考点一、碾压混凝土坝的施工工序

碾压混凝土坝的施工工艺程序是先在［初浇层］铺砂浆→汽车运输入仓，平仓机平仓，振动压实机压实。→振动切缝机切缝，切完缝再沿缝无振碾压两遍。

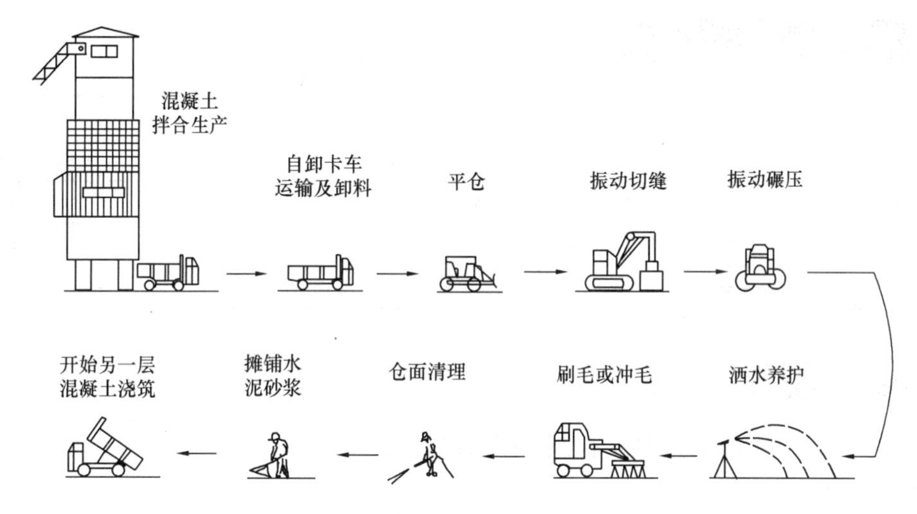

碾压混凝土施工工艺流程

核心考点二、碾压混凝土坝的施工特点

◆ 大量掺加粉煤灰，减少水泥用量

由于碾压混凝土是干贫混凝土，要求掺水量少，水泥用量也很少。为保持混凝土有一定的胶凝材料，必须掺入大量粉煤灰（掺量占总胶凝材料的50%～70%，且为Ⅱ级以上）。这样不仅可以减少混凝土的初期发热量，增加混凝土的后期强度，简化混凝土的温控措施，而且有利于降低工程成本。

在混凝土施工中，掺入粉煤灰的目的是（　　）。

A. 减少混凝土后期发热量　　B. 减少混凝土初期发热量

C. 增加混凝土的前期强度　　D. 增加混凝土的后期强度

E. 简化混凝土的温控措施

参考答案：B、D、E

◆ 采用通仓薄层浇筑

可增加散热效果，取消冷却水管，减少模板工程量，简化仓面作业，有利于加快施工进度。

（1）RCD（日本工法）：碾压厚度 50cm、75cm、100cm；

（2）RCC（美国工法）：碾压厚度 30cm。

【考法题型及预测题】

RCC（美国工法）碾压厚度为（　　）。

A. 30cm　　B. 50cm

C. 75cm　　D. 100cm

参考答案：A

1F416042　碾压混凝土坝的施工质量控制

核心考点及可考性提示

考　点		2020 可考性提示
碾压混凝土坝的施工质量控制	一、混凝土坝的施工质量控制要点	★★
	二、混凝土坝的质量控制手段	★★
★不大，★★一般，★★★极大		

核心考点剖析

核心考点一、“施工前”质量控制，原材料控制

◆ 配合比设计参数

（1）水胶比，应根据设计提出的混凝土强度、抗渗性、抗冻性、拉伸变形等要求确定，其值宜不大于 0.65。

（2）砂率，应通过试验选取最佳砂率值。使用天然粗骨料时，三级配碾压混凝土的砂率为 28%～32%，二级配为 32%～37%；使用人工粗骨料时，砂率应增加 3%～6%。

（3）单位用水量，可根据碾压混凝土 VC 值、骨料种类、最大粒径、砂率、石粉含量、掺合料和外加剂等选定。

（4）掺合料，掺合料种类、掺量应通过试验确定，掺量超过 65%时，应作专门的试验论证。

（5）外加剂，外加剂品种和掺量应通过试验确定。

【考法题型及预测题】

2016（1）-11. 使用天然砂石料时，三级配碾压混凝土的砂率为（　　）。

A. 22%～28%　　　　B. 28%～32%

C. 32%～37%　　　　D. 37%～42%

参考答案：B

◆ 碾压时拌合料干湿度的控制

用VC值来“直接”表示干湿度	太干	VC值太小表示拌合太湿，振动碾易沉陷，难以正常工作
	太湿	VC值太大表示拌合料太干，灰浆太少，骨料架空，不易压实
	VC相关因素和测定	但混凝土入仓料的干湿又与气温、日照、辐射、湿度、蒸发量、雨量、风力等自然因素相关，碾压时难以控制。 现场VC值的测定可以采用VC仪或凭经验手感测定
通过碾压过程回溯“间接”表示干湿度	太干	在碾压过程中，若振动碾压3～4遍后仍无灰浆泌出，混凝土表面有干条状裂纹出现，甚至有粗骨料被压碎现象，则表明混凝土料太干
	太湿	若振动碾压1～2遍后，表面就有灰浆泌出，有较多灰浆黏在振动碾上，低挡行驶有陷车情况，则表明拌合料太湿
	干湿适度	在振动碾压3～4遍后，混凝土表面有明显灰浆泌出，表面平整、润湿、光滑，碾滚前后有弹性起伏现象，则表明混凝土料干湿适度

核心考点二、“施工中”质量控制

卸料、平仓、碾压	碾压的质量要求与控制措施是： 为了减少混凝土分离，卸料落差不应大于2m，堆料高不大于1.5m
	入仓混凝土及时摊铺和碾压。相对压实度是评价碾压混凝土压实质量的指标，对于建筑物的外部混凝土相对压实度不得小于98%，对于内部混凝土相对压实度不得小于97%
	每一碾压层至少在6个不同地点，每2小时至少检测一次。压实密度可采用核子水分密度仪、谐波密实度计和加速度计等方法检测，目前较多采用挖坑填砂法和核子水分密度仪法进行检测
养护和防护	施工过程中，碾压混凝土仓面应保持湿润。大风、干燥、高温气候下施工时，可采取仓面喷雾措施，防止混凝土表面水分散失
	刚碾压后的混凝土不能洒水养护，可以采取覆盖等措施防止表面水分蒸发正在施工和刚碾压完毕的仓面，应防止外来水流入
	混凝土终凝后应立即进行洒水保湿养护。其中，对水平施工缝和冷缝，洒水养护应持续至上一层碾压混凝土开始铺筑为止。对永久外露面，宜养护28d以上。台阶棱角应加强养护

【考法题型及预测题】

下列说法正确的是(　　)。

A. 碾压混凝土的VC值太大，说明拌合料湿，不易压实

B. VC值是评价碾压混凝土稠度的指标，VeBe仪用于测定碾压混凝土的干湿度

C. 碾压混凝土压实质量的评价指标是相对压实度

D. 根据《水工碾压混凝土施工规范》，对于建筑物的外部混凝土相对压实度不得大于98%

参考答案：C

解析：A选项是2007（1）选择题，碾压混凝土的VC值太大，说明（拌合料干，不易压实）；B选项是2010（1）、2014（1）选择题，VC值是评价碾压混凝土（干湿度）的指标，VeBe仪用于测定碾压混凝土的（稠度）；C选项是2011（1）选择题，正确；D选项建筑物的外部混凝土相对压实度不得（小于98%）。

核心考点三、“施工后”质量控制——强度检测

◆ 碾压混凝土的强度的强度检测方法

施工中 （辅助指标）	碾压混凝土的强度在施工过程中是以监测密度进行控制的。 （辅助指标的原因是施工中，碾压混凝土的强度还未完全形成）
施工后 （关键指标）	通过钻孔取芯样校核其强度是否满足设计要求钻孔取样是评定碾压混凝土质量的综合方法。钻孔取样可在碾压混凝土达到设计龄期后进行，钻孔的部位和数量应根据工程规模需要确定
	钻孔取样评定的内容如下： （1）芯样获得率：评价碾压混凝土的均质性。 （2）压水试验：评定碾压混凝土抗渗性。 （3）芯样物理力学性能实验：评定碾压混凝土的均质性和力学性能。 （4）芯样断口位置及形态描述：评价层间结合是否符合设计要求。 （5）芯样外观描述：评定碾压混凝土的均质性和密实性。 测定抗压强度的芯样直径以150～200mm为宜。 混凝土的最大集料粒径大于80mm的部位，宜采用直径200mm或更大直径的芯样

【考法题型及预测题】

1. 2019 (1)5.5.

事件3：碾压混凝土坝施工中，采取了仓面保持湿润等养护措施。2016年9月，现场对已施工完成的碾压混凝土坝体钻孔取芯，钻孔取芯检验项目及评价内容见下表。

序号	检验项目	评价内容
1	芯样获得率	E
2	压水试验	F
3	芯样的物理力学性能试验	评价碾压混凝土均质性和力学性能
4	芯样断面位置及形态描述	评价碾压混凝土层间结合是否符合设计要求
5	芯样外观描述	G

问题：上表中，E、F、G分别所代表的评价内容是什么？

参考答案：(满分6分)

E评价碾压混凝土的均质性（2分）；

F评价碾压混凝土的抗渗性（2分）；

G 评价碾压混凝土的均质性（1 分）和密实性（1 分）。

2. 关于碾压混凝土，下列说法正确的是(　　)。

A. 碾压混凝土坝的混凝土强度在施工过程中是以钻孔取样进行控制的

B. 芯样断口位置评价力学性能是否符合设计要求

C. 芯样外观描述是评定碾压混凝土均质性、密实性

D. 评定碾压混凝土的均质性的指标包括芯样获得率、物理力学性能实验、芯样形态描述、压水实验

参考答案：C

解析：A 选项是 2012（1）选择题，碾压混凝土坝的混凝土强度在施工过程中是以（监测密度）进行控制的；B 选项，芯样断口位置评价（层间结合）是否符合设计要求；C 选项正确；D 选项，评定碾压混凝土的均质性的指标包括（芯样获得率、物理力学性能实验、芯样形态描述、芯样外观描述），不包括“压水实验”。

核心考点四、碾压混凝土“全过程”质量控制的手段

<table>
<tr><td>施工前</td><td>稠度</td><td>在碾压混凝土生产过程中，常用VeBe 仪测定碾压混凝土的稠度，以控制配合比</td></tr>
<tr><td rowspan="3">施工中</td><td rowspan="2">湿密度和压实度</td><td>在碾压过程中，可使用核子密度仪测定碾压混凝土的湿密度和压实度，对碾压层的均匀性进行控制。每铺筑碾压混凝土 100～200m² 至少应有一个检测点，每层应有 3 个以上检测点，测试宜在压实后 1h 内进行。
表面型核子水分密度仪应在现场用挖坑填砂法或标样法率定</td></tr>
<tr><td>与核心考点二对比：
相对压实度是评价碾压混凝土压实质量的指标。
每一碾压层至少在 6 个不同地点，每 2 小时至少检测一次。压实密度可采用核子水分密度仪、谐波密实度计和加速度计等方法检测，目前较多采用挖坑填砂法和核子水分密度仪法进行检测</td></tr>
<tr><td>强度</td><td>碾压混凝土的强度在施工过程中是以监测密度进行控制的</td></tr>
<tr><td>施工后</td><td>强度</td><td>通过钻孔取芯样校核其强度是否满足设计要求钻孔取样是评定碾压混凝土质量的综合方法</td></tr>
</table>

1F417000　堤防与河湖整治工程

1F417010　堤防工程施工技术

核心考点提纲

堤防工程施工技术
- 堤身填筑施工方法
- 护岸护坡的施工方法

1F417011 堤身填筑施工方法

核心考点及可考性提示

考点		2020可考性提示
堤身填筑施工方法	填筑作业面的要求	★★
★不大，★★一般，★★★极大		

核心考点剖析

核心考点　填筑作业面的要求

1. 地面起伏不平时，应按水平分层由低处开始逐层填筑，不得顺坡铺填；堤防横断面上的地面坡度陡于 1∶5 时，应将地面坡度削至缓于 1∶5。

2. 分段作业面长度，机械施工时段长不应小于 100m，人工施工时段长可适当减短。

3. 严禁出现界沟，上、下层的分段接缝应错开。

4. 如堤身两侧设有压载平台，两者应按设计断面同步分层填筑，严禁先筑堤身后压载。

5. 相邻施工段的作业面宜均衡上升，段间出现高差，应以斜坡面相接，结合坡度为 1∶3～1∶5。

6. 已铺土料表面在压实前被晒干时，应洒水润湿。

7. 光面碾压的黏性土填料层，应作刨毛处理。

【考法题型及预测题】

1. 2016 (1)-12. 堤防横断面上的地面坡度应削至缓于(　　)。

A. 1∶3　　B. 1∶4　　C. 1∶5　　D. 1∶6

参考答案：C

2. 2016 (2)4. 2. 土堤施工规范

背景：

事件 2：排泥场围堰某部位堰基存在坑塘，施工单位进行了排水、清基、削坡后，再分层填筑施工，如下图所示。

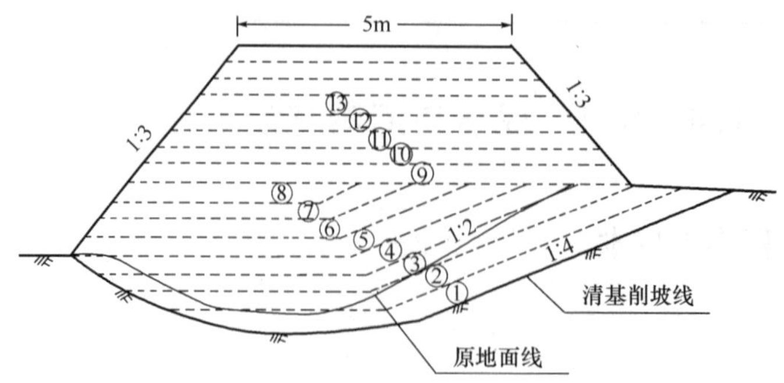

围堰横断面分层填筑示意图

问题：2. 根据《堤防工程施工规范》SL 260—2014，指出并改正事件 2 图中坑塘部位在清基、削坡、分层填筑方面的不妥之处。

2. 参考答案：(满分 4 分)

(1) 堰基坑塘部位削坡至 1∶4 不妥 (1 分)，应削至缓于 1∶5 (1 分)。

(2) 堰基坑塘部位顺坡分层填筑不妥 (1 分)，应水平分层填筑 (1 分)。

1F417012 护岸护坡的施工方法

核心考点及可考性提示

考点		2020 可考性提示
护岸护坡的施工方法	护岸护坡的施工方法	★
★不大，★★一般，★★★极大		

核心考点剖析

核心考点　护岸护坡的施工方法

(1) 护岸工程的施工原则：护岸工程的施工原则是先护脚后护坡。

(2) 堤岸防护工程一般可分为坡式护岸 (平顺护岸)、坝式护岸、墙式护岸等几种。

(3) 岸坡及坡脚一定范围内覆盖抗冲材料，抵抗河道水流的冲刷。包括护脚、护坡、封顶三部分。

(4) 坝式防护的分类：分为丁坝、顺坝、丁顺坝、潜坝四种形式。

1F417020 河湖整治工程施工技术

核心考点提纲

河湖整治工程施工技术 { 水下工程施工；水下工程质量控制 }

1F417021 水下工程施工

核心考点及可考性提示

考点		2020 可考性提示
水下工程施工	工程量计算	★
★不大，★★一般，★★★极大		

核心考点剖析

核心考点　工程量计算

疏浚工程量	吹填工程量
如以水下方计算工程量，设计工程量应为设计断面方量、计算超宽、计算超深工程量（之和），并应分别列出。计算允许超深、超宽值满足《疏浚与吹填工程技术规范》SL 17—2014 要求	吹填工程量按吹填土方量计算时，总工程量应为设计吹填方量与设计允许超填方量以及地基沉降量（之和），超填厚度不应大于 0.2m，吹填土流失量也应计算并列出；按取土量计算工程量时，吹填工程量应疏浚工程的规定执行

【考法题型及预测题】

吹填工程量按吹填土方量计算时，总工程量应为(　　)之和。

A. 设计吹填方量

B. 设计允许超填方量

C. 地基沉降量

D. 计算超宽工程量

E. 计算超深工程量

参考答案：A、B、C

1F417022　水下工程质量控制

考　　点		2020 可考性提示
护岸护坡的施工方法	一、疏浚工程质量控制	★
	二、4 个时间	★
★不大，★★一般，★★★极大		

核心考点剖析

核心考点一、疏浚工程质量控制

(1) 断面中心线偏移不应大于 1.0m；

(2) 水下断面边坡按台阶形开挖时，超欠比应控制在 1.0～1.5；

(3) 欠挖厚度小于设计水深的 5%，且不大于 0.3m；

(4) 横向浅埂长度小于设计底宽的 5%，且不大于 2.0m；

(5) 纵向浅埂长度小于 2.5m；

(6) 一处超挖面积不大于 5.0m^2。

核心考点二、4 个时间（7、14、7、30 日）

(1) 单元工程：14 日内完成单元工程施工质量评定。

(2) 必要时，项目法人单位或工程验收主持单位，可委托有资质的第三方检测单位，在工程完工后 7 日内对完工工程进行抽样检测，检测成果合格可作为工程竣工验收依据。

(3) 工程完工后，项目法人应提出验收申请，验收主持单位应在工程完工 14 日内及时组织验收。

（4）工程完工验收后，项目法人应与施工单位在30个工作日内专人负责工程的交接工作。

1F418000　水闸、泵站与水电站工程

1F418010　水闸施工技术

核心考点提纲

水闸施工技术
- 水闸的分类及组成
- 水闸主体结构的施工方法
- 闸门的安装方法
- 启闭机与机电设备的安装方法

1F418011　水闸的分类及组成

核心考点及可考性提示

考　　点		2020 可考性提示
水闸的分类及组成	水闸的组成	★
★不大，★★一般，★★★极大		

核心考点剖析

核心考点　水闸的组成

水闸主要包括上游连接段、闸室和下游连接段三部分。

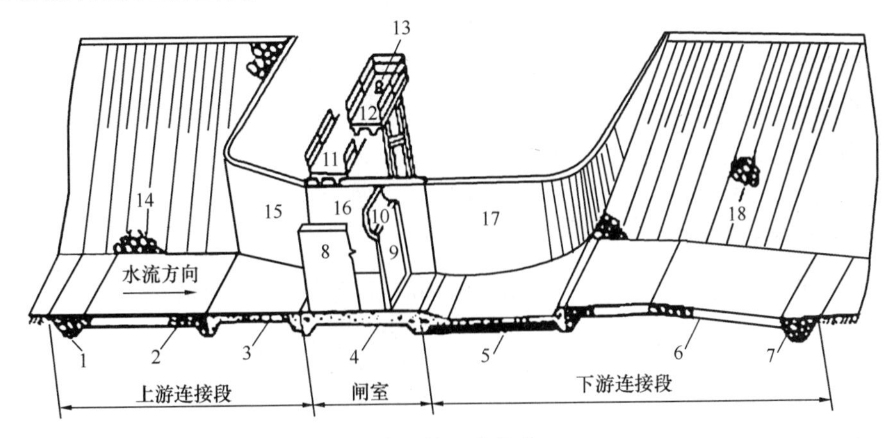

水闸的组成部分

1—上游防冲槽；2—上游护底；3—铺盖；4—底板；5—护坦（消力池）；6—海漫；7—下游防冲槽；8—闸墩；9—闸门；10—胸墙；11—交通桥；12—工作桥；13—启闭机；14—上游护坡；15—上游翼墙；16—边墩；17—下游翼墙；18—下游护坡

1. 上游连接段

引导水流平顺地进入闸室，保护两岸及河床免遭冲刷。包括上游翼墙、铺盖、上游防冲槽和两岸的护坡等。

2. 闸室

作用是：控制水位和流量，兼有防渗防冲作用。包括：闸门、闸墩、边墩（岸墙）、底板、胸墙、工作桥、交通桥、启闭机等。

3. 下游连接段

消除过闸水流的剩余能量，防止水流出闸后对下游的冲刷。包括消力池、护坦、海漫、下游防冲槽以及下游翼墙和两岸的护坡等。

1F418012　水闸主体结构的施工方法

核心考点及可考性提示

考点		2020 可考性提示
水闸主体结构的施工方法	一、水闸混凝土施工	★★
	二、止水设施的施工	★
	三、平面闸门门槽施工	★
	四、弧形闸门的导轨安装及二期混凝土浇筑	★
★不大，★★一般，★★★极大		

核心考点剖析

核心考点一、水闸混凝土施工

◆ 水闸混凝土施工原则

混凝土工程的施工宜掌握以闸室为中心，按照“先深后浅、先重后轻、先高后矮、先主后次”的原则进行。

1. 先深后浅。防扰动已浇部位的基土，导致混凝土沉降、走动或断裂。

2. 先重后轻。给重的部位有预沉时间，防消力池、铺盖混凝土边缘部位开裂。

3. 先高后矮。平衡施工力量，加速施工进度。

4. 先主后次。指先主体部位，后次要部位。

【考法题型及预测题】

2016 (1)-30. 关于水闸混凝土工程施工原则的说法中，正确的是(　　)。

A. 先浅后深　　B. 先重后轻

C. 先高后矮　　D. 先主后次

E. 先上游后下游

参考答案：B、C、D

核心考点二、止水设施的施工

◆ 止水缝部位的混凝土浇筑

1. 水平止水片应在浇筑层的中间，在止水片高程处，不得设置施工缝。

2. 浇筑混凝土时，不得冲撞止水片，当混凝土将淹没止水片时，应再次清除其表面污垢。

3. 振捣器不得触及止水片。

4. 嵌固止水片的模板应适当推迟拆模时间。

（三不一推迟）

核心考点三、平面闸门门槽施工

◆ 采用平面闸门的中小型水闸，在闸墩部位都设有门槽。为了减小启闭门力及闸门封水，门槽部分的混凝土中埋有导轨等铁件，如滑动导轨、主轮、侧轮及反轮导轨、止水座等（这些知识点见下节内容）。这些铁件的埋设可采取预埋及留槽后浇混凝土两种方法。

◆ 小型水闸的导轨铁件较小

可在闸墩立模时将其预先固定在模板的内侧，如下图所示。闸墩混凝土浇筑时导轨等铁件即浇入混凝土中。

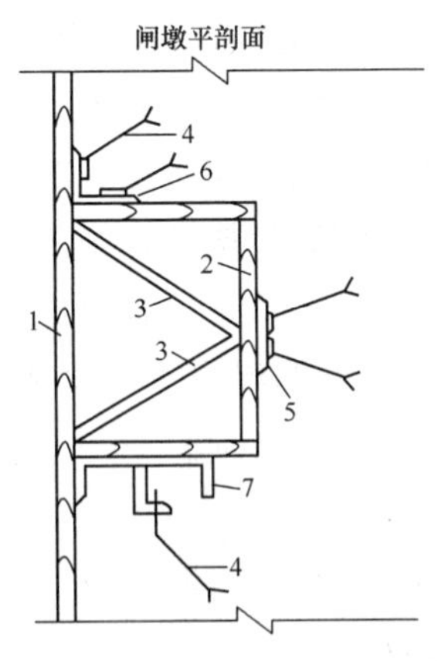

闸门导轨一次装好、一次浇筑混凝土

1—闸墩模板；2—门槽模板；3—撑头；4—开脚螺栓；5—侧导轨；6—门槽角铁；7—滚轮导轨

◆ 大型

由于中型水闸导轨较大、较重，在模板上固定较为困难，宜采用预留槽，用浇二期混凝土的施工方法。

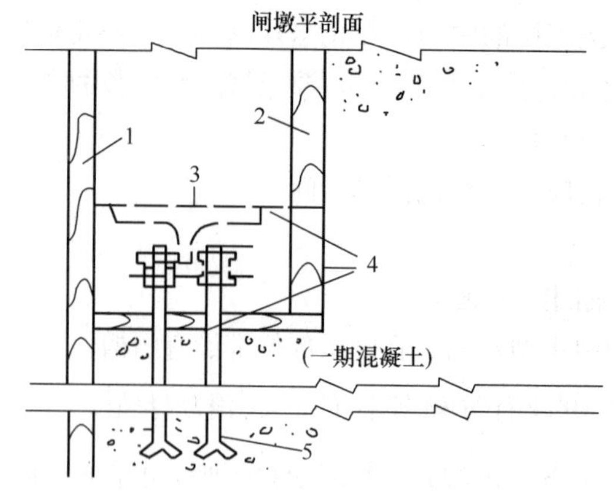

导轨后装，然后浇筑二期混凝土

1—闸墩模板；2—门槽模板（撑头未标示）；3—导轨横剖面；4—二期混凝土边线；
5—基础螺栓（预埋于一期混凝土中）

◆ 门槽二期混凝土浇筑

浇筑二期混凝土时，应采用补偿收缩细石混凝土，并细心捣固，不要振动已装好的金属构件。门槽较高时，不要直接从高处下料，可以分段安装和浇筑。二期混凝土拆模后，应对埋件进行复测，并做好记录，同时检查混凝土表面尺寸，清除遗留的杂物、钢筋头，以免影响闸门启闭。

【考法题型及预测题】

2018（1）1.2.

背景：

某大（2）型水库枢纽工程由混凝土面板堆石坝、电站、溢流坝和节制闸等建筑物组成。节制闸共2孔，采用平板直升钢闸门，闸门尺寸为净宽15m，净高12m，闸门结构如图1所示。

某水利施工单位承担工程土建施工及金属结构、机电设备安装任务。闸门门槽采用留槽后浇二期混凝土的方法施工；闸门安装完毕后，施工单位及时进行了检查、验收和质量评定工作，其中平板钢闸门单元工程安装质量验收评定表如表1所示。

问题：2. 结合背景材料说明门槽二期混凝土应采用具有什么性能特点的混凝土；指出门槽二期混凝土在入仓、振捣时的注意事项。

参考答案：2.（总分6分）

（1）门槽二期混凝土应采用补偿收缩细石混凝土（2分）。

（2）① 入仓注意事项：本工程门槽较高，不得直接从高处下料，应分段安装模板和浇筑混凝土（2分）。②振捣注意事项：振捣时不得振动已安装好的金属构件，可在模板中部开孔振捣（2分）。

核心考点四、弧形闸门的导轨安装及二期混凝土浇筑

弧形闸门的启闭是绕水平轴转动，转动轨迹由支臂控制，所以不设门槽，但为了减小启闭门力，在闸门两侧亦设置转轮或滑块，因此也有导轨的安装及二期混凝土施工。

1F418013　闸门的安装方法

核心考点及可考性提示

考　　点		2020 可考性提示
闸门的安装方法	一、闸门的组成及分类	★
	二、闸门的安装	★
★不大，★★一般，★★★极大		

核心考点剖析

核心考点一、闸门的组成及分类

闸门按作用分类：为工作闸门、事故闸门、检修闸门、露顶闸门、潜孔闸门。

闸门按结构形式分类：分为平面闸门、弧形闸门、人字闸门、一字闸门、圆筒闸门、环形闸门、浮箱闸门等。

闸门分档见下表。

序号	类型	规格分档 FH=门叶面积（m^2）×水头（m）
1	小型	$\leqslant 200$
2	中型	$200 < FH \leqslant 1000$
3	大型	$1000 < FH \leqslant 5000$
4	超大型	> 5000

核心考点二、闸门的安装

闸门安装是将闸门及其埋件装配、安置在设计部位。由于闸门结构的不同，各种闸门的安装略有差异。

1. 平板闸门安装

<table>
<tr><th colspan="3">平板闸门安装</th></tr>
<tr><td>闸门形式</td><td colspan="2">平板闸门有直升式和升卧式两种形式</td></tr>
<tr><td>闸门门叶组成</td><td colspan="2">平板闸门的门叶由承重结构（包括：面板、梁系、竖向联结系或隔板、门背（纵向联结系和支承边梁等）、行走支承、止水装置和吊耳等组成，如下图所示）</td></tr>
<tr><td rowspan="4">闸门安装</td><td colspan="2">平面闸门安装主要包括埋件安装和门叶安装两部分</td></tr>
<tr><td>埋件安装</td><td>闸门的埋件是指埋设在混凝土内的门槽固定构件，包括底槛、主轨、侧轨、反轨和门楣等</td></tr>
<tr><td>门叶安装</td><td>如门叶尺较小，则在工厂制成整体运至现场，经复测检查合格，装上止水橡皮等附件后，直接吊入门槽。如门叶尺较大，由工厂分节制造，运到工地后，在现场组装，然后吊入门槽</td></tr>
<tr><td>闸门启闭试验</td><td>闸门安装完毕后，需作全行程启闭试验，要求门叶启闭灵活无卡阻现象，闸门关闭严密，漏水量不超过允许值</td></tr>
</table>

续表

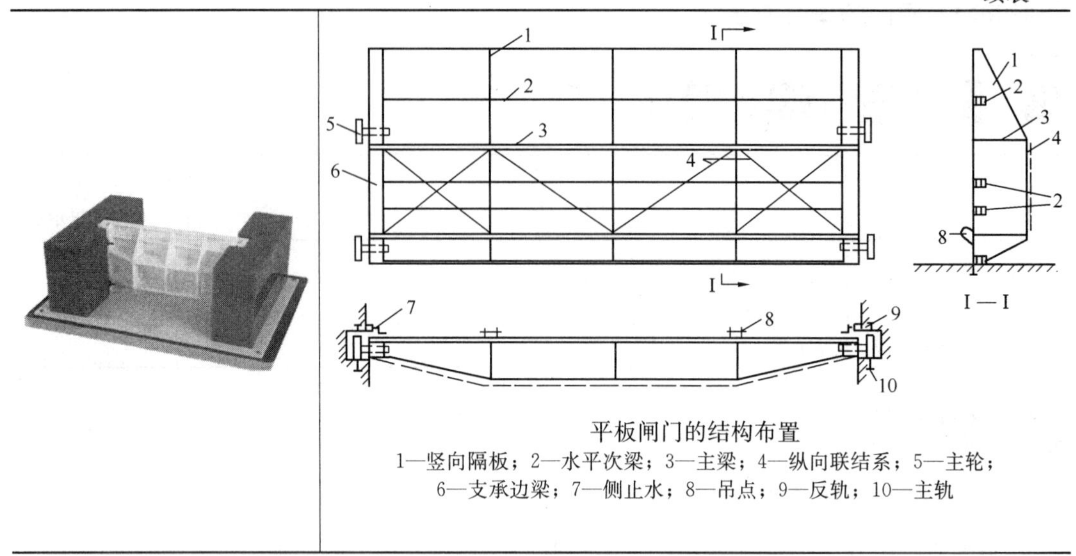

平板闸门的结构布置

1—竖向隔板；2—水平次梁；3—主梁；4—纵向联结系；5—主轮；6—支承边梁；7—侧止水；8—吊点；9—反轨；10—主轨

【考法题型及预测题】

2018（1）1.1.

背景：

某大（2）型水库枢纽工程由混凝土面板堆石坝、电站、溢流坝和节制闸等建筑物组成。节制闸共2孔，采用平板直升钢闸门，闸门尺寸为净宽15m，净高12m，闸门结构如下图所示。

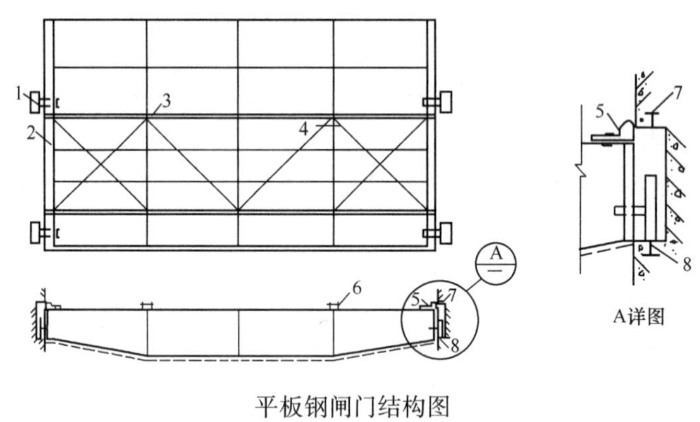

平板钢闸门结构图

问题：1. 分别写出图1中代表主轨、橡胶止水和主轮的数字序号。

3. 根据《水闸施工规范》SL 27—2014规定，闸门安装完毕后水库蓄水前需作什么启闭试验？指出该试验目的和注意事项。

参考答案：1.（满分3分）主轨：8（1分）；橡胶止水：5（1分）；主轮：1（1分）。

3.（总分5分）

（1）闸门安装完毕后，需作无水状态下的全行程启闭试验（1分）。

（2）① 试验目的：检验门叶启闭是否灵活无卡阻现象，闸门关闭是否严密（2分）。② 注意事项：试验过程中需对橡胶止水浇水润滑（2分）。

2. 弧形闸门安装

弧形闸门根据其安装位置不同，分为露顶式弧形闸门和潜孔式弧形闸门两种形式。

弧形闸门的承重结构由弧形面板、主梁、次梁、竖向联结系或隔板、起重和桁架、支臂和支承铰组成。

露顶式弧形闸门包括底槛、侧止水座板、侧轮导板、铰座和门体。

潜孔式弧形闸门，顶部有混凝土顶板和顶止水，其埋件除与露顶式相同的部分外，一般还有铰座钢梁和顶门楣。

1F418014 启闭机与机电设备的安装方法

核心考点及可考性提示

考 点		2020 可考性提示
启闭机与机电设备的安装方法	启闭机分类	★
★不大，★★一般，★★★极大		

核心考点剖析

核心考点一、启闭机分类

启闭机按结构形式分为固定卷扬式启闭机、液压启闭机、螺杆式启闭机、轮盘式启闭机、移动式启闭机（包括门式启闭机、桥式启闭机和台车式启闭机）等。

各种启闭机型号的表示方法如下图所示。启闭机按下表分档。

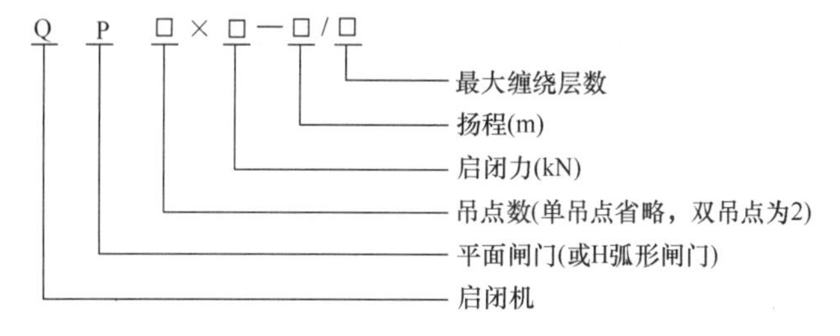

卷扬式启闭机型号的表示方法

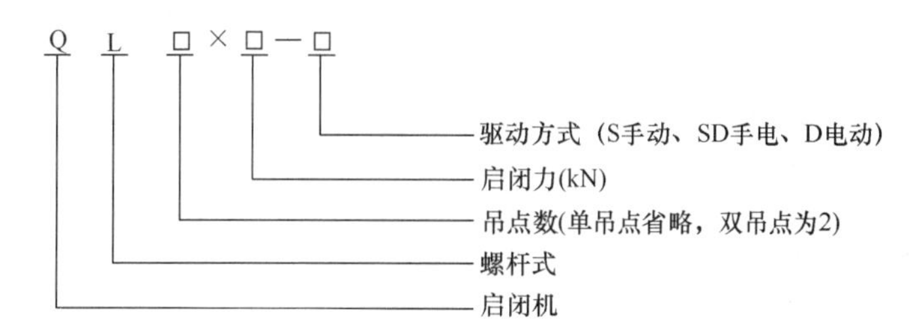

螺杆式启闭机型号的表示方法

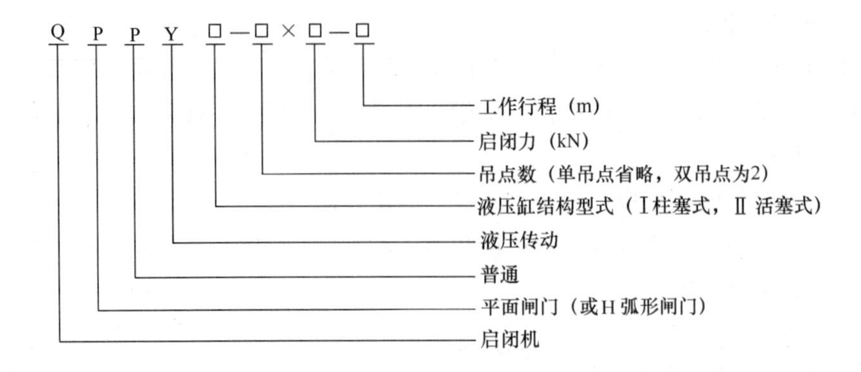

液压启闭机型号的表示方法

启闭机按启闭力 T 分档表（单位：kN）

启闭机型式	小型	中型	大型	超大型
固定式卷扬式、移动式、液压式	$T<250$	$1000>T\geqslant250$	$2500>T\geqslant1000$	$T>2500$
螺杆式	$T<250$	$500\geqslant T\geqslant250$	$T>500$	

【考法题型及预测题】

2017 (2)-9. 型号为 QL2×80D 的启闭机属于(　　)。

A. 螺杆式启闭机　　B. 液压式启闭机

C. 卷扬式启闭机　　D. 移动式启闭机

参考答案：A

核心考点二、固定式启闭机的安装程序

固定式启闭机的一般安装程序是：

(1) 埋设基础螺栓及支撑垫板。

(2) 安装机架。

(3) 浇筑基础二期混凝土。

(4) 在机架上安装提升机构。

(5) 安装电气设备和保护元件。

(6) 连接闸门作启闭机操作试验，使各项技术参数和继电保护值达到设计要求。

1F418020　泵站与水电站的布置及机组安装

核心考点提纲

泵站与水电站的布置及机组安装
- 泵站的布置
- 水电站的布置
- 水轮发电机组与水泵机组安装

1F418021 泵站的布置

核心考点及可考性提示

考点		2020 可考性提示
泵站的布置	一、泵站工程的基本组成	★
	二、泵站枢纽的布置	★
★不大，★★一般，★★★极大		

核心考点剖析

核心考点一、泵站工程的基本组成

泵房是安装水泵、动力机、辅助设备、电气设备的建筑物，是泵站工程中的主体工程。（案例题的背景，主体工程主体机构不能分包）

泵站的进出水建筑物包括（进水）建筑物和（出水）建筑物。

核心考点二、泵站枢纽的布置

泵站枢纽布置一般有灌溉泵站、排水泵站、排灌结合站等几种典型布置形式。

主体工程：泵房、进出水管道、进出水建筑物等。（案例题的背景，主体工程主体机构不能分包）

附属建筑物：涵闸、节制闸等。（案例题的背景，附属建筑物可以分包）

1F418022 水电站的布置

核心考点及可考性提示

考点		2020 可考性提示
水电站的布置	水电站的布置形式	★
★不大，★★一般，★★★极大		

核心考点剖析

核心考点一、水电站的布置形式

坝式水电站	一般为中、高水头水电站。最常见的布置方式是坝后式水电站
河床式水电站	发电厂房与挡水闸、坝呈一列式布置在河床上共同起挡水作用的水电站。建于河流中、下游，一般为低水头、大流量的水电站
引水式水电站	利用引水道来集中河段落差形成发电水头的水电站。常建于流量小、河道纵坡降大的河流中、上游

核心考点二、平水建筑物

平水建筑物包括调压室和压力前池。

有压：有压引水道中的调压室；

无压：无压引水道末端的压力前池

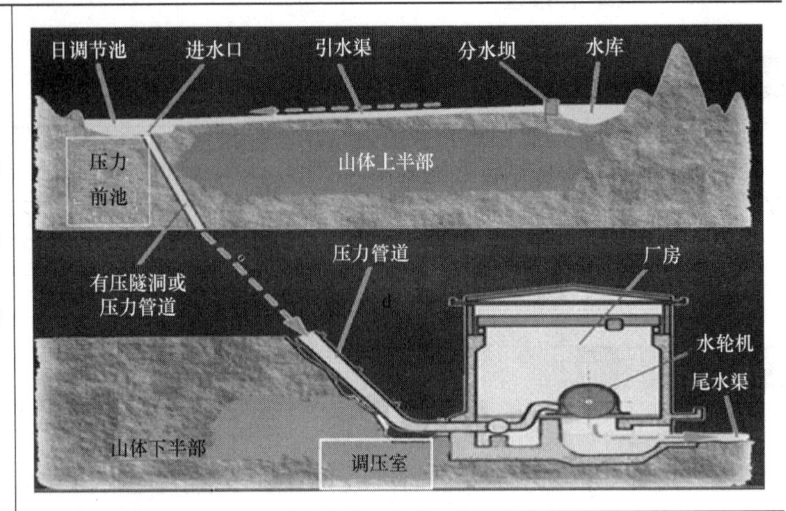

1F418023　水轮发电机组与水泵机组安装

核心考点及可考性提示

考　　点		2020 可考性提示
水轮发电机组与水泵机组安装	一、水轮机的类型	★
	二、水泵机组的选型	★

★不大，★★一般，★★★极大

核心考点剖析

核心考点一、水轮机的类型

◆ 水轮机分类

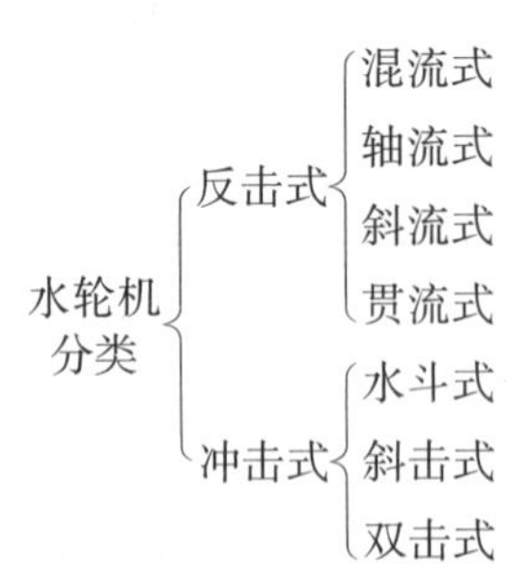

（1）混流式：应用水头范围广（约为 20～700m）、结构简单、运行稳定且效率高，是现代应用最广泛的一种水轮机。

（2）轴流式：中低水头、大流量水电站中广泛应用。

（3）斜流式：适用水头为 40～200m。与轴流相似。

（4）贯流式：适用水头为 1～25m。低水头、大流量水电站的一种专用机型。

【考法题型及预测题】

2018（2）-25. 反击式水轮机按转轮区内水流相对于主轴流动方向的不同可分为（　　）等类型。

A. 双击式　　B. 混流式　　C. 轴流式　　D. 斜击式

E. 贯流式

参考答案：B、C、E

◆ 水轮机的型号

1. 第一部分：拼音字母、阿拉伯数字组成，其中拼音字母表示水轮机形式，阿拉伯数字表示转轮型号。

2. 第二部分：两个拼音字母组成，分别表示水轮机主轴布置形式和水轮机引水室特征。

3. 第三部分：阿拉伯数字，表示以 cm 为单位的水轮机转轮的标称直径。

如：HL220-LJ-500，表示转轮型号为 220 的混流式水轮机，立轴，金属蜗壳，转轮直径为 500cm。

核心考点二、水泵机组的选型

泵站工程中最常用的水泵类型是叶片泵。有离心泵、轴流泵及混流泵等。

水泵按泵轴安装形式分为立式、卧式和斜式；按电机是否能在水下运行分为常规泵机组和潜水电泵机组等。

【考法题型及预测题】

2016（1）-7. 下列不属于叶片泵的是（　　）。

A. 离心泵　　B. 混流泵　　C. 轴流泵　　D. 容积泵

参考答案：D

1F419000　水利水电工程施工安全技术

核心考点提纲

水利水电工程施工安全技术
- 水利水电工程施工场区安全要求
- 水利水电工程施工操作安全要求

1F419001　水利水电工程施工场区安全要求

核心考点及可考性提示

考　　点		2020 可考性提示
水利水电工程施工场区安全要求	一、消防	★
	二、施工用电要求	★★
	三、高处作业	★★
★不大，★★一般，★★★极大		

核心考点剖析

核心考点一、消防

消防通道	合理布置消防通道和各种防火标志，消防通道应保持通畅，宽度不得小于3.5m
防火安全距离	（1）施工生产作业区与建筑物之间的防火安全距离： 1）仓库区、易燃、可燃材料堆集场不小于20m； 2）用火作业区不小于25m； 3）易燃品集中站不小于30m。 （2）木材加工厂（场、车间），应遵守下列规定： 独立建筑，与周围其他设施、建筑之间的安全防火距离不小于20m； （3）加油站、油库，应遵守下列规定： 1）独立建筑，与其他设施、建筑之间的防火安全距离应不小于50m； 2）周围应设有高度不低于2.0m的围墙、栅栏

核心考点二、施工用电要求

◆ 基本规定

用电要求4表

表1

在建工程（含脚手架）的外侧边缘与外电架空线路的边线之间最小安全操作距离表

外电线路电压（kV）	＜1	1～10	35～110	154～220	330～500
最小安全操作距离（m）	4	6	8	10	15

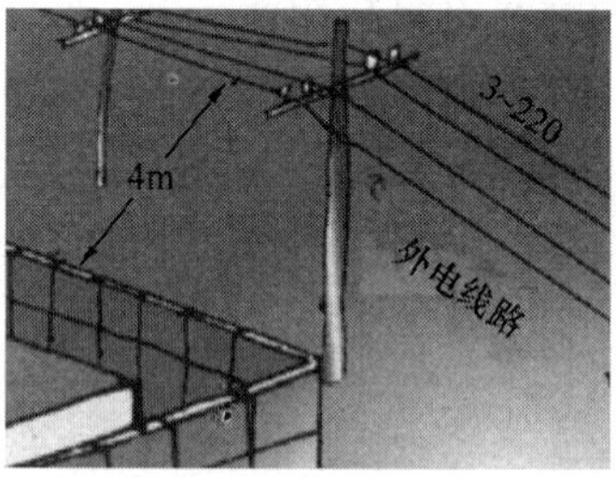

表2

施工现场的机动车道与外电架空线路交叉时的最小垂直距离表

外电线路电压（kV）	＜1	1～10	35
最小垂直距离（m）	6	7	7

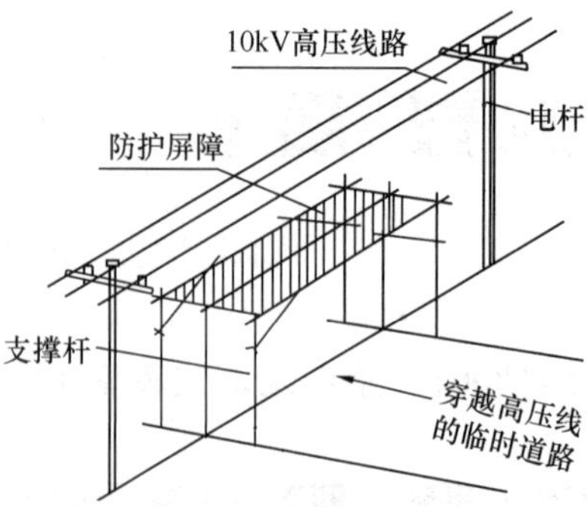

表3

机械最高点与高压线之间的最小垂直距离表

线路电压（kV）	＜1	1～20	35～110	154	220	330
机械最高点与线路间的垂直距离（m）	1.5	2	4	5	6	7

用电要求4表		
表4	旋转臂架式起重机的任何部位或被吊物边缘与10kV以下的架空线路边线最小水平距离不得小于2m	

【考法题型及预测题】

2017（2）-10. 水利工程中，起重机械从220kV高压线通过时，其最高点与高压线之间的最小垂直距离不得小于（　　）m。

A. 4　　B. 5　　C. 6　　D. 7

参考答案：C

◆ 现场临时变压器安装

变压器装于地面	施工用的10kV及以下变压器装于地面时，应有0.5m的高台，高台的周围应装设栅栏，其高度不低于1.7m，栅栏与变压器外廓的距离不得小于1m	
变压器装于杆上	杆上变压器安装的高度应不低于2.5m，并挂“止步、高压危险”的警示标志。变压器的引线应采用绝缘导线	

【考法题型及预测题】

2018（1）-23. 关于施工现场临时10kV变压器安装的说法中，正确的是（　　）。

A. 变压器装于地面时，应有0.5m的高台

B. 装于地面的变压器周围应装设栅栏

C. 杆上变压器安装的高度应不低于1.0m

D. 杆上变压器应挂“止步、高压危险”的警示标志

E. 变压器的引线应采用绝缘导线

参考答案：ADE

◆ 施工照明

<table>
<tr><td rowspan="2">照明电压</td><td>一般场所</td><td>一般场所宜选用额定电压为220V的照明器</td></tr>
<tr><td>特殊场所</td><td>(1) 地下工程，有高温、导电灰尘，且灯具离地面高度低于2.5m等场所的照明，电源电压应不大于36V；
(2) 在潮湿和易触及带电体场所的照明电源电压不得大于24V；
(3) 在特别潮湿的场所、导电良好的地面、锅炉或金属容器内工作的照明电源电压不得大于12V</td></tr>
<tr><td>行灯</td><td colspan="2">电源电压不超过36V</td></tr>
<tr><td>照明变压器</td><td colspan="2">照明变压器应使用双绕组型，严禁使用自耦变压器</td></tr>
</table>

核心考点三、高处作业

<table>
<tr><td rowspan="3">高处作业的标准</td><td>定义</td><td>凡在坠落高度基准面2m和2m以上有可能坠落的高处进行作业，均称为高处作业</td></tr>
<tr><td>级别</td><td>2～5m时，一级高处作业；
5～15m时，二级高处作业；
15～30m时，三级高处作业；
30m以上时，称为特级高处作业</td></tr>
<tr><td>种类</td><td>一般高处作业和特殊高处作业两种。
其中特殊高处作业又分为以下几个类别：强风高处作业、异温高处作业、雪天高处作业、雨天高处作业、夜间高处作业、带电高处作业、悬空高处作业、抢救高处作业。一般高处作业系指特殊高处作业以外的高处作业</td></tr>
<tr><td>安全防护措施</td><td colspan="2">(1) 特殊高处作业，应有专人监护，并有与地面联系信号或可靠的通信装置。
(2) 遇有六级及以上的大风，禁止从事高处作业。
(3) 进行三级、特级、悬空高处作业时，应事先制订专项安全技术措施。施工前，应向所有施工人员进行技术交底</td></tr>
<tr><td rowspan="2">常用安全工具</td><td colspan="2">安全帽、安全带、安全网等安全防护用具，应具有厂家安全生产许可证、产品合格证和安全鉴定合格证书</td></tr>
<tr><td colspan="2">(1) 常用安全防护用具应经常检查和定期试验。塑料安全帽、安全网为检查试验周期为一年一次。
(2) 安全带新带使用一年后抽样试验，旧带每隔6个月抽查试验一次</td></tr>
</table>

【考法题型及预测题】

1. 2016（1）1.3.

背景：

事件2：某天夜间施工时，一名工人不慎从16.0m高的脚手架上坠地死亡。事故发生后，项目法人立即组织联合调查组对事故进行调查，并根据水利部《贯彻质量发展纲要提升水利工程质量的实施意见》中的“四不放过”原则进行处理。

问题：3. 简要说明什么是高处作业，指出事件2中高处作业的级别和种类。

参考答案：3.（满分4分）

（1）高处作业是指施工面距离地面2m以上，有可能发生坠落事故的作业（2分）。

（2）事件2中的高处作业级别为三级（1分），种类为特殊高处作业中的夜间高处作业（1分）。

2. 2016（2）-10. 施工现场工人佩戴的塑料安全帽检查试验周期为（　　）一次。

A. 三个月　　B. 六个月

C. 一年　　D. 三年

参考答案：C

1F419002　水利水电工程施工操作安全要求

核心考点及可考性提示

考　　点		2020可考性提示
水利水电工程施工操作安全要求	一、爆破作业	★★
	二、堤防工程	★

★不大，★★一般，★★★极大

核心考点剖析

核心考点一、爆破作业

1. 爆破器材装卸的规定	（1）从事爆破器材装卸的人员，应经过有关爆破材料性能的基础教育和熟悉其安全技术知识（专人）。装卸爆破器材时，严禁吸烟和携带引火物。 （2）装卸爆破器材时，装卸现场应设置警戒岗哨，有专人在场监督。 （3）同一车上不得装运两类性质相抵触的爆破器材，且不得与其他货物混装。雷管等起爆器材与炸药不允许同时在同一车厢或同一地点装卸

续表

<table>
<tr><td>2. 爆破器材运输的规定</td><td colspan="3">（1）气温低于10℃运输易冻的硝化甘油炸药时，应采取防冻措施；气温低于－15℃运输难冻硝化甘油炸药时，也应采取防冻措施。
（2）禁止用翻斗车、自卸汽车、拖车、机动三轮车、人力三轮车、摩托车和自行车等运输爆破器材。
（3）装车高度要低于车厢10cm。车厢、船底应加软垫。雷管箱不许倒放或立放，层间也应垫软垫</td></tr>
<tr><td rowspan="8">3. 爆破</td><td>（1）现场管理</td><td colspan="2">爆破作业应统一指挥，统一信号，专人警戒并划定安全警戒区。爆破后须经爆破人员检查，确认安全后，其他人员方能进入现场。洞挖、通风不良的狭窄场所，还应通风排烟、恢复照明及安全处理后，方可进行其他作业。
爆破工作开始前，应明确规定安全警戒线，制订统一的爆破时间和信号，并在指定地点设安全哨，执勤人员应有红色袖章、红旗和口笛</td></tr>
<tr><td>（2）明挖爆破音响信号规定</td><td colspan="2">1）预告信号：间断鸣三次长声，即鸣30s、停、鸣30s、停、鸣30s；此时现场停止作业，人员迅速撤离。
2）准备信号：在预告信号20min后发布，间断鸣一长、一短三次，即鸣20s、鸣10s、停、鸣20s、鸣10s、停、鸣20s、鸣10s。
3）起爆信号：准备信号10min后发出，连续三短声，即鸣10s、停、鸣10s、停、鸣10s。
4）解除信号：由爆破作业负责人通知警报房发出解除信号：一次长声，鸣60s</td></tr>
<tr><td colspan="3">（3）装药和堵塞应使用木、竹制做的炮棍。严禁使用金属棍棒装填</td></tr>
<tr><td rowspan="5">各类具体爆破应遵守的相关规定</td><td>（1）火花起爆</td><td rowspan="5">应遵守的相关规定见下表</td></tr>
<tr><td>（2）电力起爆</td></tr>
<tr><td>（3）导爆索起爆</td></tr>
<tr><td>（4）导爆管起爆</td></tr>
<tr><td>（5）地下爆破</td></tr>
</table>

【考法题型及预测题】

2018（1）-11. 明挖爆破施工，施工单位发出“鸣10s，停，鸣10s”的音响信号属于（　　）。

A. 预告信号　　B. 起爆信号

C. 准备信号　　D. 解除信号

参考答案：B

核心考点二、各类爆破遵守的规定

<table>
<tr><th colspan="2">各类具体爆破相关规定</th></tr>
<tr><td>（1）火花起爆</td><td>火花起爆，应遵守下列规定：
1）深孔、竖井、倾角大于30°的斜井、有瓦斯和粉尘爆炸危险等工作面的爆破，禁止采用火花起爆。
2）炮孔的排距较密时，导火索的外露部分不得超过1.0m，以防止导火索互相交错而起火。
3）一人连续单个点火的火炮，暗挖不得超过5个，明挖不得超过10个。
4）点燃导火索应使用香或专用点火工具，禁止使用火柴、香烟和打火机</td></tr>
</table>

续表

各类具体爆破相关规定	
（2）电力起爆	电力起爆，应遵守下列规定： 1）用于同一爆破网路内的电雷管，电阻值应相同。康铜桥丝雷管的电阻极差不得超过0.25Ω，镍铬桥丝雷管的电阻极差不得超过0.5Ω； 2）网路中的支线、区域线和母线彼此连接之前各自的两端应短路、绝缘； 3）装炮前工作面一切电源应切除，照明至少设于距工作面30m以外，只有确认炮区无漏电、感应电后，才可装炮； 4）雷雨天严禁采用电爆网路
（3）导爆索起爆	导爆索起爆，应遵守下列规定： 1）导爆索只准用快刀切割，不得用剪刀剪断导火索。 2）支线要顺主线传爆方向连接，搭接长度不应少于15cm，支线与主线传爆方向的夹角应不大于90°。 3）起爆导爆索的雷管，其聚能穴应朝向导爆索的传爆方向。 4）导爆索交叉敷设时，应在两根交叉导爆索之间设置厚度不小于10cm的木质垫板。 5）连接导爆索中间不应出现断裂破皮、打结或打圈现象
（4）导爆管起爆	导爆管起爆，应遵守下列规定： 1）用导爆管起爆时，应有设计起爆网路，并进行传爆试验。网路中所使用的连接元件应经过检验合格。 2）禁止导爆管打结，禁止在药包上缠绕。网路的连接处应牢固，两元件应相距2m。敷设后应严加保护，防止冲击或损坏。 3）一个8号雷管起爆导爆管的数量不宜超过40根，层数不宜超过3层
（5）地下爆破	地下相向开挖的两端在相距30m以内时，装炮前应通知另一端暂停工作，退到安全地点。当相向开挖的两端相距15m时，一端应停止掘进，单头贯通。斜井相向开挖，除遵守上述规定外，并应对距贯通尚有5m长地段自上端向下打通。 地下井挖，洞内空气含沼气或二氧化碳浓度超过1%时，禁止进行爆破作业。 洞室爆破应满足下列基本要求： 1）参加爆破工程施工的临时作业人员，应经过爆破安全教育培训，经口试或笔试合格后，方准许参加装药填塞作业。但装起爆体及敷设爆破网路的作业，应由持证爆破员或爆破工程技术人员操作。 2）不应在洞室内和施工现场改装起爆体和起爆器材

【考法题型及预测题】

1. 2018（2）2.4.

背景：

事件3：输水洞开挖采用爆破法施工，施工分甲、乙两组从输水洞两端相向进行。当两个开挖工作面相距25m，乙组爆破时，甲组在进行出渣作业；当两个开挖工作面相距10m，甲组爆破时，导致乙组正在作业的3名工人死亡。事故发生后，现场有关人员立即向本单位负责人进行了电话报告。

问题：指出事件 3 中施工方法的不妥之处，并说明正确做法。

参考答案：（满分 4 分）

（1）施工方法的不妥之处：当两个开挖工作面相距 25m，乙组爆破时，甲组在进行出渣作业（1 分）；两个开挖工作面在相距 10m 时仍在同时施工（1 分）；

（2）正确做法：当相向开挖的两个工作面相距小于 30m 或 5 倍洞径距离爆破时，双方人员均应撤离工作面（1 分）；相距 15m 时，应停止一方工作，单向开挖贯通（1 分）。

（本题，历史上总共考过 2 次）

2. 下列爆破作业的说法，正确的有（　　）。

A. 点燃导火索可使用香，导爆索可用剪刀切割

B. 电力起爆网路中的支线和母线连接之前各自的两端应短路

C. 电力起爆网路中的支线和母线连接之前各自的两端应绝缘

D. 电力起爆网路中的区域线和母线连接之前各自的两端应短路

E. 电力起爆网路中的区域线和母线连接之前各自的两端应绝缘

参考答案：B、E

解析：

点燃导火索可使用香是正确的、导爆索可用剪刀切割是错误的。

网路中的支线、区域线和母线彼此连接之前各自的两端应短路、绝缘。

核心考点三、堤防工程

险情类型	处理方法
（1）漏洞	以“前截后导，临重于背”为原则
（2）管涌	管涌险情的抢护宜在背水面，采取反滤导渗，控制涌水，留有渗水出路
（3）漫溢	当遭遇超标准洪水或有可能超过堤坝顶时，应迅速进行加高抢护，同时做好人员撤离安排
（4）削减波浪的冲击力	为削减波浪的冲击力，应在靠近堤坡的水面设置芦柴、柳枝、湖草等防浪材料的捆扎体
（5）崩岸	当发生崩岸险情时，应抛投物料，如石块、石笼、混凝土多面体、土袋和柳石枕等，以稳定基础，防止崩岸进一步发展；并向附近居民示警
（6）决口	当堤防决口时，除有关部门快速通知附近居民安全转移外，抢险施工人员应配备足够的安全救生设备

【考法题型及预测题】

1. 2017（1）5.5.

背景：

事件三：2015 年汛前，该合同工程基本完工。由于当年汛期水库防汛形势严峻，为确保水库安全度汛，根据度汛方案，建设单位组织参建单位对土坝和溢洪道进行险情巡查，并制定了土坝和溢洪道工程险情巡查及应对措施预案，部分内容见下表。

土坝和溢洪道工程险情巡查及应对措施预案

序号	巡查部位	可能发生的险情种类	应对措施预案
1	上游坝坡	A	前截后导，临重于背
2	下游坝坡	B	反滤导渗，控制涌水
3	坝顶	C	转移人员、设备，加高抢护
4	坝体	D	快速转移居民，堵口抢筑
5	溢洪道闸门	E	保障电源，抢修启闭设备
6	溢洪道上下游翼墙	墙体前倾或滑移	墙后减载，加强观测

问题：根据本工程具体情况，指出表 5 中 A、B、C、D、E 分别代表的险情种类。

参考答案：(满分 5 分)

A—漏洞，B—管涌，C—漫溢，D—坝体决口，E—启闭失灵。(每项 1 分，满分 5 分)

2. 2016 (1) -8. 提防工程抢险原则不包括(　　)。

A. 前导后堵

B. 强身固脚

C. 减载平压

D. 缓流消浪

参考答案：A

解析：A 选项正确是前“堵”后“导”，故意写成前“导”后“堵”，文字游戏的考题。

1F420000　水利水电工程项目施工管理

1F420010　水利工程建设程序

核心考点提纲

水利工程建设程序：
- 水利工程建设项目的类型及建设阶段划分
- 施工准备阶段的工作内容
- 建设实施阶段的工作内容
- 建设项目管理专项制度
- 病险水工建筑物除险加固工程的建设要求
- 水利工程建设稽察、决算与审计的内容

1F420011　水利工程建设项目的类型及建设阶段划分

核心考点及可考性提示

考点		2020 可考性提示
水利工程建设项目的类型及建设阶段划分	一、前言（导入）	★★★
	二、建设程序分类	★
	三、水利工程建设程序中各阶段的工作要求	★★
★不大，★★一般，★★★极大		

核心考点剖析

核心考点一、前言（导入）

根据水利部《水利工程建设项目管理规定》（水建［1995］128 号）和有关规定，水利工程建设程序为：项目建议书、可行性研究报告、施工准备、初步设计、建设实施、生产准备、竣工验收、后评价等阶段。

水利工程建设项目管理规定（试行）

（1995 年发布，2014 年修正，2016 年修正）

水利工程建设项目管理规定（试行）

1995 年 4 月 21 日水利部水建［1995］128 号发布

根据 2014 年 8 月 19 日《水利部关于废止和修改部分规章的决定》第一次修正

根据 2016 年 8 月 1 日《水利部关于废止和修改部分规章的决定》第二次修正

前期工作：项目建议书、可行性研究报告、初步设计。初步设计由水行政主管部门或项目法人组织编制。

立项过程：项目建议书和可行性研究报告阶段。

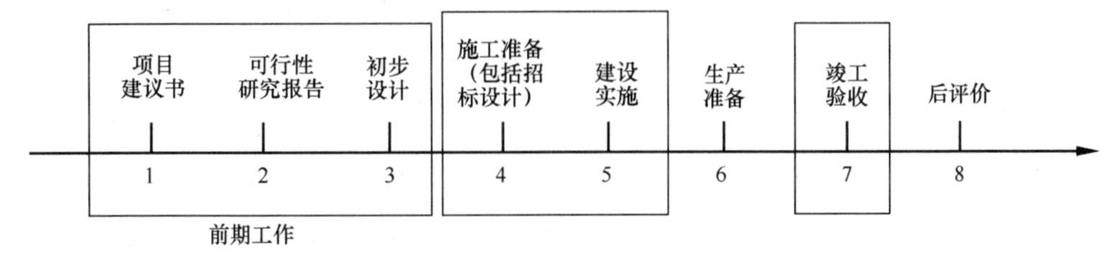

【考法题型及预测题】

根据《水利工程建设项目管理规定》，下列说法正确的是（　　）。

A. 水利工程建设程序包括项目建议书、预可行性研究、可行性研究、招标设计等

B. 水利工程建设项目的前期工作包括项目建议书、可行性研究、初步设计

C. 水利工程建设项目的立项过程包括项目建议书、可行性研究、初步设计

D. 大中型水电工程项目设计阶段包括预可行性研究、可行性研究、初步设计

参考答案：B

解析：A 选项是 2014(2)选择题，水利工程建设程序不包括(预可行性研究)；B 选项是 2012(2)、2007(1)、2012(1)选择题，正确；C 选项是 2016(1)选择题，立项过程包括(项目建议书、可行性研究)；D 选项是 2015(1)选择题，大中型“水电”工程项目设计阶段包括(预可行性研究、可行性研究、招标设计、施工图设计)，不含“初步设计”，该知识点教材已经删除，了解。

核心考点二、建设程序分类

◆ 按其功能和作用：公益性、准公益性和经营性三类。

◆ 按其对社会和国民经济发展的影响：中央水利基本建设项目（简称中央项目）和地方水利基本建设项目（简称地方项目）。

◆ 按规模和投资额：大中型和小型项目。

◆ 水利工程建设项目管理实行统一管理、分级管理和目标管理。实行水利部、流域机构和地方水行政主管部门以及建设项目法人分级、分层次管理的管理体系。

核心考点三、水利工程项目建议书阶段、可行性研究报告等阶段的工作要求

（1）项目建议书阶段

对拟进行建设项目提出的初步说明，解决项目建设的必要性问题。一般委托有相应资格的工程咨询单位或设计单位承担。

（2）可行性研究报告阶段

技术可行、经济合理、环境（可控）和社会影响（可控）进行研究。经过批准的可

行性研究报告，是项目决策和进行初步设计的依据。

申报项目可行性研究报告，必须同时提出项目法人组建方案及运行机制、资金筹措方案、资金结构及回收资金的办法。

(3) 初步设计阶段

概算静态总投资原则上不得突破已批准的可行性研究报告估算的静态总投资。由于工程项目基本条件发生变化，引起工程规模、工程标准、设计方案、工程量的改变，超过估算静态总投资在 15%以下时，要对工程变化内容和增加投资提出专题分析报告。超过 15%以上（含 15%）时，必须重新编制可行性研究报告并按原程序报批。

初步设计报告编制应选择具有相应资质的设计单位承担。初步设计文件报批前，一般须由项目法人对初步设计中的重大问题组织论证。设计单位根据论证意见，对初步设计文件进行补充、修改、优化。初步设计由项目法人组织审查后，按国家现行规定权限向主管部门申报审批。

(4) 生产准备（运行准备）阶段

建设项目投入运行前所进行的准备工作。项目法人应做好有关生产准备（运行准备）工作。

(5) 竣工验收阶段

完成建设目标的标志，是全面考核建设成果、检验设计和工程质量的重要步骤。

【考法题型及预测题】

下列说法正确的是(　　)。

A. 水利工程可行性研究报告重点解决项目的建设必要性、技术可行性、经济合理性、环境和社会影响可控性

B. 申报项目可行性研究报告，必须同时提出施工单位组建方案、资金筹措方案、建设实施评价等内容

C. 当水利工程建设项目静态总投资超过已批准的估算静态总投资达 10%时，则需重新编制可行性研究报告；如果超过 15%，则要提出专题分析报告

D. 水利工程建设项目生产准备阶段的工作应由项目法人完成

参考答案：D

解析：A 选项是 2018(2)选择题，“必要性问题”属于项目建议书阶段内容；B 选项，申报项目可行性研究报告，必须同时提出（①项目法人组建方案、②运行机制、③资金筹措方案、④资金结构、⑤回收资金的办法），不要提交（建设实施评价）；C 选项是 2019(2)、2019(1)选择题，水利工程建设项目静态总投资超过已批准的估算静态总投资达 10%时，则需（提出专题分析报告）；如果超过 15%，则要(重新编制可行性研究报告)；D 选项是 2011(2)选择题，正确。

核心考点四、后评价阶段工作要求

◆ 项目后评价的主要内容

（1）过程评价：前期工作、建设实施、运行管理等；

（2）经济评价：财务评价、国民经济评价等；

（3）社会影响及移民安置评价：社会影响和移民安置规划实施及效果等；

（4）环境影响及水土保持评价：工程影响区主要生态环境、水土流失问题，环境保护、水土保持措施执行情况，环境影响情况等；

（5）目标和可持续性评价：项目目标的实现程度及可持续性的评价等；

（6）综合评价：对项目实施成功程度的综合评价。

◆ 后评价的原则、参考依据

项目后评价工作必须遵循独立、公正、客观、科学的原则，做到分析合理、评价公正。

水利部或项目主管部门通过项目后评价工作，认真总结同类项目的经验教训，将后评价成果作为规划制定、项目审批、投资决策、项目建设和管理的重要参考依据。

【考法题型及预测题】

根据《水利建设项目后评价管理办法（试行）》（水规计［2010］51号），有关项目后评价，下列说法正确的是（　　）。

A. 项目后评价主要包括过程评价、经济评价、财务评价、国民经济评价等内容

B. 项目后评价中过程评价主要包括运行管理评价、建设实施评价等内容

C. 水利建设项目后评价的原则包括独立、公平、客观、高效

D. 后评价成果作为规划制定、项目审批、投资决策、项目建设和管理及运行的重要参考依据

E. 项目后评价应分为三个层次进行，分别是项目法人的自我评价、项目行业的评价、主管部门的评价

参考答案：B、E

解析：A选项错误，项目后评价主要包括过程评价、经济评价等内容，而（财务评价、国民经济评价）属于经济评价内容；B选项是2017(1)选择题，正确；C选项是2009(1)选择题，水利建设项目后评价的原则包括（独立、公正、客观、科学），没有（公平和高效）；D选项错误，（项目运行）不作为参考依据；E选项是2011(2)、2007(1)、2013(1)、2016(1)、2017(1)选择题，正确，该知识点教材删除，了解。

1F420012 施工准备阶段的工作内容

核心考点及可考性提示

考点		2020 可考性提示
水利工程建设项目的类型及建设阶段划分	工程开工之前，必须完成各项施工准备工作。包括：……	★
	水利工程项目必须满足如下条件……，施工准备方可进行	★

★不大，★★一般，★★★极大

核心考点剖析

核心考点 施工准备工作的内容和施工准备工作的条件

水利工程项目施工准备前必须满足的条件，方可进行	建设项目在主体工程开工之前，必须完成的各项具体施工准备工作
（1）项目可行性研究报告已经批准	（1）施工现场的征地、拆迁
	（2）（四通一平）
（2）环境影响评价文件等已经批准	（3）临时建筑工程
	（4）专项工程
（3）年度投资计划已下达或建设资金已落实	（5）组织招标设计、咨询、设备和物资采购等服务
	（6）组织主体工程施工招标的准备工作等

【考法题型及预测题】

2019(2)-26. 根据水利部《关于调整水利工程建设项目施工准备开工条件的通知》（水建管［2017］177号），项目施工准备开工应满足的条件包括（　　）。

A. 项目可行性研究报告已经批准　　B. 环境影响评价文件已批准

C. 年度投资计划已下达　　D. 初步设计报告已批复

E. 建设资金已落实

参考答案：A、B、C、E

1F420013 建设实施阶段的工作内容

核心考点及可考性提示

考 点		2020 可考性提示
建设实施阶段的工作内容	一、关于主体工程开工的规定	★
	二、项目法人发挥建设管理的主导作用，实行目标管理	★
	三、建立健全质量管理体系	★
	四、水利部《水利工程设计变更管理暂行办法》	★★
★不大，★★一般，★★★极大		

核心考点剖析

核心考点一、关于主体工程开工的规定

根据《水利部关于废止和修改部分规章的决定》（水利部令 2014 年第 46 号），水利工程具备开工条件后，主体工程方可开工建设。项目法人或建设单位应当自工程开工之日起 15 个工作日之内，将开工情况的书面报告报项目主管单位和上一级主管单位备案。

中华人民共和国水利部令

第 46 号

《水利部关于废止和修改部分规章的规定》已经水利部部分会议审议通过，现予公布，自公布之日起施行。

部长

2014 年 8 月 19 日

【考法题型及预测题】

2015(1)-12. 根据主体工程开工的有关规定，项目法人应当自工程开工之日起 15 个工作日内，将(　　)。

A. 开工情况的书面报告上报上一级主管单位审批

B. 开工情况的书面报告上报上一级主管单位备案

C. 开工报告上报上一级主管单位备案

D. 开工报告上报上一级主管单位审批

参考答案：B

核心考点二、项目法人发挥建设管理的主导作用，实行目标管理

施工详图经[监理]单位审核后交施工单位施工。

→设计单位对[不涉及重大设计原则]问题的合理意见应当[采纳]并修改设计。

→若有[分歧]意见，由项目[法人]决定。

→如涉及[重大设计]变更问题，应当由[原初步设计]批准部门审定。

（三个箭头，可以出三道选择题）

【考法题型及预测题】

2019(2)-17. 施工详图提交施工单位前，应由(　　)签发。

A. 项目法人　　B. 监理单位

C. 设计单位　　D. 质量监督机构

参考答案：B

核心考点三、建立健全质量管理体系

建立健全质量管理体系：按照“[政府监督]、[项目法人负责]、[社会监理]、[企业保证]”的要求，建立健全质量管理体系。

[对比质量工作格局：质量管理体制建设的总体要求是，构建[政府监管]、[市场调节]、[企业主体]、[行业自律]、[社会参与]的质量工作格局。]

按照“政府监督、项目法人负责、社会监理、企业保证”的要求，建立健全质量管理体系。（16字方针）

	对象	什么责任
单位责任	项目法人	全面责任
	监理、施工、设计	各自负责
	质量监督机构	政府部门监督职能
人的责任	单位的负责人	领导责任
	项目负责人	直接领导责任
	技术负责人	技术责任
	具体工作人员	直接责任人

注意：项目法人不是“人”，不需要承担“领导责任”。

【考法题型及预测题】

1. 2016(2)-14. 根据《水电建设工程质量管理暂行办法》（电水农［1997］220号），施工项目经理对其承担的工程建设的质量工作负(　　)。

A. 领导责任　　B. 直接领导责任

C. 技术责任　　D. 直接责任

参考答案：B

2. 按照“政府监督、项目法人负责、社会监理、企业保证”的要求，建立健全质量管理体系。质量由项目法人负(　　)责任。

A. 领导责任　　B. 直接领导责任

C. 全面责任　　D. 直接责任

参考答案：C

核心考点四、水利部《水利工程设计变更管理暂行办法》

◆ 设计变更：自水利工程初步设计批准之日起至工程竣工验收交付使用之日止，对已批准的初步设计所进行的修改活动。

◆ 分类：重大设计变更和一般设计变更。对工程的质量、安全、工期、投资、效益产生重大影响的设计变更。其他设计变更为一般设计变更。

◆ 重大设计变更

<table>
<tr><th>(1) 工程规模、建筑物等级及设计标准</th><th>(2) 总体布局、工程布置及主要建筑物</th><th>(3) 机电及金属结构</th><th>(4) 施工组织设计</th></tr>
<tr><td rowspan="3">① 库容、特征水位等的变化</td><td>① 总体布局［坝线、干渠（管）线、堤线］的变化</td><td>① 主要水力机械设备型式和数量的变化</td><td>① 主要料场场地的变化</td></tr>
<tr><td>② 工程布置、主要建筑物型式的变化</td><td rowspan="2">② 接入电力系统方式、电气主接线和输配电方式及设备型式的变化</td><td rowspan="2">② 导流方式、导流建筑物方案的变化</td></tr>
<tr><td>③ 主要水工建筑物基础处理方案、消能防冲方案的变化</td></tr>
<tr><td rowspan="2">② 工程等别、主要建筑物级别、抗震设计烈度、洪水标准等的变化</td><td>④ 主要水工建筑物边坡处理方案、地下洞室支护型式或布置方案的变化</td><td rowspan="2">③ 主要金属结构设备及布置方案的变化</td><td rowspan="2">③ 主要建筑物施工方案和工程总进度的变化</td></tr>
<tr><td>⑤ 除险加固或改（扩）建工程主要技术方案的变化</td></tr>
</table>

◆ 同意审批权

<table>
<tr><td rowspan="3">同意审批权</td><td>一般设计变更</td><td>项目法人组织审查确认后，并报项目主管部门［核备］</td></tr>
<tr><td>重大设计变更文件</td><td>由项目法人按原报审程序报原初步设计审批部门［审批］</td></tr>
<tr><td>涉及工程开发任务变化和工程规模、设计标准、总体布局等方面较大变化的设计变更。
（其实就是重大设计变更的较大变化）</td><td>征得原可行性研究报告批复部门的［同意］</td></tr>
</table>

【考法题型及预测题】

1. 2018(1)-25. 根据《水利工程设计变更管理暂行办法》(水规计〔2012〕93 号) 下列设计变更中属于一般设计变更的是(　　)。

A. 河道治理范围变化　　B. 除险加固工程主要技术方案变化

C. 小型泵站装机容量变化　　D. 堤防线路局部变化

E. 金属结构附属设备变化

参考答案：C、D、E

2. 2018(2)-27｛改编｝. 根据《水利工程设计变更管理暂行办法》(水规计〔2012〕93 号)，下列施工组织设计变更中，属于重大设计变更的是(　　)的变化。

A. 工程规模变更　　B. 枢纽工程施工导流方式

C. 导流建筑物方案　　D. 主要建筑物工程总进度

E. 主要料场场地

参考答案：B、C、D、E

解析：本题的 A、B、C、D、E 选项都属于"重大设计变更"，但是题目是问"施工组织设计变更"引发的"重大设计变更"，所以正确答案只能选"BCDE"。

3. 2016(1)-14. 水利工程重大设计变更应报(　　)批准。

A. 原设计单位　　B. 原可行性研究报告批准部门

C. 项目主管部门　　D. 原初步设计审批部门

参考答案：D

4. 根据《水利工程设计变更管理暂行办法》(水规计〔2012〕93 号)，水利工程设计变更分为(　　)。

A. 一般设计变更　　B. 普通设计变更

C. 较大设计变更　　D. 重大设计变更

E. 特别重大设计变更

参考答案：A、D

1F420014　建设项目管理专项制度

核心考点及可考性提示

考　　点		2020 可考性提示
建设项目管理专项制度	一、三项制度	★
	二、代建制	★★
	三、政府和社会资本合作（PPP 制）	★★

★不大，★★一般，★★★极大　＊表示这节内容还可以展开（红色）

核心考点剖析

核心考点一、三项制度

◆ 项目法人责任制、招标投标制和建设监理制，简称“三项”制度。

◆ 水利工程勘察设计招标投标的要求（勘察设计标）。

（1）评标方法

投标人的勘察设计费报价不能作为招标的主要条件。因此，“无标底”成为勘察设计招标与施工、设备材料招标明显区别的一个特点。一般采取综合评估法进行。

（2）知识产权保护

中标结果通知发布后，招标人应当在7个工作日内逐一返还投标文件。

招标文件中规定给予补偿的，招标人应在与中标人签订合同后5个工作日内给付未中标人。

【考法题型及预测题】

1. 2019(1)-10. 根据《水利工程建设项目管理规定（试行）》，下列属于三项制度的是（　　）。

A. 项目法人责任制、招标投标制和建设监理制

B. 项目法人责任制、招标投标制和建筑合同制

C. 质量监督制、招标投标制和建设监理制

D. 项目法人责任制、安全巡查制和建设监理制

参考答案：A

2. 2017(1)-27. 根据《水利工程建设项目管理暂行规定》（水建［1995］128号），水利工程项目建设实行（　　）等制度。

A. 项目法人责任制

B. 招标投标制

C. 建设监理制

D. 代建制

E. PPP制

参考答案：A、B、C

核心考点二、代建制（一）

知识点1	水利工程建设项目代建制为建设实施代建，代建单位对水利工程建设项目施工准备至竣工验收的建设实施过程进行管理
知识点2	代建单位应具备的条件： （1）独立的事业或企业法人资格。 （2）具有满足代建的勘测设计、咨询、施工总承包一项或多项资质及相应业绩；或政府设立（或授权）的水利工程建设管理机构并具有相应的业绩；或承担过大型水利工程项目职责的单位。 （3）具有与代建管理相应的组织机构、管理能力、专业技术与管理人员
知识点3	近3年有不良行为记录的单位不得承担项目代建业务

【考法题型及预测题】

1. 2018(2)-14. 根据《关于水利工程建设项目代建制管理的指导意见》（水建管［2015］91号），下列资质中，不符合代建单位资质条件的是(　　)。

A. 监理　　B. 设计

C. 咨询　　D. 施工总承包

参考答案：A

2. 2016(2)-15. 根据《关于水利工程建设项目代建制管理的指导意见》（水建管［2015］91号），代建单位对水利工程建设项目(　　)的建设实施过程进行管理。

A. 施工准备至竣工验收　　B. 初步设计至竣工验收

C. 施工准备至后评价　　D. 初步设计至后评价

参考答案：A

核心考点三、代建制（二）

知识点4	在[可研]报告[提出]代建管理方案。 批复后在[施工准备]前[选定]代建单位
知识点5	代建单位由项目主管部门或项目法人（项目管理单位）负责选定。项目管理单位应与代建单位签订代建合同。并报上级水行政主管部门备案
知识点6	代建单位不得将所承担项目代建工作转包或分包。(分包在合同中是允许的) 代建单位不得承担代建项目的施工以及设备、材料供应等工作
知识点7	代建管理费要与代建单位的［代建内容］、［代建业绩］挂钩，计入项目建设成本，在工程概算中列支。 代建管理费由代建单位提出申请，由项目管理单位审核后，按项目［实施进度］和［合同约定］分期拨付。 依据财政部《基本建设项目建设成本管理规定》，同时满足按时完成代建任务、工程质量优良、项目投资控制在批准概算总投资范围内3个条件的，可以支付代建单位利润或奖励资金，一般不超过代建管理费的10%。未完成代建任务的，应当扣减代建管理费

【考法题型及预测题】

1. 2017(1)-12. 根据《关于水利工程建设项目代建制管理的指导意见》（水建管［2015］91号），拟实施代建制的项目应在(　　)阶段前选定代建单位。

A. 施工准备　　B. 开工建设

C. 可行性研究报告　　D. 主体开工

参考答案：A

2. 代建管理费要与代建单位的(　　)挂钩，计入项目建设成本，在工程概算中列支。

A. 代建内容　　B. 代建业绩

C. 实施进度

D. 合同约定

E. 代建范围

参考答案：A、B

3. 代建管理费由代建单位提出申请，由项目管理单位审核后，按项目（　　）分期拨付。

A. 实施进度

B. 合同约定

C. 代建内容

D. 代建业绩

E. 代建范围

参考答案：A、B

4. 根据《基本建设项目建设成本管理规定》（财建〔2016〕504号），同时满足（　　）条件的，可以支付代建单位利润或奖励资金。

A. 按时完成代建任务

B. 工程质量优良

C. 项目投资控制在批准概算总投资范围内

D. 代建期间无安全生产事故发生

E. 代建期间无工程质量事故发生

参考答案：A、B、C

核心考点四、政府和社会资本合作（PPP制）

（1）水利PPP项目实施程序主要包括项目储备、项目论证、社会资本方选择、项目执行等。

（2）项目实施机构在授权范围内负责水利PPP项目实施方案编制、社会资本方选择、项目合同签署、项目组织实施和合作期满项目移交等工作。

（3）要充分考虑项目的战略价值、功能定位、预期收益、可融资性以及管理要求，科学分析项目采用PPP模式的必要性和可行性。

（4）合同约定期满移交的，及时组织开展项目移交工作，由项目公司按照约定的形式、内容和标准，将项目资产无偿移交指定的政府部门。

（5）合同期满前12个月为项目公司向政府移交项目的过渡期。

（6）水利PPP项目移交完成后，政府有关主管部门可组织对项目开展后评价，对项目全生命周期的效率、效果、影响和可持续性等进行评价。

【考法题型及预测题】

2019(1)-26. 水利PPP项目实施程序主要包括（　　）。

A. 项目储备

B. 项目论证

C. 社会资本方选择

D. 项目执行

E. 项目验收

参考答案：A、B、C、D

1F420015 病险水工建筑物除险加固工程的建设要求

核心考点及可考性提示

考点		2020可考性提示
病险水工建筑物除险加固工程的建设要求	一、水工建筑物实行定期安全鉴定	★★
	二、水工建筑的安全类别	★
	三、水工建筑物安全鉴定程序	★

★不大，★★一般，★★★极大

核心考点剖析

核心考点一、水工建筑物实行定期安全鉴定

水闸	水闸首次安全鉴定应在竣工验收后5年内进行，以后应每隔10年进行一次全面安全鉴定
水库大坝	水库大坝实行定期安全鉴定制度，首次安全鉴定应在竣工验收后5年内进行，以后应每隔6～10年进行一次

核心考点二、水工建筑的安全类别

水闸	四类闸	(1) 一类闸：运用指标能达到设计标准，无影响正常运行的缺陷，按常规维修养护即可保证正常运行。 (2) 二类闸：运用指标基本达到设计标准，工程存在一定损坏，经大修后，可达到正常运行。 (3) 三类闸：运用指标达不到设计标准，工程存在严重损坏，经除险加固后，才能达到正常运行。 (4) 四类闸：运用指标无法达到设计标准，工程存在严重安全问题，需降低标准运用或报废重建
水库大坝	三类坝	(1) 一类坝：大坝工作状态正常；工程无重大质量问题，能按设计正常运行的大坝。 (2) 二类坝：大坝工作状态基本正常，在一定控制运用条件下能安全运行的大坝。 (3) 三类坝：实际抗御洪水标准低于部颁水利枢纽工程除险加固近期非常运用洪水标准，或者工程存在较严重安全隐患，不能按设计正常运行的大坝

【考法题型及预测题】

下列说法正确的是(　　)。

A. ①水闸首次安全鉴定应在竣工验收后5年内进行，以后每隔10年进行一次全面安全鉴定；②水库大坝首次安全鉴定应在竣工验收后5年内进行，以后应每隔6～10年进行一次

B. 病险水库是指通过规定程序确定为四类坝的水库

C. 某水闸工程鉴定结论为：运用指标达不到设计标准，工程存在严重损坏，经除险加固后，才能正常运行。该水闸安全类别应为三类闸

D. 水库大坝工程存在较严重安全隐患，不能按设计要求正常运行，其安全状况应定为四类

E. 大坝安全鉴定报告书由鉴定组织单位或鉴定审定部门编制

参考答案：A、C

解析：A 选项 2019（2）、2017（1）、2018（1）、2019（1）选择题，正确；B 选项 2010（2）选择题，病险水库是指通过规定程序确定为（三类坝）的水库；C 选项 2014（1）选择题，正确；D 选项 2011（1）选择题，水库大坝工程存在较严重安全隐患，其安全状况应定为（三类）；E 选项 2010［福建］（2）选择题，大坝安全鉴定报告书由（鉴定承担单位或安全评价单位）编制。

核心考点三、水工建筑物安全鉴定程序

包括安全评价（提出安评报告）、安全评价成果审查（安全鉴定会）和安全鉴定报告书审定（审定部门）三个基本程序。

（1）鉴定组织单位负责委托满足规定要求的大坝安全评价单位（简称鉴定承担单位）对大坝安全状况进行分析评价，并提出大坝安全评价报告和大坝安全鉴定报告书。

（2）鉴定审定部门［主持召开］大坝安全鉴定会，组织专家审查大坝安全评价报告，通过大坝安全鉴定报告书。

（3）鉴定审定部门［审定并印发］大坝安全鉴定报告书。

1F420016　水利工程建设稽察、决算与审计的内容

核心考点及可考性提示

考　点		2020 可考性提示
水利工程建设稽察、决算与审计的内容	一、水利建设项目稽察的基本内容	★★
	二、竣工决算的基本内容	★★
	三、竣工审计的基本内容	★★
★不大，★★一般，★★★极大		

核心考点剖析

核心考点一、水利建设项目稽察的基本内容

知识点 1	稽察工作由派出的稽察组具体承担现场稽察任务，稽察组由稽察特派员或组长（以下统称特派员）、稽察专家和特派员助理等稽察人员组成
知识点 2	稽察人员执行稽察任务实行回避原则，不得稽察与其有利害关系的项目

续表

知识点 3	水利稽察内容主要包括：监督检查有关项目的监管和主管部门单位贯彻落实国家水利方针政策、重大决策部署情况，建立完善建设管理制度、组织推动项目建设等工作情况
知识点 4	水利工程建设稽察的重点是工程[质量]

【考法题型及预测题】

关于稽查，下列说法正确的是(　　)。

A. 水利工程稽察工作的基本原则是依法监督、严格规范、客观公平、廉洁科学的原则

B. 水利工程建设稽察的重点是质量，稽查内容是设计工作、项目建设管理、工程质量、建设进度和资金使用

C. 稽查组应在现场结束后5个工作日内提交由稽查人员签署的稽查报告

D. 稽察人员执行稽察任务实行回避原则

参考答案：D

解析：A选项2009(1)选择题，原则是“依法监督、严格规范、客观公正、廉洁高效”，没有（公平、科学）；B选项2010(1)、2016(1)选择题，稽查内容是（设计工作、项目建设管理、工程质量和资金使用），没有“建设进度”，该知识点教材删除，了解；C选项是2018(1)选择题，提交由（稽查特派员）签署的稽查报告；D选项正确。

核心考点二、竣工决算的基本内容

知识点 1	[竣工财务决算]是确认水利基本建设项目[投资支出]、[资产价值]和[结余资金]、[办理资产移交]和[投资核销]的最终依据
知识点 2	水利基本建设项目竣工财务决算由[项目法人]（或项目责任单位）[组织编制]。 项目法人的法定代表人对（竣工财务决算）的[真实性]、[完整性]负责。{对比：竣工决算审计是指水利基本建设项目竣工验收前，水利审计部门对其竣工决算的[真实性]、[合法性]和[效益性]进行的审计监督和评价。}
知识点 3	竣工财务决算应按[大中型]、[小型]项目分别编制。项目规模以批复的设计文件为准。设计文件未明确的，非经营性项目投资额在3000万元（含3000万元）以上、经营性项目投资额在5000万元（含5000万元）以上的为[大中型项目]；其他项目为[小型项目]
知识点 4	建设项目未完工程投资及预留费用可预计纳入竣工财务决算。[大中型]项目应控制在[总概算]的[3%]以内，小型项目应控制在5%以内

【考法题型及预测题】

例题：

关于竣工财务决算，下列说法不正确的是(　　)。

A. 水利工程基本建设项目竣工财务决算应由项目法人组织编制

B. 项目法人的法定代表人对竣工财务决算的真实性、效益性负责

C. 水利审计部门对其竣工决算的真实性、合法性和完整性进行的审计监督和评价

D. 非经营性项目投资额在5000万元（含5000万元）、经营性项目投资额在3000万元（含3000万元）以上为大中型项目

E. 大中型水利工程建设项目可预计纳入竣工财务决算的未完工程投资及预留费用应控制在估算的5%以内

参考答案：B、C、D、E

解析：A选项是2011（1）选择题，正确；B选项错误，项目法人的法定代表人对竣工财务决算的（真实性、完整性）负责；C选项是2014（1）、2019（2）选择题，对（真实性、合法性和效益性）进行的审计监督和评价；D选项错误，非经营性项目在3000万元（含3000万元）、经营性项目在5000万元（含5000万元）以上为大中型项目；E选项是2012（1）、2018（1）选择题，大中型在估算的（3%）以内，小型在估算的（5%）以内。

核心考点三、竣工审计的基本内容

知识点1	水利工程基本建设[项目审计]按建设管理过程分为[开工审计]、[建设期间审计]和[竣工决算审计]。 [竣工决算审计]在项目正式[竣工验收之前]必须进行
知识点2	竣工决算审计是指水利基本建设项目竣工验收前，水利审计部门对其竣工决算的[真实性]、[合法性]和[效益性]进行的审计监督和评价。 {对比：项目法人的法定代表人对（竣工财务决算）的[真实性]、[完整性]负责。}
知识点3	审计程序 竣工决算审计的程序应包括以下四个阶段： （1）审计[准备阶段]。包括审计立项、编制审计实施方案、送达审计通知书等环节。（3环节） （2）审计[实施阶段]。包括收集审计证据、编制审计工作底稿、征求意见等环节。（3环节） （3）审计[报告阶段]。包括出具审计报告、审计报告处理、下达审计结论等环节。（3环节） （4）审计[终结阶段]。包括整改落实和后续审计等环节。（2环节）
知识点4	竣工决算审计是建设项目竣工结算调整、竣工验收、竣工财务决算审批及项目法人法定代表人任期经济责任评价的重要依据

【考法题型及预测题】

2018(1)-28. 根据《水利基本建设项目竣工决算审计规程》SL 557—2012，审计终结阶段要进行的工作包括(　　)。

A. 下达审计结论　　B. 征求意见

C. 出具审计报告　　D. 整改落实

E. 后续审计

参考答案：D、E

解析：这题难度比较大，11选项选2选项。

（1）审计准备阶段。包括审计立项、编制审计实施方案、送达审计通知书等环节。

（2）审计实施阶段。包括收集审计证据、编制审计工作底稿、[征求意见[B]]等环节。

（3）审计报告阶段。包括出具审计报告[C]、审计报告处理、下达审计结论[A]等环节。

（4）审计终结阶段。包括整改落实[D]和后续审计[E]等环节。

1F420020　水利水电工程施工分包管理

核心考点提纲

水利水电工程施工分包管理
- 水利水电工程项目法人分包管理职责
- 水利水电工程承包单位分包管理职责
- 水利水电工程分包单位管理职责

1F420021　水利水电工程项目法人分包管理职责

核心考点及可考性提示

考　点		2020可考性提示
水利水电工程项目法人分包管理职责	推荐分包人和指定分包人对比	★★
★不大，★★一般，★★★极大		

核心考点剖析

核心考点一、工程分包应符合的要求

约定分包	投标文件中载明或在施工合同中约定采用工程分包的，应当明确分包单位的名称、资质、业绩、分包项目内容、现场主要管理人员及设备资源等相关内容。分包单位进场需经监理单位批准
未约定分包	投标文件、施工合同未明确，工程项目开工后需采用工程分包的，承包单位须将拟分包单位的名称、资质、业绩、现场主要管理人员及设备资源等情况报监理单位审核，项目法人（建设单位）审批

核心考点二、推荐分包人和指定分包人对比

◆ 推荐分包

有下列情况之一的，项目法人可向承包人推荐分包人：

（1）由于重大设计变更导致施工方案重大变化，致使承包人不具备相应的施工能力。

（2）由于承包人原因，导致施工工期拖延，承包人无力在合同规定的期限内完成合同任务。

（3）项目有特殊技术要求、特殊工艺或涉及专利权保护的。

如承包人同意，则应由承包人与分包人签订分包合同，并对该推荐分包人的行为负全部责任。

如承包人拒绝，则可由承包人自行选择分包人，但需经项目法人书面认可。

◆ 指定分包

项目法人一般不得直接指定分包人。

(1) 但在合同实施过程中，如承包人无力在合同规定的期限内完成合同中的应急防汛、抢险等危及公共安全和工程安全的项目。

(2) 项目法人经项目的上级主管部门同意，可根据工程技术、进度的要求，对该应急防汛、抢险等项目的部分工程指定分包人。

(3) 因非承包人原因形成指定分包条件的，项目法人的指定分包不得增加承包人的额外费用；因承包人原因形成指定分包条件的，承包人应负责因指定分包增加的相应费用。

(4) 由指定分包人造成的与其分包工作有关的一切索赔、诉讼和损失赔偿由指定分包人直接对项目法人负责，承包人不对此承担责任。职责划分可由承包人与项目法人签订协议明确。

归纳		推荐分包[合法分包]	指定分包[合法分包]
一相同	结果相同（被动分包）	承包人想干的事情承包人自己干不了	
三不同	原因不同	不是老天爷原因	老天爷原因
	约束机制不同	承包人约束	官方约束
		承包人同意或不同意	经过官方同意
	合同关系不同	承包人←→分包人	发包人←→分包人（平行发包）
补充，主动分包[合法分包]：自己［不想干］的事情主动安排别人去干			

1F420022 水利水电工程承包单位分包管理职责

核心考点及可考性提示

考点		2020 可考性提示
水利水电工程承包单位分包管理职责	水利工程施工分包的审批和备案	★
	项目管理机构的关键人员及认定标准	★★
	转包、违法分包、出借或借用资质的认定	★★★
★不大，★★一般，★★★极大		

核心考点剖析

核心考点一、分包的审批和备案

本节内容	劳务分包	采用劳务分包的，承包单位须将拟分包单位的名称、资质、业绩、现场主要管理人员及投入人员的工种、数量等情况报监理单位审核，项目法人（建设单位）审批
	3“人”关系	发包人-承包人-分包人关系：承包人和分包人应当依法签订分包合同，并履行合同约定的义务。分包合同必须遵循承包合同的各项原则，满足承包合同中技术、经济条款。承包人应在分包合同签订7个工作日内，送发包人备案
	2“人”关系	发包人依法指定分包，承包人对其分包项目的实施以及分包人的行为向发包人负全部责任。承包人应对分包项目的工程进度、质量、安全、计量和验收等实施监督和管理
上节内容对比	约定分包	投标文件中载明或在施工合同中约定采用工程分包的，应当明确分包单位的名称、资质、业绩、分包项目内容、现场主要管理人员及设备资源等相关内容。分包单位进场需经监理单位批准
	未约定分包	投标文件、施工合同未明确，工程项目开工后需采用工程分包的，承包单位须将拟分包单位的名称、资质、业绩、现场主要管理人员及设备资源等情况报监理单位审核，项目法人（建设单位）审批

【考法题型及预测题】

2019（2）2.4.

背景：

事件4：投标人D中标并与发包人签订施工总承包合同。根据合同约定，总承包人D把土方工程分包给具有相应资质的分包人E，并与之签订分包合同，且口头通知发包人。分包人E按照规定设立项目管理机构，其中，项目负责人、质量管理人员等均为本单位人员。

问题：指出并改正事件4中不妥之处，分包人E设立的项目管理机构中，还有哪些人员必须是本单位人员？

参考答案：（满分5分）

（1）不妥之处：分包口头通知发包人。改正：工程分包应在施工承包合同中约定，或经项目法人书面认可（2分）。

（2）本单位人员还包括：技术负责人（1分）、财务负责人（1分）、安全管理人员（1分）。

核心考点二、项目管理机构的关键人员及认定标准

承包人和分包人应当设立项目管理机构，组织管理所承包或分包工程的施工活动。

项目管理机构应当具有与所承担工程的规模、技术复杂程度相适应的技术、经济管理

人员。其中项目负责人、技术负责人、财务负责人、质量管理人员、安全管理人员必须是本单位人员。

本单位人员是指在本单位工作，并与本单位签订劳动合同，由本单位支付劳动报酬、缴纳社会保险的人员。

核心考点三、转包、违法分包、出借或借用资质的认定

转包	具有下列情形之一的，认定为转包： (1) 承包单位将承包的全部建设工程转包给其他单位（包括母公司承接工程后将所承接工程交由具有独立法人资格的子公司施工的情形）或个人的； (2) 将承包的全部建设工程肢解后以分包名义转包给其他单位或个人的； (3) 承包单位将其承包的全部工程以内部承包合同等形式交由分公司施工； (4) 采取联营合作形式承包，其中一方将其全部工程交由联营另一方施工； (5) 全部工程由劳务作业分包单位实施，劳务作业分包单位计取报酬是除上缴给承包单位管理费之外全部工程价款的； (6) 签订合同后，承包单位未按合同约定设立现场管理机构；或未按投标承诺派驻本单位主要管理人员或未对工程质量、进度、安全、财务等进行实质性管理； (7) 承包单位不履行管理义务，只向实际施工单位收取管理费； (8) 法律法规规定的其他转包行为
违法分包	具有下列情形之一的，认定为违法分包： (1) 将工程分包给不具备相应资质或安全生产许可证的单位或个人施工的； (2) 施工承包合同中未有约定，又未经项目法人书面认可，将工程分包给其他单位施工的； (3) 将主要建筑物的主体结构工程分包的； (4) 工程分包单位将其承包的工程中非劳务作业部分再次分包的； (5) 劳务作业分包单位将其承包的劳务作业再分包的；或除计取劳务作业费用外，还计取主要建筑材料款和大中型机械设备费用的； (6) 承包单位未与分包单位签订分包合同，或分包合同不满足承包合同中相关要求的； (7) 法律法规规定的其他违法分包行为
出借或借用他人资质承揽工程	具有下列情形之一的，认定为出借或借用他人资质承揽工程： (1) 单位或个人借用其他单位的资质承揽工程的； (2) 投标人法定代表人的授权代表人不是投标单位人员的； (3) 实际施工单位使用承包单位资质中标后，以承包单位分公司、项目部等名义组织实施，但两公司无实质隶属关系的； (4) 工程分包的发包单位不是该工程的承包单位，或劳务作业分包的发包单位不是该工程的承包单位或工程分包单位的； (5) 承包单位派驻施工现场的主要管理负责人中，部分人员不是本单位人员的； (6) 承包单位与项目法人之间没有工程款收付关系，或者工程款支付凭证上载明的单位与施工合同中载明的承包单位不一致的； (7) 合同约定由承包单位负责采购、租赁的主要建筑材料、工程设备等，由其他单位或个人采购、租赁，或者承包单位不能提供有关采购、租赁合同及发票等证明，又不能进行合理解释并提供证明材料的； (8) 法律法规规定的其他出借借用资质行为

例外	设备租赁和材料委托采购不属于分包、转包管理范围。承包人可以自行进行设备租赁或材料委托采购，但应对设备或材料的质量负责。(因为这是买卖合同)

【考法题型及预测题】

1. 关于转包、违法分包、出借或借用资质，下列说法正确的是(　　)。

A. 承包人未设立现场管理机构的属于违法分包

B. 承包人将工程分包给不具备相应资质的单位属于出借或借用资质

C. 工程款支付凭证上载明的单位与施工合同中载明的承包单位不一致属于转包

D. 承包单位将承包的全部建设工程转包给其他单位（包括母公司承接工程后将所承接工程交由具有独立法人资格的子公司施工的情形）或个人的属于转包

E. 水利工程项目施工管理机构中，必须是承包人本单位的人员有项目负责人、技术负责人、财务负责人、质量管理人员、安全管理人员。并且本单位人员必须满足以下条件：聘用合同必须是由分包单位与之签订；与分包单位有合法的工资关系；分包单位为其办理社会保险。

参考答案：D、E

解析：A选项2017(1)选择题，属于（转包）；B选项2018(2)选择题，属于（违法分包）；C选项2018(1)选择题，属于（出借或借用资质）；D选项2020(1)新教材新增加内容，正确；E选项2015(1)选择题，2011(2)，2019(2)，2010(1)案例题，案例是考记忆力。

2. 下列说法不正确的是(　　)。

A. 劳务作业分包单位除计取劳务作业费用外，还计取主要建筑材料款和大中型机械设备费用的属于违法分包

B. 全部工程由劳务作业分包单位实施，劳务作业分包单位计取报酬是除上缴给承包单位管理费之外全部工程价款的属于违法分包

C. 承包单位派驻施工现场的主要管理负责人中，部分人员不是本单位人员的属于转包

D. 签订合同后，承包单位未按投标承诺派驻本单位主要管理人员属于出借或借用资质

E. 采取联营合作形式承包，其中一方将其全部工程交由联营另一方施工属于出借或借用资质

参考答案：B、C、D、E

解析：A选项是模拟题，正确；B选项是模拟题，错误，属于（转包）；C选项是模拟题，错误，属于（出借或借用资质）；D选项是模拟题，错误，属于（转包）；E选项2020(1)教材新增加内容，错误，属于（转包）。

1F420023 水利水电工程分包单位管理职责

核心考点及可考性提示

考点		2020 可考性提示
水利水电工程分包单位管理职责	分包单位管理职责	★
	分包问题的认定与责任追究	★
★不大，★★一般，★★★极大		

核心考点剖析

核心考点一、分包单位管理职责

分包人应当按照分包合同的约定对其分包的工程向承包人负责，分包人应接受承包人对分包项目所进行的工程进度、质量、安全、计量和验收的监督和管理。

承包人和分包人就分包项目对发包人承担连带责任。

分包人应当设立项目管理机构，组织管理所分包工程的施工活动。其中项目负责人、技术负责人、财务负责人、质量管理人员、安全管理人员必须是本单位人员。

分包人必须自行完成所承包的任务。禁止分包人将工程再次分包。

【考法题型及预测题】

2018（2）3.3.

背景：

某堤防工程合同估算价 2000 万元，工期 1 年。招标人依据《水利水电工程施工招标文件》(2009 版）编制指标文件，部分内容如下：

3. 劳务作业分包要遵守的条款：

（1）主要建筑物的主体结构施工不允许有劳务作业分包；

（2）劳务作业分包单位必须持有安全生产许可证；

（3）劳务人员必须实行实名制；

（4）劳务作业单位必须设立劳务人员支付专用账户，可委托施工总承包单位直接支付劳务人员工资；

（5）经发包人同意，总承包单位可以将包含劳务、材料、机械的简单土方工程委托劳务作业单位施工；

（6）经总承包单位同意，劳务作业单位可以将劳务作业再分包。

问题：指出劳务作业分包条款中不妥的条款？

参考答案：(本小题 4 分，答条款序号或内容均可)

不妥条款：

（1）主要建筑物的主体结构施工不允许有劳务作业分包；

（2）劳务作业分包单位必须持有安全生产许可证；

（5）经发包人同意，总承包单位可以将包含劳务、材料、机械的简单土方工程委托劳务作业单位施工；

（6）经总承包单位同意，劳务作业单位可以将劳务作业再分包。

核心考点二、分包问题的认定与责任追究

分包问题分为一般合同问题、较重合同问题、严重合同问题、特别严重合同问题。

一般合同问题	项目法人	（*a*）未及时审批施工单位上报的工程分包文件；（*b*）未对施工分包、劳务分包等合同进行备案
	施工单位	无
较重合同问题	项目法人	未按要求严格审核分包人有关资质和业绩证明材料
	施工单位	（*a*）签订的劳务合同本不规范；（*b*）未按分包合同约定计量规则和时限进行计量；（*c*）未按分包合同约定及时、足额支付合同价款
严重合同问题	项目法人	（*a*）对违法分包或转包行为未采取有效措施处理；（*b*）对工程分包合同履约情况检查不力
	施工单位	（*a*）工程分包未履行报批手续；（*b*）未按要求严格审核工程分包单位的资质和业绩；（*c*）对工程分包合同履行情况检查不力； （补充：未经发包人批准将主要建筑物的主体结构工程分包二建教材内容）
特别严重合同问题		责任单位发生转包、违法分包、出借借用资质的

【考法题型及预测题】

1. 分包问题不包括（　　）。

A. 一般合同问题　　B. 较重合同问题

C. 严重合同问题　　D. 重大合同问题

参考答案：D

2. 较重合同问题，施工单位方面包括（　　）。

A. 签订的劳务合同文本不规范

B. 工程分包未履行报批手续

C. 未经发包人批准将主要建筑物的主体结构工程分包

D. 对工程分包合同履行情况检查不力

参考答案：A

1F420030　水利水电工程标准施工招标文件的内容

核心考点提纲

水利水电工程标准施工招标文件的内容：
- 水利行业施工招标投标的主要要求
- 水利水电工程施工合同文件的构成
- 发包人的义务和责任
- 承包人的义务和责任
- 施工合同管理

1F420031　水利行业施工招标投标的主要要求

核心考点及可考性提示

考点			2020可考性提示
水利行业施工招标投标的主要要求	一、施工招标的主要管理要求	施工招标条件	★
		施工招标程序（*）	★★★
	二、施工投标的主要管理要求	资格条件	★★★
		投标程序（*）	★★★
		禁止行为	★★
		异议权	★★★
★不大，★★一般，★★★极大　*表示这节内容还可以展开（红色）			

核心考点剖析

核心考点一、施工招标的主要管理要求

1. 施工招标条件

水利工程项目施工招标应具备以下条件：

（1）初步设计已经批准。

（2）建设资金来源已落实，年度投资计划已经安排。

（3）监理单位已确定。

（4）具有能满足招标要求的设计文件，已与设计单位签订适应施工进度要求的图纸交付合同或协议。

（5）有关建设项目永久征地、临时征地和移民搬迁的实施、安置工作已经落实或已有明确安排。

对比知识点：

施工准备阶段		招标阶段	实施阶段
水利工程项目必须满足如下条件，施工准备方可进行	建设项目在主体工程开工之前，必须完成各项施工准备工作	招标具备以下条件	主体工程开工，必须具备以下条件

续表

<table>
<tr><th colspan="2">施工准备阶段</th><th>招标阶段</th><th>实施阶段</th></tr>
<tr><td rowspan="2">（1）项目可行性研究报告已经批准</td><td>（1）施工现场的征地、拆迁</td><td>（1）初步设计已经批准</td><td>（1）项目法人或者建设单位已经设立</td></tr>
<tr><td>（2）（四通一平）</td><td>（2）建设资金来源已落实，年度投资计划已经安排</td><td>（2）初步设计已经批准，施工详图设计满足主体工程施工需要</td></tr>
<tr><td rowspan="2">（2）环境影响评价文件等已经批准</td><td>（3）临时建筑工程</td><td>（3）监理单位已确定</td><td>（3）建设资金已经落实</td></tr>
<tr><td>（4）专项工程</td><td rowspan="2">（4）具有能满足招标要求的设计文件，已与设计单位签订适应施工进度要求的图纸交付合同或协议</td><td>（4）主体工程施工单位和监理单位已经确定，并分别订立合同</td></tr>
<tr><td rowspan="3">（3）年度投资计划已下达或建设资金已落实</td><td>（5）组织招标设计、咨询、设备和物资采购等服务</td><td>（5）质量安全监督单位已经确定，并办理了质量安全监督手续</td></tr>
<tr><td>（6）组织相关监理招标</td><td rowspan="2">（5）有关建设项目永久征地、临时征地和移民搬迁的实施、安置工作已经落实或已有明确安排</td><td>（6）主要设备和材料已经落实来源</td></tr>
<tr><td>（7）组织主体工程施工招标的准备工作等</td><td>（7）施工准备和征地移民等工作满足主体工程开工需要</td></tr>
</table>

2. 施工招标程序

（1）水利工程施工招标、投标流程

<table>
<tr><th rowspan="24">招标方</th><th colspan="3">施工招标投标流程</th><th></th></tr>
<tr><td>◇组建招标机构</td><td></td><td>施工投标条件</td><td rowspan="3">投标前</td></tr>
<tr><td>1.编制招标文件(★)</td><td></td><td>开公司办资质(★★)</td></tr>
<tr><td>6.编制标底和最高限价(★)</td><td></td><td>一、双证符合(★★)</td></tr>
<tr><td>2.发布招标公告(★)</td><td>←→</td><td>◇了解招标信息</td><td rowspan="20">投标方</td></tr>
<tr><td>◇进行资格预审</td><td>←—</td><td>◇索购、填报资审文件</td></tr>
<tr><td>◇发售招标文件</td><td>←→</td><td>◇购买招标文件</td></tr>
<tr><td>3.1组织踏勘现场(★)</td><td>←—</td><td>◇参加现场考察</td></tr>
<tr><td>3.2组织标前会议(★)</td><td>←—</td><td>◇参加标前会议</td></tr>
<tr><td>4.澄清、修改(★★)
5.异议(★★★)</td><td>←→</td><td>◇质疑问题</td></tr>
<tr><td></td><td></td><td>1.编制投标文件(★)</td></tr>
<tr><td>◇接受投标文件</td><td>←—</td><td>3.递交投标保证金(★★★)
4.1递交投标文件(★)</td></tr>
<tr><td>◇开标</td><td>←—</td><td>4.2参加开标会(★)</td></tr>
<tr><td>三、评标(★)</td><td>←→</td><td>5.澄清、补正(★)</td></tr>
<tr><td>7.1确定中标人</td><td></td><td></td></tr>
<tr><td>(6.评价公示期)</td><td>←—</td><td>◇异议(★★★)</td></tr>
<tr><td>7.2发中标通知书，定标</td><td></td><td>0052:准备履约保证(★★)</td></tr>
<tr><td>◇订立合同</td><td>←→</td><td>◇订立合同</td></tr>
<tr><td>8.重新招标</td><td></td><td></td></tr>
</table>

水利工程施工招标程序一般包括：

招标报告备案→编制招标文件→发布招标信息→资格审查→出售招标文件→组织踏勘现场和投标预备会（若组织）、招标文件修改和澄清（若有）→组织开标、评标→确定中标人→提交招标投标情况的书面总结报告→发中标通知书→订立书面合同等。

（2）资格审查（二建知识点）

> 地图位置：招标报告备案→编制招标文件→发布招标信息→资格审查→出售招标文件→组织踏勘现场和投标预备会（若组织）、招标文件修改和澄清（若有）→组织开标、评标、确定中标人→提交招标投标情况的书面总结报告→发中标通知书→订立书面合同

◆ 资格审查分为资格预审（投标前）和资格后审（开标后）。

◆ 资格审查办法包括合格制和有限数量制。

（3）编制招标文件

> 地图位置：招标报告备案→编制招标文件→发布招标信息→资格审查→出售招标文件→组织踏勘现场和投标预备会（若组织）、招标文件修改和澄清（若有）→组织开标、评标、确定中标人→提交招标投标情况的书面总结报告→发中标通知书→订立书面合同

◆ 招标文件应依据《水利水电工程标准施工招标文件》（2009年版）编制。招标文件一般包括招标公告、投标人须知、评标办法、合同条款及格式、工程量清单、招标图纸、合同技术条款和投标文件格式等内容。其中，投标人须知、评标办法和通用合同条款应全文引用《水利水电工程标准施工招标文件》（2009年版）。

◆ 招标人设有最高投标限价的，应当在招标文件中明确最高投标限价或者最高投标限价的计算方法。招标人不得规定最低投标限价。投标最高限价可以是一个总价，也可以是总价及构成总价的主要分项价。

（4）发布招标公告

> 地图位置：招标报告备案→编制招标文件→发布招标信息→资格审查→出售招标文件→组织踏勘现场和投标预备会（若组织）、招标文件修改和澄清（若有）→组织开标、评标、确定中标人→提交招标投标情况的书面总结报告→发中标通知书→订立书面合同

◆ 依法必须招标项目的招标公告和公示信息应当在“中国招标投标公共服务平台”或者项目所在地省级电子招标投标公共服务平台（以下统一简称“发布媒介”）发布。

◆ 招标文件的发售期不得少于5日。

◆ 采用邀请招标方式的，招标人应当向3个以上有投标资格的法人或其他组织发出投标邀请书。投标人少于3个的，招标人应当重新招标。

（5）组织踏勘现场和投标预备会

地图位置：招标报告备案→编制招标文件→发布招标信息→资格审查→出售招标文件→组织踏勘现场和投标预备会（若组织）、招标文件修改和澄清（若有）→组织开标、评标、确定中标人→提交招标投标情况的书面总结报告→发中标通知书→订立书面合同

◆ 根据招标项目的具体情况，招标人可以组织投标人踏勘项目现场，向其介绍工程场地和相关环境的有关情况。投标人可自主参加踏勘现场和投标预备会。依据招标人介绍情况作出的判断和决策，由投标人自行负责。招标人不得单独或者分别组织部分投标人进行现场踏勘。

◆ 对于投标人在阅读招标文件和踏勘现场中提出的疑问，招标人可以书面形式或召开投标预备会的方式解答，但需同时将解答以书面方式通知所有购买招标文件的投标人。该解答属于澄清和修改招标文件的范畴，其内容为招标文件的组成部分。

（6）招标文件修改和澄清

地图位置：招标报告备案→编制招标文件→发布招标信息→资格审查→出售招标文件→组织踏勘现场和投标预备会（若组织）、招标文件修改和澄清（若有）→组织开标、评标、确定中标人→提交招标投标情况的书面总结报告→发中标通知书→订立书面合同

◆ 投标人应仔细阅读和检查招标文件的全部内容。如发现缺页或附件不全，应及时向招标人提出，以便补齐。如有疑问，应在投标截止时间17d前以书面形式（包括信函、电报、传真等可以有形地表现所载内容的形式，下同），要求招标人对招标文件予以澄清。招标人也可主动对招标文件进行澄清和修改。

◆ 招标文件的澄清和修改通知将在投标截止时间（15d前）以书面形式发给所有购买招标文件的投标人，但不指明澄清问题的来源。如果澄清和修改通知发出的时间距投标截止时间不足15d，且影响投标文件编制的，相应延长投标截止时间。

◆ 投标人在收到澄清后，应在收到澄清和修改通知后1d内以书面形式通知招标人，确认已收到该通知。

◆ 采取电子招标方式的，招标文件的澄清和修改一般载于相应公告栏里，并不另以书面形式发送，投标人须密切注意相关公告栏。

◆ 归纳

内容	提出人	要求（投标截止时间）
招标文件不全	投标人	17d 前
招标文件修改	招标人	15d 前
招标文件异议	投标人	10d 前

（7）开标

地图位置：招标报告备案→编制招标文件→发布招标信息→资格审查→出售招标文件→组织踏勘现场和投标预备会（若组织）、招标文件修改和澄清（若有）→组织开标、评标、确定中标人→提交招标投标情况的书面总结报告→发中标通知书→订立书面合同

◆ 自招标文件开始发出之日起至投标人提交投标文件截止，最短不得少于20d。投标截止时间与开标时间应当为同一时间。招标人应当按照招标文件的要求在规定时间、地点组织开标会，投标人的法定代表人或委托代理人应持本人身份证件及法定代表人或委托代理人证明文件参加。投标人少于 3 个的，不得开标。开标应当有开标记录，开标记录应当提交评标委员会。

◆ 发生下述情形之一的，招标人不得接收投标文件：

1）未通过资格预审的申请人递交的投标文件。

2）逾期送达的投标文件。

3）未按招标文件要求密封的投标文件。

◆ 除此之外，招标人不得以未提交投标保证金或提交的投标保证金不合格、未备案（或注册）、原件不合格、投标文件修改函不合格、投标文件数量不合格、投标人的法定代表人或委托代理人身份不合格等作为不接收投标文件的理由。发生前述相关问题应当形成开标记录，交由评标委员会处理。

（8）确定中标人

地图位置：招标报告备案→编制招标文件→发布招标信息→资格审查→出售招标文件→组织踏勘现场和投标预备会（若组织）、招标文件修改和澄清（若有）→组织开标、评标、确定中标人→提交招标投标情况的书面总结报告→发中标通知书→订立书面合同

◆ 招标人可授权评标委员会直接确定中标人，也可根据评标委员会提出的书面评标报告和推荐的中标候选人顺序确定中标人。评标委员会推荐的中标候选人应当限定在1～3人，并标明排列顺序。

◆ 国有资金控股或者占主导地位的依法必须进行招标的项目，确定中标人应遵守下述规定：

1）招标人应当确定排名第一的中标候选人为中标人。

2）排名第一的中标候选人放弃中标、因不可抗力不能履行合同、不按照招标文件要求提交履约保证金，或者被查实存在影响中标结果的违法行为等情形，不符合中标条件的，招标人可以按照评标委员会提出的中标候选人名单排序依次确定其他中标候选人为中标人，也可以重新招标。

3）当招标人确定的中标人与评标委员会推荐的中标候选人顺序不一致时，应当有充足的理由，并按项目管理权限报（水行政主管部门）备案。

4）在确定中标人之前，招标人不得与投标人就投标价格、投标方案等实质性内容进行谈判。

5）中标人确定后，招标人应当向中标人发出中标通知书，同时通知未中标人。中标通知书对招标人和中标人具有法律约束力。中标通知书发出后，招标人改变中标结果或者中标人放弃中标的，应当承担法律责任。

（9）签订合同

> 地图位置：招标报告备案→编制招标文件→发布招标信息→资格审查→出售招标文件→组织踏勘现场和投标预备会（若组织）、招标文件修改和澄清（若有）→组织开标、评标、确定中标人→提交招标投标情况的书面总结报告→发中标通知书→订立书面合同

招标人和中标人应当依照招标文件的规定签订书面合同，合同的标的、价款、质量、履行期限等（主要条款）应当与招标文件和中标人的投标文件的内容一致。招标人和中标人不得再行订立背离合同实质性内容的其他协议。

（10）重新招标

有下列情形之一的，招标人将重新招标：

1）投标截止时间止，投标人少于3个的。

2）经评标委员会评审后否决所有投标的。

3）评标委员会否决不合格投标或者界定为废标后因有效投标不足3个使得投标明显缺乏竞争，评标委员会决定否决全部投标的。

4）同意延长投标有效期的投标人少于3个的。

5）中标候选人均未与招标人签订合同的。

重新招标后，仍出现前述规定情形之一的，属于必须审批的水利工程建设项目，经（行政监督部门）批准后可不再进行招标。

（11）公平竞争

核心考点二、施工投标的主要管理要求：资格条件（上：资质）

资格条件：资质

水利水电工程对施工承包人实行资质准入管理，水利水电工程建设项目应当由具备相应资质等级的承包人实施。水利水电工程建筑业企业资质等级分为总承包、专业承包和劳务分包三个序列。

◆ 水利水电工程施工总承包资质

分为：特级、一级、二级、三级。

总承包资质	建造师数量	承担业务
特级	一级（任何专业）注册建造师必须50人以上	施工总承包、工程总承包和项目管理业务各等级工程的施工
一级	没有数量要求	各等级工程的施工
二级	没有数量要求	中型（以下）工程和3级（以下）建筑物级别，但限制在：坝高70m以下、水电站装机容量150MW以下、水工隧洞洞径小于8m且长度1000m、堤防2级以下
三级	（水利水电工程专业）一级注册建造师不少于8人	单项合同额6000万元以下的小型和4级（以下）建筑物级别，但限制在：坝高40m以下、水电站装机容量20MW以下、泵站装机容量800kW以下、水工隧洞洞径小于6m且长度500m、堤防3级以下

◆ 水利水电工程施工专业承包资质

分为：水工金属结构制作与安装工程、水利水电机电安装工程、河湖整治工程3个专业，每个专业分为一级、二级、三级。

水工金属结构制作与安装工程资质标准	建造师数量的要求	1）三级企业水利水电工程、机电工程专业注册建造师合计不少于5人，其中水利水电工程专业注册建造师不少于3人； 2）其他等级（一级、二级）企业没有数量要求
	水工金属结构制作与安装工程专业承包范围	1）一级企业：承担各类压力钢管、闸门、拦污栅制作和安装，启闭机安装。 2）二级企业：承担大型以下压力钢管、闸门、拦污栅制作和安装，启闭机安装。 3）三级企业：承担中型以下压力钢管、闸门、拦污栅制作和安装，启闭机安装

续表

水利水电机电安装工程资质标准	建造师数量的要求	1）三级企业水利水电工程、机电工程专业注册建造师合计不少于5人，其中水利水电工程专业注册建造师不少于3人； 2）其他等级（一级、二级）企业没有数量要求
	水利水电机电安装工程专业承包范围	1）一级企业：承担各类水电站、泵站主机（各类水轮发电机组、水泵机组）及其附属设备和水电（泵）站电气设备的安装工程。 2）二级企业：可承担单机容量100MW以下的水电站、单机容量1000kW以下的泵站主机及其附属设备和水电（泵）站电气设备的安装工程。 3）三级企业：承担单机容量25MW以下的水电站、单机容量500kW以下的泵站主机及其附属设备和水电（泵）站电气设备的安装工程
河湖整治工程资质标准	建造师数量的要求	1）三级企业水利水电工程专业注册建造师不少于5人； 2）其他等级（一级、二级）企业没有数量要求
	河湖整治工程专业承包范围	1）一级企业：承担各类河道、水库、湖泊以及沿海相应工程的河势控导、险工处理、疏浚与吹填、清淤、填塘固基工程的施工。 2）二级企业：承担2级以下堤防相应的河道、湖泊的河势控导、险工处理、疏浚、填塘固基工程的施工。 3）三级企业：承担3级以下堤防相应的河湖疏浚整治工程及吹填工程的施工

核心考点三、施工投标的主要管理要求：资格条件（下：证明+证书）

◆ 证明

资质	1）资质条件包括资质证书有效性和资质符合性两个方面的内容。 2）资质证书有效性要求资质证书在投标时必须在有效期内，没有被吊销资质证书等情况；资质符合性要求必须具有（相应）专业和级别的资质
财务状况	1）包括注册资本金、净资产、利润、流动资金投入等方面。 2）"近3年财务状况表"，并附经会计师事务所或审计机构审计的财务会计报表，包括资产负债表、现金流量表、利润表和财务情况说明书的复印件
投标人业绩	1）一般指类似工程业绩。包括功能、结构、规模、造价等方面。 2）业绩以合同工程完工证书颁发时间为准。填报"近5年完成的类似项目情况表"，并附中标通知书和（或）合同协议书、工程接收证书（工程竣工验收证书）、合同工程完工证书的复印件

续表

信誉	1）投标人应当具有良好的信誉。 2）投标单位及其法定代表人、拟任项目负责人开标前有行贿犯罪记录，投标单位被列入政府采购严重违法失信行为记录名单且被限制投标的、重大税收违法案件当事人、失信被执行人或在国家企业信用信息公示系统列入严重违法失信企业名单，有上述情形之一的将否决其投标。 3）招标人对投标人信用有量化要求的，应当采用（水利部）发布的水利市场主体信用等级信息，并从时间、主体（单位、个人）等方面提出明确的信用信息使用方法。 4）根据《水利部关于印发水利建设市场主体信用评价管理暂行办法的通知》（水建管［2015］377号），信用等级分为AAA（信用很好）、AA（信用好）、A（信用较好）、BBB（信用一般）和CCC（信用较差）三等五级。 5）水利建设市场主体信用评价实行一票否决制，凡发生严重失信行为的，其信用等级一律为CCC级；取得BBB级（含）以上信用等级的水利建设市场主体发生严重失信行为的，应立即将其信用等级降为CCC级并向社会公布，3年内不受理其升级申请

◆ 证书项目经理资格

项目经理应由注册于本单位（须提供社会保险证明）、级别符合《关于印发〈注册建造师执业工程规模标准〉（试行）的通知》（建市［2007］171号）要求的注册建造师担任。

拟任注册建造师不得有在建工程，有一定数量已通过合同工程完工验收的类似工程业绩，具备有效的安全生产考核合格证书（B类）。

归纳为：本单位＋本级别＋本专业＋注册＋类似的＋有效的。

◆ 其他（以证书为主）

营业执照	投标人营业执照应在有效期内，无被吊销营业执照等情况
安全生产许可证	投标人应持有有效的安全生产许可证，没有被吊销安全生产许可证等情况
投标人基本情况表	投标人应按招标文件要求填报“投标人基本情况表”，并附营业执照和安全生产许可证正、副本复印件
ABC证	投标人的单位负责人应当具备有效的安全生产考核合格证书（A类），专职安全生产管理人员应当具备有效的安全生产考核合格证书
不存在不良行为	不存在被责令停业的、被暂停或取消投标资格的、财产被接管或冻结的以及在最近三年内有骗取中标或严重违约或重大工程质量问题的情形

续表

本单位人员	委托代理人、安全管理人员（专职安全生产管理人员）、质量管理人员、财务负责人应是投标人本单位人员
其他	除此之外，如果招标文件对投标人其他岗位人员、设备、有效生产能力、认证体系提出要求，投标人应按照招标文件的规定提供

核心考点四、施工投标的主要管理要求：投标程序

	施工招标投标流程			
招标方	◇组建招标机构		施工投标条件	投标前
	1.编制招标文件(★)		开公司办资质(★★)	
	6.编制标底和最高限价(★)		一、双证符合(★★)	
	2.发布招标公告(★)	←→	◇了解招标信息	投标方
	◇进行资格预审	←—	◇索购、填报资审文件	
	◇发售招标文件	←→	◇购买招标文件	
	3.1组织踏勘现场(★)	←—	◇参加现场考察	
	3.2组织标前会议(★)	←—	◇参加标前会议	
	4.澄清、修改(★★) 5.异议(★★★)	←→	◇质疑问题	
			1.编制投标文件(★)	
	◇接受投标文件	←—	3.递交投标保证金(★★★) 4.1递交投标文件(★)	
	◇开标	←—	4.2参加开标会(★)	
	三、评标(★)	←→	5.澄清、补正(★)	
	7.1确定中标人			
	(6.评价公示期)	←—	◇异议(★★★)	
	7.2发中标通知书，定标		0052:准备履约保证(★★)	
	◇订立合同	←→	◇订立合同	
	8.重新招标			

投标程序：编制投标文件→递交投标保证金→递交投标文件→投标文件的撤销和撤回→按评标委员会要求澄清和补正投标文件→遵守投标有效期约束

（1）编制投标文件

> 投标地图：编制投标文件→递交投标保证金→递交投标文件→投标文件的撤销和撤回→按评标委员会要求澄清和补正投标文件→遵守投标有效期约束

◆ 投标文件应按招标文件要求编制，未响应招标文件实质性要求的作无效标处理。

◆ 投标文件格式要求有：

1）投标文件签字盖章要求是：投标文件正本除封面、封底、目录、分隔页外的其他每一页必须加盖投标人单位章并由投标人的法定代表人或其委托代理人签字。

2）投标文件份数要求是正本1份，副本4份。

3）投标文件用A4纸（图表页除外）装订成册，编制目录和页码，并不得采用活页夹装订。

4）投标人应按招标文件“工程量清单”的要求填写相应表格。投标人在投标截止时间前修改投标函中的投标总报价，应同时修改“工程量清单”中的相应报价，并附修改后的单价分析表（含修改后的基础单价计算表）或措施项目表（临时工程费用表）。（归纳：修改总价同时要修改单价）

（2）递交投标保证金

投标地图：编制投标文件→递交投标保证金→递交投标文件→投标文件的撤销和撤回→按评标委员会要求澄清和补正投标文件→遵守投标有效期约束

◆ 投标人在递交投标文件的同时，应按招标文件规定的金额、形式和“投标文件格式”规定的投标保证金格式递交投标保证金，并作为其投标文件的组成部分。投标保证金一般不超过合同估算价的2%，但最高不得超过80万元。

◆ 投标保证金提交的具体要求如下：

1）以现金或者支票形式提交的投标保证金应当从其基本账户转出。

2）联合体投标的，其投标保证金由牵头人递交，并应符合招标文件的规定。

3）投标人不按要求提交投标保证金的，其投标文件作（无效标）处理。

4）招标人与中标人签订合同后5个工作日内，向未中标的投标人和中标人退还投标保证金及相应利息。

5）投标保证金与投标有效期一致。投标人在规定的投标有效期内撤销或修改其投标文件，或中标人在收到中标通知书后，无正当理由拒签合同协议书或未按招标文件规定提交履约担保的，投标保证金将不予退还。

（3）递交投标文件

投标地图：编制投标文件→递交投标保证金→递交投标文件→投标文件的撤销和撤回→按评标委员会要求澄清和补正投标文件→遵守投标有效期约束

投标人应在投标截止时间前，将密封好的投标文件向招标人递交。投标文件密封不符合招标文件要求的或逾期送达的，将不被接受。

投标人应当向招标人索要投标文件接受凭据，凭据的内容包括递（接）受人、接受时间、接受地点、投标文件密封标识情况、投标文件密封包数量。

（4）投标文件的撤销和撤回

投标地图：编制投标文件→递交投标保证金→递交投标文件→投标文件的撤销和撤回→按评标委员会要求澄清和补正投标文件→遵守投标有效期约束

1）投标截止时间前，投标人可以撤回已经提交的投标文件。

2）投标截止时间后，投标人不得撤销投标文件。

3）投标人撤回已提交的投标文件，应当在投标截止时间前书面通知招标人。

4）招标人已收取投标保证金的，应当自收到投标人书面撤回通知之日起5日内退还。

5）投标截止时间后投标人撤销投标文件的，招标人可以不退还投标保证金。

（5）按评标委员会要求澄清和补正投标文件

投标地图：编制投标文件→递交投标保证金→递交投标文件→投标文件的撤销和撤回→按评标委员会要求澄清和补正投标文件→遵守投标有效期约束

1）投标人不得主动提出澄清、说明或补正。

2）澄清、说明和补正不得改变投标文件的实质性内容（算术性错误修正的除外）。

3）投标人的书面澄清、说明和补正属于投标文件的组成部分。

4）评标委员会对投标人提交的澄清、说明或补正仍有疑问时，可要求投标人进一步澄清、说明或补正的，投标人应予配合。

5）投标人拒不按照评标委员会的要求进行书面澄清或说明的，其投标文件按无效标处理。

（6）遵守投标有效期约束

投标地图：编制投标文件→递交投标保证金→递交投标文件→投标文件的撤销和撤回→按评标委员会要求澄清和补正投标文件→遵守投标有效期约束

1）水利工程施工招标投标有效期一般为56d。

2）在招标文件规定的投标有效期内，投标人不得要求撤销或修改其投标文件。

3）定标应当在投标有效期内完成，不能在投标有效期内完成的，招标人应当通知所有投标人延长投标有效期。拒绝延长投标有效期的投标人有权收回投标保证金。同意延长投标有效期的投标人应当相应延长其投标担保的有效期，但不得修改投标文件的实质性内容。

4）因延长投标有效期造成投标人损失的，招标人应当给予补偿，但因不可抗力需延长投标有效期的除外。

核心考点五、禁止行为

禁止行为			
（1）禁止投标人串通投标		（2）禁止招标人与投标人串通投标	（3）禁止弄虚作假投标
属于投标人相互串通投标	视为投标人相互串通投标		
1）投标人之间协商投标报价等投标文件的实质性内容。 2）投标人之间约定中标。 3）投标人之间约定部分投标人放弃投标或者中标。 4）属于同一集团、协会、商会等组织的投标人按照该组织要求协同投标。 5）投标人之间为谋取中标或者排斥特定投标人而采取的其他联合行动	1）不同投标人的投标文件由同一单位或者个人编制。 2）不同投标人委托同一单位或者个人办理投标事宜。 3）不同投标人的投标文件载明的项目管理成员为同一人。 4）不同投标人的投标文件异常一致或者投标报价呈规律性差异。 5）不同投标人的投标文件相互混装。 6）不同投标人的投标保证金从同一单位或者个人的账户转出	1）招标人在开标前开启投标文件并将有关信息泄露给其他投标人。 2）招标人直接或者间接向投标人泄露标底、评标委员会成员等信息。 3）招标人明示或者暗示投标人压低或者抬高投标报价。 4）招标人授意投标人撤换、修改投标文件。 5）招标人明示或者暗示投标人为特定投标人中标提供方便。 6）招标人与投标人为谋求特定投标人中标而采取的其他串通行为	1）使用通过受让或者租借等方式获取的资格、资质证书投标的。 2）使用伪造、变造的许可证件。 3）提供虚假的财务状况或者业绩。 4）提供虚假的项目负责人或者主要技术人员简历、劳动关系证明。 5）提供虚假的信用状况。 6）其他弄虚作假的行为

核心考点六、异议权

◆ 异议

在招投标过程中，投标人有权提出三种情况的异议：招标文件异议（标书异议或者招标异议）、开标异议（开标异议）、评标异议（公示异议）。

补充：资格预审文件的异议	申请人对资格预审文件有异议的，应当在提交资格预审申请文件截止时间2d前向招标人提出。招标人应当自收到异议之日起3d内作出答复；作出答复前，应当暂停实施招投标活动
招标文件异议（标书异议或者招标异议）	（1）潜在投标人或者其他利害关系人对招标文件有异的，应当在投标截止时间10d前向招标人或其委托的招标代理公司提出。（第一步） （2）招标人或其委托的招标代理公司应当自收到异议之日起3d内作出答复；作出答复前，应当暂停招标投标活动。 （3）未在规定时间提出异议的，不得再对招标文件相关内容提出异议或投诉。 （4）对答复不满意的，投标人可以向行政监督部门投诉。（第二步）

续表

开标异议 （开标异议）	开标现场可能出现对投标文件的提交、截止时间、开标程序、投标文件密封检查和开封、唱标内容、标底价格的合理性、开标记录、唱标次序等的争议，以及投标人和招标人或者投标人之间是否存在利益冲突的情形，投标人应当在（现场）提出异议，异议成立的，招标人应当及时采取纠正措施，或者提交评标委员会评审确认；不成立的，招标人应当当场解释说明。异议和答复应记入开标会记录
评标异议 （公示异议）	（1）招标人应当自收到评标报告之日起3d内公示中标候选人，公示期不得少于3d。 （2）依法必须招标项目的中标候选人公示应当载明以下内容： 1）中标候选人排序、名称、投标报价、质量、工期（交货期），以及评标情况。 2）中标候选人按照招标文件要求承诺的项目负责人姓名及其相关证书名称和编号。 3）中标候选人响应招标文件要求的资格能力条件。 4）提出异议的渠道和方式。 5）招标文件规定公示的其他内容。 （3）投标人或者其他利害关系人对依法必须进行招标的项目的评标结果有异议的，应当在中标候选人公示期间提出。 （4）招标人应当自收到异议之日起3d内作出答复；作出答复前，应当暂停招标投标活动。未在规定时间提出异议的，不得再针对评标提出投诉

◆ 补充：招标文件的异议与招标文件的修改和澄清的区别

修改和澄清	招标文件的修改和澄清是招标人进一步完善招标文件的程序，修改和澄清的内容有些是招标人主动发现的；有些是投标人以招标文件修改函或澄清函的形式要求招标人完善并且招标人也认为应当完善的内容。 （修改和澄清是招标人“主动”完善招标文件的程序，完善的途径是自己发现或者别人发现）
异议	招标文件的异议是在招投标过程中，投标人对招标文件自己的权利所提出的不同意见。 ◆ 情况 1　投标人满意：如果招标人答复后，投标人对答复满意，并认识到自己主张不合理，异议结束。 ◆ 情况 2　投标人不满意：如果招标人的答复后，投标人对答复并不满意，并认识到自己权利受到损害，则投标人可以再向行政监督部门再提异议。 ◆ 情况 3　招标人被动完善：如果招标人觉得投标人的异议合理，则异议转换为招标文件的修改和澄清。（教材原文：投标人对招标文件提出异议，经招标人回复属于招标文件修改和澄清范畴的，招标人的回复必须同时执行招标文件的修改和澄清程序。）

1F420032　水利水电工程施工合同文件的构成

核心考点及可考性提示

考点		2020 可考性提示
水利水电工程施工合同文件的构成	一、《水利水电工程标准施工招标文件》（2009年版）的使用	★
	二、水利水电工程施工合同文件的构成	★
★不大，★★一般，★★★极大		

核心考点剖析

核心考点一、《水利水电工程标准施工招标文件》（2009年版）的使用

《水利水电工程标准施工招标文件》（2009年版）包含封面格式和四卷八章。

第一卷：第一卷包括第一章～第五章，包括招标公告（投标邀请书）、投标人须知、评标办法、合同条款及格式和工程量清单等内容；

第二卷：由第六章图纸（招标图纸）组成；

第三卷：由第七章技术标准和要求组成；

第四卷：由第八章投标文件格式组成

第一章　招标公告	略
第二章　投标人须知	《水利水电工程标准施工招标文件》（2009年版）——目录

续表

<table>
<tr><td rowspan="3">第二章　投标人须知</td><td>[招标文件]的组成
包括：(1) 招标文件的组成（包含 9 个子项）。(2) 招标文件的澄清。(3) 招标文件的修改</td></tr>
<tr><td>[投标文件]的组成
包括：
(1) 投标文件的组成（包含 10 个子项）。(2) 投标报价。(3) 投标有效期。(4) 投标保证金。(5) 资格审查资料。(6) 备选投标方案。(7) 投标文件的编制</td></tr>
<tr><td>附件格式分别是：
(1) 招标文件澄清申请函。(2) 招标文件澄清通知。(3) 招标文件修改通知。(4) 修改通知确认函。(5) 开标记录表。(6) 中标通知书。(7) 中标结果通知书</td></tr>
<tr><td rowspan="2">第四章　合同条款及格式</td><td>《水利水电工程标准施工招标文件》(2009 年版) ——目录
第四章　合同条款及格式 …… 43
第一节　通用合同条款 …… 43
第二节　专用合同条款 …… 61
第三节　合同附件格式 …… 69</td></tr>
<tr><td>合同附件格式包括合同协议书、履约担保、预付款担保等三个格式文件，供招标人根据招标项目具体特点和实际需要参考使用</td></tr>
<tr><td rowspan="2">第八章　投标文件格式</td><td>《水利水电工程标准施工招标文件》(2009 年版) ——目录
第八章　投标文件格式 …… 114
评标要素索引表 …… 116
目　　录 …… 117
一、投标函及投标函附录 …… 118
二、法定代表人身份证明 …… 120
三、联合体协议书 …… 122
四、投标保证金 …… 123
五、已标价工程量清单 …… 124
六、施工组织设计 …… 125
七、项目管理机构 …… 133
八、拟分包项目情况表 …… 135
九、资格审查资料 …… 136
十、其他材料 …… 143</td></tr>
<tr><td>包括：投标函及投标函附录、法定代表人身份证明、授权委托书、联合体协议书、投标保证金、已标价工程量清单、施工组织设计、项目管理机构、拟分包项目情况表、资格审查资料、其他材料</td></tr>
</table>

核心考点二、水利水电工程施工合同文件的构成

<table>
<tr><td>内容来源：
合同附件格式包括[合同协议书]、履约担保、预付款担保等三个格式文件</td><td>《水利水电工程标准施工招标文件》(2009 年版) ——目录
第四章　合同条款及格式 …… 43
第一节　通用合同条款 …… 43
第二节　专用合同条款 …… 61
第三节　合同附件格式 …… 69</td></tr>
</table>

其中，合同协议书（格式），定义了水利水电工程施工合同文件的构成。

水利水电工程施工合同文件的构成：

(1) 协议书。签字并盖单位章后，合同生效。

(2) 中标通知书。

(3) 投标函及投标函附录。

(4) 专用合同条款。

(5) 通用合同条款。

(6) 技术标准和要求（合同技术条款）。

(7) 图纸。变更的依据，不能直接用于施工。

(8) 已标价工程量清单。

(9) 经合同双方确认进入合同的其他文件。

上述次序也是解释合同的优先顺序。

【考法题型及预测题】

根据《水利水电工程标准施工招标文件》(2009年版)，下列说法错误的是(　　)。

A. 合同文件组成包括协议书、中标通知书、投标报价书、专用合同条款、通用合同条款、技术条款、图纸、已标价的工程量清单、其他

B. 水利工程施工合同附件应包括协议书、中标通知书、投标报价书等

C. 投标文件的组成文件包括投标保证金、已标价工程量清单等内容

D. 合同授予包括定标方式、中标通知、履约担保和签订合同

参考答案：B

解析：A选项是2006(1)选择题、2010(1)案例题，考核合同组成，正确；B选项是2014(1)选择题，(施工合同附件)包括合同协议书、履约担保、预付款担保函，不是(合同文件组成)；C选项是2011(2)案例题，考核(投标文件组成)，正确；D选项正确。

1F420033　发包人的义务和责任

核心考点及可考性提示

考　点			2020可考性提示
发包人的义务和责任	一、发包人基本义务	开工通知	★
		提供场地	
		提供设备（甲供材）	
	二、监理人	监理人的指示	★
		监理人的商定或确定权	
★不大，★★一般，★★★极大			

核心考点剖析

水利水电工程标准施工招标文件（2009年版）——目录

核心考点一、发包人基本义务

◆ 本节知识点规范来源

水利水电工程标准施工招标文件（2009年版）——目录

◆ 开工通知

发包人应及时向承包人发出开工通知。开工通知的具体要求如下：

（1）监理人应在开工日期7d前向承包人发出开工通知。监理人在发出开工通知前应获得发包人同意。

（2）工期自监理人发出的开工通知中载明的开工日期起计算。

（3）承包人应在开工日期后尽快施工。接到开工通知后 14d 内未按进度计划要求及时进场组织施工，监理人可通知承包人在接到通知后 7d 内提交一份说明其进场延误的书面报告，报送监理人。书面报告应说明不能及时进场的原因和补救措施，由此增加的费用和工期延误责任由承包人承担。

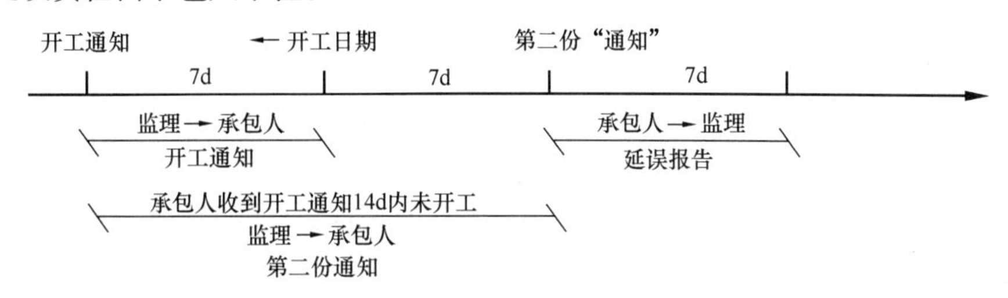

◆ 提供场地

包括永久占地和临时占地。要求如下：

（1）签订合同协议书后的 14d 内，将施工场地范围图提交给承包人。标明永久占地与临时占地的范围和界限。

（2）向承包人提供施工场地内的工程地质图纸和报告，以及地下障碍物图纸等施工场地有关资料，并保证资料的真实、准确、完整。

签订合同（起点）
14d　14d
发包人→承包人
提供场地范围

◆ 甲供材

发包人提供材料和工程设备时，应注意以下几点：

（1）发包人提供的材料和工程设备，应在专用合同条款中写明材料和工程设备的名称、规格、数量、价格、交货方式、交货地点和计划交货日期等。

（2）验收：发包人应在材料和工程设备到货 7d 前通知承包人，承包人应会同监理人在约定的时间内，赴交货地点共同进行验收。

←材料、设备到货时间
7d
发包人→承包人
通知，共同验货

（3）验收后：承包人负责接收、卸货、运输和保管。

（4）提前交货：承包人不得拒绝，发包人承担承包人由此增加的费用。

核心考点二、监理人

◆ 监理人的指示

在紧急情况下，总监理工程师或被授权的监理人员可以当场签发临时书面指示，承包人应遵照执行。承包人应在24h内，向监理人发出书面确认函。监理人在收到书面确认函后24h内未予答复的，该书面确认函应被视为监理人的正式指示。

◆ 监理人的商定或确定权

合同约定总监理工程师对如变更、价格调整、不可抗力、索赔等事项进行商定或确定时，总监理工程师应与合同当事人协商，尽量达成一致。不能达成一致的，总监理工程师应认真研究后审慎确定。

监理人的商定和确定不是强制的，也不是最终的决定。有异议的，构成争议，按照合同争议的约定处理。在争议解决前，双方应暂按总监理工程师的确定执行。

合同争议的处理方法有：①友好协商解决；②提请争议评审组评审；③仲裁；④诉讼。

【考法题型及预测题】

根据《水利水电工程标准施工招标文件》(2009年版)，下列说法正确的是(　　)。

A. 由于承包人原因，不能如期开工，监理人通知承包人提交进场延误的书面报告，承包人在收到监理人通知后14天内提交进场延误书面报告，延误书面报告主要内容是不能及时进场的原因和补救措施

B. 发包人根据合同约定按时向承包人提供了施工场地范围图和施工场地有关资料。其中施工场地范围图应标明场地范围内永久占地与临时占地的范围和界限，施工场地有关资料包括工程地质图纸和报告，以及地下障碍物图纸等施工场地有关资料

C. 发包人提供的材料和工程设备，应在专用合同条款中写明材料和工程设备的名称、规格、数量、价格、交货方式、交货地点和计划交货日期等

D. 合同争议的处理方法有：①发送招标文件澄清或修改函。②发送招标文件异议。③向行政监督部门投诉

E. 投标人可依据下述途径维护自身权益：①友好协商解决。②提请争议评审组评审。③仲裁。④诉讼

参考答案：B、C

解析：A选项是2017(2)案例题，承包人在收到监理人通知后(7天)内提交进场延误书面报告；B选项是2017(2)案例题，正确；C选项是2014(1)案例题，正确；D选项是2015(1)案例题，合同争议的处理方法有：①友好协商解决。②提请争议评审组评审。③仲裁。④诉讼；E选项是2015(1)、2016(1)选择题，投标人维护自身权益方法有：①发送招标文件澄清或修改函；② 发送招标文件异议；③ 向行政监督部门投诉。

1F420034　承包人的义务和责任

核心考点及可考性提示

<table>
<tr><th colspan="3">考　点</th><th>2020 可考性提示</th></tr>
<tr><td rowspan="6">承包人的义务和责任</td><td colspan="2">一、承包人基本义务</td><td>★</td></tr>
<tr><td colspan="2">二、履约担保</td><td>★★</td></tr>
<tr><td colspan="2">三、承包人项目经理要求</td><td>★</td></tr>
<tr><td>四、现场地质资料</td><td rowspan="2">对比考核</td><td>★★</td></tr>
<tr><td>五、承包人提供的材料和工程设备</td><td>★★</td></tr>
<tr><td colspan="2">六、测量放线</td><td>★</td></tr>
<tr><td colspan="4">★不大，★★一般，★★★极大</td></tr>
</table>

核心考点剖析

核心考点一、承包人基本义务

◆ 本节知识点规范来源

水利水电工程标准施工招标文件（2009 年版）——目录

发包人和承包人基本义务对比如下表所示。

承包人基本义务（10 条）	发包人基本义务（8 条）
1. 遵守法律。 2. 依法纳税。 3. 完成各项承包工作。 4. 对施工作业和施工方法的完备性负责。 5. 保证工程施工和人员的安全。 6. 负责施工场地及其周边环境与生态的保护工作。 7. 避免施工对公众与他人的利益造成损害。 8. 为他人提供方便。除合同另有约定外，提供有关条件的内容和可能发生的费用，由监理人商定或确定。 9. 工程的维护和照管。除合同另有约定外，合同工程完工证书颁发前，承包人应负责照管和维护工程。直至完工后移交给发包人为止。 10. 专用合同条款约定的其他义务和责任	1. 遵守法律。 2. 发出开工通知。 3. 提供施工场地（包括永久占地和临时占地）。 4. 协助承包人办理证件和批件。 5. 组织设计交底。 6. 支付合同价款。 7. 组织法人验收。 8. 专用合同条款约定的其他义务和责任

【考法题型及预测题】

合同双方义务条款中，属于承包人的义务有(　　)。

A. 征地拆迁、施工用水、施工用电均由承包人自行解决，费用包括在投标报价中

B. 负责管理暂估价项目承包人

C. 负责投保第三者责任险

D. 负责提供工程预付款担保和提交支付保函

E. 组织单元工程质量评定

参考答案：B、C、E

解析：A 选项是 2014（2）案例题，征地拆迁由承包人自行解决不正确；B 选项是 2011（1）案例题，正确；C 选项是 2011（1）案例题，正确；D 选项是 2011（1）、2018（2）案例题，负责提供工程预付款担保是（承包人的义务），而提交支付保函是（发包人的义务）；E 选项是 2018（2）案例题，正确。

核心考点二、履约担保

◆ 履约担保

金额：承包人应按招标文件的要求，在中标后签订合同前提交履约担保，金额不超过签约合同价的10%。

有效期：履约担保在发包人颁发合同工程完工证书前一直有效。

退还：发包人应在合同工程完工证书颁发后28d内将履约担保退还给承包人。

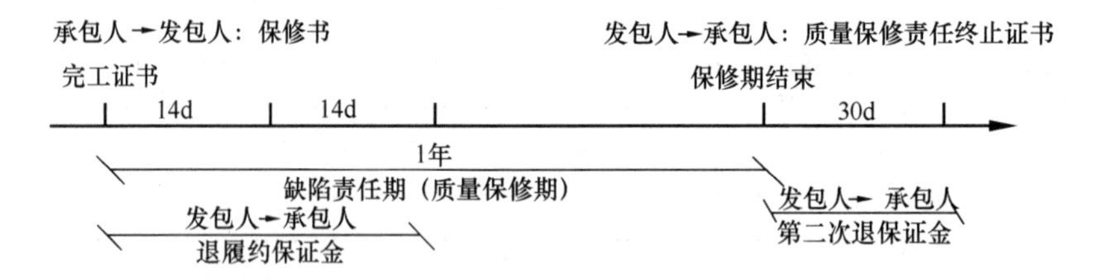

【考法题型及预测题】

见“质量保证金”章节，这两笔费用经常对比考核。

◆ 其他

根据《关于清理规范工程建设领域保证金的通知》（国办发〔2016〕49号），对保留的投标保证金、履约保证金、工程质量保证金、农民工工资保证金，推行银行保函制度，建筑业企业可以以银行保函方式缴纳。

【考法题型及预测题】

2017(1)-30. 根据《关于清理规范工程建设领域保证金的通知》（国办发〔2016〕49号），建筑业企业在工程建设中需缴纳的保证金有（　　）。

A. 投标保证金

B. 履约保证金

C. 工程质量保证金

D. 信用保证金

E. 农民工工资保证金

参考答案：A、B、D、E

核心考点三、承包人项目经理要求

◆ 项目经理驻现场的要求

承包人更换项目经理应事先征得发包人同意，并应在更换14d前（通知）发包人和监理人。

承包人项目经理短期离开施工场地，应事先征得监理人同意，并委派代表代行其职责。

◆ 项目经理职责

在情况紧急且无法与监理人取得联系时，可采取保证工程和人员生命财产安全的紧急措施，并在采取措施后（24h内）向监理人提交书面报告。

【考法题型及预测题】

2017（1）2.2. 更换项目经理＋项目经理短时间离开

背景：

事件二：项目经理因患病经常短期离开施工现场就医，鉴于项目经理健康状况，承包人按合同规定履行相关程序后，更换了项目经理。

问题：2. 根据事件二，分别说明项目经理短期离开施工现场和承包人更换项目经理应履行的程序。

参考答案：2.（满分4分）

（1）项目经理短期离开施工现场应履行的程序：事先征得监理人同意（1分），并委派代表代行其职责（1分）。

（2）承包人更换项目经理应办理手续：（1）事先应征得发包人同意（1分）；（2）于2013年2月11日前（或在变更14d前）（1分）通知（报告）发包人和监理人。

核心考点四、不利物质条件和补充地质探勘区别

	界定原则	承包人权利
不利物质条件	发包人进行的地质勘探：未能查明的地下溶洞或溶蚀裂隙和坝基河床深层的淤泥层或软弱带等，使施工受阻	承包人的权利：要求延长工期及增加费用。 监理人的处理：收到此类要求后，按照变更的约定办理
补充地质勘探		◇ 承包人为本合同永久工程施工的需要进行补充地质勘探时，须经监理人批准，费用由发包人承担。 ◇ 承包人为其临时工程设计及施工的需要进行的补充地质勘探，其费用由承包人承担
不可抗力	不可预见，不可避免，不能克服	承包人的权利：要求延长工期

核心考点五、承包人提供的材料和工程设备

（1）承包人采购要求

1）报送监理人审批：品种、规格、数量、供货时间及供货人等。

2）承包人向监理人提交：材料和工程设备的质量证明文件，并满足合同约定的质量标准。

（2）验收

承包人应会同监理人：查验材料合格证明和产品合格证书，进行材料的抽样检验和工程设备的检验测试，结果提交监理人，费用由承包人承担。

（3）材料和工程设备专用于合同工程

1）承包人不得运出施工场地或挪作他用。

2）备品备件、专用工器具与随机资料：由承包人会同监理人清点后共同封存，未经监理人同意不得启用。承包人因合同工作需要使用上述物品时，应向监理人提出申请。

【考法题型及预测题】

2017（1）3.1.

背景：

某大（2）型水库枢纽工程由混凝土面板堆石坝、泄洪洞、电站等建筑物组成。工程在实施过程中发生如下事件：

事件1：根据合同约定，本工程的所有原材料由承包人负责提供。在施工过程中，承包人严格按合同要求完成原材料的采购与验收工作。

问题：事件1中，承包人在原材料采购与验收工作上应履行哪些职责和程序？

参考答案：（满分6分）

（1）采购要求：承包人首先应按专用合同条款的约定，将各项材料的供货人及品种、规格、数量和供货时间等报送监理审批（2分）。同时，承包人向监理提交材料的质量证明文件，并满足合同约定的质量标准（2分）。

（2）验收程序：1）承包人应按合同约定和监理的指示，进行材料的抽样检验，检验结果提交监理（1分）。2）承包人会同监理共同进行交货验收，并做好记录，经鉴定合格的材料方能验收入库（1分）。

核心考点六、测量放线

◆ 除专用合同条款另有约定外，施工控制网由（承包人）负责测设，发包人应在本合同协议书签订后的14d内，向承包人提供测量基准点、基准线和水准点及其相关资料。

承包人应在收到上述资料后的28d内，将施测的施工控制网资料提交监理人审批。监理人应在收到报批件后的14d内批复承包人。

◆ 由承包人负责测设。负责管理施工控制网点。

（1）工程竣工后将施工控制网点移交发包人。

（2）监理人需要使用施工控制网的，承包人应提供必要的协助，发包人不再为此支付费用。

◆ 施工测量

复测发现错误：监理人可以指示承包人进行抽样复测，并承担相应的复测费用。

◆ 基准资料错误的责任（发包人错误）

发包人应对其提供的测量基准点、基准线和水准点及其书面资料的真实性、准确性和完整性负责。承担由此增加的费用和（或）工期延误，并向承包人支付合理利润。

【考法题型及预测题】

背景：

事件 2：承包人完成施工控制网测量后，按监理人指示开展了抽样复测：

（1）发现因发包人提供的某基准线不准确，造成与此相关的数据均超过允许误差标准，为此监理人指示承包人对发包人提供的基准点、基准线进行复核，并重新进行了施工控制网的测量，产生费用共计 3 万元，增加工作时间 5d；（说明：基准线是关键线路）

（2）由于测量人员操作不当造成施工控制网数据异常，承包人进行了测量修正，修正费用 0.5 万元，增加工作时间 2d。针对上述两种情况承包人提出了延长工期和补偿费用的索赔要求。

问题：事件 2 中，承包人应获得的索赔有哪些？简要说明理由。

参考答案：（满分 4 分）

（1）承包人应获得的索赔有：延长工期 5d（1 分），补偿费用 3 万元（1 分）。

（2）理由：

① 发包人提供的基准线不准确是发包人责任，应予补偿（1 分）；

② 测量人员操作不当是承包人责任，不予补偿（1 分）。

1F420035　施工合同管理

核心考点及可考性提示

<table>
<tr><th colspan="3">考　　点</th><th>2020 可考性提示</th></tr>
<tr><td rowspan="11">施工合同管理</td><td colspan="2">一、进度管理</td><td>★</td></tr>
<tr><td rowspan="3">二、工程变更</td><td>变更的范围和内容</td><td>★★</td></tr>
<tr><td>变更程序</td><td>★</td></tr>
<tr><td>暂估价</td><td>★</td></tr>
<tr><td colspan="2">三、价格调整</td><td>★★</td></tr>
<tr><td rowspan="4">四、计量与支付</td><td>计量</td><td>★★</td></tr>
<tr><td>预付款</td><td>★★★</td></tr>
<tr><td>工程进度付款</td><td>★★</td></tr>
<tr><td>质量保证金</td><td>★★★</td></tr>
<tr><td colspan="2">五、索赔</td><td>★★★</td></tr>
<tr><td colspan="4">★不大，★★一般，★★★极大</td></tr>
</table>

知识框架：

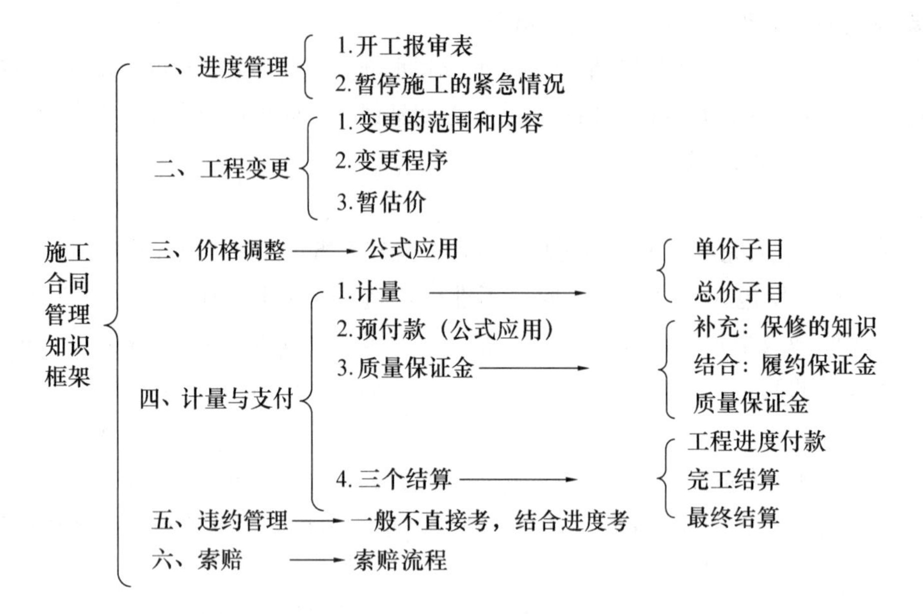

核心考点剖析

核心考点一、进度管理

1. 开工报审表

承包人应向监理人提交工程开工报审表，经监理人审批后执行。开工报审表应详细说明按合同进度计划正常施工所需的施工道路、临时设施、材料设备、施工人员等施工组织措施的落实情况以及工程的进度安排。

2. 暂停施工的紧急情况

由于发包人的原因发生暂停施工的紧急情况，且监理人未及时下达暂停施工指示的，承包人可先暂停施工，并及时向监理人提出暂停施工的书面请求。监理人应在接到书面请求后的24h内予以答复，逾期未答复的，视为同意承包人的暂停施工请求。

核心考点二、工程变更

1. 变更程序

变更提出→变更估价（遵循“变更估价原则”）→变更指示。

2. 变更提出

约定情形	变更意向书：可能发生变更约定情形的，监理人可向承包人发出
	变更意向书内容：变更的具体内容和发包人对变更的时间要求，并附必要的图纸和相关资料
	承包人（提交）包括拟实施变更工作的计划、措施和完工时间等内容的实施方案
	发包人同意，由（监理人）发出变更指示

续表

履行过程中，发生变更	监理主动要求变更	在合同履行过程中，发生变更情形的，监理人应向承包人发出变更指示
	承包人主动要求变更	承包人可向监理人提出书面变更建议。变更建议应阐明要求变更的依据，并附必要的图纸和说明
		监理人与发包人共同研究，确认存在变更的，应在收到承包人书面建议后的14d天内作出变更指示。经研究后不同意作为变更的，应由监理人书面答复承包人

【考法题型及预测题】

2016（2）3.5. 变更实操

背景：

本工程在实施过程中，涉及工程变更的双方往来函件包括（不限于）：①变更意向书；②书面变更建议；③变更指示；④变更报价书；⑤撤销变更意向书；⑥难以实施变更的原因和依据；⑦变更实施方案等。

问题：背景资料涉及变更的双方往来函件中，属于承包人发出的文件有哪些？

参考答案：（满分4分）（每项1分，多写错写不给分）

②书面变更建议；④变更报价书；⑥难以实施变更的原因和依据；⑦变更实施方案等。

3. 变更估价（遵循"变更估价原则"）

变更估价：

（1）除专用合同条款对期限另有约定外，承包人应在收到变更指示或变更意向书后的14d内，向监理人提交变更报价书。

（2）除专用合同条款对期限另有约定外，监理人收到承包人变更报价书后的14d内，根据约定的估价原则，按照商定或确定变更价格

变更的估价原则：

（1）清单中有适用子目，采用该子目的单价。

（2）清单中无适用子目，但有类似子目的，参照类似子目的单价。由监理人商定或确定单价。

（3）清单中无适用或类似子目，可按照成本加利润的原则，由监理人商定或确定单价

【考法题型及预测题】

2017（1）4.2.

背景：略……

问题：2. 指出预留暂列金额的目的和使用暂列金额时的估价原则。

参考答案：2.（满分7分）

（1）预留暂列金额的目的是处理合同变更（满分1分）；

（2）使用暂列金额的估价原则（满分6分）：

已标价工程量清单中有适用于变更工作子目的（1分），采用该子目单价（1分）；

已标价工程量清单中无适用于变更工作的子目，但有类似子目的（1分），可在合理范围内参照类似子目单价，由监理人商定或确定变更工作的单价（1分）；

已标价工程量清单中无适用或类似子目的（1分），可按照成本加利润的原则，由监理人商定或确定变更工作的单价（1分）。

4. 暂估价

定义：在工程招标阶段[已经确定]的材料、工程设备或工程项目，但又[无法在当时确定准确价格]，而可能影响招标效果的，可由发包人在工程量清单中给定一个暂估价。

【考法题型及预测题】

2018（1）5.4.

背景：

事件四：招标阶段，初设批复的管理设施无法确定准确价格，发包人以暂列金额600万元方式在工程量清单中明标列出，并说明若总承包单位未中标，该部分适用分包管理。合同实施期间，发包人对管理设施公开招标，总承包单位参与投标，但未中标。随后发包人与中标人就管理设施签订合同。

问题：指出事件四中发包人做法的不妥之处，并说明理由。

参考答案：（满分6分）

（1）不妥之处一：将管理设施列为暂列金额项目（1分）。理由：管理设施已经初设批复，属于确定实施项目，只是价格无法确定（1分），应当列为暂估价项目（1分）。

（2）不妥之处二：发包人与管理设施中标人签订合同（1分）。理由：总承包人没有中标管理设施时，暂估价项目应当由总承包人与管理设施中标人签订合同（2分）。

核心考点三、价格调整

调差公式

人工、材料和设备等价格波动影响合同价格时价格调整公式

$$\Delta P = P_0\left[A + \left(B_1 \times \frac{F_{t1}}{F_{01}} + B_2 \times \frac{F_{t2}}{F_{02}} + B_3 \times \frac{F_{t3}}{F_{03}} + \cdots + B_n \times \frac{F_{tn}}{F_{0n}}\right) - 1\right]$$

式中 ΔP——需调整的价格差额；

P_0——付款证书中承包人应得到的已完成工程量的金额。不包括价格调整、不计质量保证金的扣留和支付、预付款的支付和扣回。变更及其他金额已按现行价格计价的，也不计在内；

A——定值权重（即不调部分的权重）；

B_1，B_2，B_3，…，B_n——各可调因子的变值权重（即可调部分的权重），为各可调因子在投标函投标总报价中所占的比例；

F_{t1}，F_{t2}，F_{t3}，…，F_{tn}——各可调因子的现行价格指数，指付款证书相关周期最后一天的前42天的各可调因子的价格指数；

F_{01}，F_{02}，F_{03}，…，F_{0n}——各可调因子的基本价格指数，指基准日期的各可调因子的价格指数。

【考法题型及预测题】

2013（1）4.2+4.3+4.4.

背景：

2. 第四章合同条款及格式

①仅对水泥部分进行价格调整，价格调整按公式 $\Delta P = P_0(A + B \times F_t/F_0 - 1)$ 计算（相关数据依据中标人投标函附录价格指数和权重表，其中 ΔP 代表需调整的价格差额，P_0 指付款证书中承包人应得到的已完成工程量的金额）。

②工程质量保证金总额为签约合同价的 5%，按 5%的比例从月工程进度款中扣留。

经过评标某投标人中标，与发包人签订了施工合同，投标函附录价格指数和权重见下表。

中标人投标函附录价格指数和权重表

可调因子	权重		价格指数	
	定值权重	变值权重	基本价格指数	现行价格指数
水泥	90%	10%	100	103

工程实施中，三月份经监理审核的结算数据如下：已完成原合同工程量清单金额 300 万元，扣回预付款 10 万元，变更金额 6 万元（未按现行价格计价）。

问题：2. 若不考虑价格调整，计算三月份工程质量保证金扣留额。

3. 指出背景材料价格调整公式中 A、B、F_t、F_0所代表的含义。

4. 分别说明工程质量保证金扣留、预付款扣回及变更费用在价格调整计算时，是否应计入 P_0？计算 3 月份需调整的水泥价格差额 ΔP。

参考答案：2.（满分 4 分）

(300+6)(2 分)×5%=15.3 万元(2 分)。

3.（满分 4 分）

A 代表定值权重或不调部分权重（1 分）；

B 代表可调因子的变值权重或可调部分的权重（1 分）；

F_t代表可调因子的现行价格指数，或付款证书相关周期最后一天的前 42 天的可调因子的价格指数（1 分）；

F_0代表可调因子的基本价格指数，或基准日期的可调因子的价格指数（1 分）。

4.（满分 4 分）

预付款扣回不计入（1 分）；工程质量保证金扣留不计入（1 分）；变更（未按现行价格计价）计入（1 分）。

需调整的价格差额 $\Delta P = 306 \times (0.9 + 0.1 \times 1.03 - 1) = 0.92$ 万（1 分）。

核心考点四、计量与支付

1. 计量

单价子目的计量	总价子目的计量
工程量为估算工程量。结算工程量是承包人实际完成的，并按合同约定的计量方法进行计量的工程量	以总价为基础，不因价格调整因素而进行调整。 （1）总价子目的计量和支付应以总价为基础，不因价格调整因素而进行调整。 （2）承包人每月实际完成的工程量，是进行工程目标管理和控制进度支付的依据。 （3）除变更外，总价子目的工程量是承包人用于结算的最终工程量

【考法题型及预测题】

2018（2）3.2. 清单＋总价子目计量

背景：

某堤防工程合同估算价 2000 万元，工期 1 年。招标人依据《水利水电工程标准施工招标文件》（2009 年版）编制招标文件，部分内容摘录如下：

2. 临时工程为总价承包项目，总价承包项目应进行子目分解。临时房屋建筑工程中，投标人除考虑自身的生产、生活用房外，还需要考虑发包人、监理人、设计单位办公和生活用房。

某投标人按要求填报了“近 5 年完成的类似工程业绩情况表”，提交了相应的业绩证明资料。总价承包项目中临时房屋建筑工程子目分解见下表。

总价承包项目分解表　　　　子目：临时房屋建筑工程

序号	工程项目或费用名称	单位	数量	单价（元/m^2）	合价（元）	D
	临时房屋建筑工程				164000	
1	A	m^2	100	80	8000	第一个月支付
2	B	m^2	800	150	120000	按第一月 70%、第二个月 30%支付
3	C	m^2	120	300	36000	第一个月支付

问题：临时房屋建筑工程子目分解表中，填报的工程数量起何作用？指出 A、B、C、D 所代表的内容。

参考答案：（本小题 5 分）

（1）总价承包项目分解表中的工程数量是承包人用于结算的最终工程量（1 分）；

（2）A 代表施工仓库（1 分）；B 代表施工单位（办公、生活）用房（1 分）；C 代表发包人、监理人、设计单位办公和生活用房（1 分）；D 代表支付周期（时间）（1 分）。

2. 预付款

◆ 预付款的定义和分类

用于承包人为合同工程施工购置材料、工程设备、施工设备、修建临时设施以及组织施工队伍进场等，分为工程预付款和工程材料预付款。预付款必须专用于合同工程。

◆ 工程预付款的额度和预付办法

一般工程预付款为签约合同价的10%，分两次支付，招标项目包含大宗设备采购的可适当提高但不宜超过20%。

◆ 工程预付款保函

（1）承包人在第一次收到工程预付款的同时需提交等额的工程预付款保函（担保）。

（2）第二次工程预付款保函可用承包人进入工地的主要设备（其估算价值已达到第二次预付款金额）代替。

（3）当履约担保的保证金额度大于工程预付款额度，发包人分析认为可以确保履约安全的情况下，承包人可与发包人协商不提交工程预付款保函，但应在履约保函中写明其兼具预付款保函的功能。此时，工程预付款的扣款办法不变，但不能递减履约保函金额。

（4）工程预付款担保的担保金额可根据工程预付款扣回的金额相应递减。

◆ 工程预付款的扣回与还清公式

$$R=\frac{A}{(F_2-F_1)S}(C-F_1S)$$

式中 R——每次进度付款中累计扣回的金额；

A——工程预付款总金额；

S——签约合同价；

C——合同累计完成金额；

F_1——开始扣款时合同累计完成金额达到签约合同价的比例，一般取20%；

F_2——全部扣清时合同累计完成金额达到签约合同价的比例，一般取80%～90%。

上述合同累计完成金额均指价格调整前未扣质量保证金的金额。

【考法题型及预测题】

2018（1）2.4. 进度款＋保留金预留＋预付款公式（计算）＋实际支付工程款

背景：

某承包人依据《水利水电工程标准施工招标文件》（2009年版）与发包人签订某引调水工程引水渠标段施工合同，合同约定：

（1）合同工期465d，2015年10月1日开工；

（2）签约合同价为5800万元；

（3）履约保证金兼具工程质量保证金功能，施工进度付款中不再预留质量保证金；

（4）工程预付款为签约合同价的10%，开工前分两次支付，工程预付款的扣回与还清按下列公式计算。

$R=\dfrac{A\times(C-F_1S)}{(F_2-F_1)\times S}$，其中 $F_1=20\%$，$F_2=90\%$。

事件四：截至2016年10月份，承包人累计完成合同金额4820万元，2016年11月份监理人审核批准的合同金额为442万元。

问题：4. 计算2016年11月份的工程预付款扣回金额、承包人实得金额（单位：万元，保留2位小数）。

参考答案：4.（满分5分）

第一步：工程预付款总额：5800×10%＝580.00万元；

第二步：计算截至2016年10月份工程预付款累计已扣回金额，

$$R=\frac{5800\times10\%}{(90\%-20\%)\times5800}(4820-5800\times20\%)=522.86\text{万元}(1\text{分})；$$

第三步：计算截至2016年11月份工程预付款累计扣回金额，

$$R=\frac{5800\times10\%}{(90\%-20\%)\times5800}(4820+442-5800\times20\%)=586.00\text{万元}(1\text{分})；$$

第四步：586万元＞580万元。

所以：2016年11月份工程预付款扣回金额：580－522.86＝57.14万元（1分）；

第五步：2016年11月份承包人实得金额：442－57.14＝384.86万元（2分）。

预付款扣回公式，在2010（1）、2012（1）、2014（1）、2015（1）、2018（1）考核了五次，五道题目做题思路完全一样，就是数字变了变而已。

核心考点五、工程进度付款、完工结算

◆ 进度付款申请单内容和完工结算申请单内容

进度付款申请单	完工结算申请单
（1）截至本次付款周期末已实施工程的价款； （2）变更金额； （3）索赔金额； （4）应支付的预付款和扣减的返还预付款	（1）完工结算合同总价； （2）发包人已支付承包人的工程价款； （3）应支付的完工付款金额

【考法题型及预测题】

2017（1）2.3.

背景：

事件3：承包人在取得合同工程完工证书后，向监理人提交了完工付款申请（包括发包人已支付承包人的工程款），并提供了相关证明材料。

问题：根据事件3，承包人提交的完工付款申请单中，除发包人已支付承包人的工程款外，还应有哪些内容？

参考答案：（满分3分）

承包人提交完工付款申请单中，除发包人已支付承包人的工程款外，还应有完工结算合同总价、应支付的完工付款金额。

◆ 进度付款支付时间和完工付款支付时间

进度付款申请单	完工结算申请单
（1）监理人在收到承包人进度付款申请单以及相应的支持性证明文件后的14d内完成核查，经发包人审查同意后，出具经发包人签认的进度付款证书。 （2）发包人应在监理人收到进度付款申请单后的28d内，将进度应付款支付给承包人。发包人不按期支付的，按专用合同条款的约定支付逾期付款违约金。 （3）监理人出具进度付款证书，不应视为监理人已同意、批准或接受了承包人完成的该部分工作。 （4）进度付款涉及政府投资资金的，按照国库集中支付等国家相关规定和专用合同条款的约定办理	（1）承包人应在合同工程完工证书颁发后28d内，向监理人提交（完工付款申请单），并提供相关证明材料。 （2）监理人在收到承包人提交的完工付款申请单后的14d内完成核查，提出发包人到期应支付给承包人的价款送发包人审核并抄送承包人。 （3）发包人应在收到后14d内审核完毕，由监理人向承包人出具经发包人签认的完工付款证书。 （4）发包人应在监理人出具完工付款证书后的14d内，将应支付款支付给承包人

进度付款流程：

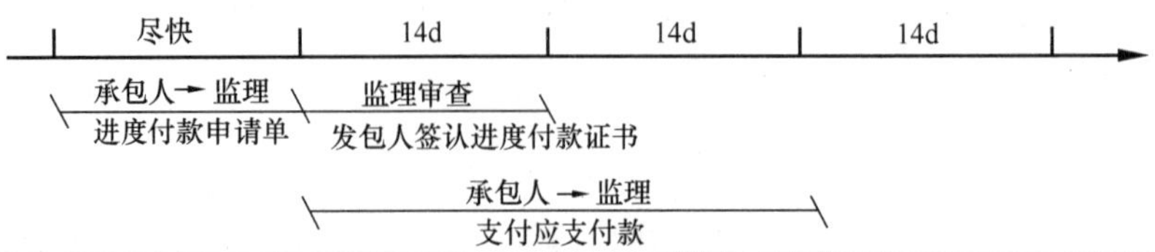

尽快　14d　14d　14d

承包人→监理　进度付款申请单

监理审查　发包人签认进度付款证书

承包人→监理　支付应支付款

续表

进度付款申请单	完工结算申请单

完工结算流程：

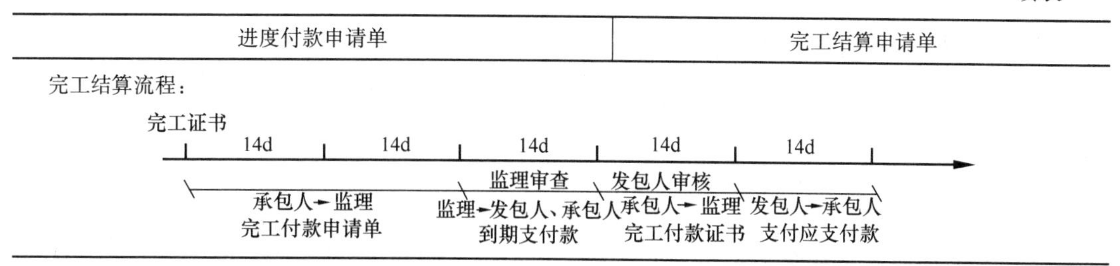

核心考点六、质量保证金

◆ 预留（扣留）及两金不共存

两金不共存：合同工程完工验收前，已经缴纳履约保证金的，进度支付时发包人不得同时预留工程质量保证金。

质量保证金有效期及两金必留一金：合同工程完工验收后，发包人可以预留工程质量保证金，也可以延长履约保证金期限用于工程质量保证金而不再预留质量保证金。

预留比例：根据《住建部财政部关于印发建设工程质量保证金管理办法的通知》（［2017］138号），工程质量保证金的预留比例上限不得高于工程价款结算总额的3%。

◆ 退还

在工程质量保修期满时，发包人将在30个工作日内核实后将质量保证金支付给承包人。根据《国务院办公厅关于清理规范工程建设领域保证金的通知》（国办发［2016］49号），未按规定或合同约定返还保证金的，保证金收取方应向建筑业企业支付逾期返还违约金。在工程质量保修期满时，承包人没有完成缺陷责任的，发包人有权扣留与未履行责任剩余工作所需金额相应的质量保证金余额，并有权延长缺陷责任期，直至完成剩余工作为止。

【考法题型及预测题】

2018（1）5.5. 履约保证金＋质量保证金＋两金不共存

背景：

事件五：承包人已按发包人要求提交履约保证金。合同支付条款中，工程质量保证金的相关规定如下：

条款1：工程建设期间，每月在工程进度支付款中按3%比例预留，总额不超过工程价款结算总额的3%；

条款2：工程质量保修期间，以现金、支票、汇票方式预留工程质量保证金的，预留总额为工程价款结算总额的5%；以银行保函方式预留工程质量保证金的，预留总额为工程价款结算总额的3%；

条款3：工程质量保证金担保期限从通过工程竣工验收之日起计算；

条款4：工程质量保修期限内，由于承包人原因造成的缺陷，处理费用超过工程质量保证金数额的，发包人还可以索赔；

条款5：工程质量保修期满时，发包人将在30个工作日内将工程质量保证金及利息退回给承包人。

问题：根据《建设工程质量保证金管理办法》（建质［2017］138号）和《水利水电工程标准施工招标文件》（2009年版），事件五工程质量保证金条款中，不合理的条款有哪些？说明理由。

参考答案：（满分6分）

（1）条款1不妥（1分）。工程建设期间，承包人已提交履约保证金的，每月工程进度支付款不再预留工程质量保证金（1分）；（知识点：两金不共存）

（2）条款2不妥（1分）。以现金、支票、汇票方式预留工程质量保证金的，预留总额亦不应超过工程价款结算总额的3%（1分）；

（3）条款3不妥（1分）。工程质量保证金担保期限从通过合同工程完工验收之日起计算（1分）。（知识点：保修的起点）

核心考点七、索赔

◆ 承包人索赔索赔流程

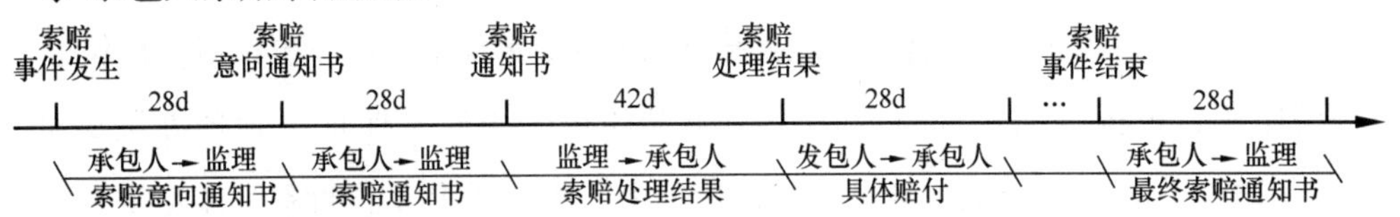

【考法题型及预测题】

关于索赔，下列说法正确的是（　　）。

A. 承包人提出索赔要求，发包人14天内就予以答复

B. 监理人收到承包人索赔通知书后，答复索赔处理结果的时间为28天内

C. 索赔相关函件包括索赔意向通知书、索赔通知书、最终索赔通知书等

D. 由于发包人未及时提供施工图纸，导致承包人进度延误和费用增加，承包人在事件发生后向发包人提交索赔申请报告。

参考答案：C

解析：A选项是2016（1）选择题，发包人（28天）内就予以答复；B选项是2019（2）选择题，监理人收到承包人索赔通知书后，答复索赔处理结果的时间为（42）天内；C选项是2017（1）案例题，正确；D选项是2012（2）案例题，承包人在事件发生后向（监理）提交索赔申请报告。

1F420040　水利工程质量管理与事故处理

核心考点提纲

水利工程质量管理与事故处理
- 水利工程质量事故分类与事故报告内容
- 水利工程质量事故调查的程序与处理的要求
- 水利工程项目法人质量管理内容
- 水利工程施工单位质量管理内容
- 水利工程监理单位质量管理内容
- 水利工程设计单位质量管理内容
- 水利工程质量监督的内容

1F420041　水利工程质量事故分类与事故报告内容

核心考点及可考性提示

考　　点		2020 可考性提示
水利工程质量事故分类与事故报告内容	一、事故分类	★★
	二、事故报告	★
★不大，★★一般，★★★极大		

核心考点剖析

核心考点一、事故分类

◆ 定义

根据《水利工程质量事故处理暂行规定》（水利部令第 9 号），工程质量事故按直接经济损失的大小，检查、处理事故对工期的影响时间长短和对工程正常使用的影响，分类为一般质量事故、较大质量事故、重大质量事故、特大质量事故。

◆ 定性分析

质量事故	经济损失	工期	正常使用	使用寿命
一般	一定	—	无影响	无影响
较大	较大	较短	无影响	一定影响
重大	重大	较长时间	无影响	较大影响
特大	特大	长时间	较大影响	较大影响

◆ 定量分析

损失情况＼事故类别		特大质量事故	重大质量事故	较大质量事故	一般质量事故
事故处理所需的物资、器材和设备、人工等直接损失费（人民币万元）	大体积混凝土，金属制作和机电安装工程	＞3000	＞500 ≤3000	＞100 ≤500	＞20 ≤100
	土石方工程、混凝土薄壁工程	＞1000	＞100 ≤1000	＞30 ≤100	＞10 ≤30
事故处理所需合理工期（月）		＞6	＞3 ≤6	＞1 ≤3	≤1
事故处理后对工程功能和寿命影响		影响工程正常使用，需限制条件使用	不影响工程正常使用，但对工程寿命有较大影响	不影响工程正常使用，但对工程寿命有一定影响	不影响工程正常使用和工程寿命

注：1. 直接经济损失费用为必条要件，事故处理所需时间以及事故处理后对工程功能和寿命影响主要适用于大中型工程；

2. 在《水利工程建设重大质量与安全事故应急预案》（水建管［2006］202 号）中，关于水利工程质量与安全事故的分级是针对事故应急响应行动进行的分级。

【考法题型及预测题】

根据《水利工程质量事故处理暂行规定》，下列说法正确的是(　　)。

A. 质量事故分为一般质量事故、较大质量事故、重大质量事故、特大质量事故

B. 经处理后不影响工程正常使用的质量问题包括质量缺陷、一般、较大、重大质量事故

C. 某水电站进水口边坡施工中发生质量事故，经调查，事故造成直接经济损失约20万元，处理后不影响工程正常使用和寿命。根据有关规定，该事故属于较大质量事故

D. 某大型工程，在闸墩混凝土浇筑过程中，由于混凝土温控措施不到位，造成闸墩底部产生贯穿性裂缝，后经处理不影响正常使用。裂缝处理延误工期40天、增加费用32万元，该事故属于一般质量事故

E. 确定水利工程质量事故的分类应考虑因素有直接经济损失的大小，检查、处理事故对工期的影响时间长短和对工程正常使用的影响

参考答案：A、B、E

解析：A选项是2019(1)选择题，2012［10月］(2)、2017(2)、2018(1)案例题，正确；B选项是2007(1)选择题，正确；C选项是2009(1)选择题，2012(2)、2012［10月］(2)、2017(2)、2007(1)、2009(1)、2012(1)、2018(1)案例题，考核（非大体积混凝土）定量查表，直接经济损失约20万元为（一般质量事故）；D选项是2014(1)案例题，考核（大体积混凝土）定量查表，大型工程延误工期40天为（较大质量事故）；E选项是2007(1)、2014(1)案例题，正确。

核心考点二、事故报告

事故发生后，事故单位要严格保护现场，采取有效措施抢救人员和财产，防止事故扩大。因抢救人员、疏导交通等原因需移动现场物件时，应作出标志、绘制现场简图并作出书面记录，妥善保管现场重要痕迹、物证，并进行拍照或录像。

发生质量事故后，项目法人必须将事故的简要情况向项目主管部门报告。

发生（发现）较大质量事故、重大质量事故、特大质量事故，事故单位要在48小时内向有关单位提出书面报告。有关事故报告应包括以下主要内容：

(1) 工程名称、建设地点、工期，项目法人、主管部门及负责人电话；

(2) 事故发生的时间、地点、工程部位以及相应的参建单位名称；

(3) 事故发生的简要经过、伤亡人数和直接经济损失的初步估计；

(4) 事故发生原因初步分析；

(5) 事故发生后采取的措施及事故控制情况；

(6) 事故报告单位、负责人以及联络方式。

1F420042　水利工程质量事故调查的程序与处理的要求

核心考点及可考性提示

考　　点		2020 可考性提示
水利工程质量事故调查的程序与处理的要求	一、质量事故处理原则	★★
	二、质量事故处理职责划分	★★
	三、质量缺陷的处理	★★
★不大，★★一般，★★★极大		

核心考点剖析

核心考点一、质量事故处理原则

◆ 三不放过原则或四不放过原则

坚持“事故原因不查清楚不放过、主要事故责任者和职工未受教育不放过、补救和防范措施不落实不放过”的原则（简称“三不放过原则”）。

核心考点二、质量事故处理职责划分

◆ 表格 1：管理权限组织调查

根据《水利工程质量事故处理暂行规定》（水利部令第 9 号）和《生产安全事故报告和调查处理条例》（国务院令第 493 号）的规定见下表。

表 1

分类	事故	谁组织调查	去哪核备
调查权限	一般	法人	主管单位
	较大	主管单位	省水利厅
	重大	省水利厅	水利部
	特别重大	水利部	—
	特别重大	国务院	—

◆ 表格 2：质量事故处理职责划分

表 2

质量事故	处理方案	审定	备案
一般	项目法人负责组织有关单位制定	不审定直接实施	报上级主管部门备案
较大		经上级主管部门审定后实施	报省级水行政主管部门或流域备案
重大	项目法人负责组织有关单位提出	报省级水行政主管部门或流域机构审定后实施	不备案
特大		报省级水行政主管部门或流域机构审定后实施	报水利部备案

◆ 表格 1+表格 2：质量事故处理原则和质量事故处理职责划分对比

质量事故（水利）	表 1：调查权限		表 2：事故处理职责划分			质量事故（水利）
	组织调查	核备单位	处理方案	审定部门	备案单位	
一般	法人	主管单位	法人制定	—	主管单位	一般
较大	主管单位	省水利厅		主管单位	省水利厅	较大
重大	省水利厅	水利部	法人提出	省水利厅	—	重大
特别重大	水利部	—		省水利厅	水利部	特别重大
特别重大	国务院	—				特别重大

【考法题型及预测题】

下列说法正确的是（　　）。

A. 水利工程重大质量事故由省级水行政主管部门组织调查

B. 水利工程较大质量事故应由项目主管部门组织调查

C. 水利工程较大质量事故，由施工单位组织有关单位提出处理方案

D. 水利工程较大质量事故应经上级主管部门审定后实施，报省级水行政主管部门或流域备案

E. 水电工程重大质量事故由质量监督总站组织进行调查

参考答案：A、B、E

解析：A 选项是 2018（1）选择题，正确；B 选项是 2018（1）案例题，正确；C 选项是 2012［10 月］（2）、2017（2）案例题，应该由（项目法人）组织有关单位（制定）处理方案；D 选项是 2012［10 月］（2）案例题，正确；E 选项是 2016（1）选择题，正确，该题是（水电项目），不是（水利项目），难。

核心考点三、质量缺陷的处理

质量缺陷定义	对因特殊原因，使得工程个别部位或局部达不到规范和设计要求（但不影响使用），且未能及时进行处理的工程质量缺陷问题（但质量评定仍为合格），必须以工程质量缺陷备案形式进行记录备案
质量缺陷备案内容	（1）质量缺陷产生的部位、原因。 （2）对质量缺陷是否处理和如何处理。 （3）对建筑物使用的影响等
谁填写	质量缺陷备案表由监理单位组织填写
谁签字	质量缺陷备案内容必须真实、全面、完整，参建单位（人员）必须在质量缺陷备案表上签字，有不同意见应明确记载。（即所有人员都要签字）
到哪备案	报工程质量监督机构备案
谁汇报、向谁提交	工程项目竣工验收时，项目法人必须向验收委员会汇报并提交历次质量缺陷的备案资料

【考法题型及预测题】

关于质量缺陷，下列说法不正确的是(　　)。

A. 质量缺陷备案表应该由施工单位组织填写

B. 质量缺陷备案表由监理单位签字确认

C. 质量缺陷备案表报项目法人备案

D. 工程项目竣工验收时，监理单位必须向项目法人汇报并提交历次质量缺陷的备案资料

E. 质量缺陷备案内容包括：①质量缺陷产生的部位、原因。②对质量缺陷是否处理和如何处理。③对建筑物使用的影响等

参考答案：A、B、C、D

解析：A 选项是 2016 (1)、2019 (1)选择题，2013 (2)、2017 (1)案例题，质量缺陷备案表应该由（监理单位）组织填写；B 选项是 2017 (1)案例题，质量缺陷备案表由（参建单位人员）签字确认；C 选项是 2013 (2)、2017 (1)案例题，质量缺陷备案表报（质量监督机构）备案；D 选项错误，（项目法人）必须向（验收委员会）汇报并提交历次质量缺陷的备案资料；E 选项是 2013 (2)案例题，正确。

核心考点四、涉及建设项目质量问题处理主要考核内容

根据《水利部关于修订印发水利建设质量工作考核办法的通知》(水建管［2018］102 号)，涉及质量问题处理的考核要点包括：

（1）质量事故调查处理和责任追究。

（2）质量举报投诉受理。

1F420043　水利工程项目法人质量管理内容

核心考点及可考性提示

考　　点		2020 可考性提示
水利工程项目法人质量管理内容	一、《贯彻质量发展纲要提升水利工程质量的实施意见》(水建管［2012］581 号)	★★★
	二、项目法人质量考核	★
★不大，★★一般，★★★极大		

核心考点剖析

核心考点一、《贯彻质量发展纲要提升水利工程质量的实施意见》(水建管［2012］581 号)

(10 条内容)

“五个坚持”	水利工程建设质量方针是“五个坚持”，即“坚持以人为本、坚持安全为先、坚持诚信守法、坚持夯实基础、坚持创新驱动”

续表

奋斗目标	(1) 到2020年，国家重点水利工程质量达到国际先进水平，人民群众对水利工程质量满意度显著提高。 (2) 到2015年，重点骨干工程的耐久性、安全性、可靠性普遍增强。 (3) 大中型水利工程项目一次验收合格率达到100%，其他水利工程项目一次验收合格率达到98%以上
质量工作格局	质量管理体制建设的总体要求是，构建政府监管、市场调节、企业主体、行业自律、社会参与的质量工作格局。(2015(1)考点)
参建单位质量体系	参建单位质量体系建设的总体要求是： (1) 项目法人建立健全工程质量（管理）体系； (2) 勘察、设计单位建立健全质量（保证）体系； (3) 施工单位建立健全施工质量（保证）体系； (4) 监理单位建立健全质量（控制）体系
质量检测的总体要求	质量检测的总体要求是，严格开展施工自检、监理平行检测，积极推进第三方检测
“四个责任制”	落实“四个责任制”，即从业单位质量主体责任制；从业单位领导人责任制；落实从业人员责任制；质量终身责任制
规章制度体系	水利工程质量管理规章制度体系是指，由质量管理、质量监督、质量检测、质量事故调查处理，以及优质工程、文明工地评选等方面规章构成
政府监督管理	加强政府监督管理。推行质量分类监管和差别化监管，突出对重点工程和民生工程的监管等
风险管理	加强质量风险管理
四不放过	坚持“事故原因不查清楚不放过、主要事故责任者和职工未受到教育不放过、补救和防范措施不落实不放过、责任人员未受到处理不放过”的原则，做好事故处理工作

【考法题型及预测题】

根据《关于贯彻质量发展纲要、提升水利工程质量的实施意见》(水建管［2012］581号)，下列说法不正确的是(　　)。

A. 质量方针包括质量第一、以人为本、安全为先、诚信守法、夯实基础

B. 质量工作格局包括政府监管、法人负责、企业主体、市场调节、行业自律等

C. 质量检测的总体要求是严格开展施工自检、监理平行检测，单元工程终检

D. 四个责任制包括从业单位质量主体责任制、从业单位领导人责任制、从业人员责任制、质量终身责任制

E. 四不放过原则指的是事故原因未查清楚不放过，事故责任人和职工未受教育不放过，防范和整改措施未落实不放过，主要责任人未受处理不放过

参考答案：D、E

解析：A选项是2015(2)选择题，质量方针不包括（质量第一）；B选项是2015(1)选择题，质量工作格局不包括（法人负责）；C选项错误，质量检测的总体要求是，严格开展（施工自检、监理平行检测，积极推进第三方检测）；D选项是2014(2)案例题，背诵记忆；E选项是2012年［10月］(2)、2017(2)、2016(1)案例，背诵记忆。

核心考点二、项目法人质量考核

《水利建设质量工作考核办法》（水建管〔2014〕351号），每年对省级水行政主管部门进行水利建设质量工作考核。每年7月1日至次年6月30日为一个考核年度。考核采用评分和排名相结合的综合评定法，满分为100分，其中总体考核得分占考核总分的60%，项目考核得分占考核总分的40%。考核结果分4个等级，A级90分及以上、B级（80～89分）、C级（60～79分）、D级（59分及以下）。发生重（特）大质量事故的，一律为D级。

考法题型及预测题

1. 2019(2)-15. 根据《水利部关于修订印发水利建设质量工作考核办法的通知》（水建管〔2018〕102号），对省级水行政主管部门考核时，其中项目考核得分占考核总分的(　　)。

A. 20%　　B. 30%

C. 40%　　D. 50%

参考答案：C

2. 2017(2)-14. 根据《水利建设质量工作考核办法》（水建管〔2014〕351号）某水利厅建设质量工作年度考核得分为90分，相应其考核等级为(　　)。

A. A级　　B. B级

C. C级　　D. D级

参考答案：A

核心考点三、项目法人的质量考核内容

根据《水利部关于修订印发水利建设质量工作考核办法的通知》（水建管〔2018〕102号），涉及项目法人的质量考核要点包括：

（1）质量监督手续办理；

（2）质量管理制度建设；

（3）质量管理机构及责任人；

（4）参建单位质量行为和工程质量检查；

（5）设计变更手续办理；

（6）历次检查、巡查、稽查所提出质量问题的整改。

1F420044　水利工程施工单位质量管理内容

核心考点及可考性提示

考点		2020 可考性提示
水利工程施工单位质量管理内容	零散的知识点	★
★不大，★★一般，★★★极大		

核心考点　零散的知识点

◆ 建筑业“三个序列”

建筑业企业资质等级分为总承包、专业承包和劳务分包三个序列。

◆ 施工单位施工质量保证考核的主要内容

根据《水利部关于修订印发水利建设质量工作考核办法的通知》(水建管〔2018〕102号)，涉及施工单位施工质量保证的考核要点包括：

(1) 质量保证体系建立情况；

(2) 施工过程质量控制情况；

(3) 施工现场管理情况；

(4) 已完工程实体质量情况。

◆ 水利工程的保修

水利工程保修期从通过单项合同工程完工验收之日算起，保修期限按法律法规和合同约定执行。

1F420045　水利工程监理单位质量管理内容

核心考点及可考性提示

考点		2020 可考性提示
水利工程监理单位质量管理内容	零散的知识点	★
★不大，★★一般，★★★极大		

核心考点　零散的知识点

◆ 概念

未经监理人员签字认可，建筑材料、构配件和设备不得在工程上使用或安装，不得进入下一道工序的施工，不得拨付工程进度款，不得进行竣工验收。

◆ 监理单位质量控制考核内容

根据《水利部关于修订印发水利建设质量工作考核办法的通知》(水建管〔2018〕102号)，涉及监理单位监理质量控制主要考核以下内容：

(1) 质量控制体系建立情况；

(2) 监理控制相关材料报送情况；

(3) 监理控制责任履行情况。

【考法题型及预测题】

2019(1)-12. 根据《水利部关于修订印发水利建设质量工作考核办法的通知》(水建管〔2018〕102号)，不属于监理单位质量控制考核内容的是(　　)。

A. 质量控制体系建立情况　　　　B. 监理控制相关材料报送情况

C. 监理控制责任履行情况　　　　　　　D. 稽察提出质量问题整改情况

参考答案：D

1F420046　水利工程设计单位质量管理内容

核心考点及可考性提示

考点		2020 可考性提示
水利工程设计单位质量管理内容	二建知识点	★
★不大，★★一般，★★★极大		

核心考点　二建知识点

◆ 设计等级划分

根据《水利水电工程设计质量评定标准》，设计产品质量评定采用定性评定和定量评定两种，其等级分为合格、基本合格、不合格。无论是定性评定还是定量评定，当设计产品不满足强制性标准规定的，应总体评定为不合格。

◆ 设计产品质量特性要素

设计产品质量特性是指设计产品所包含的安全性、功能性、经济性、可靠性和时间性等要素。

◆ 质量定性评定标准包括内容

从施工组织设计专业角度，质量定性评定标准包括内容：

5 大项共 22 小项

1. 施工组织设计部分的安全性应满足下列要求：(6 小项，内容略……)

2. 施工组织设计部分的功能性应满足下列要求：(3 小项，内容略……)

3. 施工组织设计部分的经济性应满足下列要求：(7 小项，内容略……)

4. 施工组织设计部分的可靠性应满足下列要求：(4 小项，内容略……)

5. 施工组织设计部分的时间性应满足下列要求：(2 小项，内容略……)

◆ 勘察设计质量单位质量控制考核内容

根据《水利部关于修订印发水利建设质量工作考核办法的通知》（水建管［2018］102 号），涉及勘察设计质量保证主要考核以下内容：

（1）现场服务体系建立情况。

（2）现场设计服务情况。

【考法题型及预测题】

1. 2019(2)-27. 根据《水利水电工程设计质量评定标准》T/CWHIDA 001—2017，

下列内容中，属于施工组织设计部分的经济性要求是(　　)。

A. 主要基础资料齐全可靠　　B. 导流方案应满足下游供水的要求

C. 导流建筑物规模恰当　　D. 对外交通方案符合实际

E. 施工布置应满足爆破对安全距离的要求

参考答案：C、D

2. 根据《水利水电工程设计质量评定标准》，设计产品质量评定等级分为(　　)。

A. 一般　　B. 优良

C. 合格　　D. 基本合格

E. 不合格

参考答案：C、D、E

1F420047　水利工程质量监督的内容

核心考点及可考性提示

考　　点		2020 可考性提示
水利工程质量监督的内容	汇总零碎知识点	★
★不大，★★一般，★★★极大		

核心考点剖析

核心考点一、汇总零碎知识点

知识点 1	水利部主管全国水利工程质量监督工作，水利工程质量监督机构按总站（含流域分站）、中心站、站三级设置。其中水利部设置全国水利工程质量监督总站
知识点 2	水利工程建设项目质量监督方式以抽查为主
知识点 3	工程开工前办理质量监督手续始，到工程竣工验收委员会同意工程交付使用止，为水利工程建设项目的质量监督期（含合同质量保修期）
知识点 4	质量监督人员有专职质量监督员和兼职质量监督员组成。兼职质量监督员为工程技术人员。凡从事该工程监理、设计、施工、设备制造的人员不得担任该工程的兼职质量监督员
知识点 5	工程质量监督机构的质量监督权限如下： 对监理、设计、施工等单位的资质等级、经营范围进行核查，发现不符合规定要求的，责令项目法人（建设单位）限期改正，并向水行政主管部门报告

【考法题型及预测题】

2018(1)-26. 根据《节水供水重大水利工程建设质量监督巡查实施细则》对勘察设计单位巡查的内容包括(　　)。

A. 现场服务情况　　B. 现场质量控制情况

C. 施工资料完整情况　　D. 工程实体质量情况

E. 设计变更是否符合规定

参考答案：A、E

解析：这题难度太大，24 选 2 题目，2020 版教材该知识点删除。

核心考点二、水利工程建设质量与安全生产监督检查办法

规范	《水利工程建设质量与安全生产监督检查办法（试行）》（水监督［2019］139 号）
质量问题及分类	检查办法所称水利工程建设质量问题，是指质量管理违规行为和质量缺陷
	质量管理违规行为分为一般质量管理违规行为、较重质量管理违规行为、严重质量管理违规行为
	质量缺陷分为一般质量缺陷、较重质量缺陷、严重质量缺陷
处理方式	对责任单位的责任追究方式分为：（一）责令整改。（二）约谈。（三）停工整改。（四）经济责任。（五）通报批评。（六）建议解除合同。按照工程隶属关系，向项目主管部门或者项目法人出具解除合同建议书。视具体情节，建议书可以规定不长于 90 天的观察期，观察期内完成整改的，建议书终止执行；（七）降低资质。（八）相关法律、法规、规章规定的其他责任追究方式
公布时间	对项目法人（建设单位）、勘察设计、监理、施工、质量检测等责任单位的责任追究，依据有关规定由相关部门及时记入水利工程建设信用档案；由水利部实施通报批评（含）以上的责任追究，在全国水利建设市场监管服务平台公示 6 个月

【考法题型及预测题】

根据《水利工程建设质量与安全生产监督检查办法（试行）》（水监督［2019］139 号），质量缺陷不包括（　　）。

A. 一般质量缺陷　　B. 较重质量缺陷

C. 严重质量缺陷　　D. 特别严重质量缺陷

参考答案：D

核心考点三、水利工程建设质量与安全生产监督检查办法

根据《水利部关于修订印发水利建设质量工作考核办法的通知》（水建管［2018］102 号），建设项目质量监督管理工作主要考核以下内容：

（1）质量监督计划制定；

（2）参建单位质量行为和工程质量监督检查；

（3）工程质量核备、核定等。

归纳：多方质量考核内容	
质量问题	（1）质量事故调查处理和责任追究；（2）质量举报投诉受理
法人	（1）质量监督手续办理；（2）质量管理制度建设； （3）质量管理机构及责任人；（4）参建单位质量行为和工程质量检查； （5）设计变更手续办理； （6）历次检查、巡查、稽查所提出质量问题的整改
施工	（1）质量保证体系建立情况；（2）施工过程质量控制情况； （3）施工现场管理情况；（4）已完工程实体质量情况
监理	（1）质量控制体系建立情况；（2）监理控制相关材料报送情况； （3）监理控制责任履行情况

续表

归纳：多方质量考核内容	
勘察设计	(1) 现场服务体系建立情况；(2) 现场设计服务情况
监督	(1) 质量监督计划制定；(2) 参建单位质量行为和工程质量监督检查； (3) 工程质量核备、核定等

【考法题型及预测题】

1. 2019(1)-12. 根据《水利部关于修订印发水利建设质量工作考核办法的通知》(水建管〔2018〕102号)，不属于监理单位质量控制考核内容的是(　　)。

A. 质量控制体系建立情况　　B. 监理控制相关材料报送情况

C. 监理控制责任履行情况　　D. 稽察提出质量问题整改情况

参考答案：D

2. 2018(2)-29. 根据《水利建设质量工作考核办法》(水建管〔2014〕351号)，建设项目质量监督管理工作主要考核内容包括(　　)。

A. 质量监督计划制定　　B. 参建单位质量行为

C. 工程质量监督检查　　D. 质量事故责任追究

E. 工程质量核备、核定

参考答案：A、B、C、E

1F420050　水利工程建设安全生产管理

核心考点提纲

水利工程建设安全生产管理
- 水利工程项目法人的安全生产责任
- 水利工程施工单位的安全生产责任
- 水利工程勘察设计与监理单位的安全生产责任
- 水利工程安全生产监督管理的内容
- 水利工程建设项目风险管理和安全事故应急管理
- 水利工程文明建设工地及安全生产标准化的要求

1F420051　水利工程项目法人的安全生产责任

核心考点及可考性提示

考点		2020可考性提示
水利工程项目法人的安全生产责任	一、水利工程建设项目法人安全生产的特殊要求	★
	二、项目法人安全生产目标管理	★
	四、项目法人组织生产安全事故隐患排查	★
	五、项目法人推进安全生产领域改革发展的责任	★
★不大，★★一般，★★★极大		

核心考点剖析

核心考点一、水利工程项目法人的安全生产责任

◇ 组织编制保证安全生产的措施方案，自工程开工之日起15个工作日内报有管辖权的水行政主管部门、流域管理机构或者其委托的水利工程建设安全生产监督机构备案。

◇ 项目法人应当将水利工程中的拆除工程和爆破工程发包给具有相应水利水电工程施工资质等级的施工单位。项目法人应当在拆除工程或者爆破工程施工15日前，将下列资料报送水行政主管部门、流域管理机构或者其委托的安全生产监督机构备案。

【考法题型及预测题】

2017(1)-14. 根据《水利部关于废止和修改部分规章的决定》（水利部［2014］46号），项目法人应自(　　)内将保证安全生产的措施方案报有关部门备案。

A. 开工报告批准之日起10个工作日　　B. 工程开工之日起10个工作日

C. 开工报告批准之日起15个工作日　　D. 工程开工之日起15个工作日

参考答案：D

核心考点二、项目法人安全生产目标管理

◆ 法人单位安全生产管理制度基本内容

（1）安全目标管理制度；（2）安全生产责任制度；（3）安全生产费用管理制度；（4）安全技术措施审查制度；（5）安全设施“三同时”管理制度；（6）安全生产教育培训制度；（7）生产安全事故隐患排查治理制度；（8）重大危险源和危险物品管理制度；（9）安全防护设施、生产设施及设备、危险性较大的专项工程、重大事故隐患治理验收制度；（10）安全例会制度；（11）安全档案管理制度；（12）应急管理制度；（13）事故管理制度等。

◆ 重大危险源级别的识别

根据《水电水利工程施工重大危险源辨识及评价导则》DL/T 5274—2012。依据事故可能造成的人员伤亡数量及财产损失情况，重大危险源划分为 一级 重大危险源、二级 重大危险源、三级 重大危险源以及 四级 重大危险源等4级。

D值区间	危险程度	风险等级
$D>320$	极其危险，不能继续作业	重大风险
$320\geqslant D>160$	高度危险，需立即整改	较大风险
$160\geqslant D>70$	一般危险（或显著危险），需要整改	一般风险
$D\leqslant 70$	稍有危险，需要注意（或可以接受）	低风险

【考法题型及预测题】

根据《水电水利工程施工重大危险源辨识及评价导则》DL/T 5274—2012，下列说法正确的是(　　)，其中D代表危险性大小值。

A. 重大危险源共划分为四级

B. D为240，可能造成10～20人死亡，直接经济损失2000～3000万元危险源级别为二级

C. D为120，可能造成1～2人死亡，直接经济损失200～300万元危险源级别为三级

D. D为270，可能造成3～5人死亡，直接经济损失300～400万元危险源级别为三级

E. D为540，可能造成1～2人死亡，直接经济损失1000～1500万元危险源级别为四级

参考答案：A、B、D

解析：本题是2017(1)超纲案例题，C选项是四级，E选项是三级。

核心考点三、项目法人组织生产安全事故隐患排查

1. 五落实

重大事故隐患判定标准执行水利部《水利工程生产安全重大事故隐患判定标准（试行）》（水安监［2017］344号），对于判定出的重大事故隐患，要做到整改责任、资金、措施、时限和应急预案“五落实”。重大事故隐患及其整改进展情况需经本单位负责人同意后报有管辖权的水行政主管部门。

2. 三排查

事故隐患排查主要从“物的不安全状态、人的不安全行为和管理上的缺陷”等方面，明确事故隐患排查事项和具体内容。

3. 两方法

水利工程生产安全重大事故隐患判定分为直接判定法和综合判定法，应先采用直接判定法，不能用直接判定法的，采用综合判定法判定。

4. 两查表

◆ 直接判定法“查表”：符合《水利工程建设项目生产安全重大事故隐患直接判定清单（指南）》中的任何一条要素的，可判定为重大事故隐患。

该指南将隐患分为四个类别，每个类别包含若干管理环节，每个管理环节指明若干具体隐患要素。

水利工程建设项目生产安全重大事故隐患直接判定清单（指南）

类别	管理环节	隐患编号	隐患内容
一、基础管理	现场管理	SJ-J001	施工企业无安全生产许可证或安全生产许可证未按规定延期承揽工程
		SJ-J002	未按规定设置安全生产管理机构、配备专职安全生产管理人员
		SJ-J003	未按规定编制或未按程序审批达到一定规模的危险性较大的单项工程或新工艺、新工法的专项施工方案
		SJ-J004	未按专项施工方案施工

续表

类别	管理环节	隐患编号	隐患内容
二、临时工程	营地及施工设施建设	SJ-L001	施工驻地设置在滑坡、泥石流、潮水、洪水、雪崩等危险区域
		SJ-L002	易燃易爆物品仓库或其他危险品仓库的布置以及与相邻建筑物的距离不符合规定，或消防设施配置不满足规定
		SJ-L003	办公区、生活区和生产作业区未分开设置或安全距离不足
	围堰工程	SJ-L004	没有专门设计，或没有按照设计或方案施工，或未验收合格投入运行
		SJ-L005	土石围堰堰顶及护坡无排水和防汛措施或钢围堰无防撞措施；未按规定驻泊施工船舶；堰内抽排水速度超过方案规定
		SJ-L006	未开展监测监控，工况发生变化时未及时采取措施
三、专项工程	施工用电	SJ-Z001	没有专项方案，或施工用电系统未经验收合格投入使用
		SJ-Z002	未按规定实行三相五线制或三级配电或两级保护
		SJ-Z003	电气设施、线路和外电未按规范要求采取防护措施
		SJ-Z004	地下暗挖工程、有限作业空间、潮湿等场所作业未使用安全电压
		SJ-Z005	高瓦斯或瓦斯突出的隧洞工程场所作业未使用防爆电器
		SJ-Z006	未按规定设置接地系统或避雷系统
	深基坑（槽）	SJ-Z007	深基坑未按要求（规定）监测
		SJ-Z008	边坡开挖或支护不符合设计及规范要求
		SJ-Z009	开挖未遵循“分层、分段、对称、平衡、限时、随挖随支”原则
		SJ-Z010	作业范围内地下管线未探明、无保护等开挖作业
		SJ-Z011	建筑物结构强度未达到设计及规范要求时回填土方或不对称回填土方施工
	降水	SJ-Z012	降水期间对影响范围建筑物未进行安全监测
		SJ-Z013	降水井（管）未设反滤层或反滤层损坏

注：《水利工程生产安全重大事故隐患判定标准（试行）》（水安监［2017］344号）所列的部分清单。

◆ 综合判定法“查表”：符合《水利工程建设项目生产安全重大事故隐患综合判定清单（指南）》重大隐患判据的，可判定为重大事故隐患。

该指南将隐患分为六个类别，每个类别按基础条件与隐患内容分别指明若干隐患要素。

其中基础条件均为3条，内容相同如下：

（1）安全管理制度、安全操作规程和应急预案不健全。

（2）未按规定组织开展安全检查和隐患排查治理。

（3）安全教育和培训不到位或相关岗位人员未持证上岗。

水利工程建设项目生产安全重大事故隐患综合判定清单（指南）　　表 1F420051-2

一、基础管理		
	基础条件	重大事故隐患判据
1	安全管理制度、安全操作规程和应急预案不健全	满足全部基础条件＋任意 2 项隐患
2	未按规定组织开展安全检查和隐患排查治理	
3	安全教育和培训不到位或相关岗位人员未持证上岗	
隐患编号	隐患内容	
SJ-JZ001	未按规定进行安全技术交底	
SJ-JZ002	隐患排查治理情况未按规定向从业人员通报	
SJ-JZ003	超过一定规模的危险性较大的单项工程未组织专家论证或论证后未经审查	
SJ-JZ004	应当验收的危险性较大的单项工程专项施工方案未组织验收或验收不符合程序	
二、专项工程——临时用电		
	基础条件	重大事故隐患判据
1	安全管理制度、安全操作规程和应急预案不健全	满足全部基础条件＋任意 3 项隐患
2	未按规定组织开展安全检查和隐患排查治理	
3	安全教育和培训不到位或相关岗位人员未持证上岗	
隐患编号	隐患内容	
SJ-ZDZ001	配电线路电线绝缘破损、带电金属导体外露	
SJ-ZDZ002	专用接零保护装置不符合规范要求或接地电阻达不到要求	
SJ-ZDZ003	漏电保护器的漏电动作时间或漏电动作电流不符合规范要求	
SJ-ZDZ004	配电箱无防雨措施	
SJ-ZDZ005	配电箱无门、无锁	
SJ-ZDZ006	配电箱无工作零线和保护零线接线端子板	
SJ-ZDZ007	交流电焊机未设置二次侧防触电保护装置	
SJ-ZDZ008	一闸多用	

注：《水利工程生产安全重大事故隐患判定标准（试行）》（水安监〔2017〕344 号）所列的部分清单。

5. 四附件（或者四表格）：

《水利工程建设项目生产安全重大事故隐患直接判定清单（指南）》

《水利工程建设项目生产安全重大事故隐患综合判定清单（指南）》

《水利工程运行管理生产安全重大事故隐患直接判定清单（指南）》

《水利工程运行管理生产安全重大事故隐患综合判定清单（指南）》

【考法题型及预测题】

2019（1）2.2.

背景：

事件 3：项目法人主持召开安全例会，要求甲公司按《水利水电工程施工安全管理导则》SL 721—2015 及时填报事故信息等各类水利生产安全信息。安全例会通报中提到的甲公司施工现场存在的部分事故隐患见下表。

序号	事故隐患内容描述
1	缺少 40t 履带吊安全操作规程
2	油库距离临时搭建的 A 休息室 45m，且搭建材料的燃烧性能等级为 B2
3	未编制施工用电专项方案
4	未对进场的 6 名施工人员进行入场安全培训
5	围堰工程未经验收合格即投入使用
6	13 号开关箱漏电保护器失效
7	石方爆破工程未按专项施工方案施工
8	B 休息室西墙穿墙电线未做保护，有两处破损

问题：事件 3 中，除事故信息外，水利生产安全信息还应包括哪两类信息？指出上表中可用直接判定法判定为重大事故隐患的隐患（用序号表示）。

参考答案：（满分 6 分）

（1）水利生产安全信息还应包括：基本信息（1 分）、隐患信息（1 分）。

（2）上表中的第 2、3、5、7 项可用直接判定法判定为重大事故隐患（4 分）。

解析：

序号 2 对应“SJ-L002，易燃易爆物品仓库或其他危险品仓库的布置以及与相邻建筑物的距离不符合规定，或消防设施配置不满足规定”。

序号 3 对应“SJ-Z001，没有专项方案，或施工用电系统未经验收合格投入使用”。

序号 5 对应“SJ-L004，没有专门设计，或没有按照设计或方案施工，或未验收合格投入运行。”。

核心考点四、项目法人推进安全生产领域改革发展的责任

水利部关于印发《贯彻落实〈中共中央国务院关于推进安全生产领域改革发展的意见〉实施办法》的通知

水安监〔2017〕260 号

到 2020 年，水利安全生产监管机制基本成熟，规章制度体系基本完善，各级水行政主管部门和流域管理机构安全生产监管机构基本健全。

到 2030 年，全面实现水利安全生产治理体系和治理能力现代化。

水利生产经营单位是水利安全生产工作责任的直接承担主体，对本单位安全生产和职业健康工作负全面责任。

水利建设项目法人、勘察（测）、设计、施工、监理等参建单位要加强施工现场的全时段、全过程和全员安全管理，落实工程专项施工方案和安全技术措施，严格执行安全设施与主体工程同时设计、同时施工、同时投入生产和使用的“三同时”制度。做到安全责任、管理、投入、培训和应急救援“五到位”。

【考法题型及预测题】

背景：略……

问题：5. 根据水利工程建设安全生产的有关规定，简述什么是安全生产的“三同时”和“五到位”、工程各参建单位内部安全工作责任划分。

参考答案：5.

(1) 安全生产“三同时”是指安全设施与主体工程同时设计、同时施工、同时投入使用。

(2) 安全生产“五到位”是指生产经营单位要做到安全责任、管理、投入、培训和应急救援“五到位”

(3) 项目法人、承包人和设计单位的行政正职是安全工作的第一责任者，对建设项目或本单位的安全工作负领导责任。各单位在工程项目上的行政负责人分别对本单位在工程建设中的安全工作负直接领导责任。

1F420052 水利工程施工单位的安全生产责任

核心考点及可考性提示

考点		2020可考性提示
水利工程施工单位的安全生产责任	一、专项方案和专家论证	★
	二、安全生产考核的要求	★
	三、施工单位安全生产管理制度	★
	四、施工单位安全生产教育	★
★不大，★★一般，★★★极大		

核心考点剖析

核心考点一、专项方案和专家论证

施工单位应当在施工组织设计中编制安全技术措施和施工现场临时用电方案，对下列达到一定规模的危险性较大的工程应当编制专项施工方案，并附具安全验算结果，经施工单位技术负责人签字以及总监理工程师核签后实施，由专职安全生产管理人员进行现场监督：

(1) 基坑支护与降水工程。

(2) 土方和石方开挖工程。

(3) 模板工程。

(4) 起重吊装工程。

(5) 脚手架工程。

（6）拆除、爆破工程。

（7）围堰工程。

（8）其他危险性较大的工程。

对前款所列工程中涉及高边坡、深基坑、地下暗挖工程、高大模板工程的专项施工方案，施工单位还应当组织专家进行论证、审查。

补充：专项方案和专家论证，可以考量化指标，具体指标见教材“1F420104 水利水电工程专项施工方案”。

【考法题型及预测题】

2018（1）3.3. 专家论证

背景：

事件二：基坑开挖前，施工单位编制了施工组织设计，部分内容如下：

（1）施工用电从附近系统电源接入，现场设临时变压器一台；

（2）基坑开挖采用管井降水，开挖边坡比 1∶2，最大开挖深度 9.5m；

（3）泵站墩墙及上部厂房采用现浇混凝土施工，混凝土模板支撑最大搭设高度 15m，落地式钢管脚手架搭设高度 50m；

（4）闸门、启闭机及机电设备采用常规起重机械进行安装，最大单件吊装重 150kN。

问题：3. 根据《水利水电工程施工安全管理导则》SL 721—2015，说明事件二施工组织设计中，哪些单项工程需要组织专家对专项施工方案进行审查论证。

参考答案：3.（满分 3 分）

需组织专家审查论证专项施工方案的单项工程有：深基坑工程（或基坑开挖、降水工程）（1 分）、混凝土模板支撑工程（1 分）、钢管脚手架工程（1 分）。

核心考点二、安全生产考核的要求

三类人员	施工单位的主要负责人、项目负责人、专职安全生产管理人员应当经水行政主管部门安全生产考核合格后方可任职
考核分类	考核分为安全管理能力考核（以下简称“能力考核”）和安全生产知识考试（以下简称“知识考试”）两部分。 （1）能力考核是对申请人与所从事水利水电工程活动相应的文化程度、工作经历、业绩等资格的审核。 （2）知识考试是对申请人具备法律法规、安全生产管理、安全生产技术知识情况的测试
几组时间	（1）申请人知识考试合格，经公示后无异议的，由相应水行政主管部门（以下简称“发证机关”）按照考核管理权限在 20 日内核发考核合格证书。考核合格证书有效期为3 年。 （2）考核合格证书有效期满后，可申请2 次延期，每次延期期限为3 年。施工企业应于有效期截止日前5 个月内，向原发证机关提出延期申请。有效期满而未申请延期的考核合格证书自动失效。 （3）安全生产管理三类人员在考核合格证书的每一个有效期内，应当至少参加一次由原发证机关组织的、不低于8 个学时的安全生产继续教育。发证机关应及时对安全生产继续教育情况进行建档、备案

【考法题型及预测题】

关于安全生产考核，下列说法正确的是(　　)。

A. 三类人员是指施工单位的主要责任人、项目负责人、专职安全生产管理人员

B. 三同时是指工程安全设施与主体工程应同时设计、同时施工、同时生产和投入使用

C. 应考核三类人员的①安全生产管理能力考核内容包括法律法规、安全生产管理、安全生产技术。②安全生产知识考核文化程度、工作经历、业绩等知识的掌握情况

D. 专职安全生产管理人员的主要职责：①负责对安全生产进行现场监督检查。②发现安全事故隐患，应及时向项目负责人和安全生产管理机构报告。③对违章指挥，违章操作的，应当立即制止

E. ①安全生产考核合格证书有效期为（3 年）。②合格证书有效期满后，可申请延期，施工企业应于有效期截止日前（3 个月）内，向原发证机关提出延期申请。③在安全生产管理三类人员考核合格证书的每一个有效期内，安全生产继续教育不低于（8 个学时）

参考答案：A、B、D

解析：A 选项是 2007 (1)选择题、2014 (1)、2017 (1)案例题，正确；B 选项是 2017 (1)案例题，2019 (1)选择题，正确；C 选项是 2013 (1)、2015 (1)选择题，能力考核内容包括（文化程度、工作经历、业绩），安全生产知识考核（法律法规、安全生产管理、安全生产技术）；D 选项是 2010 (2)、2010［福建］(2)、2016 (1)、2018 (1)案例题，正确，全要记忆；E 选项是 2007 (1)、2010 (2)、2014 (2)选择题，证书有效期为（3 年），延期申请有效期截止日前（5 个月内），安全生产继续教育不低于（8 个学时）。

核心考点三、施工单位安全生产管理制度

根据《水利水电工程施工安全管理导则》SL 721—2015，施工单位应组织制订以下安全生产管理制度：

（1）安全生产目标管理制度。

（2）安全生产责任制度。

（3）安全生产考核奖惩制度。

（4）安全生产费用管理制度。

（5）意外伤害保险管理制度。

（6）安全技术措施审查制度。

（7）安全设施“三同时”管理制度。

（8）用工管理、安全生产教育培训制度。

（9）安全防护用品、设施管理制度。

（10）生产设备、设施安全管理制度。

（11）安全作业管理制度。

（12）生产安全事故隐患排查治理制度。

（13）危险物品和重大危险源管理制度。

（14）安全例会、技术交底制度。

(15) 危险性较大的专项工程验收制度。

(16) 文明施工、环境保护制度。

(17) 消防安全、社会治安管理制度。

(18) 职业卫生、健康管理制度。

(19) 应急管理制度。

(20) 事故管理制度。

(21) 安全档案管理制度等。

核心考点四、施工单位安全生产教育

(1) 公司教育(一级教育)主要进行基本知识、法规、法制教育。

(2) 项目部(工段、区、队)教育(二级教育)主要进行现场规章制度和遵章守纪教育。

(3) 班组教育(三级教育)主要进行本工种岗位安全操作及班组安全制度、纪律教育。

【考法题型及预测题】

1. 2017(2)-16. 根据《水利水电工程施工安全管理导则》SL 721—2015,下列内容中,属于施工单位一级安全教育的是(　　)。

A. 现场规章制度教育　　B. 安全操作规程

C. 班组安全制度教育　　D. 安全法规、法制教育

参考答案:D

2.

背景:

事件3:事故调查结果表明,施工单位落实安全制度方面不到位,该项目部不重视"三级安全教育"工作。随后,施工单位根据《水利水电工程施工安全管理导则》SL 721—2015,施工单位重新组织制订了安全生产管理制度,对危险源分类、识别管理及应对措施做出详细规定,同时制定了应急救援预案。

5. 根据《水利水电工程施工安全管理导则》SL 721—2015"三级安全教育"中项目部(二级)教育主要进行哪些方面的教育?

参考答案:5. 项目部(工段、区、队)教育(二级)教育主要进行现场规章制度和遵章守纪教育。

1F420053　水利工程勘察设计与监理单位的安全生产责任

核心考点及可考性提示

考点		2020 可考性提示
水利工程勘察设计与监理单位的安全生产责任	一、勘察、设计、监理单位的安全责任	★★
	二、监理单位代表项目法人对施工过程中的安全生产情况进行监督检查义务的内容	★★
★不大,★★一般,★★★极大		

核心考点剖析

核心考点一、勘察、设计、监理单位的安全责任

◆ 对建设工程勘察单位安全责任的规定包括勘察标准、勘察文件和勘察操作规程三个方面。

◆ 对设计单位安全责任的规定包括设计标准、设计文件和设计人员三个方面。

◆ 对工程建设监理单位安全责任的规定包括技术标准、施工前审查和施工过程中监督检查等三个方面。

核心考点二、监理单位代表项目法人对施工过程中的安全生产情况进行监督检查义务的内容

（1）监理监督（外部监督）

建设监理单位在实施监理过程中，发现存在生产安全事故隐患的，应当要求施工单位整改；对情况严重的，应当要求施工单位暂时停止施工，并及时向水行政主管部门、流域管理机构或者其委托的安全生产监督机构以及项目法人报告。

（2）监理两个层次（外部监督）

监理单位应当履行代表项目法人对施工过程中的安全生产情况进行监督检查义务。

有关义务可以分两个层次：一是在发现施工过程中存在安全事故隐患时，应当要求施工单位整改。二是在施工单位拒不整改或者不停止施工时等情况下的救急责任，监理单位应当履行及时报告的义务

（3）对比，专职安全生产管理人员监督

专职安全生产管理人员的主要职责 ：（内部监督）

① 负责对安全生产进行现场监督检查。

② 发现安全事故隐患，应及时向项目负责人和安全生产管理机构报告；

③ 对违章指挥，违章操作的，应当立即制止。

（4）对比，政府监督（外部监督）

对检查中发现的安全事故隐患，责令立即排除；重大安全事故隐患排除前或者排除过程中无法保证安全的，责令从危险区域内撤出作业人员或者暂时停止施工。

注意对比：监理、专职安全生产管理人员和政府有关部门“对待”隐患和报告的区别。

【考法题型及预测题】

2016（1）1.2.

背景：

事件1：为加强枢纽工程施工质量与安全管理，施工单位设立安全生产管理机构，配备了专职安全生产管理人员，专职安全生产管理人员对本枢纽工程建设项目的安全施工全面负责。

问题：根据《水利工程建设案例生产管理规范》，事件1中，本项目的安全施工责任人是谁？专职安全生产管理人员的职责是什么？

参考答案：

（1）本项目的安全施工负责人为项目负责人（项目经理）。

（2）专职安全管理人员的职责为：（1）对施工现场进行安全监督检查；（2）发现安全隐患、险情及时上报安全生产管理机构；（3）发现违规、违章操作应予以制止和纠正。

解析：本题考核“专职安全生产管理人员监督内容”。

1F420054 水利工程安全生产监督管理的内容

核心考点及可考性提示

考点		2020 可考性提示
水利工程安全生产监督管理的内容	一、监督管理体系和职责	★
	二、监督检查的主要内容（五方监督检查）	★
	三、水利工程建设安全生产问题追究	★
	四、水利安全生产信息报告和处置规则	★★
★不大，★★一般，★★★极大		

核心考点剖析

核心考点一、监督管理体系和职责

水行政主管部门、流域管理机构或者其委托的安全生产监督机构依法履行安全生产监督检查职责时，有权采取下列措施：

（1）要求被检查单位提供有关安全生产的文件和资料；

（2）进入被检查单位施工现场进行检查；

（3）纠正施工中违反安全生产要求的行为；

（4）对检查中发现的安全事故隐患，责令立即排除；重大安全事故隐患排除前或者排除过程中无法保证安全的，责令从危险区域内撤出作业人员或者暂时停止施工。

核心考点二、监督检查的主要内容（五方监督检查）

规范	《关于印发水利工程建设安全生产监督检查导则的通知》（水安监［2011］475号）
法人单位（11项）	对项目法人安全生产监督检查内容 （1）安全生产管理制度建立健全情况； （2）安全生产管理机构设立情况； （3）安全生产责任制建立及落实情况； （4）安全生产例会制度执行情况； （5）保证安全生产措施方案的制定、备案与执行情况； （6）安全生产教育培训情况； （7）施工单位安全生产许可证、“三类人员”（施工企业主要负责人、项目负责人及专职安全生产管理人员，下同）安全生产考核合格证及特种作业人员持证上岗等核查情况； （8）安全施工措施费用管理； （9）生产安全事故应急预案管理； （10）安全生产隐患排查和治理； （11）生产安全事故报告、调查和处理等

续表

施工单位 （12项）	施工单位安全生产监督检查内容 （1）安全生产管理制度建立健全情况； （2）资质等级、安全生产许可证的有效性； （3）安全生产管理机构设立及人员配置； （4）安全生产责任制建立及落实情况； （5）安全生产例会制度、隐患排查制度、事故报告制度和培训制度等执行情况； （6）安全生产操作规程制定及执行情况； （7）“三类人员”安全生产考核合格证及特种作业人员持证上岗情况； （8）劳动防护用品管理制度及执行情况； （9）安全费用的提取及使用情况； （10）生产安全事故应急预案制定及演练情况； （11）生产安全事故处理情况； （12）危险源分类、识别管理及应对措施等
施工现场 安全（6项）	对施工现场安全生产监督检查内容 （1）施工支护、脚手架、爆破、吊装、临时用电、安全防护设施和文明施工等情况； （2）安全生产操作规程执行与特种作业人员持证上岗情况； （3）个体防护与劳动防护用品使用情况； （4）应急预案中有关救援设备、物资落实情况； （5）特种设备检验与维护状况； （6）消防设施等落实情况
勘察（测） 设计单位 （4项）	对勘察（测）设计单位安全生产监督检查内容 （1）工程建设强制性标准执行情况； （2）对工程重点部位和环节防范生产安全事故的指导意见或建议； （3）新结构、新材料、新工艺及特殊结构防范生产安全事故措施建议； （4）勘察（测）设计单位资质、人员资格管理和设计文件管理等
监理单位 （5项）	建设监理单位安全生产监督检查内容 （1）工程建设强制性标准执行情况； （2）施工组织设计中的安全技术措施及专项施工方案审查和监督落实情况； （3）安全生产责任制建立及落实情况； （4）监理例会制度、生产安全事故报告制度等执行情况； （5）监理大纲、监理规划、监理细则中有关安全生产措施执行情况等

【考法题型及预测题】

2018(1)-26｛改编｝．根据水利部《关于印发水利工程建设安全生产监督检查导则的通知》（水安监［2011］475号），对勘察（测）设计单位安全生产监督检查内容包括（　　）。

A. 工程建设强制性标准执行情况

B. 对工程重点部位和环节防范生产安全事故的指导意见或建议

C. 新结构、新材料、新工艺防范生产安全事故措施建议

D. 勘察（测）设计单位资质、人员资格管理和设计文件管理

E. 安全生产操作规程执行与特种作业人员持证上岗情况

参考答案：A、B、C、D

核心考点三、水利工程建设安全生产问题追究

规范	《水利工程建设质量与安全生产监督检查办法（试行）》（水监督〔2019〕139号）
安全生产管理工作	安全生产管理是指建设、勘察设计、监理、施工、质量检测等参建单位按照法律、法规、规章、技术标准和设计文件开展安全策划、安全预防、安全治理、安全改善、安全保障等工作
违规行为	安全生产管理违规行为是指水利工程建设参建单位及其人员违反法律、法规、规章、技术标准、设计文件和合同要求的各类行为
分类	安全生产管理违规行为分为一般安全生产管理违规行为、较重安全生产管理违规行为、严重安全生产管理违规行为。“检查办法”附有相关认定标准

【考法题型及预测题】

背景：无

问题：请写出有关安全生产管理具体的工作内容：

参考答案：安全生产管理是指开展安全策划、安全预防、安全治理、安全改善、安全保障等工作。

核心考点四、水利安全生产信息报告和处置规则

规范	《水利安全生产信息报告和处置规则》（水安监〔2016〕220号）	
三类信息——分类	定义	水利安全生产信息包括水利生产经营单位、水行政主管部门及所管在建、运行工程的基本信息、隐患信息和事故信息等
	基本信息	无
	隐患信息	四类隐患信息：隐患信息报告主要包括隐患基本信息、整改方案信息、整改进展信息、整改完成情况信息等四类信息
	事故信息	两类事故信息：水利生产安全事故信息包括生产安全事故信息和较大涉险事故信息
三类信息——处置	基本信息的处置	各级水行政主管部门充分利用信息系统安全生产信息，在开展安全生产检查督查时，全面采用“不发通知、不打招呼、不听汇报、不要陪同接待，直奔基层、直插现场”的“四不两直”检查方式，及时发现安全生产隐患和非法违法生产情况，促进安全隐患的整改和安全管理的加强，切实提升安全检查质量
	隐患信息的处置	五通报：各单位应当每月向从业人员通报事故隐患、信息排查情况、整改方案、“五落实”情况、治理进展等情况。 各级水行政主管部门应对上报的重大隐患信息进行督办跟踪，督促有关单位消除重大事故隐患
	事故信息的处置	接到事故报告后，相关水行政主管部门应当立即启动生产安全事故应急预案，研究制定并组织实施相关处置措施，根据需要派出工作组或专家组，做好或协助做好事故处置有关工作

续表

规范	《水利安全生产信息报告和处置规则》（水安监［2016］220号）	
信息报告	报告分类	水利生产安全事故信息报告包括：事故文字报告、电话快报、事故月报和事故调查处理情况报告
	民报官程序	事故发生后，事故现场事故发生单位有关人员应当立即向本单位负责人电话报告； （民报官，电话报）单位负责人接到报告后，在1h内向主管单位和事故发生地县级以上水行政主管部门电话报告。 其中，水利工程建设项目事故发生单位应立即向项目法人（项目部）负责人报告，项目法人（项目部）负责人应于1h内向主管单位和事故发生地县级以上水行政主管部门报告。情况紧急时，事故现场有关人员可以直接向事故发生地县级以上水行政主管部门报告
	补报程序	事故报告后出现新情况，或事故发生之日起30日内（道路交通、火灾事故自发生之日起7日内）人员伤亡情况发生变化的，应当在变化当日及时补报

【考法题型及预测题】

1. 2019（1）2.2.

背景：

事件3：项目法人主持召开安全例会，要求甲公司按《水利水电工程施工安全管理导则》SL 721—2015及时填报事故信息等各类水利生产安全信息。安全例会通报中提到的甲公司施工现场存在的部分事故隐患见表2（表格略）。

问题：事件3中，除事故信息外，水利生产安全信息还应包括哪两类信息？指出表2中可用直接判定法判定为重大事故隐患的隐患（用序号表示）。

参考答案：（满分6分）

（1）水利生产安全信息还应包括：基本信息（1分）、隐患信息（1分）。

（2）略…（4分）。

2. 2018（2）2.5.

背景：

事件3：输水洞开挖采用爆破法施工，施工分甲、乙两组从输水洞两端相向进行。当两个开挖工作面相距25m，乙组爆破时，甲组在进行出渣作业；当两个开挖工作面相距10m，甲组爆破时，导致乙组正在作业的3名工人死亡。事故发生后，现场有关人员立即向本单位负责人进行了电话报告。

问题：根据《水利安全生产信息报告和处置规则》（水安监［2016］220号），事件3中施工单位负责人在接到事故电话报告后，应在多长时间内向哪些单位（部门）进行电话报告？

参考答案：（满分3分）

施工单位负责人接到报告后，应在1小时内（1分）向主管单位（1分）和事故发生地县级以上水行政主管部门（1分）电话报告。

1F420055　水利工程建设项目风险管理和安全事故应急管理

核心考点及可考性提示

考　　点			2020可考性提示
水利工程建设项目风险管理和安全事故应急管理	一、水利工程建设项目风险管理	风险分类	★
		风险处置	★★
	二、水利生产安全事故应急预案其主要内容（包括11条）		★★
★不大，★★一般，★★★极大			

核心考点剖析

核心考点一、水利工程建设项目风险管理

◆ 根据《大中型水电工程建设风险管理规范》GB/T 50927—2013，水利水电工程建设风险分为以下五类：

（1）人员伤亡风险。

（2）经济损失风险。

（3）工期延误风险。

（4）环境影响风险。

（5）社会影响风险。

◆ 基于不同等级的风险，应采用不同的风险控制措施，各等级风险的接受准则应符合下表的规定。

等级	接受准则	应对策略	控制方案
Ⅰ级	可忽略	宜进行风险状态监控	开展日常审核检查
Ⅱ级	可接受	宜加强风险状态监控	宜加强日常审核检查
Ⅲ级	有条件可接受	应实施风险管理降低风险，且风险降低所需成本应小于风险发生后的损失	应实施风险防范与监测，制定风险处置措施
Ⅳ级	不可接受	应采取风险控制措施降低风险，应至少将其风险等级降低至可接受或有条件可接受的水平	应编制风险预警与应急处置方案，或进行有关方案修正或调整，或规避风险

核心考点二、水利工程建设项目风险分类处置风险处置

风险控制应采取经济、可行、积极的处置措施，具体风险处置方法有：风险规避、风险缓解、风险转移、风险自留、风险利用等方法。处置方法的采用应符合以下原则：

（1）损失大、概率大的灾难性风险，应采取风险规避。

（2）损失小、概率大的风险，宜采取风险缓解。

（3）损失大、概率小的风险，宜采用保险或合同条款将责任进行风险转移。

（4）损失小、概率小的风险，宜采用风险自留。

（5）有利于工程项目目标的风险，宜采用风险利用。

采用工程保险等方法转移剩余风险时，工程保险不应被作为唯一减轻或降低风险的应对措施。

【考法题型及预测题】

下列说法正确的是(　　)。

A. 水利水电工程建设风险类型包括质量事故风险、工期延误风险、人员伤亡风险、经济损失风险、社会影响风险

B. 在风险处置方法中，对于损失小，概率大的风险处置措施是规避

C. 在工作桥施工过程中，2名施工人员高处坠落。事故造成1人死亡，1人重伤，该事故属于损失小、概率大的风险

D. 对于此选项C的风险宜采用保险或合同条款将责任进行风险转移

参考答案：D

解析：A选项是2018（1)选择题，风险类型不包括（质量事故风险）；B选项是2017（2)选择题，损失小，概率大的风险处置措施是（缓解）；C选项是2016（2)案例题，该事故属于（损失大、概率小）的风险；D选项是2016（2)案例题，正确。

核心考点三、水利生产安全事故应急预案其主要内容（包括11条）

水利部生产安全事故应急预案

（试行）

（水安监［2016］443号）

2016年12月

◆《水利部生产安全事故应急预案（试行）》

根据2005年1月26日国务院第79次常务会议通过了《国家突发公共事件总体应急预案》，按照不同的责任主体，国家突发公共事件应急预案体系设计为国家总体应急预案、专项应急预案、部门应急预案、地方应急预案、企事业单位应急预案五个层次。

《水利部生产安全事故应急预案（试行）》（水安监［2016］443号）属于部门预案。

◆ 应急管理工作原则

（1）以人为本，安全第一。

（2）属地为主，部门协调。

（3）分工负责，协同应对。

（4）专业指导，技术支撑。

（5）预防为主，平战结合。

◆ 事故分级

生产安全事故分为特别重大事故、重大事故、较大事故和一般事故4个等级（见下表）。

事故等级 损失内容	特别重大事故	重大事故	较大事故	一般事故
死亡	30人以上（含本数，下同）	10人以上，30人以下	3人以上，10人以下	3人以下
或者重伤（包括急性工业中毒，下同）	100人以上	50人以上，100人以下	10人以上，50人以下	3人以上，10人以下
或者直接经济损失	1亿元以上	5000万元以上，1亿元以下	1000万元以上，5000万元以下	100万元以上，1000万元以下

◆ 生产安全事故应急响应

（1）应急响应分级。应急响应设定为一级、二级、三级三个等级。

发生特别重大生产安全事故，启动一级应急响应；发生重大生产安全事故，启动二级应急响应；发生较大生产安全事故，启动三级应急响应。

（2）应急响应流程。①启动响应；②成立应急指挥部；③会商研究部署；④派遣现场工作组；⑤跟踪事态进展；⑥调配应急资源（应急专家、专业救援队伍和有关物资、器材）；⑦及时发布信息；⑧配合政府或有关部门开展工作；⑨其他应急工作（配合有关单位或部门做好技术甄别工作等）；⑩响应终止。

◆ 保障措施

包括：信息与通信保障；人力资源保障；应急经费保障；物资与装备保障。

【考法题型及预测题】

根据《水利部生产安全事故应急预案（试行）》（水安监［2016］443号），下列说法正确的是(　　)。

A.《水利部生产安全事故应急预案（试行）》属于专项应急预案

B. 应急管理工作原则包括综合管制、预防为主、以人为本、专业指导等原则

C. 生产安全事故分为特大事故、重大事故、较大事故、一般事故4个等级，如果发生安全事故，造成3人死亡，属于一般事故（Ⅵ级）

D. 生产安全事故应急响应分四个等级

E. ①应急响应流程中，调配的应急资源包括：应急专家、专业救援队伍和有关物资、器材。②保障措施包括：信息与通信保障、人力资源保障、应急经费保障、物资与装备保障

参考答案：A、B、C、D

解析：A选项是2011（1）、2011（3）选择题，属于（部门）应急预案；B选项是

2019 (1)选择题，应急管理工作原则不包括（综合管制）；C 选项是 2012 (2)、2013 (2)、2014 (2)、2016 (2)、2014 (1)案例题，该选项有三处错误，①生产安全事故分为（特别重大事故），不是（特大事故）。②3 人死亡，属于较大事故。③安全事故现在不用罗马数字分级，所以要将（Ⅵ级）删除。D 选项错误，生产安全事故应急响应分（三）个等级。E 选项是 2007 (1)、2010［福建］(2)选择题，2014 (1)案例题，正确，案例题考核就是考记忆。

1F420056　水利工程文明建设工地及安全生产标准化的要求

核心考点及可考性提示

考　　点		2020 可考性提示
水利工程文明建设工地及安全生产标准化的要求	一、文明建设工地评审	★★
	二、安全生产标准化评审	★★
★不大，★★一般，★★★极大		

核心考点剖析

核心考点一、文明建设工地评审

◆ 文明工地创建标准	(1) 体制机制健全； (2) 质量管理到位； (3) 安全施工到位； (4) 环境和谐有序； (5) 文明风尚良好； (6) 创建措施有力
◆ 有下列情形之一的，不得申报“文明工地”	(1) 干部职工中发生违纪、违法行为，受到党纪、政纪处分或被刑事处罚的； (2) 发生较大及以上质量事故或任何生产安全事故的； (3) 被水行政主管部门或有关部门通报批评或进行处罚的； (4) 恶意拖欠工程款、农民工工资或引发当地群众发生群体事件，并造成严重社会影响的； (5) 项目建设单位未严格执行项目法人责任制、招标投标制和建设监理制的； (6) 项目建设单位未按照国家现行基本建设程序要求办理相关事宜的； (7) 项目建设过程中，发生重大合同纠纷，造成不良影响的； (8) 参建单位违反诚信原则，弄虚作假情节严重的
◆ 文明工地创建与管理	(1) 文明工地创建在项目法人的统一领导下进行。 (2) 应做到：组织机构健全，规章制度完善，岗位职责明确，档案资料齐全。 (3) 可作为水利建设市场主体信用、中国水利工程优质（大禹）奖和水利安全生产标准化评审的重要参考。(获得后)

◆ 文明工地申报	文明工地实行届期制，每两年命名一次。 （1）自愿申报。（申报条件） 1）开展文明工地创建活动半年以上； 2）工程项目已完成的工程量，应达全部建筑安装工程量的20%及以上，或在主体工程完工一年以内； 3）工程进度满足总体进度计划要求； 4）8条不能申报的条件。 （2）考核复核。 （3）公开公示。 （4）发文通报

【考法题型及预测题】

1. 2018(2)-30. 根据《水利建设工程文明工地创建管理办法》（水精〔2014〕3号），获得“文明工地”可作为（　　）等工作的参考依据。

A. 建设市场主体信用评价　　B. 大禹奖评审

C. 安全生产标准化评审　　D. 工程质量评定

E. 工程质量监督

【答案】ABC

2. 根据《水利建设工程文明工地创建管理办法》（水精〔2014〕3号），下列工作中，属于文明工地创建标准的是（　　）。

A. 体制机制健全　　B. 环境和谐有序

C. 质量管理到位　　D. 安全施工到位

E. 进度管理到位

参考答案：A、B、C、D

核心考点二、安全生产标准化评审

◆ 水利生产经营单位	指水利工程项目法人、从事水利水电工程施工的企业和水利工程管理单位。其中水利工程项目法人为施工工期2年以上的大中型水利工程项目法人
◆ 具体标准	（1）一级：评审得分90分以上（含），且各一级评审项目得分不低于应得分的70%； （2）二级：评审得分80分以上（含），且各一级评审项目得分不低于应得分的70%； （3）三级：评审得分70分以上（含），且各一级评审项目得分不低于应得分的60%； （4）不达标：评审得分低于70分，或任何一项一级评审项目得分低于应得分的60%
◆ 证书有效期	安全生产标准化等级证书有效期为3年。有效期满需要延期的，须于期满前3个月，向水利部提出延期申请

【考法题型及预测题】

2016(2)-27. 根据《水利安全生产标准化评审管理暂行办法》，水利生产经营单位包括(　　)。

A. 设计单位　　B. 监理单位

C. 施工单位　　D. 项目法人

E. 管理单位

参考答案：C、D、E

1F420060　水力发电工程项目施工质量与安全管理

核心考点提纲

水力发电工程项目施工质量与安全管理
- 水力发电工程建设各方质量管理职责
- 水力发电工程施工质量管理及质量事故处理的要求

1F420061　水力发电工程建设各方质量管理职责

核心考点及可考性提示

考　　点		2020可考性提示
水力发电工程建设各方质量管理职责	建设各方质量管理的职责	★
★不大，★★一般，★★★极大		

核心考点剖析

核心考点　建设各方质量管理的职责

◆ 监理单位

对工程建设过程中的设计与施工质量负监督与控制责任，对其验收合格项目的施工质量负直接责任。

◆ 责任

建设项目的项目法人、监理、设计、施工单位的行政正职	对本单位的质量工作负领导责任
各单位在工程项目现场的行政负责人	对本单位在工程建设中的质量工作负直接领导责任
监理、设计、施工单位的工程项目技术负责人（即总监、设总、总工）	对质量工作负技术责任
具体工作人员	为直接责任人

◆ 设计单位推荐材料、设备时应遵循“定型不定厂”的原则，不得指定供货厂家或产品。

【考法题型及预测题】

水力发电工程建设各方质量管理职责中，下列说法正确的是(　　)。

A. 施工项目经理对其承担的工程建设的质量工作负全部责任

B. 水电工程建设监理单位对其验收合格项目的施工质量负间接责任

C. 建设项目的项目法人、监理、设计、施工单位的行政正职，对本单位的质量工作负领导责任

D. 设计单位推荐设备时应遵循（不定型不定厂）的原则

参考答案：C

解析：A 选项是 2016（2）选择题，项目经理对其承担的工程建设的质量工作负（直接领导）责任；B 选项是 2010（1）选择题，（水电工程建设）监理单位对其验收合格项目的施工质量负（直接）责任；C 选项正确；D 选项是 2012［10 月］（2）选择题，应遵循（定型不定厂）的原则。

1F420062　水力发电工程施工质量管理及质量事故处理的要求

核心考点及可考性提示

考　　点		2020 可考性提示
水力发电工程施工质量管理及质量事故处理的要求	一、水力发电工程施工质量管理的内容	★
	二、水力发电工程质量事故处理的要求	★★★
★不大，★★一般，★★★极大		

核心考点剖析

核心考点一、水力发电工程施工质量管理的内容

水“电”	单元工程的检查验收，施工单位应按“三级检查制度”（班组[初检]、作业队[复检]、项目部[终检]）的原则进行自检，在自检合格的基础上，由[监理]单位进行[终检验收]
水“利”	质量检测的总体要求是严格开展施工[自检]、[监理平行检测]，积极推进[第三方检测]

【考法题型及预测题】

2017（1）-28｛改编｝．根据《水电建设工程质量管理暂行办法》（电水农［1997］220 号），下列检查中，不属于“三级检查制度”规定检查内容的有(　　)。

A. 班组初检　　B. 施工自检

C. 作业队复检　　D. 监理平行检测

E. 项目部终检

参考答案：B、D

核心考点二、水力发电工程质量事故处理的要求

◆ 分类

按对工程的耐久性、可靠性和正常使用的影响程度，检查、处理事故对工期的影响时间长短和直接经济损失的大小，工程质量事故分类为：

（1）一般质量事故；

（2）较大质量事故；

（3）重大质量事故；

（4）特大质量事故。

（和水利质量事故分类一样）

核心考点三、水力发电工程质量事故处理的要求

◆ 水电项目调查权限和处理方案的如何确定

<table>
<tr><td rowspan="2">质量事故
（水电）</td><td>调查权限</td><td colspan="3">处理方案如何确定</td><td rowspan="2">质量事故
（水电）</td></tr>
<tr><td>谁去调查</td><td>提出</td><td>审查</td><td>批准</td></tr>
<tr><td>一般</td><td>法人或监理</td><td rowspan="2">造成事故的
单位</td><td>—</td><td>监理单位</td><td>一般</td></tr>
<tr><td>较大</td><td>法人负责组织专家</td><td>监理单位</td><td>项目法人</td><td>较大</td></tr>
<tr><td>重大</td><td rowspan="2">质监总站
负责组织专家</td><td rowspan="2">项目法人委
托设计单位</td><td rowspan="2">法人组织
专家</td><td rowspan="2">项目法人</td><td>重大</td></tr>
<tr><td>特大</td><td>特大</td></tr>
<tr><td></td><td></td><td colspan="3">必要时由（上级部门组织）审批</td><td></td></tr>
</table>

【考法题型及预测题】

1. 2018（1）-15. 根据《水利工程质量事故处理暂行规定》（水利部令第 9 号），以下事故应由省级以上水行政主管部门组织调查的是(　　)。

A. 一般质量事故　　　　B. 较大质量事故

C. 重大质量事故　　　　D. 特大质量事故

参考答案：C

解析：对比题，本题是（水利）工程，不是（水电）工程。具体对比见下表。

<table>
<tr><td rowspan="2">水利质量</td><td>调查权限</td><td rowspan="2">水电质量</td><td>调查权限</td></tr>
<tr><td>组织调查</td><td>谁去调查</td></tr>
<tr><td>一般</td><td>法人</td><td>一般</td><td>法人或监理</td></tr>
<tr><td>较大</td><td>主管单位</td><td>较大</td><td>法人负责组织专家</td></tr>
<tr><td>重大</td><td>省水利厅</td><td>重大</td><td rowspan="2">质监总站
负责组织专家</td></tr>
<tr><td>特别重大</td><td>水利部或国务院</td><td>特别重大</td></tr>
</table>

2. 根据《水电建设工程质量管理暂行办法》（电水农［1997］220 号），下列说法正确的是(　　)。

A. 较大事故由项目法人或监理单位负责调查

B. 重大事故和特大事故由项目法人负责组织专家组进行调查

C. 一般事故的处理方案，由造成事故的单位提出，报监理单位批准后实施。

D. 较大事故的处理方案，由造成事故的单位提出，必要时项目法人可委托设计单位提出，报监理单位审查、项目法人批准后实施。

E. 重大及特大事故的处理方案，由项目法人委托设计单位提出，项目法人组织专家组审查批准后实施，必要时由上级部门组织审批后实施

参考答案：C、D、E

解析：A 选项 2006（1）、2017（1）选择题，较大事故由（项目法人负责组织专家）进行调查；B 选项 2014（1）、2016（1）选择题，重大事故和特大事故由（质监总站负责组织专家）进行调查；C、D 选项正确；E 项目 2009（1）选择题，正确。

1F420070 水利水电工程施工质量评定

核心考点提纲

水利水电工程施工质量评定
- 水利水电工程项目划分的原则
- 水利水电工程施工质量检验的要求
- 水利水电工程施工质量评定的要求
- 水利水电工程单元工程质量等级评定标准

本章知识框架图

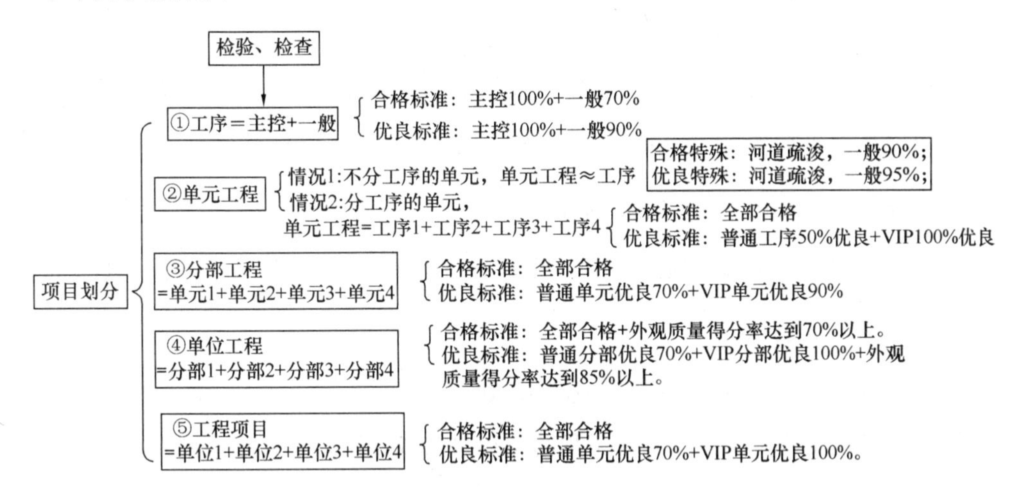

1F420071 水利水电工程项目划分的原则

核心考点及可考性提示

考点		2020 可考性提示
水利水电工程项目划分的原则	一、新规程有关项目的名称与划分原则	★★
	二、新规程有关项目划分程序	★
	三、新规程有关质量术语的修订和补充	★
★不大，★★一般，★★★极大		

核心考点剖析

核心考点一、新规程有关项目的名称与划分原则

◆ 项目按级划分为单位工程、分部工程、单元（工序）工程等三级。

◆ 项目划分应结合工程结构特点、施工部署及施工合同要求进行，划分结果应有利于保证施工质量以及施工质量管理。

◆ 单位工程、分部工程和单元工程项目划分原则

1. 单位工程项目划分原则

（1）枢纽工程，一般以每座独立的建筑物为一个单位工程。当工程规模大时，可将一个建筑物中具有独立施工条件的一部分划分为一个单位工程。

（2）堤防工程，按招标标段或工程结构划分单位工程。可将规模较大的交叉联结建筑物及管理设施以每座独立的建筑物划分为一个单位工程。

（3）引水（渠道）工程，按招标标段或工程结构划分单位工程。可将大、中型（渠道）建筑物以每座独立的建筑物划分为一个单位工程。

（4）除险加固工程，按招标标段或加固内容，并结合工程量划分单位工程。

2. 分部工程项目划分原则

（1）枢纽工程，土建部分按设计的主要组成部分划分；金属结构及启闭机安装工程和机电设备安装工程按组合功能划分。

（2）堤防工程，按长度或功能划分。

（3）引水（渠道）工程中的河（渠）道按施工部署或长度划分。大、中型建筑物按工程结构主要组成部分划分。

（4）除险加固工程，按加固内容或部位划分。

（5）同一单位工程中，各个分部工程的工程量（或投资）不宜相差太大，每个单位工程中的分部工程数目，不宜少于 5 个。

3. 单元工程项目划分原则

（1）按《水利建设工程单元工程施工质量验收评定标准》（以下简称《单元工程评定标准》）规定进行划分。

（2）河（渠）道开挖、填筑及衬砌单元工程划分界限宜设在变形缝或结构缝处，长度一般不大于 100m。同一分部工程中各单元工程的工程量（或投资）不宜相差太大。

（3）《单元工程评定标准》中未涉及的单元工程可依据工程结构、施工部署或质量考核要求，按层、块、段进行划分。

举例 1：水利水电枢纽工程项目划分表（摘自规范）

工程类别	单位工程	分部工程	说明
一、拦河坝工程	（一）土质心（斜）墙土石坝	1. 坝基开挖与处理	
		△2. 坝基及坝肩防渗（VIP分部）	视工程量可划分为数个分部工程
		△3. 防渗心（斜）墙（VIP分部）	视工程量可划分为数个分部工程
		*4. 坝体填筑	视工程量可划分为数个分部工程
		5. 坝体排水	视工程量可划分为数个分部工程
		6. 坝脚排水棱体（或贴坡排水）	视工程量可划分为数个分部工程
		7. 上游坝面护坡	
		8. 下游坝面护坡	（1）含马道、梯步、排水沟 （2）如为混凝土面板（或预制块）和浆砌石护坡时，应含排水孔及反滤层
		9. 坝顶	含防浪墙、栏杆、路面、灯饰等
		10. 护岸及其他	
		11. 高边坡处理	视工程量可划分为数个分部工程，当工程量很大时，可单列为单位工程
		12. 观测设施	含监测仪器埋设、管理房等。单独招标时，可单列为单位工程
……			
五、升压变电工程	地面升压变电站、地下升压变电站	1. 变电站（土建）	
		2. 开关站（土建）	
		3. 操作控制室	房建工程按 GB 50300—2013 附录 B 划分分项工程
		△4. 主变压器安装（VIP分部）	
		5. 其他电气设备安装	按设备类型划分
		6. 交通洞	仅限于地下升压站

【考法题型及预测题】

2016（1）5.1.

背景：

某水电站枢纽工程由碾压式混凝土重力坝、坝后式电站、溢洪道等建筑物组成；其中重力坝最大坝高 46m，坝顶全长 290m；电站装机容量 20 万 kW，采用地下升压变电站。某施工单位承担该枢纽工程施工，工程施工过程中发生了如下事件：

事件 1：地下升压变电站项目划分为一个单位工程，其中包含开关站、其他电器设备安装、操作控制室等分部工程。

问题：根据《水利水电工程施工检验与评定规程》，指出事件 1 中该单位工程应包括的其他分部工程名称；该单位工程的主要分部工程是什么？

参考答案：(满分 4 分)

(1) 事件 1 中其他分部工程包括：变电站（1 分）、主变压器安装（1 分）、交通洞（1 分）。

(2) 事件 1 中单位工程的主要分部工程师：主变压器安装（1 分）。

解析：超纲实操题，考核《水利水电工程施工质量检验与评定规程》SL 176—2007 附录中的项目划分。

举例 2：堤防工程项目划分表（摘自规范）

工程类别	单位工程	分部工程	说明
一、防洪堤（1、2、3 级堤防及堤身高于 6m 的 4 级堤防）	(一) △堤身工程	△1. 堤基处理	
		2. 堤基防渗	
		3. 堤身防渗	
		△4. 堤身填（浇、砌）筑工程	
		5. 填塘固基	
		6. 压浸平台	
		7. 堤身防护	
		8. 堤脚防护	
		9. 小型穿堤建筑物	
	(二) 堤岸防护	1. 护脚工程	
		△2. 护坡工程	
二、交叉联接建筑物（仅限于较大建筑物）	(一) 涵洞	1. 地基与基础工程	
		2. 进口段	
		△3. 洞身	
		4. 出口段	
	(二) 水闸	1. 上游联结段	
		2. 地基与基础	
		△3. 闸室（土建）	
		4. 交通桥	
		5. 消能防冲段	
		6. 下游联结段	
		7. 金属结构及启闭机安装	
	(三) 公路桥	按照 JTG F80/1—2004 附录 A 进行项目划分	
	(四) 公路		

注：1. 单位工程名称前加“△”者为主要单位工程，分部工程名称前加“△”者为主要分部工程。

2. 交叉联接建筑物中的“较大建筑物”指该建筑物的工程量（投资）与防洪堤中所划分的其他单位工程的工程量（投资）接近的建筑物。

核心考点二、新规程有关项目划分程序

1. 由项目法人组织监理、设计及施工等单位进行工程项目划分，并确定主要单位工程、主要分部工程、重要隐蔽单元工程和关键部位单元工程。项目法人在主体工程开工前将项目划分表及说明书面报相应工程质量监督机构确认。

2. 工程质量监督机构收到项目划分书面报告后，应当在14个工作日内对项目划分进行确认并将确认结果书面通知项目法人。

3. 工程实施过程中，需对单位工程、主要分部工程、重要隐蔽单元工程和关键部位单元工程的项目划分进行调整时，项目法人应重新报送工程质量监督机构确认。

核心考点三、新规程有关质量术语的修订和补充

◆单位工程、分部工程和单元工程定义

单位工程	定义	指具有独立发挥作用或独立施工条件的建筑物
	主要建筑物及主要单位工程	主要建筑物，指其失事后将造成下游灾害或严重影响工程效益的建筑物，如堤坝、泄洪建筑物、输水建筑物、电站厂房及泵站等。属于主要建筑物的单位工程称为主要单位工程
分部工程	定义	指在一个建筑物内能组合发挥一种功能的建筑安装工程，是组成单位工程的部分
	主要分部工程	对单位工程安全性、使用功能或效益起决定性作用的分部工程称为主要分部工程
单元工程	定义	指在分部工程中由几个工序（或工种）施工完成的最小综合体，是日常质量考核的基本单位
	关键部位单元工程	指对工程安全性，或效益，或使用功能有显著影响的单元工程
	重要隐蔽单元工程	指主要建筑物的地基开挖、地下洞室开挖、地基防渗、加固处理和排水等隐蔽工程中，对工程安全或使用功能有严重影响的单元工程

◆ 中间产品

指工程施工中使用的砂石骨料、石料、混凝土拌合物、砂浆拌合物、混凝土预制构件等土建类工程的成品及半成品。

◆ 见证取样

在监理单位或项目法人监督下，施工单位有关人员现场取样，并送到具有相应资质等级的工程质量检测机构所进行的检测。

◆ 外观质量

通过检查和必要的量测所反映的工程外表质量。

1F420072　水利水电工程施工质量检验的要求

核心考点及可考性提示

考　点		2020可考性提示
水利水电工程施工质量检验的要求	一、《单元工程评定标准》中尚未涉及的项目	★
	二、工程中出现检验不合格的项目时	★★
★不大，★★一般，★★★极大		

核心考点剖析

核心考点一、《单元工程评定标准》中尚未涉及的项目

工程项目中如遇《单元工程评定标准》中尚未涉及的项目质量评定标准时，其质量标准及评定表格，由项目法人组织监理、设计及施工单位按水利部有关规定进行编制和报批。

核心考点二、工程中出现检验不合格的项目时，按以下规定进行处理。

<table>
<tr><th colspan="4">工程中出现检验不合格的项目时按以下规定进行处理</th></tr>
<tr><td>① 原材料、中间产品不合格</td><td colspan="3">第一次检验：一次抽样检验不合格；
第二次检验：另取两倍数量进行检验；
最后结论：如仍不合格，则定为不合格，不得使用</td></tr>
<tr><td>② 单元（工序）工程质量不合格</td><td colspan="3">按合同要求进行处理或返工重作，并经重新检验且合格后方可进行后续工程施工</td></tr>
<tr><td rowspan="4">单元（工序）工程质量不合格，具体如何处理</td><td rowspan="4">单元工程（工序）（分三类）</td><td colspan="2">第一类：全部返工重做的，可重新评定质量等级</td></tr>
<tr><td colspan="2">第二类：经加固补强并经设计和监理单位鉴定能达到设计要求时，其质量评为合格</td></tr>
<tr><td colspan="2">第三类：处理后仍达不到设计要求：（分细分两种情况）</td></tr>
<tr><td>情况1：经设计复核，项目法人及监理单位确认能满足安全和使用功能要求，可不再进行处理</td><td>情况2：或经加固补强后，改变了外形尺寸或造成工程永久性缺陷的，经项目法人、监理及设计单位确认能基本满足设计要求，其质量可定为合格，按规定进行质量缺陷备案</td></tr>
<tr><td>③ 混凝土（砂浆）试件抽样检验不合格</td><td colspan="3">委托质量检测机构对相应工程部位进行检验。如仍不合格，由项目法人组织有关单位进行研究，并提出处理意见</td></tr>
<tr><td>④ 工程完工后的质量抽检不合格</td><td colspan="3">应按有关规定进行处理，合格后才能进行验收或后续工程施工</td></tr>
</table>

续表

工程中出现检验不合格的项目时按以下规定进行处理	
钢筋检验的要求	◇运入加工现场的钢筋，必须具有出厂质量证明书或试验报告单，每捆（盘）钢筋均应挂上标牌，标牌上应注有厂标、钢号、产品批号、规格、尺寸等项目，在运输和储存时不得损坏和遗失这些标牌
	◇外观质量：分批检查裂缝等，并应测量钢筋的直径
	◇检验项目：拉力检验（屈服点、抗拉强度和伸长率）和冷弯检验项目
	◇怎么检验： 以60t同一炉（批）号、同一规格尺寸的钢筋为一批。随机选取2根外部质量合格的钢筋，各截取一个抗拉试件和一个冷弯试件进行检验，不得在同一根钢筋上取两个或两个以上同用途的试件。钢筋取样时，钢筋端部要先截去500mm再取试样。 ◇判定：如有一个指标不符合规定，即认为拉力检验项目不合格。冷弯试件弯曲后，不得有裂纹、剥落或断裂
	◇对钢号不明的钢筋，需经检验合格后方可使用。检验时抽取的试件不得少于6组

【考法题型及预测题】

1. 2018（2）4.2.　实操题（钢筋标牌内容）

背景：

事件1：根据合同要求，进场钢筋应具有出厂质量证明书或试验报告单，每捆钢筋均应挂上标牌，标牌上应标明厂标等内容。

问题：2. 除厂标外，指出事件1中钢筋标牌上应标注的其他内容。

参考答案：2.（本小题4分）

标牌上的内容还应包括：钢号，产品批号，规格，尺寸。（每项1分，满分4分）

2. 2017（1）5.2.　实操题（不合格情况怎么办）

背景：

工程建设过程中发生下列事件：

事件1：在施工质量检验中，钢筋、护坡单元工程以及溢洪道底板混凝土试件三个项目抽样检验均有不合格的情况。针对上述情况，监理单位要求施工单位按照《水利水电工程施工质量检验与评定规程》SL 176—2007分别进行处理并责令其进行整改。

问题：针对事件1中提到的钢筋、护坡单元工程以及混凝土试件抽样检验不合格的情况，分别说明具体处理措施。

参考答案：（满分6分）

（1）钢筋一次抽样检验不合格时，应及时对同一取样批次另取两倍数量进行检验（1分），如仍不合格，则该批次钢筋应当定为不合格，不得使用（1分）。

（2）单元工程质量不合格时，应按合同要求进行处理或返工重做（1分），并经重新检验且合格后方可进行后续工程施工（1分）。

（3）混凝土试件抽样检验不合格时，应委托具有相应资质等级的质量检测机构对溢洪道底板混凝土进行检验（1分），如仍不合格，由项目法人组织有关单位进行研究，并提出处理意见（1分）。

1F420073 水利水电工程施工质量评定的要求

核心考点及可考性提示

考　　点		2020可考性提示
水利水电工程施工质量评定的要求	一、单元（工序）工程施工质量不合格怎么办？	★★
	二、分部工程施工质量“合格/优良”标准	★★★
	三、单位工程施工质量“合格/优良”标准	★★★
	四、工程项目施工质量“合格/优良”标准	★
	五、新规程有关施工质量评定工作的组织要求	★★★
★不大，★★一般，★★★极大		

核心考点剖析

核心考点一、单元（工序）工程施工质量不合格怎么办？

◆ 概念

新规程规定水利水电工程施工质量等级分为“合格”、“优良”两级。合格标准是工程验收标准。优良等级是为工程项目质量创优而设置。

◆ 单元（工序）工程施工质量不合格怎么办？

单元（工序）工程质量达不到合格标准时，应及时处理。处理后的质量等级按下列规定重新确定：

单元工程（工序）（分三类）	第一类：全部返工重做的，可重新评定质量等级	
	第二类：经加固补强并经设计和监理单位鉴定能达到设计要求时，其质量评为合格	
	第三类：处理后仍达不到设计要求（细分两种情况）	
	情况1：经设计复核，项目法人及监理单位确认能满足安全和使用功能要求，可不再进行处理	情况2：或经加固补强后，改变了外形尺寸或造成工程永久性缺陷的，经项目法人、监理及设计单位确认能基本满足设计要求，其质量可定为合格，按规定进行质量缺陷备案
区分“1F420072　工程中出现检验不合格的项目”		

核心考点二、分部工程施工质量"合格/优良"标准

	合格	优良
分部工程	(1)[包含2小条] ① 所含单元工程的质量全部合格, ② 质量事故及质量缺陷已按要求处理,并经检验合格	(1)[包含4小条] ① 所含单元工程质量全部合格, ② 其中70%以上达到优良等级, ③ 主要单元工程以及重要隐蔽单元工程(关键部位单元工程)质量优良率达90%以上, ④ 且未发生过质量事故
	(2)[包含3小条] ① 原材料、中间产品全部合格, ② 混凝土(砂浆)试件质量全部合格, ③ 金属结构及启闭机制造质量合格,机电产品质量合格	(2)[包含3小条] ① 中间产品质量全部合格, ② 混凝土(砂浆)试件质量达到优良等级(当试件组数小于30时,试件质量合格), ③原材料质量、金属结构及启闭机制造质量合格,机电产品质量合格

【考法题型及预测题】

1. 2017(2)2.3.　分部工程"合格/优良"质量评定

背景:

事件3:某混凝土分部工程有50个单元工程,单元工程质量全部经监理单位复核认可,50个单元工程质量全部合格,其中优良单元工程38个;主要单元工程以及重要隐蔽单元工程共20个,优良19个。施工过程中检验水泥共10批,钢筋共20批,砂共15批,石子共15批,质量均合格,混凝土试件:C25共19组、C20共10组、C10共5组,质量全部合格,施工中未发生过质量事故。

问题:3. 依据《水利水电工程施工质量检验与评定规程》SL 176—2007,根据事件3提供的资料,评定此部分工程的质量等级,并说明理由。

参考答案:3.(满分6分)

(1)优良(1分),

(2)因为单元工程质量全部合格,其中优良率为76%,大于70%(1分);主要单元工程以及重要隐蔽单元工程质量优良率为95%,大于90%(1分);中间产品质量全部合格(1分);同一强度等级混凝土试件组数小于30组且质量合格(1分);且未发生过质量事故(1分)。

2. 关于分部工程质量评定,下列说法正确的是(　　)。

A. 分部工程质量优良,其单元工程优良率至少应在70%以上

B. 分部工程A所含418个单元工程质量全部合格,其中276个单元工程量等级优良,主要单元工程和重要隐蔽单元工程质量优良率为86.6%,且未发生过质量事故,故本分部工程质量等级为合格

C. 工程项目划分为一个单位工程，11 个分部工程。第 3 段涵身分部工程共有 56 个单元工程，其中 26 个为重要隐蔽单元工程；56 个单元工程质量全部合格，其中 43 个单元工程质量优良（21 个为重要隐蔽单元工程）。故分部工程质量等级为优良

D. 某混凝土分部工程有 50 个单元工程，单元工程质量全部经监理单位复核认可，50 个单元工程质量全部合格，其中优良单元工程 38 个；主要单元工程以及重要隐蔽单元工程共 20 个，优良 19 个。故混凝土分部工程质量等级为优良

E. 混凝土趾板分部工程共有 48 个单元工程，单元工程质量评定全部合格，其中 28 个单元工程质量优良，主要单元工程、重要隐蔽单元工程（关键部位单元工程）质量优良，且未发生质量事故；中间产品质量全部合格，其中混凝土试件质量达到优良，原材料质量合格。故该分部工程评定为优良

参考答案：A、B、D

解析：A 选项是 2011（1）选择题，正确；B 选项是 2011（1）案例题，正确；C 选项是 2014（2）、2013（1）案例题，本分部工程质量等级为（合格）；D 选项是 2017（2）案例题，正确；E 选项是 2014（2）、2019（2）、2007（1）案例题，正确。题外话，2014（2）和 2019（2）这两道题目，问题和数字都没任何变化。这类案例题标准答题格式见上题，2017（2）2.3 的 6 分案例题。

核心考点三、单位工程施工质量“合格/优良”标准

	合格	优良
单位工程	（1）所含分部工程质量全部合格	（1）［4 小条］ ① 所含分部工程质量全部合格， ② 其中 70%以上达到优良等级， ③ 主要分部工程质量全部优良， ④ 且施工中未发生过较大质量事故
	（2）质量事故已按要求进行处理	（2）质量事故已按要求进行处理
	（3）工程外观质量得分率达到 70%以上	（3）外观质量得分率达到 85%以上
	（4）单位工程施工质量检验与评定资料基本齐全	（4）单位工程施工质量检验与评定资料齐全
	（5）工程施工期及试运行期，单位工程观测资料分析结果符合国家和行业技术标准以及合同约定的标准要求	（5）工程施工期及试运行期，单位工程观测资料分析结果符合国家和行业技术标准以及合同约定的标准要求

【考法题型及预测题】

关于单位工程质量评定，下列说法正确的是(　　)。

A. 单位工程施工质量等级为合格，其外观质量得分率至少应达 70%

B. 船闸单位工程共有 20 个分部工程，分部工程质量全部合格，其中优良分部工程

16 个；主要分部工程 10 个，工程质量全部优良。施工过程中未发生质量事故。外观质量得分率为 86.5%，质量检验评定资料齐全，工程观测分析结果符合国家和行业标准以及合同约定的标准。故船闸单位工程质量等级为优良

C. 水库枢纽工程共分为 1 个单位工程，9 个分部工程，9 个分部工程质量全部合格，其中 6 个分部工程质量优良，主要分部工程质量全部优良，且施工中未发生过较大质量事故，外观质量得分率为 82%，单位工程施工质量检验与评定资料齐全。工程施工期及试运行期，单位工程观测资料分析结果符合国家和行业技术标准以及合同约定的标准要求，该单位工程质量等级评定为优良

D. 单位工程质量评定的其他有关资料如下：（1）工程划分为 1 个单位工程，9 个分部工程。（2）分部工程质量全部合格，优良率为 77.8%。（3）主要分部工程为闸室段分部工程、地基防渗和排水分部工程，其中，闸室段分部工程质量为优良。（4）施工中未发生质量事故。（5）单位工程施工质量检验与评定资料齐全。（6）工程施工期及试运行期，单位工程观测资料分析结果符合国家和行业技术标准以及合同约定的标准要求。（7）外观得分率为：81.3%。该单位工程质量等级评定为优良

E. 混凝土重力坝为主要单位工程，分为 18 个分部工程，其中主要分部工程 12 个。单位工程施工质量评定时，分部工程全部合格，优良等级 15 个，其中主要分部工程优良等级 11 个。施工中无质量事故。外观质量得分率 91%。该单位工程不能评定为优良等级

参考答案：A、B、E

解析：A 选项是 2015（1）选择题、2011（1）案例题，正确；B 选项是 2018（2）案例题，正确；C 选项是 2010（1）案例题，该单位工程质量等级评定为（合格）；D 选项是 2011（1）满分 30 分的案例题，该单位工程质量等级评定为（合格）；E 选项是 2019（1）案例题，正确。

核心考点四、工程项目施工质量“合格/优良”标准

	合格	优良
单位工程	（1）单位工程质量全部合格	（1）[3 小条] ① 单位工程质量全部合格， ② 其中 70%以上单位工程质量达到优良等级， ③ 且主要单位工程质量全部优良
	（2）工程施工期及试运行期，各单位工程观测资料分析结果均符合国家和行业技术标准以及合同约定的标准要求	（2）工程施工期及试运行期，各单位工程观测资料分析结果均符合国家和行业技术标准以及合同约定的标准要求

核心考点五、新规程有关施工质量评定工作的组织要求

<table>
<tr><th colspan="7">质量评定组织要求</th></tr>
<tr><th></th><th>施工单位</th><th>监理单位</th><th>监理工程师</th><th>小组</th><th>项目法人</th><th>质监机构</th></tr>
<tr><td>单元工程（一般）（三步走）</td><td>自评合格</td><td>复核</td><td>核定</td><td></td><td></td><td></td></tr>
<tr><td rowspan="2">重要隐蔽单元工程及
关键部位单元工程
（VIP 单元）
（四步走）</td><td>自评合格</td><td>抽检</td><td></td><td>核定</td><td></td><td>核备</td></tr>
<tr><td colspan="6">联合小组构成：项目法人、监理、设计、施工、工程运行管理等单位组成（可以理解为专家组）</td></tr>
<tr><td>分部分项工程（四步走）</td><td>自评合格</td><td>复核</td><td></td><td></td><td>认定</td><td>核备</td></tr>
<tr><td>大型枢纽工程主要
建筑物的分部工程
（双 VIP）
（四步走）</td><td>自评合格</td><td>复核</td><td></td><td></td><td>认定</td><td>核定</td></tr>
<tr><td>单位工程
（四步走）</td><td>自评合格</td><td>复核</td><td></td><td></td><td>认定</td><td>核定</td></tr>
<tr><td rowspan="2">工程外观
（两步走）</td><td></td><td></td><td></td><td>评定</td><td></td><td>核定</td></tr>
<tr><td colspan="6">联合小组构成：项目法人、监理、设计、施工、工程运行管理等单位组成（可以理解为专家组）人员应具有工程师以上技术职称或相应执业资格，中小型 5 人以上，大型 7 人以上。（中午大吃）</td></tr>
</table>

【考法题型及预测题】

新规程有关施工质量评定工作的组织要求，下列说法不正确的是(　　)。

A. 2008 年 12 月底，项目法人对该水库进行了单位工程投入使用验收，单位工程质量在施工单位自评合格后，由监理单位复核并报经该工程质量监督机构核定为优良

B. 排泥场围堰分部工程施工完成后，其质量经施工单位自评、监理单位复核后，施工单位报本工程质量监督机构进行了备案

C. 穿堤涵洞拆除后，基坑开挖到新涵洞的设计建基面高程。施工单位对开挖单元工程质量进行自检合格后，报监理单位复核。监理工程师核定该单元工程施工质量等级并签证认可

D. （某中型工程）关于施工质量评定工作的组织要求如下：分部工程质量由施工单位自评，监理单位复核，项目法人认定。分部工程验收质量结论由项目法人报工程质量监督机构核备，其中主要建筑物节制闸和泵站的分部工程验收质量结论由项目法人报工程质量监督机构核定，单位工程质量在施工单位自评合格后，由监理单位抽验，项目法人核定，单位工程验收质量结论报工程质量监督机构核备

E. 川河分洪闸为大（2）型工程，项目划分为一个单位工程。单位工程完工后，项目法人组织监理、设计、施工及工程运行管理等单位组成工程外观质量评定组，进行工程外观质量检验评定并将评定结论报工程质量监督机构核定。评定组由 8 人组成，其中高级工程师 2 名，工程师 6 名，助理工程师 0 名

参考答案：A、B、C、D

解析：A 选项是 2010［福建］（2）案例题，单位工程质量评定，缺少（项目法人认定、质量监督机构核定）程序；B 选项是 2011（2）、2016（2）案例题，分部工程质量评定，监理单位复核后，应增加“项目法人认定”，然后应由项目法人报质量监督机构核备；C 选项是 2017（2）、2015（1）案例题，基坑开挖不是“普通的单元工程”，是“重要隐蔽”单元工程，重要隐蔽单元工程及关键部位单元工程质量评定程序是①经施工单位自评合格。②监理单位抽检后。③由项目法人（或委托监理）、监理、设计、施工、工程运行管理（施工阶段已经有时）等单位组成联合小组，共同检查核定其质量等级并填写签证表。④报工程质量监督机构核备；D 选项是 2016（1）案例题，理由略…；E 选项是 2011（1）案例题，正确。

1F420074　水利水电工程单元工程质量等级评定标准

核心考点及可考性提示

考　　点		2020 可考性提示
水利水电工程单元工程质量等级评定标准	一、工序施工质量“合格/优良”标准	★★★
	二、单元工程施工质量“合格/优良”标准	★★★
	三、典型施工质量评定表的内容	★
	四、施工质量评定表的使用（14 条）	★★
★不大，★★一般，★★★极大		

核心考点剖析

核心考点一、工序施工质量“合格/优良”标准

◆ 概念

新标准将质量检验项目统一为主控项目、一般项目。

主控项目：对单元工程功能起决定作用或对安全、卫生、环境保护有重大影响的检验项目；一般项目：除主控项目外的检验项目。

◆ 工序施工质量“合格/优良”标准

	（1）合格等级标准	（2）优良等级标准
工序施工质量评定	1）主控项目，检验结果应全部符合本标准的要求； 2）一般项目，逐项应有 70%及以上的检验点合格，且不合格点不应集中； 3）各项报验资料应符合本标准要求	1）主控项目，检验结果应全部符合本标准的要求； 2）一般项目，逐项应有 90%及以上的检验点合格，且不合格点不应集中； 3）各项报验资料应符合本标准要求

【考法题型及预测题】

2016（1）4.4.

背景：

施工中发生了如下事件：

事件 4：监理单位对部分单元工程质量的复核情况见下表。

单元工程代码	单元工程类别	单元工程质量复核情况
A	堤防填筑	土料摊铺工序符合优良标准。 土料压实工序中主控项目检验点 100%合格，一般项目逐项合格率 87%～89%，且不合格点不集中
B	河道疏浚	主控项目检验点 100%合格，一般项目逐项合格率为 70%～80%，且不合格点不集中

问题：根据事件 4，指出单元工程 A 中土料压实工序的质量等级，并说明理由；分别指出单元工程 A、B 的质量等级，并说明理由。

参考答案：(满分 6 分)

(1) 单元工程 A 的“土料压实工序”质量等级为合格（1 分），因为“主控项目”检验点 100%合格；“一般项目”逐项合格率 87%～89%，小于优良标准 90%。所以该“工序”只符合合格标准（1 分）。

(2) 单元工程 A“自身”的质量等级为合格（1 分），因为该单元工程工序优良率 50%（即普优 50%）；主要工序（即压实工序）只达到合格标准，不满足主要工序优良率 100%要求，所以单元工程 A 只符合合格标准（1 分）。

(3) 单元工程 B“自身”的质量等级不合格，因为该单元工程的一般项目逐项合格率为 70%～80%小于河道疏浚的合格率 90%（1 分）。

解析：

(1) 是针对“工序施工质量‘合格/优良’标准”；

(2) 是针对“分工序的”单元工程施工质量“合格/优良”标准；

(3) 是针对“不分工序的”单元工程施工质量“合格/优良”标准。

单元工程代码	单元工程类别	单元工程质量复核情况
A	堤防填筑	说明：A 单元工程分为“摊铺”和“压实”两道工序。 ◇土料摊铺工序符合优良标准。 ◇土料压实工序 主控项目检验点 100%合格， 一般项目逐项合格率 87%～89%
B	河道疏浚	主控项目检验点 100%合格， 一般项目逐项合格率为 70%～80%

核心考点二、单元工程施工质量“合格/优良”标准

	（1）合格等级标准	（2）优良等级标准
◆ 划分工序单元工程	1）各工序施工质量验收评定应全部合格； 2）各项报验资料应符合本标准要求	1）各工序施工质量验收评定应全部合格，其中优良工序应达到50%及以上，且主要工序应达到优良等级。 2）各项报验资料应符合本标准要求
◆ 不划分工序单元工程	1）主控项目，检验结果应全部符合本标准的要求； 2）一般项目，逐项应有70%及以上的检验点合格，且不合格点不应集中； 3）各项报验资料应符合本标准要求	1）主控项目，检验结果应全部符合本标准的要求。 2）一般项目，逐项应有90%及以上的检验点合格，且不合格点不应集中。 3）各项报验资料应符合本标准要求
	特殊：对于河道疏浚工程，逐项应有90%及以上的检验点合格，且不合格点不应集中	特殊：对于河道疏浚工程，逐项应有95%及以上的检验点合格，且不合格点不应集中

【考法题型及预测题】

见2016（1）4.4.

核心考点三、典型施工质量评定表的内容

◆ 为便于工程建设中的使用，水利部已颁发单元工程质量评定表格246张。

◆ 工程项目中如遇《单元工程评定标准》中尚未涉及的项目质量评定标准时，应按下表操作。

<table>
<tr><td>“谁”编</td><td>其质量标准及评定表格，由项目法人组织监理、设计及施工单位按水利部有关规定进行编制和报批</td></tr>
<tr><td>“怎么”编</td><td>增补制定施工、安装的质量评定标准，并按照《水利水电工程施工质量评定表（试行）》的统一格式（表头、表尾、表身）制定相应质量评定表格</td></tr>
<tr><td>“谁”批</td><td>增补的有关质量评定标准和表格，须经过省级以上水利工程行政主管部门或其委托的水利工程质量监督机构批准</td></tr>
<tr><td colspan="2">考试，主要就是考两个“谁”字</td></tr>
</table>

核心考点四、施工质量评定表的使用

《评定表》的填写规定（考试用书教材内容节选）：

（5）合格率。用百分数表示，小数点后保留一位。如果恰为整数，则小数点后以0表示。例：95.0%。

（7）表头填写：

① 单位工程、分部工程名称，按项目划分确定的名称填写。

② 单元工程名称、部位：填写该单元工程名称（中文名称或编号），部位可用桩号、高程等表示。

③ 施工单位：填写与项目法人（建设单位）签订承包合同的施工单位全称。

④ 单元工程量：填写本单元主要工程量。

⑤ 检验（评定）日期：年——填写 4 位数，月——填写实际月份（1～12 月），日——填写实际日期（1～31 日）。

（11）《评定表》中列出的某些项目，如实际工程无该项内容，应在相应检验栏用斜线“/”表示。

（12）《评定表》表 1～7 从表头至评定意见栏均由施工单位经“三检”合格后填写，“质量等级”栏由复核质量的监理人员填写。

（13）单元（工序）工程表尾填写

① 施工单位由负责终验的人员签字。如果该工程由分包单位施工，则单元（工序）工程表尾由分包施工单位的终验人员填写分包单位全称，并签字。重要隐蔽工程、关键部位的单元工程，当分包单位自检合格后，总包单位应参加联合小组核定其质量等级。

② 建设、监理单位，实行了监理制的工程，由负责该项目的监理人员复核质量等级并签字。未实行监理制的工程，由建设单位专职质检人员签字。

（14）表尾填写：××单位是指具有法人资格单位的现场派出机构，若须加盖公章，则加盖该单位的现场派出机构的公章。

【考法题型及预测题】

1. 2019（1）-14. 水利工程质量缺陷备案表由（　　）组织填写。

A. 项目法人　　　　B. 监理单位

C. 质量监督机构　　　　D. 第三方检测机构

参考答案：B

2. 2018（1）1.4.（实操，填表，超纲题）

背景：

某水利施工单位承担工程土建施工及金属结构、机电设备安装任务。闸门门槽采用留槽后浇二期混凝土的方法施工；闸门安装完毕后，施工单位及时进行了检查、验收和质量评定工作，其中平板钢闸门单元工程安装质量验收评定表见下表。

平板钢闸门单元工程安装质量验收评定表

<table>
<tr><td colspan="2">单位工程名称</td><td>×××</td><td>单元工程量</td><td colspan="2">×××</td></tr>
<tr><td colspan="2">A</td><td>×××</td><td>安装单位</td><td colspan="2">×××</td></tr>
<tr><td colspan="2">单元工程名称、部位</td><td>×××</td><td>评定日期</td><td colspan="2">×年×月×日</td></tr>
<tr><td rowspan="2">项次</td><td rowspan="2">项目</td><td colspan="2">主控项目（个）</td><td colspan="2">一般项目（个）</td></tr>
<tr><td>合格数</td><td>其中优良数</td><td>合格数</td><td>其中优良数</td></tr>
<tr><td>1</td><td>反向滑块</td><td>12</td><td>9</td><td>/</td><td>/</td></tr>
<tr><td>2</td><td>焊缝对口错边</td><td>17</td><td>14</td><td>/</td><td>/</td></tr>
<tr><td>3</td><td>表面清除和凹坑焊补</td><td>/</td><td>/</td><td>24</td><td>18</td></tr>
<tr><td>4</td><td>橡胶止水</td><td>20</td><td>16</td><td>28</td><td>22</td></tr>
<tr><td colspan="2">B</td><td colspan="4">质量标准 合格</td></tr>
<tr><td>安装单位自评意见</td><td colspan="5">各项试验和单元工程试运行符合要求，各项报验资料符合规定。检验项目全部合格。检验项目优良率为 C ，其中主控项目优良率为79.6%，单元工程安装质量验收评定等级为 合格 。</td></tr>
</table>

问题：根据《水利水电工程单元工程施工质量验收评定标准　水工金属结构工程》SL 635—2012要求，写出上表中所示A、B、C字母所代表的内容（计算结果以百分数表示，并保留1位小数）。

参考答案：（总分3分）

A：分部工程名称（1分）；B：试运行效果（1分）；C：78.2%（1分）。

其中C的计算过程：(9+14+16+18+22)÷(12+17+20+24+28)=78.2%

3. 2017（2）-19. 根据《水利水电工程施工质量检验与评定规程》SL 176—2007，施工质量评定表由(　　)填写。

A. 项目法人
B. 质量监督机构
C. 施工单位
D. 监理单位

参考答案：C

1F420080　水利工程验收

核心考点提纲

水利工程验收
- 水利工程验收的分类及工作内容
- 水利工程项目法人验收的要求
- 水利工程阶段验收的要求
- 水利工程竣工验收的要求
- 水利工程建设专项验收的要求

1F420081　水利工程验收的分类及工作内容

核心考点及可考性提示

考　点		2020可考性提示
水利工程验收的分类及工作内容	一、水利水电工程验收分类	★★
	二、水利水电工程验收的基本要求	★
★不大，★★一般，★★★极大		

核心考点剖析

核心考点一、水利水电工程验收分类

小新小旧，小电大电				
	水利工程验收	小型病险水库加固项目验收	小水电站工程验收	水力发电工程验收
法人验收	①分部工程验收（不）	①分部工程验收	①分部工程验收	①阶段验收
	②单位工程验收（韦）	②单位工程验收	②单位工程验收	

续表

<table>
<tr><td colspan="5">小新小旧，小电大电</td></tr>
<tr><td></td><td>水利工程验收</td><td>小型病险水库
加固项目验收</td><td>小水电站工程验收</td><td>水力发电工程验收</td></tr>
<tr><td rowspan="2">法人验收</td><td>③水电站（泵站）中间
机组启动验收（中）</td><td>—</td><td>③水电站（泵站）中间
机组启动验收</td><td rowspan="2">①阶段验收</td></tr>
<tr><td>④完工验收（晚）</td><td></td><td>④完工验收</td></tr>
<tr><td rowspan="3">政府验收</td><td>①专项验收（专）</td><td>①蓄水验收</td><td>①专项验收</td><td rowspan="3">②竣工验收</td></tr>
<tr><td>②阶段验收（杰）</td><td>（主体工程完工）</td><td>②阶段验收</td></tr>
<tr><td>③竣工验收（俊）</td><td>③竣工验收</td><td>③竣工验收</td></tr>
</table>

速记口诀：

水利工程法人验收：吕不韦，中晚期。

水利工程政府验收：林俊杰专辑。

核心考点二、水利水电工程验收的基本要求

<table>
<tr><td>政府验收</td><td>应由验收主持单位组织成立的验收委员会负责</td></tr>
<tr><td>法人验收</td><td>应由项目法人组织成立的验收工作组负责</td></tr>
<tr><td colspan="2">验收委员会（工作组）由有关单位代表和有关专家组成</td></tr>
<tr><td colspan="2">验收的成果性文件：验收鉴定书，验收委员会（工作组）成员应在验收鉴定书上签字</td></tr>
<tr><td>验收结论
同意情况</td><td>工程验收结论应经 2/3 以上验收委员会（工作组）成员同意。
验收过程中发现的问题，其处理原则应由验收委员会（工作组）协商确定。
主任委员（组长）对争议问题有裁决权。若 1/2 以上的委员（组员）不同意裁决意见时，法人验收应报请验收监督管理机关决定；政府验收应报请竣工验收主持单位决定</td></tr>
</table>

1F420082　水利工程项目法人验收的要求

核心考点及可考性提示

<table>
<tr><td colspan="2">考　　点</td><td>2019 可考性提示</td></tr>
<tr><td rowspan="3">水利工程项目法人
验收的要求</td><td>一、水利工程分部工程验收的要求</td><td>★★</td></tr>
<tr><td>二、单位工程验收的基本要求</td><td>★★</td></tr>
<tr><td>三、合同工程完工验收的基本要求</td><td>★★</td></tr>
<tr><td colspan="3">★不大，★★一般，★★★极大</td></tr>
</table>

核心考点剖析

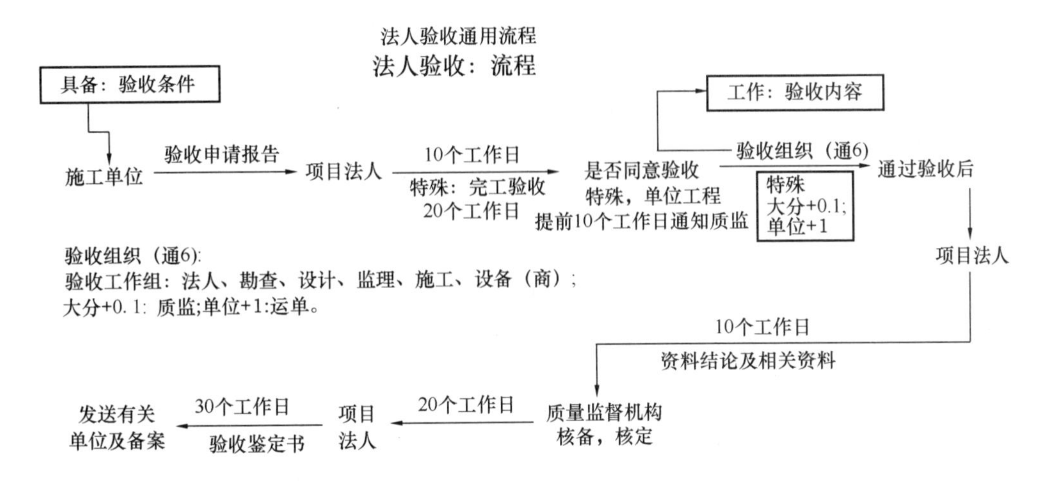

核心考点一、水利工程分部工程验收的要求

分部验收流程		
（Ⅰ） ★★	验收条件	分部工程验收应具备以下条件： ① 所有单元工程已完成。 ② 已完单元工程施工质量经评定全部合格，有关质量缺陷已处理完毕或有监理机构批准的处理意见。 ③ 合同约定的其他条件
（Ⅱ） ★★	谁申请	分部工程具备验收条件时，施工单位应向项目法人提交验收申请报告。项目法人应在收到验收申请报告之日起 10 个工作日内决定是否同意进行验收
（Ⅲ） ★★	谁主持	分部工程验收应由项目法人（或委托监理单位）主持
（Ⅳ） ★★★	谁参加 （验收工作组成员）	验收工作组应由项目法人、勘测、设计、监理、施工、主要设备制造（供应）商等单位的代表组成
（Ⅴ）	谁列席	① 运行管理单位可根据具体情况决定是否参加。 ② 质量监督机构宜派代表列席大型枢纽工程主要建筑物的分部工程验收会议。（双 VIP）
（Ⅵ）	什么职称	① 大型工程分部工程验收工作组成员应具有中级及其以上技术职称或相应执业资格。 ② 其他工程（即中小型工程分部验收）的验收工作组成员应具有相应的专业知识或执业资格。 ③ 参加分部工程验收的每个单位代表人数不宜超过 2 名
（Ⅶ） ★★	验收内容	分部工程验收工作包括以下主要内容： ① 检查工程是否达到设计标准或合同约定标准的要求。 ② 评定工程施工质量等级。 ③ 对验收中发现的问题提出处理意见
（Ⅷ） ★	质监核备、核定	① 10 个工作日：项目法人应在分部工程验收通过之日后 10 个工作日内，将验收质量结论和相关资料报质量监督机构核备。 ② 大型枢纽工程主要建筑物分部工程的验收质量结论应报质量监督机构核定。（双 VIP） ③ 20 个工作日：质量监督机构应在收到验收质量结论之日后 20 个工作日内，将核备（定）意见书面反馈项目法人

续表

分部验收流程		
(Ⅸ)	备案	30个工作日：验收鉴定书通过之日起30个工作日内，由项目法人发送给有关单位，并报送给法人验收监督管理机关备案

【考法题型及预测题】

2017（1）3.2. 谁申请+谁主持+谁参加+核备核定

背景：

事件二：大坝基础工程完工后，验收主持单位组织制定了分部工程验收工作方案，部分内容如下：

（1）由监理单位向项目法人提交验收申请报告；

（2）验收工作由质量监督机构主持；

（3）验收工作组由项目法人、设计、监理、施工单位代表组成；

（4）分部工程验收通过后，由项目法人将验收质量结论和相关资料报质量监督机构核定。

问题：2. 指出并改正事件二中分部工程验收工作方案的不妥之处。

参考答案：2.（满分6分）

（1）由监理单位向项目法人提交验收申请报告不妥（1分）；应由施工单位提交验收申请报告（1分）；

（2）验收由质量监督机构主持不妥（1分）；验收应由项目法人（或委托监理单位）主持（1分）；

（3）验收工作组代表组成不妥（1分）；验收工作组成员应由项目法人、勘测、设计、监理、施工等单位代表组成（1分）。

解析：为什么内容（4）是“核定”而不是“核备”，因为题目背景是：某大（2）型水库枢纽工程对应“大型”，大坝基础工程对应→“主要分部工程”，符合双VIP标准，动词是“核定”，所以内容（4）正确。

核心考点二、单位工程验收的基本要求

单位验收流程		
（Ⅰ）	验收条件	单位工程验收应具备以下条件： （1）所有分部工程已完建并验收合格。 （2）分部工程验收遗留问题已处理完毕并通过验收，未处理的遗留问题不影响单位工程质量评定并有处理意见。 （3）合同约定的其他条件。 （4）单位工程投入使用验收除应满足以上条件外，还应满足以下条件： ① 工程投入使用后，不影响其他工程正常施工，且其他工程施工不影响该单位工程安全运行。 ② 已经初步具备运行管理条件，需移交运行管理单位的，项目法人与运行管理单位已签订提前使用协议书

续表

单位验收流程		
（Ⅱ）	谁申请	单位工程完工并具备验收条件时，施工单位应向项目法人提出验收申请报告。项目法人应在收到验收申请报告之日起10个工作日内决定是否同意进行验收
（Ⅲ）	谁主持	单位工程验收应由项目法人主持
（Ⅳ）	谁参加（验收工作组成员）	验收工作组应由项目法人、勘测、设计、监理、施工、主要设备制造（供应）商、运行管理等单位的代表组成。（6+1）
（Ⅴ）	谁列席	（1）项目法人组织单位工程验收时，应提前10个工作日通知质量和安全监督机构。（必须通知） （2）主要建筑物单位工程验收应通知法人验收监督管理机关。法人验收监督管理机关可视情况决定是否列席验收会议。（可来可不来） （3）质量和安全监督机构应派员列席验收会议。（必须来）
（Ⅵ）	什么职称	单位工程验收工作组成员应具有中级及其以上技术职称或相应执业资格，每个单位代表人数不宜超过3名
（Ⅶ）	验收内容	单位工程验收工作包括以下主要内容： （1）检查工程是否按批准的设计内容完成。 （2）评定工程施工质量等级。 （3）检查分部工程验收遗留问题处理情况及相关记录。 （4）对验收中发现的问题提出处理意见。 （5）单位工程投入使用验收除完成以上工作内容外，还应对工程是否具备安全运行条件进行检查
（Ⅷ）	质监核定	（1）10个工作日：项目法人应在单位工程验收通过之日起10个工作日内，将验收质量结论和相关资料报质量监督机构核定。 （2）质量监督机构应在收到验收质量结论之日起20个工作日内，将核定意见反馈项目法人
（Ⅸ）	备案	30个工作日：自验收鉴定书通过之日起30个工作日内，由项目法人发送有关单位并报法人验收监督管理机关备案

【考法题型及预测题】

2017（1）5.4. 谁参加+谁列席

背景：

事件二：溢洪道单位工程完工后，项目法人主持单位工程验收，并成立了由项目法人、设计、施工、监理等单位组成的验收工作组。经评定，该单位工程施工质量等级为合格，其中工程外观质量得分率为75%。

问题：4. 溢洪道单位工程验收工作组中，除事件二所列单位外，还应包括哪些单位的代表？单位工程验收时，有哪些单位可以列席验收会议？

参考答案：4.（满分5分）

（1）单位工程验收工作组还应包括勘测（1分）、主要设备制造商（1分）和运行管理

单位（1 分）的代表。（每项 1 分，满分 3 分）

（2）可以列席验收会议：质量和安全监督机构应派员列席验收会议（1 分），法人验收监督管理机关可视情况决定是否列席验收会议（1 分）。（每项 1 分，满分 2 分）

核心考点三、合同工程完工验收的基本要求

完工验收流程		
（Ⅰ）	验收条件	（1）合同范围内的工程项目已按合同约定完成。 （2）工程已按规定进行了有关验收。 （3）观测仪器和设备已测得初始值及施工期各项观测值。 （4）工程质量缺陷已按要求进行处理。 （5）工程完工结算已完成。 （6）施工现场已经进行清理。 （7）需移交项目法人的档案资料已按要求整理完毕。 （8）合同约定的其他条件
（Ⅱ）	谁申请	合同工程具备验收条件时，施工单位应向项目法人提出验收申请报告，项目法人应在收到验收申请报告之日起 20 个工作日内决定是否同意进行验收
（Ⅲ）	谁主持	—
（Ⅳ）	谁参加 （验收工作组成员）	合同工程完工验收应由项目法人主持。验收工作组应由项目法人以及与合同工程有关的勘测、设计、监理、施工、主要设备制造（供应）商等单位的代表组成
（Ⅴ）	谁列席	—
（Ⅵ）	什么职称	—
（Ⅶ）	验收内容	验收的主要工作： （1）检查合同范围内工程项目和工作完成情况。 （2）检查施工现场清理情况。 （3）检查已投入使用工程运行情况。 （4）检查验收资料整理情况。 （5）鉴定工程施工质量。 （6）检查工程完工结算情况。 （7）检查历次验收遗留问题的处理情况。 （8）对验收中发现的问题提出处理意见。 （9）确定合同工程完工日期。 （10）讨论并通过合同工程完工验收鉴定书
（Ⅷ）	质监核定	合同工程完工验收的工作程序可参照单位工程验收的有关规定进行。 （1）10 个工作日：同分部验收； （2）20 个工作日：同分部验收
（Ⅸ）	备案	30 个工作日：自验收鉴定书通过之日起 30 个工作日内，由项目法人发送有关单位并报法人验收监督管理机关备案

1F420083　水利工程阶段验收的要求

核心考点及可考性提示

考　点			2020 可考性提示
水利工程阶段验收的要求	一、阶段验收的要求		★★
	二、具体的阶段验收有关要求		★
★不大，★★一般，★★★极大			

政府验收通用流程

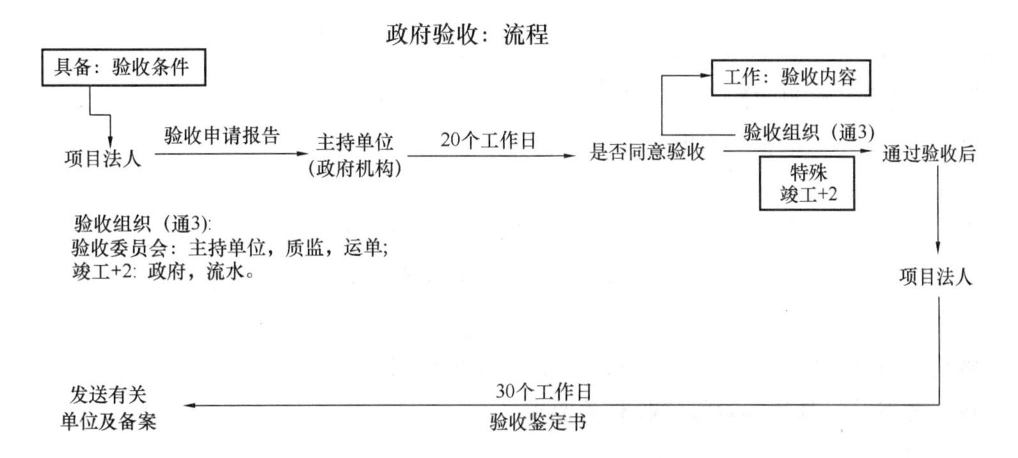

核心考点剖析

核心考点一、阶段验收的要求

◆ 阶段验收的时间节点

根据工程建设需要，当工程建设达到一定关键阶段时（如截流、水库蓄水、机组启动、输水工程通水等），应进行阶段验收。

◆ 阶段验收流程

阶段验收流程（通用模板）		
（Ⅰ）★★	验收条件	（不同验收，不同条件）（替换 1）
（Ⅱ）★★	谁申请	工程建设具备阶段验收条件时，项目法人应向竣工验收主持单位提出阶段验收申请报告。竣工验收主持单位应自收到申请报告之日起 20 个工作日内决定是否同意进行阶段验收。（政府验收，通用模板 1）
（Ⅲ）★★	谁主持	由竣工验收主持单位或其委托的单位主持。（政府验收，通用模板 2）
（Ⅳ）★★★	谁参加（验收工作组成员）	阶段验收委员会应由验收主持单位、质量和安全监督机构、运行管理单位的代表以及有关专家组成；必要时，可邀请地方人民政府以及有关部门参加。（政府验收，通用模板 3）

续表

阶段验收流程（通用模板）		
（Ⅴ）	谁被验	工程参建单位应派代表参加阶段验收，并作为被验收单位在验收鉴定书上签字。（政府验收，通用模板 4）
（Ⅵ）	什么职称	无
（Ⅶ）★★	验收内容	（不同验收，不同内容）（替换 2）
（Ⅷ）★	核备、核定	无
（Ⅸ）	备案	30 个工作日：自验收鉴定书通过之日 30 个工作日内，由验收主持单位发送有关单位。（政府验收，通用模板 5）

【考法题型及预测题】

2016（1）-13. 根据《水电工程验收管理办法》（国能新能［2015］426 号）下列不属于水电工程阶段验收的是（　　）。

A. 工程截流验收　　B. 工程蓄水验收

C. 机组启动验收　　D. 部分工程投入使用验收

参考答案：D

解析：看清楚题目，本题是“水电”验收中的阶段验收。

核心考点二、具体的阶段验收有关要求

1. 枢纽工程导（截）流验收

阶段验收流程（枢纽工程导（截）流验收）		
（Ⅰ）★★	验收条件	导（截）流验收应具备以下条件： （1）导流工程已基本完成，具备过流条件，投入使用（包括采取措施后）不影响其他未完工程继续施工； （2）满足截流要求的水下隐蔽工程已完成； （3）截流设计已获批准，截流方案已编制完成，并做好各项准备工作； （4）工程度汛方案已经有管辖权的防汛指挥部门批准，相关措施已落实； （5）截流后壅高水位以下的移民搬迁安置和库底清理已完成并通过验收； （6）有航运功能的河道，碍航问题已得到解决
（Ⅱ）★★	谁申请	（通用模板 1）
（Ⅲ）★★	谁主持	（通用模板 2）
（Ⅳ）★★★	谁参加（验收工作组成员）	（通用模板 3）
（Ⅴ）	谁被验	（通用模板 4）
（Ⅵ）	什么职称	无

续表

阶段验收流程（枢纽工程导（截）流验收）		
（Ⅶ） ★★	验收内容	导（截）流验收工作包括以下主要内容： （1）检查已完水下工程、隐蔽工程、导（截）流工程是否满足导（截）流要求； （2）检查建设征地、移民搬迁安置和库底清理完成情况； （3）审查导（截）流方案，检查导（截）流措施和准备工作落实情况； （4）检查为解决碍航等问题而采取的工程措施落实情况； （5）鉴定与截流有关已完工程施工质量； （6）对验收中发现的问题提出处理意见； （7）讨论并通过阶段验收鉴定书
（Ⅷ） ★	核备、核定	无
（Ⅸ）	备案	（通用模板5）

2. 水库下闸蓄水验收

阶段验收流程（水库下闸蓄水验收）		
（Ⅰ） ★★	验收条件	下闸蓄水验收应具备以下条件： （1）挡水建筑物的形象面貌满足蓄水位的要求； （2）蓄水淹没范围内的移民搬迁安置和库底清理已完成并通过验收； （3）蓄水后需要投入使用的泄水建筑物已基本完成，具备过流条件； （4）有关观测仪器、设备已按设计要求安装和调试，并已测得初始值和施工期观测值； （5）蓄水后未完工程的建设计划和施工措施已落实； （6）蓄水安全鉴定报告已提交； （7）蓄水后可能影响工程安全运行的问题已处理，有关重大技术问题已有结论； （8）蓄水计划、导流洞封堵方案等已编制完成，并做好各项准备工作； （9）年度度汛方案（包括调度运用方案）已经有管辖权的防汛指挥部门批准，相关措施已落实
（Ⅱ） ★★	谁申请	（通用模板1）
（Ⅲ） ★★	谁主持	（通用模板2）
（Ⅳ） ★★★	谁参加 （验收工作组成员）	（通用模板3）
（Ⅴ）	谁被验	（通用模板4）
（Ⅵ）	什么职称	无

阶段验收流程（水库下闸蓄水验收）		
（Ⅶ） ★★	验收内容	下闸蓄水验收工作包括以下主要内容： （1）检查已完工程是否满足蓄水要求； （2）检查建设征地、移民搬迁安置和库区清理完成情况； （3）检查近坝库岸处理情况； （4）检查蓄水准备工作落实情况； （5）鉴定与蓄水有关的已完工程施工质量； （6）对验收中发现的问题提出处理意见； （7）讨论并通过阶段验收鉴定书
（Ⅷ） ★	核备、核定	无
（Ⅸ）	备案	（通用模板5）

3. 引（调）排水工程通水验收

阶段验收流程［引（调）排水工程通水验收］		
（Ⅰ） ★★	验收条件	通水验收应具备以下条件： （1）引（调）排水建筑物的形象面貌满足通水的要求； （2）通水后未完工程的建设计划和施工措施已落实； （3）引（调）排水位以下的移民搬迁安置和障碍物清理已完成并通过验收； （4）引（调）排水的调度运用方案已编制完成。度汛方案已得到有管辖权的防汛指挥部门批准，相关措施已落实
（Ⅱ） ★★	谁申请	（通用模板1）
（Ⅲ） ★★	谁主持	（通用模板2）
（Ⅳ） ★★★	谁参加 （验收工作组成员）	（通用模板3）
（Ⅴ）	谁被验	（通用模板4）
（Ⅵ）	什么职称	无
（Ⅶ） ★★	验收内容	通水验收工作包括以下主要内容： （1）检查已完工程是否满足通水的要求； （2）检查建设征地、移民搬迁安置和清障完成情况； （3）检查通水准备工作落实情况； （4）鉴定与通水有关的工程施工质量； （5）对验收中发现的问题提出处理意见； （6）讨论并通过阶段验收鉴定书
（Ⅷ） ★	核备、核定	无
（Ⅸ）	备案	（通用模板5）

4. 水电站（泵站）机组启动验收

阶段验收流程［水电站（泵站）机组启动验收］		
（Ⅰ） ★★	验收条件	首（末）台机组启动验收应具备以下条件： （1）技术预验收工作报告已提交； （2）技术预验收工作报告中提出的遗留问题已处理
（Ⅱ） ★★	谁申请	（通用模板 1）
（Ⅲ） ★★	谁主持	（通用模板 2）
（Ⅳ） ★★★	谁参加 （验收工作组成员）	（通用模板 3）
（Ⅴ）	谁被验	（通用模板 4）
（Ⅵ）	什么职称	无
（Ⅶ） ★★	验收内容	首（末）台机组启动验收应包括以下主要内容： （1）听取工程建设管理报告和技术预验收工作报告； （2）检查机组、有关工程施工和设备安装以及运行情况； （3）鉴定工程施工质量； （4）讨论并通过机组启动验收鉴定书
（Ⅷ） ★	核备、核定	无
（Ⅸ）	备案	（通用模板 5）
	补充 1	机组带负荷连续运行应符合以下要求： （1）水电站机组带额定负荷连续运行时间为 72h；泵站机组带额定负荷连续运行时间 24h 或 7d 内累计运行时间为 48h，包括机组无故障停机次数不少于 3 次； （2）受水位或水量限制无法满足上述要求时，经过项目法人组织论证并提出专门报告报验收主持单位批准后，可适当降低机组启动运行负荷以及减少连续运行的时间

5. 部分工程投入使用验收

阶段验收流程（部分工程投入使用验收）		
（Ⅰ） ★★	验收条件	部分工程投入使用验收应具备以下条件： （1）拟投入使用工程已按批准设计文件规定的内容完成并已通过相应的法人验收； （2）拟投入使用工程已具备运行管理条件； （3）工程投入使用后，不影响其他工程正常施工，且其他工程施工不影响部分工程安运行（包括采取防护措施）； （4）项目法人与运行管理单位已签订部分工程提前使用协议； （5）工程调度运行方案已编制完成；度汛方案已经有管辖权的防汛指挥部门批准，相应措施已落实

续表

阶段验收流程（部分工程投入使用验收）		
（Ⅱ）★★	谁申请	（通用模板 1）
（Ⅲ）★★	谁主持	（通用模板 2）
（Ⅳ）★★★	谁参加（验收工作组成员）	（通用模板 3）
（Ⅴ）	谁被验	（通用模板 4）
（Ⅵ）	什么职称	无
（Ⅶ）★★	验收内容	部分工程投入使用验收工作包括以下主要内容： （1）检查拟投入使用工程是否已按批准设计完成； （2）检查工程是否已具备正常运行条件； （3）鉴定工程施工质量； （4）检查工程的调度运用、度汛方案落实情况； （5）对验收中发现的问题提出处理意见； （6）讨论并通过部分工程投入使用验收鉴定书
（Ⅷ）★	核备、核定	无
（Ⅸ）	备案	（通用模板 5）

【考法题型及预测题】

2016（1）5.5＋5.6. 验收条件＋谁申请、谁主持、谁参与

背景：

项目法人主持进行了该枢纽工程导流验收，验收委员会由竣工验收主持单位、设计单位、监理单位、质量和安全监督机构、地方人民政府有关部门、运行管理单位的代表及相关专家组成。

问题：5. 根据《水利水电建设工程验收规程》SL 223—2008，补充说明事件五中导（截）流验收具备的其他条件。

6. 根据《水利水电建设工程验收规程》指出并改正事件五中导（截）流验收组织不妥之处。

参考答案：5.（满分 6 分）

导流验收具备的条件有：

（1）导流工程已基本完成，具备过流条件（2 分）。

（2）截流设计已获批准，截流方案已编制完成（2 分）。

（3）度汛方案已经有管辖权的防汛指挥部门批准（2 分）。

6.（满分 4 分）

（1）不妥之处：项目法人主持进行了该枢纽工程导截流验收（1分）。改正：应由竣工验收主持单位或其委托的单位主持（1分）。

（2）不妥之处：设计、监理单位为验收委员会成员（1分）。改正：应是被验收单位（1分）。

1F420084 水利工程竣工验收的要求

核心考点及可考性提示

考点		2020可考性提示
水利工程竣工验收的要求	一、竣工验收的定义	★★
	二、竣工验收流程	★
	三、工程移交及遗留问题处理	★★
★不大，★★一般，★★★极大		

核心考点剖析

核心考点一、竣工验收的定义

根据《水利水电建设工程验收规程》SL 223—2008，竣工验收应在工程建设项目全部完成[时间节点1]并满足一定运行条件[时间节点2]后1年内[时间节点2]进行。不能按期进行竣工验收的，经竣工验收主持单位同意，可适当延长期限，但最长不得超过6个月。

一定运行条件[时间节点2]是指：

1. 泵站工程经过一个排水或抽水期；

2. 河道疏浚工程完成后；

3. 其他工程经过6个月（经过一个汛期）至12个月。

【考法题型及预测题】

1. 2018（2）4.4.

背景：

某水利枢纽工程包括节制闸和船闸工程，工程所在地区每年5～9月份为汛期。项目于2014年9月开工，计划2017年1月底完工。

事件3：项目如期完工，计划于2017年汛前进行竣工验收。施工单位在竣工图编制中，对由预制改成现浇的交通桥工程，直接在原施工图上注明变更的依据，加盖并签署竣工图章后作为竣工图。

问题：4. 依据《水利水电建设工程验收规程》SL 223—2008和《水利工程建设项目档案管理规定》（水办［2005］480号）的规定，指出并改正事件3中的不妥之处。

参考答案：4.（满分5分）

（1）事件3的不妥之处一：2017年汛前进行竣工验收不妥［1分］；正确做法是竣工验收应满足一定运行条件（或一个汛期）后1年内进行［1分］。

（2）事件 3 的不妥之处二：交通桥竣工图编制不妥［1 分］，正确做法是应重新绘制交通桥竣工图［1 分］，监理单位应加盖并签署竣工图确认章［1 分］。

解析：二建在 2015、2016、2018 连考三年“一定运行条件[时间节点2]”，一建该知识点还未考核，重点掌握。

2. 2017（1）-16. 根据《水利水电建设工程验收规程》SL 223—2008，若工程建设项目不能按期进行竣工验收的，经竣工验收主持单位同意，可适当延长期限，最长可延期（　　）个月。

A. 12　　B. 6

C. 4　　D. 3

参考答案：B

3. 2016（2）4.5.

背景：

事件 5：本工程建设项目于 2013 年 12 月底按期完工。2015 年 5 月，竣工验收主持单位对本工程进行了竣工验收。竣工验收前，质量监督机构按规定提交了工程质量监督报告，该报告确定本工程质量等级为优良。

问题：5. 根据《水利水电建设工程验收规程》SL 223—2008，事件 5 中竣工验收时间是否符合规定？说明理由。根据《水利水电工程施工质量检验与评定规程》SL 176—2007，指出并改正事件 5 中质量监督机构工作的不妥之处。

参考答案：5.（满分 4 分）

（1）竣工验收时间不符合规定（1 分）。根据《水利水电建设工程验收规程》SL 223—2008，河道疏浚工程竣工验收应在工程完成后 1 年内进行。（1 分）

（2）工程质量等级优良不妥（1 分），应为合格（1 分）。

核心考点二、竣工验收流程

竣工验收流程

	补充 1：竣工验收技术鉴定	大型水利工程在竣工技术预验收前，应按照有关规定进行竣工验收技术鉴定。 中型水利工程，竣工验收主持单位可以根据需要决定是否进行竣工验收技术鉴定
	补充 2：竣工技术预验收	（1）竣工技术预验收应由竣工验收主持单位组织的专家组负责。技术预验收专家组成员应具有高级技术职称或相应执业资格，2/3 以上成员应来自工程非参建单位。工程参建单位的代表应参加技术预验收，负责回答专家组提出的问题。 （2）竣工技术预验收专家组可下设专业工作组，并在各专业工作组检查意见的基础上形成竣工技术预验收工作报告。 （3）竣工技术预验收的成果性文件是竣工技术预验收工作报告（竣工验收鉴定书的附件）

续表

竣工验收流程		
（Ⅰ） ★★	验收条件	竣工验收应具备以下条件： （1）工程已按批准设计全部完成； （2）工程重大设计变更已经有审批权的单位批准； （3）各单位工程能正常运行； （4）历次验收所发现的问题已基本处理完毕； （5）各专项验收已通过； （6）工程投资已全部到位； （7）竣工财务决算已通过竣工审计，审计意见中提出的问题已整改并提交了整改报告； （8）运行管理单位已明确，管理养护经费已基本落实； （9）质量和安全监督工作报告已提交，工程质量达到合格标准； （10）竣工验收资料已准备就绪
（Ⅱ） ★★	谁申请	工程具备验收条件时，项目法人应向竣工验收主持单位提出竣工验收申请报告。竣工验收申请报告应经法人验收监督管理机关审查后报竣工验收主持单位
（Ⅲ） ★★	谁主持	—
（Ⅳ） ★★★	谁参加 （验收工作组成员）	竣工验收委员会可设主任委员1名，副主任委员以及委员若干名，主任委员应由验收主持单位代表担任。 竣工验收委员会应由竣工验收主持单位、有关地方人民政府和部门、有关水行政主管部门和流域管理机构、质量和安全监督机构、运行管理单位的代表以及有关专家组成。工程投资方代表可参加竣工验收委员会
（Ⅴ）	谁被验	项目法人、勘测、设计、监理、施工和主要设备制造（供应）商等单位应派代表参加竣工验收，负责解答验收委员会提出的问题，并应作为被验收单位代表在验收鉴定书上签字
（Ⅵ）	什么职称	—
（Ⅶ） ★★	验收内容	—
（Ⅷ） ★	核备、核定	—
（Ⅸ）	备案	—

核心考点三、工程移交及遗留问题处理

◆ 工程交接和移交手续

工程交接手续	工程移交手续
（1）通过合同工程完工验收或投入使用验收后，项目法人与施工单位应在30个工作日内组织专人负责工程的交接工作，交接过程应有完整的文字记录并有双方交接负责人签字。 （2）项目法人与施工单位应在施工合同或验收鉴定书约定的时间内完成工程及其档案资料的交接工作。 （3）工程办理具体交接手续的同时，施工单位应向项目法人递交单位法定代表人签字的工程质量保修书，保修书的内容应符合合同约定的条件。 （4）保修书的主要内容有： ① 合同工程完工验收情况； ② 质量保修的范围和内容； ③ 质量保修期； ④ 质量保修责任； ⑤ 质量保修费用； ⑥ 其他	（1）工程通过投入使用验收后，项目法人宜及时将工程移交运行管理单位管理，并与其签订工程提前启用协议。 （2）在竣工验收鉴定书印发后60个工作日内，项目法人与运行管理单位应完成工程移交手续。 （3）工程移交应包括工程实体、其他固定资产和工程档案资料等。办理工程移交，应有完整的文字记录和双方法定代表人签字

◆ 质量保修责任终止证书和竣工证书

质量保修责任终止证书	竣工证书
1. 工程质量保修期满后30个工作日内，项目法人应向施工单位颁发工程质量保修责任终止证书。但保修责任范围内的质量缺陷未处理完成的应除外。 2. 工程质量保修期满以及验收遗留问题和尾工处理完成后，项目法人应向工程竣工验收主持单位申请领取竣工证书。申请报告应包括以下内容： （1）工程移交情况； （2）工程运行管理情况； （3）验收遗留问题和尾工处理情况； （4）工程质量保修期有关情况	1. 竣工验收主持单位应自收到项目法人申请报告后30个工作日内决定是否颁发工程竣工证书，包括正本和副本。颁发竣工证书应符合以下条件： （1）竣工验收鉴定书已印发； （2）工程遗留问题和尾工处理已完成并通过验收； （3）工程已全面移交运行管理单位管理。 2. 工程竣工证书是项目法人全面完成工程项目建设管理任务的证书，也是工程参建单位完成相应工程建设任务的最终证明文件

【考法题型及预测题】

2017（1）5.6. 质量保修书内容

背景：

事件4：合同工程完工验收后，施工单位及时向项目法人递交了工程质量保修书，保修书中明确了合同工程完工验收情况等有关内容。

问题：除合同工程完工验收情况外，工程质量保修书还应包括哪些方面的内容？

参考答案：（满分 5 分）

除合同工程完工验收情况外，保修书的内容还应包括：质量保修的范围；质量保修的内容；质量保修期；质量保修责任；质量保修费用；其他。（每项 1 分，满分 5 分）

1F420085　水利工程建设专项验收的要求

核心考点及可考性提示

考　　点		2020 可考性提示
水利工程建设专项验收的要求	建设项目竣工环境保护验收	★
	生产建设项目水土保持设施验收	★
	建设项目档案验收	★★
★不大，★★一般，★★★极大		

核心考点剖析

核心考点一、建设项目竣工环境保护验收

编制内容	根据环境保护部 2018 年 4 月 28 日公布的《建设项目环境影响评价分类管理名录》，水利水电建设项目均需编制环境影响报告书或环境影响报告表
验收报告内容	验收报告分为验收监测（调查）报告、验收意见和其他需要说明的事项等三项内容
三个阶段	水利水电建设项目竣工环境保护验收技术工作分为三个阶段：准备、验收调查、现场验收
三个时段	水利水电工程竣工验收环境保护调查报告应当包括工程前期、施工期、运行期三个时段

【考法题型及预测题】

2016（2）-19. 下列工作阶段中，不属于水利水电建设项目竣工环境保护验收技术工作的是(　　)。

A. 准备阶段　　B. 验收调查阶段

C. 现场验收阶段　　D. 技术评价阶段

参考答案：D

核心考点二、生产建设项目水土保持设施验收

两个阶段	生产建设项目水土保持设施自主验收包括水土保持设施验收报告编制和竣工验收两个阶段
弃渣场级别	《水利水电工程水土保持技术规范》SL 575—2012 将弃渣场级别分为 5 级，严重、较严重、不严重、较轻、无危害，对应 1、2、3、4、5 级。注意：5 级没有“一般”
告示	除按照国家规定需要保密的情形外，生产建设单位应当在水土保持设施验收合格后，通过其官方网站或者其他便于公众知悉的方式向社会公开水土保持设施验收鉴定书、水土保持设施验收报告和水土保持监测总结报告
公示时间	根据《水利部关于进一步深化“放管服”改革全面加强水土保持监管的意见》（水保[2019] 160 号），水土保持设施自主验收材料由生产建设单位和接受报备的水行政主管部门双公开，生产建设单位公示二十个工作日，水行政主管部门定期公告

核心考点三、建设项目档案验收

档案的保管期限	水利工程档案的保管期限分为永久、长期、短期三种。长期档案的实际保存期限，不得短于工程的实际寿命
施工单位编制竣工图的要求	施工单位应以单位工程或专业为单位编制竣工图。竣工图须由编制单位在图标上方空白处逐张加盖“竣工图章”，有关单位和责任人应严格履行签字手续。每套竣工图应附编制说明、鉴定意见及目录。 施工单位应按以下要求编制竣工图： （1）按施工图施工没有变动的，须在施工图上加盖并签署竣工图章； （2）一般性的图纸变更及符合杠改或划改要求的，可在原施工图上更改，在说明栏内注明变更依据，加盖并签署竣工图章； （3）凡涉及结构形式、工艺、平面布置等重大改变，或图面变更超过1/3的，应重新绘制竣工图（可不再加盖竣工图章）。重绘图应按原图编号，并在说明栏内注明变更依据，在图标栏内注明“竣工阶段”和绘制竣工图的时间、单位、责任人。监理单位应在图标上方加盖并签署“竣工图确认章”
档案验收结果分级	工程档案验收结果分为3个等级： 总分达到或超过90分的，为优良；达到70～89.9分的，为合格；达不到70分或“应归档文件材料质量与移交归档”项达不到60分的，均为不合格
档案专项验收的流程	大中型水利工程在竣工验收前应进行档案专项验收。其他工程的档案验收应与工程竣工验收同步进行。 档案专项验收可分为初步验收和正式验收。 初步验收可由工程竣工验收主持单位委托相关单位组织进行。 正式验收应由工程竣工验收主持单位的档案业务主管部门负责

【考法题型及预测题】

1. 2019（1）-30. 水利工程档案的保管期限分为(　　)三种。

A. 5年　　B. 10年

C. 长期　　D. 永久

E. 短期

参考答案：C、D、E

2. 2018（2）4.4.

背景：

某水利枢纽工程包括节制闸和船闸工程，工程所在地区每年5～9月份为汛期。项目于2014年9月开工，计划2017年1月底完工。项目划分为节制闸和船闸两个单位工程。根据设计要求，节制闸闸墩、船闸侧墙和底板采用C25、F100、W4混凝土。

事件3：项目如期完工，计划于2017年汛前进行竣工验收。施工单位在竣工图编制中，对由预制改成现浇的交通桥工程，直接在原施工图上注明变更的依据，加盖并签署竣工图章后作为竣工图。

问题：依据《水利水电建设工程验收规程》SL 223—2008 和《水利工程建设项目档案管理规定》（水办［2005］480 号）的规定，指出并改正事件 3 中的不妥之处。

参考答案：（本小题 6 分）

（1）事件 3 的不妥之处一：2017 年汛前进行竣工验收不妥（1 分）；正确做法是竣工验收应满足一定运行条件（或一个汛期）（1 分）后 1 年内进行（1 分）。

（2）事件 3 的不妥之处一：交通桥竣工图编制不妥（1 分），正确做法是应重新绘制交通桥竣工图（1 分），监理单位应加盖并签署竣工图确认章（1 分）。

1F420090　水力发电工程验收

核心考点提纲

水力发电工程验收
- 水力发电工程验收的分类及工作内容
- 水力发电工程阶段验收的要求
- 水力发电工程竣工验收的要求

1F420091　水力发电工程验收的分类及工作内容

核心考点及可考性提示

考　　点		2020 可考性提示
水力发电工程验收的分类及工作内容	水电工程验收分类	★★
★不大，★★一般，★★★极大		

核心考点剖析

核心考点　水电工程验收分类

水电工程验收［四类验收］	
（1）阶段验收	工程截流验收、工程蓄水验收、水轮发电机组启动验收
（2）专项验收	枢纽工程、建设征地移民安置、环境保护、水土保持、消防、劳动安全与工业卫生、工程决算和工程档案
（3）特殊单项工程验收	—
（4）竣工验收	工程竣工验收应在［专项验收］和［特殊单项工程验收］通过“后”进行
“前”	截流验收和蓄水验收前应进行建设征地移民安置专项验收
“后”	竣工验收应在专项验收和特殊单项工程验收通过后进行

【考法题型及预测题】

2016（1）-13. 下列不属于水电工程阶段验收的是（　　）。

A. 工程截流验收　　　　B. 工程蓄水验收
C. 机组启动验收　　　　D. 部分工程投入使用验收
参考答案：D

1F420092　水力发电工程阶段验收的要求

核心考点及可考性提示

考　　点		2020可考性提示
水力发电工程阶段验收的要求	阶段验收流程及组织	★★
★不大，★★一般，★★★极大		

核心考点剖析

核心考点　阶段验收流程及组织

◆ 阶段验收申请

工程截流验收	项目法人应在计划截流前6个月，向省级人民政府能源主管部门报送工程截流验收申请。（无抄送）
工程蓄水验收	项目法人应根据工程进度安排，在计划下闸蓄水前6个月，向工程所在地省级人民政府能源主管部门报送工程蓄水验收申请，并（抄送）验收主持单位
机组启动验收	项目法人应在第一台水轮发电机组进行机组启动验收前3个月，向工程所在地省级人民政府能源主管部门报送机组启动验收申请，并（抄送）电网经营管理单位

◆ 阶段验收组织

工程截流验收	工程截流验收由项目法人会同省级发展改革委、能源主管部门共同组织验收委员会进行
工程蓄水验收	验收委员会主任委员由项目法人担任，副主任委员由省级发展改革委、能源主管部门和技术单列企业集团担任
机组启动验收	工程蓄水验收由省级人民政府能源主管部门负责，并委托有业绩、能力单位作为技术主持单位，组织验收委员会进行。验收委员会主任委员由省级人民政府能源主管部门担任，亦可委托技术主持单位担任。副主任委员由省级发展改革委、技术主持单位和技术单列企业集团担任

【考法题型及预测题】

1. 2019（1）5.6.

背景：

事件4：为保证蓄水验收工作的顺利进行，2017年9月，施工单位根据工程进度安排，向当地水行政主管部门报送工程蓄水验收申请，并抄送项目审批部门。

问题：根据《水电工程验收管理办法》（国能新能［2015］426号），指出并改正事件四中，在工程蓄水验收申请的组织方面存在的不妥之处。

参考答案：（满分4分）

根据《水电工程验收管理办法》(国能新能［2015］426号)，工程蓄水验收，项目法人应根据工程进度安排，在计划下闸蓄水前6个月，向工程所在地省级人民政府能源主管部门报送工程蓄水验收申请，并抄送验收主持单位。

［或：申请主体应是项目法人；申请提出时间应在计划下闸蓄水前6个月；应向工程所在地省级人民政府能源主管部门报送工程蓄水验收申请；应抄送验收主持单位。］

2. 2018(2)-15. 根据《水电工程验收管理办法》(国能新能［2015］426号)，工程蓄水验收的申请，应由项目法人在计划下闸蓄水前(　　)向工程所在地省级人民政府能源主管部门报送。

A. 1个月　　B. 3个月

C. 6个月　　D. 12个月

参考答案：C

3. 2017(1)-17. 根据《水电工程验收管理办法》(国能新能［2015］426号)，枢纽工程专项验收由(　　)负责。

A. 项目法人　　B. 监理单位

C. 省级人民政府人民主管部门　　D. 国家能源局

参考答案：C

解析：解题的方法见下节内容。

1F420093　水力发电工程竣工验收的要求

核心考点及可考性提示

考　点		2020可考性提示
水力发电工程竣工验收的要求	各类验收申请及组织	★★
★不大，★★一般，★★★极大		

核心考点剖析

核心考点　各类验收申请及组织

归纳：水电验收总结

	几个月申请	验收组织（谁主持）
工程截流验收	提前6个月	项目法人会同省级发展改革委、能源主管部门共同组织验收委员会进行
工程蓄水验收	提前6个月	省级人民政府能源主管部门负责
水轮发电机组启动验收	提前3个月	项目法人会同电网经营管理单位共同组织验收委员会进行
特殊单项工程验收	提前3个月	竣工验收主持单位组织
枢纽工程专项验收	提前3个月	省级人民政府能源主管部门负责
竣工验收	基本完工或全部机组投产发电后的一年内	省级人民政府能源主管部门负责

【考法题型及预测题】

1. 2018（2）-15. 根据《水电工程验收管理办法》（国能新能［2015］426号），工程蓄水验收的申请，应由项目法人在计划下闸蓄水前（　　）向工程所在地省级人民政府能源主管部门报送。

A. 1个月　　B. 3个月

C. 6个月　　D. 12个月

参考答案：C

2. 2017（1）-17. 根据《水电工程验收管理办法》（国能新能［2015］426号），枢纽工程专项验收由（　　）负责。

A. 项目法人　　B. 监理单位

C. 省级人民政府人民主管部门　　D. 国家能源局

参考答案：C

1F420100　水利水电工程施工组织设计

核心考点提纲

水利水电工程施工组织设计
- 水利水电工程施工工厂设施
- 水利水电工程施工现场规划
- 水利水电工程施工进度计划
- 水利水电工程专项施工方案

1F420101　水利水电工程施工工厂设施

核心考点及可考性提示

考　点		2020可考性提示
水利水电工程施工工厂设施	主要施工工厂设施	★★
★不大，★★一般，★★★极大		

核心考点剖析

核心考点一、主要施工工厂设施

◆ 砂石料加工系统

砂石料加工系统生产规模划分标准

类型	砂石料加工系统处理能力（t/h）
特大型	≥1500
大型	≥500，＜1500
中型	≥120，＜500
小型	＜120

混凝土生产系统规模划分标准

类型	设计生产能力（m^3/h）	类型	设计生产能力（m^3/h）
特大型	≥480	中型	<180 ≥45
大型	<480 ≥180	小型	<45

【考法题型及预测题】

1. 砂石料加工系统处理能力为550t/h的系统属于(　　)类型。

A. 特大　　　B. 大

C. 中　　　D. 小

参考答案：B

2. 混凝土生产系统设计生产能力500m^3/h的系统属于(　　)类型。

A. 特大　　　B. 大

C. 中　　　D. 小

参考答案：A

核心考点二、混凝土生产系统

混凝土拌合系统小时生产能力计算公式	混凝土初凝条件校核小时生产能力（平浇法施工）计算公式
$Q_h=K_hQ_m/(M\cdot N)$ 式中：Q_h——小时成产能力（m^3/h）； K_h——小时不均匀系数，可取1.3～1.5； Q_m——混凝土高峰浇筑强度（m^3/月）； M——每月工作天数（d），一般取25d； N——每天工作小时数（h），一般取20h	$Q_h\geqslant 1.1SD/(t_1-t_2)$ 式中：S——最大混凝土块的浇筑面积（m^2）； D——最大混凝土块的浇筑分层厚度（m）； t_1——混凝土的初凝时间（h），与所用水泥种类，气温、混凝土的浇筑温度、外加剂等因素有关； t_2——混凝土出机后浇筑入仓所经历的时间（h）

核心考点三、混凝土制冷（热）系统

（1）混凝土制冷系统	（2）混凝土制热系统
选择混凝土预冷材料时，主要考虑采用骨料堆场降温、冷水拌合、加冰搅拌、预冷骨料等单项或多项综合措施，一般不把胶凝材料（水泥、粉煤灰等）选作预冷材料。 骨料预冷方法：水冷法、风冷法、真空汽化法及液氮预冷法等几种方式	若加热水拌合不满足要求，方可考虑加热骨料，水泥不应直接加热

【考法题型及预测题】

2018（2）-19. 下列拌合料预冷方式中，不宜采用的是(　　)。

A. 冷水拌合　　　B. 加冰搅拌

C. 预冷骨料　　　D. 预冷水泥

参考答案：D

核心考点四、三类负荷

一类负荷	井、洞内的照明、排水、通风和基坑内的排水、汛期的防洪、泄洪设施以及医院的手术室、急诊室、重要的通信站以及其他因停电即可能造成人身伤亡或设备事故引起国家财产严重损失的重要负荷
二类负荷	除隧洞、竖井以外的土石方开挖施工、混凝土浇筑施工、混凝土搅拌系统、制冷系统、供水系统、供风系统、混凝土预制构件厂等主要设备属二类负荷
三类负荷	木材加工厂、钢筋加工厂的主要设备属三类负荷

【考法题型及预测题】

2019（1）-17. 钢筋加工厂的主要设备属(　　)负荷。

A. 一类　　B. 二类

C. 三类　　D. 四类

参考答案：C

1F420102　水利水电工程施工现场规划

核心考点及可考性提示

考　点		2020 可考性提示
水利水电工程施工工厂设施	施工分区规划	★
	施工材料、设备仓库面积的确定	★
★不大，★★一般，★★★极大		

核心考点剖析

核心考点一、施工分区规划

根据主体工程施工需求及现场地形条件，水利水电工程施工场地一般分为以下几个分区：

（1）主体工程施工区。

（2）施工工厂区。

（3）当地建材开采区。

（4）工程存、弃渣场区。

（5）仓库、站、场、码头等储运系统区。

（6）机电、金属结构和大型施工机械设备安装场区。

（7）施工管理及生活区。

（8）工程建设管理及生活区。

其中“（2）施工工厂区”主要的工厂设施包括：砂石料加工系统、混凝土生产系统、混凝土制冷（热）系统、风、水、电、通信及照明系统。

【考法题型及预测题】

2016（1）5.3. 施工工厂设施

背景：

事件3：开工前，施工单位在现场设置了混凝土制冷系统等主要施工工程设施。

问题：结合本工程具体情况，事件3中主要施工工厂设施还应包括哪些？

参考答案：（满分5分）

事件3中主要施工工程设施还应有：混凝土生产系统（1分）、砂石料加工系统（1分）、风水电通信及照明（1分）、机械修配（1分）及综合加工系统（1分）。

核心考点二、施工材料、设备仓库面积的确定

5个公式	
公式1	各种材料储存量的估算 $q = QdK/n$ q——需要材料储存量； Q——高峰年需要材料储存量； d——需要材料的存储天数； K——不均匀系数； n——年工作日天数
公式2	施工仓库建筑面积→（1）材料、器材仓库建筑面积按式 $W = q/PK_1$ W——材料器材仓库面积； q——需要材料储存量； K_1——面积利用系数； P——每平方米有效面积的材料存放量
公式3	施工仓库建筑面积→（2）施工设备仓库建筑面积按式 $W = na/K_2$ W——施工设备仓库面积； n——存储施工设备台数； a——每台设备占地面积； K_2——面积利用系数，库内有行车时取0.3，无行车时取0.17
公式4	永久机电设备仓库建筑面积 $F_{总} = 2.8Q$ $F_{保} = 0.5F_{总}$ $F_{总}$——设备库总面积（包括铁路与卸货场的占地面积）； $F_{保}$——仓库保管净面积（指仓库总面积中扣除与卸货场占地后的部分）； Q——同时保管仓库内的机组设备总重量
公式5	施工仓库占地面积 $A = \Sigma WK_3$ A——仓库占地面积； W——仓库建筑面积或堆存场面积； K_3——占地面积系数，参照有关规范选用

【考法题型及预测题】

2019（1）-18. 材料储存料公式为 $q = QdK/n$，d 代表（　　）。

A. 年工作日天数　　B. 需要材料的存储天数

C. 需要材料储存量　　D. 不均匀系数

参考答案：B

1F420103　水利水电工程施工进度计划

核心考点及可考性提示

考　　点		2020 可考性提示
水利水电工程施工进度计划	一、施工进度计划安排	★
	二、施工进度计划表达方法	★★★
★不大，★★一般，★★★极大		

核心考点剖析

核心考点一、施工进度计划安排

根据《水利水电工程施工组织设计规范》SL 303—2017，工程建设全过程可划分为工程筹建期、工程准备期、主体工程施工期和工程完建期四个施工时段。

编制施工总进度时，工程施工总工期应为后三项工期之和。工程建设相邻两个阶段的工作可交叉进行。

（1）工程筹建期	工程正式开工前应完成对外交通、施工供电和通信系统、征地、移民以及招标、评标、签约等工作所需的时间。（归纳：室内）
（2）工程准备期	准备工程开工起至关键线路上的主体工程开工或河道截流闭气前的工期，一般包括“四通一平”、导流工程、临时房屋和施工工厂设施建设等。（归纳：室外，截流前）
（3）主体工程施工期	自关键线路上的主体工程开工或一期截流闭气后开始，至第一台机组发电或工程开始发挥效益为止的工期。（归纳：室外，截流后）
（4）工程完建期	自水电站第一台发电机组投入运行或工程开始受益起，至工程竣工的工期

【考法题型及预测题】

2016（1）-24. 根据《水利水电工程施工组织设计规范》SL 303—2004，工程施工总工期包括（　　）。

A. 工程筹建期　　B. 工程准备期

C. 主体工程施工期　　D. 工程完建期

E. 试运行期

参考答案：B、C、D

核心考点二、进度计划表达方法

包括：横道图、工程进度曲线、施工进度管理控制曲线、形象进度图、网络进度计划等。

每年必考案例题。其中，重点是双代号网络图的计算。

核心考点三、双代号网络图

<table>
<tr><th colspan="3">双代号网络图的计算题型</th></tr>
<tr><td rowspan="4">题目类型</td><td colspan="2">1.0 版题：双代号常识概念题</td></tr>
<tr><td colspan="2">2.0 版题：双代号水利题目新概念，时间节点二义性</td></tr>
<tr><td colspan="2">3.0 版题：赶工</td></tr>
<tr><td colspan="2">4.0 版题：五问联动，知识全用</td></tr>
<tr><td rowspan="8">问题套路</td><td rowspan="3">第 1 问套路</td><td>A 考法：利用网络图，计算关键线路、总工期、总时差；
（正常情况正常算，利用公共课网络图知识来计算）</td></tr>
<tr><td>B 考法：利用网络图，计算完工日期、关键工作 1、关键工作 2 的施工时段；（水利实务模板考法）
（正常情况正常算，利用时间节点的二义性来计算）</td></tr>
<tr><td>C 考法：同一件事情，背景同时给予双代号网络图和其他网络图，其中一图正确一图错误，要求根据正确的网络图修改错误的网络图</td></tr>
<tr><td rowspan="2">第 2 问套路</td><td>A 考法：在事件二、事件三、事件四中连续发生意外，关键线路发生转移，要求计算新的关键线路、新的总工期和新的完工日期；
（发生意外，按意外算）</td></tr>
<tr><td>B 考法：在事件二、事件三、事件四中连续发生意外，关键线路发生转移，要求计算原来不是关键工作 3 但是现在转为关键工作 3 的施工时段；（发生意外，按意外算）</td></tr>
<tr><td rowspan="2">第 3 问套路</td><td>A 考法：在事件五中，业主和施工方采取相应补救措施，追回了几天工期，再次计算新的关键线路、新的总工期和新的完工日期。（这种考法少）</td></tr>
<tr><td>B 考法：在事件五中，业主和施工方可以采取什么补救措施来压缩工期，使得工程如期完工。（一般补救措施就是增加费用，所以一般考法就是要计算要多增加费用的值）</td></tr>
<tr><td>第 4 问套路</td><td>在发生了事件二、事件三、事件四、事件五，利用合同中权责利的划分，综合计算能够索赔的工期和索赔的费用</td></tr>
</table>

◆ 1.0 版题：常识概念题

【考法题型及预测题】

2018（1）2.1—2.3.

某承包人依据《水利水电工程标准施工招标文件》（2009 年版）与发包人签订某引调水工程引水渠标段施工合同，合同约定：（1）合同工期 465 天，2015 年 10 月 1 日开工；（2）签约合同价为 5800 万元；（3）履约保证金兼具工程质量保证金功能，施工进度付款中不再预留质量保证金。（4）工程预付款为……（略）。

合同签订后发生如下事件：

事件 1：项目部按要求编制了该工程的施工进度计划如下图所示，经监理人批准后，工程如期开工。

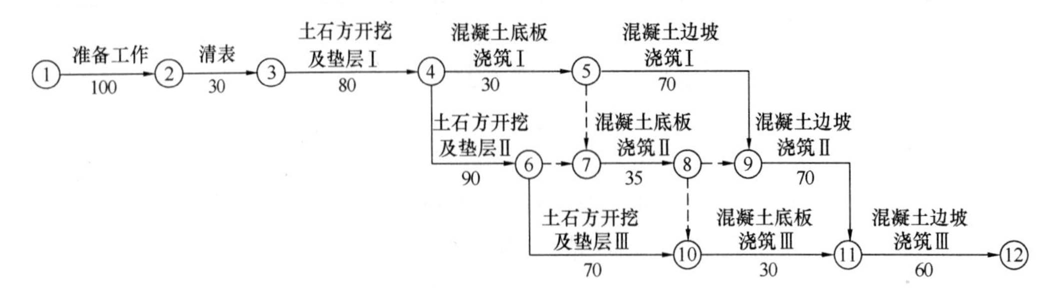

施工进度计划图（单位：天）

事件 2：承包人完成施工控制网测量后，按监理人指示开展了抽样复测：（1）发现因发包人提供的某基准线不准确，造成与此相关的数据均超过允许误差标准，为此监理人指示承包人对发包人提供的基准点、基准线进行复核，并重新进行了施工控制网的测量，产生费用共计 3 万元，增加工作时间 5 天；（2）由于测量人员操作不当造成施工控制网数据异常，承包人进行了测量修正，修正费用 0.5 万元，增加工作时间 2 天。针对上述两种情况承包人提出了延长工期和补偿费用的索赔要求。

事件 3："土石方开挖及垫层Ⅲ"施工中遇到地质勘探未查明的软弱地层，承包人及时通知监理人。监理人会同参建各方进行现场调查后，把该事件界定为不利物质条件，要求承包人采取合理措施继续施工。承包人按要求完成地基处理工作，导致"土石方开挖及垫层Ⅲ"工作时间延长 20 天，增加费用 8.5 万元。承包人据此提出了延长工期 20 天和增加费用 8.5 万元的要求。

问题：1. 指出事件 1 施工进度计划图的关键线路（用节点编号表示）、"土石方开挖及垫层Ⅲ"工作的总时差。

2. 事件 2 中，承包人应获得的索赔有哪些？简要说明理由。

3. 事件 3 中，监理人收到承包人提出延长工期和增加费用的要求后，监理人应按照什么处理程序办理？承包人的要求是否合理？简要说明理由。

参考答案：1.（6 分）

（1）关键线路：①→②→③→④→⑥-→⑦→⑧-→⑨→⑪→⑫（4 分）。

（2）"土石方开挖及垫层Ⅲ"工作的总时差 5 天（2 分）。

2.（满分 4 分）

（1）承包人应获得的索赔有：延长工期 5 天（1 分），补偿费用 3 万元（1 分）。

（2）理由：

① 发包人提供的基准线不准确是发包人责任，应予补偿（1 分）；

② 测量人员操作不当是承包人责任，不予补偿（1 分）。

3.（满分 5 分）

（1）应按变更处理程序办理（1 分）。

（2）承包人提出延长工期 20 天不合理（1 分），增加费用 8.5 万元的要求合理（1 分）。

（3）理由：该事件影响工期为15天（1分），不利物质条件事件是发包人责任（1分）。

解析：

1.0版：双代号常识概念题	问题1 答题技巧	套路1：A考法，利用网络图，计算关键线路、总工期、总时差；（正常情况正常算）
	问题2 答题技巧	套路4：在发生了事件二、事件三、事件四、事件五，利用合同中权责利的划分，综合计算［能够索赔的工期］和［索赔的费用］。（发生意外，另外算索赔）
	问题3 答题技巧	套路4：在发生了事件二、事件三、事件四、事件五，利用合同中权责利的划分，综合计算［能够索赔的工期］和［索赔的费用］。（发生意外，另外算索赔）

◆ 2.0版题：双代号水利题目新概念，时间节点二义性

2017（2）1.1+1.2+1.4.

背景：

承包人与发包人依据《水利水电工程标准施工招标文件》（2009年版）签订了某水闸项目的施工合同，合同工期为8个月，工程开工日期为2012年11月1日，承包人依据合同工期编制并经监理人批准的部分项目进度计划（每月按30天计，不考虑间歇时间）见下表。

进度计划表

工作代码	工作名称	紧前工作	持续时间（天）	工作起止时间
A	基坑开挖	……	40	2012年11月1日～2012年12月10日
B	闸底板混凝土施工	A	35	T_B
C	闸墩混凝土施工	B	100	2013年1月16日～2013年4月25日
D	闸门制作与运输	……	150	2012年11月16日～2013年4月15日
E	闸门安装与调试	C、D	30	T_E
F	桥面板预制	B	60	2013年3月1日～2013年4月30日
G	桥面板安装及面层铺装	E、F	35	T_G

工程施工中发生如下事件：

事件1：由于承包部分施工设备未按计划进场，不能如期开工，监理人通知承包人提交进场延误的书面报告。开工后，承包人采取赶工措施，A工作按期完成，由此增加费用2万元。

事件2：监理人对队闸底板进行质量检查时，发现局部混凝土未达到质量标准，需返工处理。B工作于2013年1月20日完成，返工增加费用2万元。

事件3：发包人负责闸门的设计和采购，因闸门设计变更，D工作中闸门于2013年4月25日才运抵工地现场，且增加安装与调试费用8万元

事件4：由于桥面板预制设备出现故障，F工作于2013年5月20日完成。

除上述发生的事件外，其余工作均按该进度计划实施。

问题：1. 指出进度计划表中 T_B、T_E，T_G 所代表的工作起止时间。

3. 分别指出事件 2、事件 3、事件 4 对进度计划和合同工期有何影响，指出该部分项目的实际完成日期。

4. 依据《水利水电工程标准施工招标文件》（2009 年版），指出承包人可向发包人提出延长工期的天数和增加费用的金额，并说明理由。

参考答案：1.（本小题 6 分）

T_B：2012 年 12 月 11 日（1 分）——2013 年 1 月 15 日（1 分）。

T_E：2013 年 4 月 26 日（1 分）——2013 年 5 月 25 日（1 分）。

T_G：2013 年 5 月 26 日（1 分）——2013 年 6 月 30 日（1 分）。

3.（本小题 7 分）

事件 2：B 工作比计划延迟 5 天（1 分），影响合同工期 5 天（1 分）。

事件 3：D 工作比计划延迟 10 天（1 分），总时差为 10 天，不影响合同工期（1 分）。

事件 4：F 工作比计划延迟 20 天（1 分），总时差为 25 天，不影响合同工期（1 分）。

该项目的实际完成日期为 2013 年 7 月 5 日（1 分）。

4.（本小题 4 分）

承包人可向发包人提出延期 0 天（或：承包人不能向发包人提出延期）要求（1 分）。因事件 2 中影响合同工期的责任方为承包人（1 分）。

承包人可向发包人提出增加费用 8 万元的要求（1 分）。因事件 3 的责任方为发包人（1 分），增加费用由发包人承担；事件 1 和事件 2 的责任方为承包人，增加费用自行承担。

<table>
<tr><td colspan="3">解析：</td></tr>
<tr><td rowspan="3">2.0 版：
时间节点
二义性</td><td>问题 1
答题技巧</td><td>套路 1：B 考法，利用网络图，计算完工日期、关键工作 1、关键工作 2 的施工时段；（水利实务模板考法）
（正常情况正常算，利用时间节点的二义性来计算）</td></tr>
<tr><td>问题 2
答题技巧</td><td>套路 2：B 考法，在事件二、事件三、事件四中连续发生意外，关键线路发生转移，要求计算原来不是关键工作 3 但是现在转为关键工作 3 的施工时段；（发生意外，意外算）</td></tr>
<tr><td>问题 3
答题技巧</td><td>套路 4：在发生了事件二、事件三、事件四、事件五，利用合同中权责利的划分，综合计算能够索赔的工期和索赔的费用。
（发生意外，另外算索赔）</td></tr>
</table>

◆ 3.0 版题：赶工

2017（1）2.1.

背景：

某河道整治工程的主要施工内容有河道疏浚、原堤防加固、新堤防填筑等。承包人依据《水利水电工程标准施工招标文件》（2009 年版）与发包人签订了施工合同，工期 9 个月（每月按 30 天计，下同），2015 年 10 月 1 日开工。

承包人编制并经监理人同意的进度计划如下图所示。

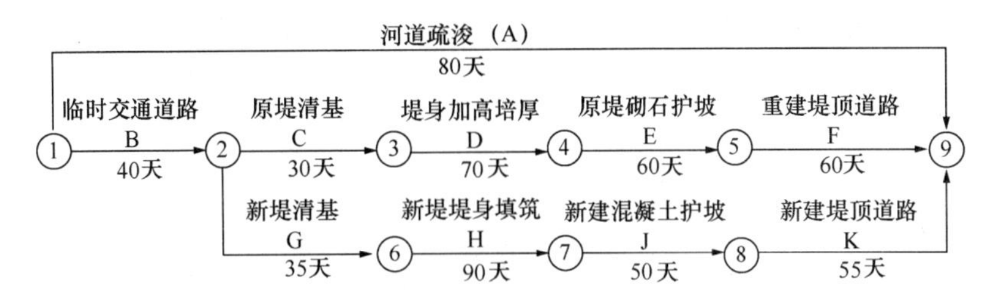

施工进度计划图

本工程施工中发生以下事件：

事件 1：工程如期开工，但因征地未按期完成，导致“临时交通道路”推迟 20 天完成。发包人要求承包人采取赶工措施，保证工程按合同要求的工期目标完成。承包人确定了工期优化方案：(1)“原堤防加固”按增加费用最小原则进行工期优化，相应的工期优化—费用关系见下表。

“原堤防加固”工期优化—费用表

代码	工作名称	计划工作时间（天）	最短工作时间（天）	费用增加率（万元/天）
C	原堤清基	30	30	
D	堤身加高培厚	70	65	2.6
E	原堤砌石护坡	60	58	2.4
F	重建堤顶道路	60	45	2.8

(2)“新堤填筑”采用增加部分关键工作的施工班组，组织平行施工优化工期，计划调整—费用增加情况见表 2-2；(3) 河道疏浚计划于 2015 年 12 月 1 日开始。

“新堤填筑”计划调整—费用增加表

代码	工作名称	工作时间（天）	紧前工作	增加费用（万元）
G	新堤清基	35	—	
H1	新堤堤身填筑Ⅰ	80	G	25
H2	新堤堤身填筑Ⅱ	30	G	
J1	新建混凝土护坡Ⅰ	40	H1	22
J2	新建混凝土护坡Ⅱ	20	H2	
K	新建堤顶道路	55	J1、J2	

项目部按优化方案编制调整后的进度计划及赶工措施报告，并上报监理人批准。

问题：根据事件 1，用双代号网络图绘制从 2015 年 12 月 1 日起的优化进度计划，计算赶工所增加的费用。

参考答案：（满分 8 分）

（1）双代号优化后的网络图：F 工作，D、E 工作各 1 分，H1、H2、J1、J2；

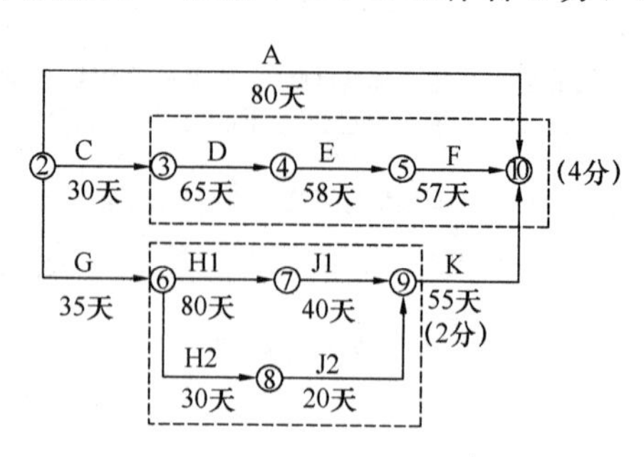

（2）赶工所增加的费用：$\frac{2.6\times5}{[1]}+\frac{2.4\times2}{[2]}+\frac{2.8\times3}{[3]}+\frac{25}{[4]}+\frac{22}{[5]}=73.2$ 万元（满分 4 分）。

说明计算过程：

［1］D 工作赶 5 天工，增加费用 2.6×5 万元；

［2］E 工作赶 2 天工，增加费用 2.4×2 万元；

［3］F 工作赶 3 天工，增加费用 2.8×3 万元；

［4］增加 H 工作，增加费用 25 万元；

［5］增加 D 工作，增加费用 22 万元。

本题属于“套路 3，B 考法”。

解析：

3.0 版：赶工	问题 1 答题技巧	套路 3：B 考法，在事件五中，业主和施工方可以采取什么补救措施来压缩工期，使得工程如期完工。（一般补救措施就是增加费用，所以一般考法就是要计算要多增加费用的值）

◆ 4.0 版题：五问联动，知识全用

2019（1）3.1.

背景：

某坝后式水电站安装两台立式水轮发电机组，甲公司承包主厂房土建施工和机电安装工程，主机设备由发包方供货。合同约定：（1）应在两台机墩混凝土均浇筑至发电机层且主厂房施工完成后，方可开始水轮发电机组的正式安装工作；（2）1 号机为计划首台发电机组；（3）首台机组安装如工期提前，承包人可获得奖励，标准为 10000 元/天；工期延误，承包人承担逾期违约金，标准为 10000 元/天。

单台尾水管安装综合机械使用费合计 100 元/小时，单台座环蜗壳安装综合机械使用费合计 175 元/小时。机械闲置费用补偿标准按使用费的 50%计。

施工计划按每月 30 天、每天 8 小时计，承包人开工前编制首台机组安装施工进度计划，并报监理人批准。首台机组安装施工进度计划如下图所示（单位：天）。

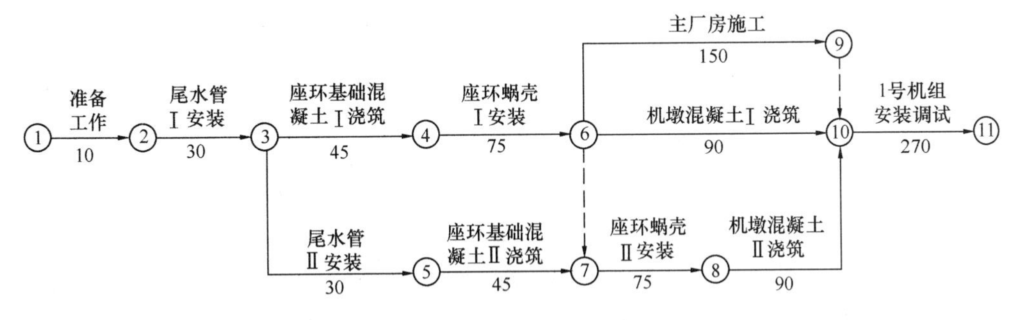

首台机组安装施工进度计划

事件1：座环蜗壳Ⅰ到货时间延期导致座环蜗壳Ⅰ安装工作开始时间延迟了10天，尾水管Ⅱ到货时间延期导致尾水管Ⅱ安装工作开始时间延迟了20天。承包人为此提出顺延工期和补偿机械闲置费要求。

事件2：座环蜗壳Ⅰ安装和座环基础混凝土Ⅱ浇筑完成后，因不可抗力事件导致后续工作均推迟一个月开始，发包人要求承包人加大资源投入，对后续施工进度计划进行优化调整，确保首台机组安装按原计划工期完成，承包人编制并报监理人批准的首台发电机组安装后续施工进度计划如下图所示（单位：天）。并约定，相应补偿措施费用90万元，其中包含了确保首台机组安装按原计划工期完成所需的赶工费用及工期奖励。

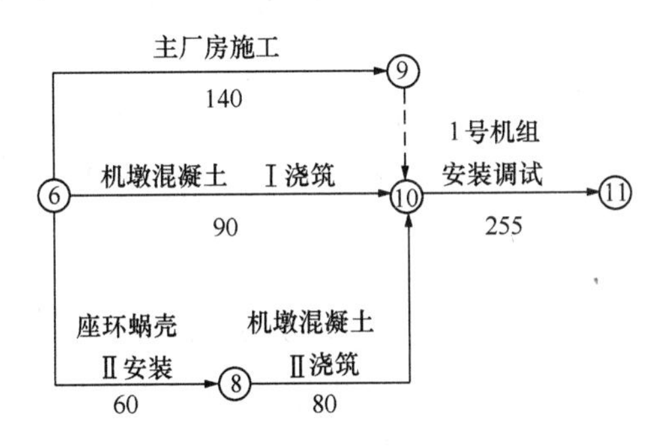

首台机组安装后续施工进度计划

事件3：监理工程师发现机墩混凝土Ⅱ浇筑存在质量问题，要求承包人返工处理，延长工作时间10天，返工费用32600元。为此，承包人提出顺延工期和补偿费用的要求。

事件4：主厂房施工实际工作时间为155天，1号机组安装调试实际时间为232天，其他工作按计划完成。

问题：1. 根据首台机组安装施工进度计划图，计算施工进度计划总工期，并指出关键线路（以节点编号表示）。

2. 根据事件1，承包人可获得的工期顺延天数和机械闲置补偿费用分别为多少？说明理由。

3. 事件3中承包人提出的要求是否合理？说明理由。

4. 综合上述4个事件，计算首台机组安装的实际工期；指出工期提前或延误的天数，承包人可获得工期提前奖励或应承担的逾期违约金。

5. 综合上述 4 个事件计算承包人可获得的补偿及奖励或违约金的总金额。

参考答案：1.（满分 4 分）

总工期 595 天（2 分）。

关键线路：①→②→③→④→⑥→⑦→⑧→⑩→⑪（2 分）。

2.（满分 6 分）

承包人可获得顺延工期 10 天，补偿机械闲置费 15000 元（2 分）。

理由：座环蜗壳Ⅰ、尾水管Ⅱ到货延期均为发包人责任。座环蜗壳Ⅰ安装是关键工作，开始时间延迟 10 天，机械闲置费：10×8×175×50%=7000 元（2 分）。

尾水管Ⅱ安装工作总时差 45 天，尾水管Ⅱ安装开始时间延迟 20 天不影响工期。机械闲置费：20×8×100×50%=8000 元（2 分）。

3.（满分 2 分）

不合理（1 分），施工质量问题属于承包人责任（1 分）。

4.（满分 4 分）

首台机组安装实际工期 587 天，工期提前 8 天（2 分），获得工期提前奖励 8 天×10000 元/天=80000 元（2 分）。

5.（满分 4 分）

可获得：设备闲置费 15000 元（1 分）+措施费 900000 元（1 分）+提前奖励 80000 元（1 分）=995000 元（1 分）。

解析：本道案例题，2019 年很多考生，在考场中计算了一个小时，还未梳理清条理。本题属于五问联动，每一个问题，都是下一个问题的已知条件

<table>
<tr><td rowspan="5">4.0 版：
五问联动，
知识全用</td><td>问题 1
答题技巧</td><td>套路 1：A 考法：利用网络图，计算关键线路、总工期、总时差；
（正常情况正常算，利用公共课网络图知识来计算）</td></tr>
<tr><td>问题 2
答题技巧</td><td>套路 2：A 考法：在事件二、事件三、事件四中连续发生意外，关键线路发生转移，要求计算新的关键线路、新的总工期和新的完工日期；（发生意外，按意外算）</td></tr>
<tr><td>问题 3
答题技巧</td><td>套路 4：在发生了事件二、事件三、事件四、事件五，利用合同中权责利的划分，综合计算能够索赔的工期和索赔的费用</td></tr>
<tr><td>问题 4
答题技巧</td><td>套路 4：在发生了事件二、事件三、事件四、事件五，利用合同中权责利的划分，综合计算能够索赔的工期和索赔的费用</td></tr>
<tr><td>问题 5
答题技巧</td><td>套路 4：在发生了事件二、事件三、事件四、事件五，利用合同中权责利的划分，综合计算能够索赔的工期和索赔的费用</td></tr>
</table>

1F420104　水利水电工程专项施工方案

核心考点及可考性提示

考　　点		2020 可考性提示
水利水电工程专项施工方案	一、水利水电工程专项施工方案	★
	二、危险性较大单项工程的规模标准	★★
★不大，★★一般，★★★极大		

核心考点剖析

核心考点一、水利水电工程专项施工方案

<table>
<tr><td colspan="2">专项施工方案内容</td><td>工程概况、编制依据、施工计划、施工工艺技术、施工安全保证措施、劳动力计划、设计计算书及相关图纸等</td></tr>
<tr><td colspan="3">专项施工方案编制程序</td></tr>
<tr><td colspan="2">第一步：谁来编</td><td>施工单位编专项施工方案</td></tr>
<tr><td colspan="2">第二步：内部审</td><td>专项施工方案应由施工单位技术负责人组织施工技术、安全、质量等部门的专业技术人员进行审核
经审核合格的，应由施工单位技术负责人签字确认。
实行分包的，应由总承包单位和分包单位技术负责人共同签字确认</td></tr>
<tr><td rowspan="2">第三步：外部审</td><td>情况 1：专项方案</td><td>不需专家论证的专项施工方案，经施工单位审核合格后应报监理单位，由项目总监理工程师审核签字，并报项目法人备案。谁签字，谁备案</td></tr>
<tr><td>情况 2：专家论证</td><td>超过一定规模的危险性较大的单项工程专项施工方案应由施工单位组织召开专家论证审查论证会</td></tr>
<tr><td colspan="2">第四步：实施</td><td>施工单位应根据审查论证报告修改完善专项施工方案，经施工单位技术负责人、总监理工程师、项目法人单位负责人审核共同签字后，方可组织实施。
（实施前，共同签字）</td></tr>
</table>

【考法题型及预测题】

1.2019（1）5.3.

背景：

事件 2：上游围堰采用均质土围堰，围堰断面示意图如图所示（图略..），施工单位分别采取瑞典圆弧法（$K1$）和简化毕肖普法（$K2$）计算围堰边坡稳定安全系数，$K1$、$K2$ 计算结果分别为 1.03 和 1.08。施工单位组织编制了围堰工程专项施工方案，专项施工方案内容包括工程概况等。

问题：事件 2 中，围堰专项施工方案除背景所述内容外，还应包括哪些内容？

参考答案：（满分 7 分）

除工程概况外，专项施工方案内容还应包括：编制依据（1分），施工计划（1分），施工工艺技术（1分），施工安全保证措施（1分），劳动力计划（1分），设计计算书（1分）及相关图纸（1分）等。

2.2019（2）3.3.

背景：

根据《水利水电工程施工安全管理导则》SL 721—2015，施工单位在施工前，针对本工程提出了需编制专项施工方案的单项工程清单。各专项施工方案以施工技术方案报审表形式报送，专项施工方案包括工程概况等内容。对于需组织专家进行审查论证的专项施工方案，在根据专家审查论证报告修改完善并履行相应审核签字手续后组织实施。

问题：根据《水利水电工程施工安全管理导则》SL 721—2015，除工程概况外，专项施工方案中还应包括哪些方面的内容？根据专家审查论证报告修改完善后的专项施工方案，在实施前应履行哪些审核签字手续？

参考答案：（满分10分）

（1）专项施工方案中还应包括：编制依据（1分）、施工计划（1分）、施工工艺技术（1分）、施工安全保证措施（1分）、劳动力计划（1分）、设计计算书（1分）、相关图纸等（1分）。

（2）根据专家审查论证报告修改完善后的专项施工方案，在实施前应经施工单位技术负责人（1分）、总监理工程师（1分）、项目法人单位负责人（1分）审核签字后，方可组织实施。

3. 对达到一定规模的危险性较大的单项工程编制专项施工方案，对实行分包的工程，应由（　　）技术负责人共同签字确认。

A. 总承包单位　　B. 分包单位

C. 项目法人　　D. 监理单位

E. 质量监督单位

参考答案：A、B

核心考点二、危险性较大单项工程的规模标准

◇ 专项方案：达到一定规模的危险性较大的单项工程，总共11条。

◇ 专家论证：超过一定规模的危险性较大的单项工程，总共6条。

工程类别	专项方案	专家论证
基坑开挖	（1）基坑支护、降水工程。开挖深度达到3m（含3m）～5m或虽未超过3m但地质条件和周边环境复杂的基坑（槽）支护、降水工程。 （2）土方和石方开挖工程。开挖深度达到3（含3m）～5m的基坑（槽）的土方和石方开挖工程	（1）深基坑工程 ① 开挖深度超过5m（含5m）的基坑（槽）的土方开挖、支护、降水工程。（★） ② 开挖深度虽未超过5m，但地质条件、周围环境和地下管线复杂，或影响毗邻建筑（构筑）物安全的基坑（槽）的土方开挖、支护、降水工程

续表

工程类别	专项方案	专家论证
模板工程及支撑体系	(3)模板工程及支撑体系 ① 各类工具式模板工程：包括大模板、滑模、爬模、飞模等工程。 ② 混凝土模板支撑工程： 搭设高度5～8m； 搭设跨度10～18m； 施工总荷载10～15kN/m²； 集中线荷载15～20kN/m； 高度大于支撑水平投影宽度且相对独立无联系构件的混凝土模板支撑工程。 ③ 承重支撑体系：用于钢结构安装等满堂支撑体系	(2)模板工程及支撑体系 ① 工具式模板工程：包括滑模、爬模、飞模工程。 ② 混凝土模板支撑工程： 搭设高度8m及以上；(★) 搭设跨度18m及以上； 施工总荷载15kN/m²及以上； 集中线荷载20kN/m及以上。 ③ 承重支撑体系：用于钢结构安装等满堂支撑体系，承受单点集中荷载700kg以上
起重吊装及安装拆卸工程	(4)起重吊装及安装拆卸工程 ① 采用非常规起重设备、方法，且单件起吊重量在10～100kN的起重吊装工程。 ② 采用起重机械进行安装的工程。(即常规起重设备)(★) ③ 起重机械设备自身的安装、拆卸。(即常规起重设备)	(3)起重吊装及安装拆卸工程 ① 采用非常规起重设备、方法，且单件起吊重量在100kN及以上的起重吊装工程。(★) ② 起重量300kN及以上的起重设备安装工程(即常规起重设备) ③ 高度200m及以上内爬起重设备的拆除工程。(即常规起重设备)
脚手架工程	(5)脚手架工程 ① 搭设高度24～50m的落地式钢管脚手架工程。 ② 附着式整体和分片提升脚手架工程。 ③ 悬挑式脚手架工程。 ④ 吊篮脚手架工程。 ⑤ 自制卸料平台、移动操作平台工程。 ⑥ 新型及异型脚手架工程	(4)脚手架工程 ① 搭设高度50m及以上落地式钢管脚手架工程。(★) ② 提升高度150m及以上附着式整体和分片提升脚手架工程。 ③ 架体高度20m及以上悬挑式脚手架工程
拆除、爆破工程	(6)拆除、爆破工程	(5)拆除、爆破工程 ① 采用爆破拆除的工程。 ② 可能影响行人、交通、电力设施、通信设施或其他建筑物、构筑物安全的拆除工程。 ③ 文物保护建筑、优秀历史建筑或历史文化风貌区控制范围的拆除工程

续表

工程类别	专项方案	专家论证
其他	（7）围堰工程。 （8）水上作业工程。 （9）沉井工程。 （10）临时用电工程。 （11）其他危险性较大的工程	（6）其他 ① 开挖深度超过 16m 的人工挖孔桩工程。 ② 地下暗挖工程、顶管工程、水下作业工程。 ③ 采用新技术、新工艺、新材料、新设备及尚无相关技术标准的危险性较大的单项工程

【考法题型及预测题】

1. 2019（2）3. 2.

背景：

某施工单位承担新庄穿堤涵洞拆除重建工程施工，该涵洞建筑物级别为 2 级，工程建设内容包括：拆除老涵洞、重建新涵洞等。老涵洞采用凿除法拆除；基坑采用挖明沟和集水井方式进行排水。施工平面布置示意图如下图所示。

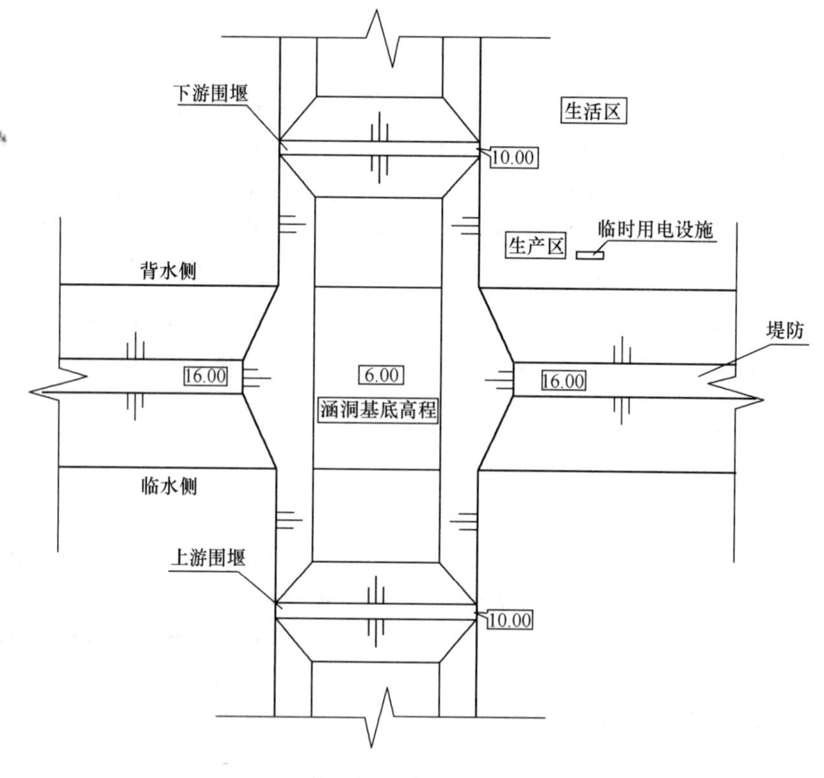

施工平面布置示意图

问题：根据《水利水电工程施工安全管理导则》SL 721—2015，结合背景资料，本工程中需编制专项施工方案的单项工程有哪些？其中需组织专家进行审查论证的有哪些？说明需组织专家审查论证的理由。

参考答案：（满分 6 分）

（1）需编制专项施工方案的单项工程包括：基坑（土方）开挖工程（1 分）、涵洞拆除工程（1 分）、围堰工程（1 分）、临时用电工程（1 分）。

（2）其中需要组织专家进行审查论证的有基坑（土方）开挖工程。因为基坑土方开挖最大深度超过 5m，属于超过一定规模的危险性较大的单项工程（2 分）。

2.2018（1）3.3. 专家论证

背景：

事件 2：基坑开挖前，施工单位编制了施工组织设计，部分内容如下：

（1）施工用电从附近系统电源接入，现场设临时变压器一台；

（2）基坑开挖采用管井降水，开挖边坡坡比 1：2，最大开挖深度 9.5m；

（3）泵站墩墙及上部厂房采用现浇混凝土施工，混凝土模板支撑最大搭设高度 15m，落地式钢管脚手架搭设高度 50m；

（4）闸门、启闭机及机电设备采用常规起重机械进行安装，最大单件吊装重量 150kN。

问题：根据《水利水电工程施工安全管理导则》SL 721—2015，说明事件 2 施工组织设计中，哪些单项工程需要组织专家对专项施工方案进行审查论证。

参考答案：（满分 3 分）

需组织专家审查论证专项施工方案的单项工程有：深基坑工程（或基坑开挖、降水工程）（1 分）、混凝土模板支撑工程（1 分）、钢管脚手架工程（1 分）。

1F420110 水利水电工程施工成本管理

核心考点提纲

水利水电工程施工成本管理
- 水利水电工程定额
- 投标阶段成本管理
- 施工阶段成本管理

1F420111 水利水电工程定额

核心考点及可考性提示

考点		2020 可考性提示
水利水电工程定额	《水利建筑工程预算定额》	★★
★不大，★★一般，★★★极大		

核心考点剖析

核心考点 《水利建筑工程预算定额》

◆ 材料定额中：

（1）凡一种材料名称之后，同时并列了几种不同型号规格的，如石方工程导线的火线和电线，表示这种材料只能选用其中一种型号规格的定额进行计价。

（2）凡一种材料分几种型号规格与材料名称同时并列的，如石方工程中同时并列导火线和导电线，则表示这些名称相同、规格不同的材料都应同时计价。

（3）机械定额相似情况以此类推（如运输定额中的自卸汽车）（即只能选用其中一种型号规格的定额进行计价）。

二－7 一般坡面石方开挖

单位：100m³

选其中一种

项目	单位	岩石级别			
		Ⅴ～Ⅷ	Ⅸ～Ⅹ	Ⅺ～Ⅻ	ⅩⅢ～ⅩⅣ
工长	工时	3.1	3.6	4.2	5.1
高级工	工时				
中级工	工时	[illegible]	22.3	[illegible]	49.0
初级工	工时	134.7	154.4	174.9	203.0
合计	工时	152.3	180.3	211.4	257.1
合金钻头	个	1.02	1.74	2.56	3.66
炸药	kg	26	34	41	47
雷管	个	24	31	37	43
导线 火线	m	64	85	101	117
电线	m	117	155	184	214
其他材料费	%	18	18	18	18
风钻 手持式	台时	4.98	8.79	14.23	23.67
其他机械费	%	10	10	10	10
石渣运输	m³	108	108	108	108
编号		20065	20066	20067	20068

一－39 4m³ 挖掘机挖土自卸汽车运输

适用范围：露天作业。

工作内容：挖装、运输、卸除、空回。

（1） Ⅰ～Ⅱ类土

单位：100m³

选其中一种

项目	单位	运距（km）					增运1km
		1	2	3	4	5	
工长	工时						
高级工	工时						
中级工	工时						
初级工	工时	2.3	2.3	2.3	2.3	2.3	
合计	工时	2.3	2.3	2.3	2.3	2.3	
零星材料费	%	4	4	4	4	4	
挖掘机 液压 4m³	台时	0.34	0.34	0.34	0.34	0.34	
推土机 88kW	台时	0.17	0.17	0.17	0.17	0.17	
自卸汽车 18t	台时	3.34	4.23	5.05	5.82	6.56	0.68
20t	台时	3.09	3.90	4.66	5.37	6.06	0.62
25t	台时	2.59	3.27	3.87	4.46	5.01	0.51
27t	台时	2.44	3.07	3.64	4.19	4.71	0.48
32t	台时	2.04	2.56	3.02	3.46	3.88	0.39
45t	台时	1.62	1.97	2.30	2.60	2.91	0.27
编号		10670	10671	10672	10673	10674	10675

二－5 一般石方开挖——液压钻钻孔（Φ64～76mm）

（1） 孔深≤6m

单位：100m³

同时都选

项目	单位	岩石级别			
		Ⅴ～Ⅷ	Ⅸ～Ⅹ	Ⅺ～Ⅻ	ⅩⅢ～ⅩⅣ
工长	工时	1.3	1.5	1.8	2.0
高级工	工时				
中级工	工时	9.4	11.8	13.6	15.7
初级工	工时	34.7	40.2	44.6	49.4
合计	工时	45.4	53.5	60.0	67.1
合金钻头	个	0.11	0.19	0.26	0.36
钻头 Φ64～76mm	个	0.05	0.06	0.07	0.09
炸药	[illegible]	44	[illegible]	[illegible]	64
火雷管	[illegible]	13	[illegible]	[illegible]	20
电雷管	个	12	14	16	18
导火线	m	26	32	37	42
导电线	m	74	84	93	104
其他材料费	%	21	21	21	21
风钻 手持式	台时	1.55	2.32	2.94	3.56
液压履带钻	台时	0.55	0.71	0.90	1.10
其他机械费	%	10	10	10	10
石渣运输	m³	104	104	104	104
编号		20041	20042	20043	20044

◆ 其他材料费、零星材料费、其他机械费，均以费率形式表示，其计算基数如下：

（1）其他材料费，以主要材料费之和为计算基数。

（2）零星材料费，以人工费机械费之和为计算基数。

（3）其他机械费以主要机械费之和为计算基数。

二－5 一般石方开挖——液压钻钻孔（Φ64～76mm）

（1） 孔深≤6m

单位：100m³

其他材料费

项目	单位	岩石级别			
		Ⅴ～Ⅷ	Ⅸ～Ⅹ	Ⅺ～Ⅻ	ⅩⅢ～ⅩⅣ
工长	工时	1.3	1.5	1.8	2.0
高级工	工时				
中级工	工时	9.4	11.8	13.6	15.7
初级工	工时	34.7	40.2	44.6	49.4
合计	工时	45.4	53.5	60.0	67.1
合金钻头	个	0.11	0.19	0.26	0.36
钻头 Φ64～76mm	个	0.05	0.06	0.07	0.09
炸药	kg	44	51	57	64
火雷管	[illegible]	13	[illegible]	[illegible]	20
电雷管	[illegible]	12	[illegible]	16	18
导火线	m	26	32	37	42
导电线	m	74	84	93	104
其他材料费	%	21	21	21	21
风钻 手持式	台时	1.55	2.32	2.94	3.56
液压履带钻	台时	0.55	0.71	0.90	1.10
其他机械费	%	10	10	10	10
石渣运输	m³	104	104	104	104
编号		20041	20042	20043	20044

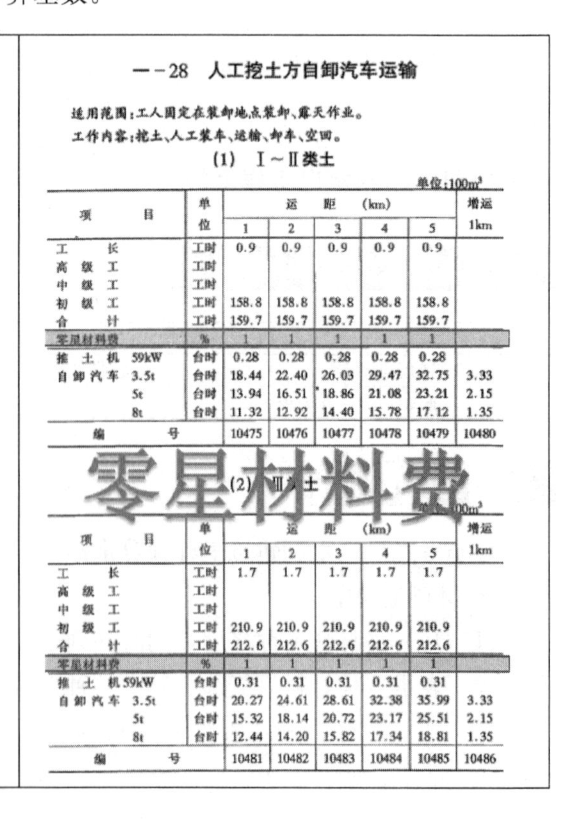

一－28 人工挖土方自卸汽车运输

适用范围：工人固定在装卸地点装卸、露天作业。

工作内容：挖土、人工装车、运输、卸车、空回。

（1） Ⅰ～Ⅱ类土

单位：100m³

项目	单位	运距（km）					增运1km
		1	2	3	4	5	
工长	工时	0.9	0.9	0.9	0.9	0.9	
高级工	工时						
中级工	工时						
初级工	工时	158.8	158.8	158.8	158.8	158.8	
合计	工时	159.7	159.7	159.7	159.7	159.7	
零星材料费	%	1	1	1	1	1	
推土机 59kW	台时	0.28	0.28	0.28	0.28	0.28	
自卸汽车 3.5t	台时	18.44	22.40	26.03	29.47	32.75	3.33
5t	台时	13.94	16.51	18.86	21.08	23.21	2.15
8t	台时	11.32	12.92	14.40	15.78	17.12	1.35
编号		10475	10476	10477	10478	10479	10480

（2） Ⅲ类土

单位：100m³

项目	单位	运距（km）					增运1km
		1	2	3	4	5	
工长	工时	1.7	1.7	1.7	1.7	1.7	
高级工	工时						
中级工	工时						
初级工	工时	210.9	210.9	210.9	210.9	210.9	
合计	工时	212.6	212.6	212.6	212.6	212.6	
零星材料费	%	1	1	1	1	1	
推土机 59kW	台时	0.31	0.31	0.31	0.31	0.31	
自卸汽车 3.5t	台时	20.27	24.61	28.61	32.38	35.99	3.33
5t	台时	15.32	18.14	20.72	23.17	25.51	2.15
8t	台时	12.44	14.20	15.82	17.34	18.81	1.35
编号		10481	10482	10483	10484	10485	10486

【考法题型及预测题】

1. 2017（1）4.4. 定额中的“零星材料费”的基数

背景：

×××集团投标文件中，围堰拆除工程采取 $1m^3$ 挖掘机配 8t 自卸汽车运输施工，运距 3km，相关定额见下表。围堰为Ⅳ类土（定额调整系数为 1.09），初级工、$1m^3$ 挖掘机、59kW 推土机、8t 自卸汽车的单价分别为 2.66 元/工时、190 元/台时、100 元/台时、120 元/台时。

$1m^3$ 挖掘机配 8t 自卸汽车运输定额表

（Ⅲ类土运距 3km，单位：$100m^3$）

序号	工程项目或费用名称	单位	数量
1	人工费		
	初级工	工时	4.69
2	材料费		
	零星材料费	元	4%
3	机械使用费		
(1)	$1m^3$ 挖掘机	台时	0.70
(2)	59kW 推土机	台时	0.35
(3)	8t 自卸汽车	台时	7.10

问题：4. 计算围堰拆除单价中的人工费、材料费、机械费。（保留小数点后 2 位）

参考答案：4.（满分 4 分）

人工费＝4.69×1.09×2.66＝13.60（元/$100m^3$）（1 分）；

材料费＝（13.60＋1111.80）（1 分）×4%＝45.02（元/$100m^3$）（1 分）；

机械费＝0.7×1.09×190＋0.35×1.09×100＋7.1×1.09×120＝1111.80（元/$100m^3$）（1 分）。

解析：本题的难度在于材料费中“零星材料费”，“零星材料费”的取费基数是人工费＋机械费。

2. 2016（2）3.3.

背景：

某中型水闸工程施工招标文件按《水利水电工程标准施工招标文件》（2009 年版）编制。已标价工程量清单由分类分项工程量清单、措施项目清单、其他项目清单、零星工作项目清单组成。其中闸底板 C20 混凝土是工程量清单的子目，其单价（单位：$100m^3$）根据《水利建筑工程预算定额》（2002 年版）编制，并考虑了配料、拌制、运输、浇筑等过程中的损耗和附加费用。

问题：3. 分别说明闸底板混凝土的单价分析中，配料、拌制、运输、浇筑等过程的损耗和附加费用应包含在哪些用量或单价中？

参考答案：3.（满分 4 分）

（1）配料过程中的损耗和附加费用包含在配合比材料用量（或混凝土材料单价）中（1 分）；

（2）拌制过程中的损耗和附加费用包含在配合比材料用量（或混凝土材料单价）中（1 分）；

（3）运输过程中的损耗和附加费用包含在定额混凝土用量中（1 分）；

（4）浇筑过程中的损耗和附加费用包含在定额混凝土用量中（1 分）。

1F420112 投标阶段成本管理

核心考点及可考性提示

考点			2020 可考性提示
投标阶段成本管理	一、水利工程设计概（估）算编制规定	1. 费用构成	★★
		2. 费用标准	★★
		3. 单价分析	★★★
	二、工程量清单计价规范	1. 分类分项工程量清单	★
		2. 措施项目清单	★★
		3. 其他项目清单	★★★
		4. 零星工作项目清单	
		5. 投标报价表组成	★
	三、投标报价策略		★
★不大，★★一般，★★★极大			

本节知识框架

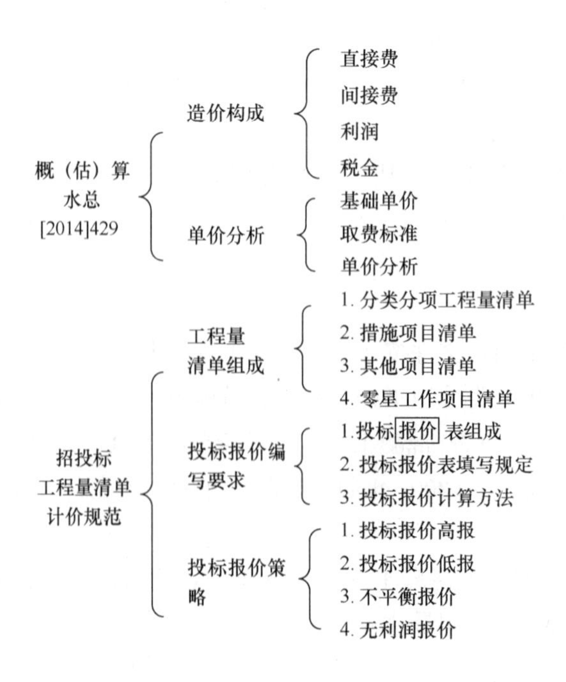

核心考点剖析

核心考点一、概（估）算组成

水利工程概算组成：工程部分、水库移民征地补偿、水土保持工程、环境保护工程。

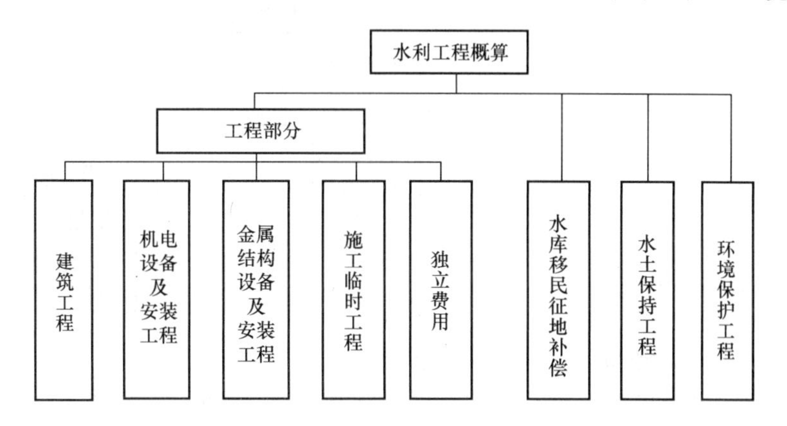

核心考点二、工程部分费用构成

《水利工程设计概（估）算编制规定（工程部分）》（水总［2014］429 号）配套水利工程预算定额，是投标报价的依据之一。

根据《水利工程设计概（估）算编制规定（工程部分）》（水总［2014］429 号）：

（1）工程部分项目划分：建筑工程、机电设备及安装、金属结构设备及安装、临时工程、独立费用；

（2）工程部分费用：工程费（包括建筑及安装工程费、设备费）、独立费用、预备费、建设期融资利息；

（3）工程费：由建筑及安装工程费和设备费组成。

（4）建安费：建筑及安装工程费由直接费、间接费、利润、材料补差和税金组成。

（建筑及安装工程费＝①直接费＋②间接费＋③利润＋④材料补差＋⑤税金。）

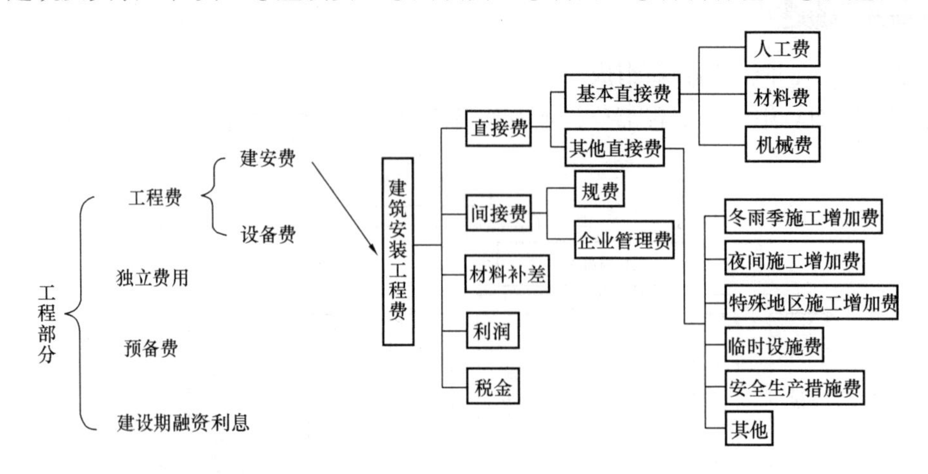

核心考点三、基础单价——人工预算单价

有枢纽工程、引水工程、河道工程三种。分为工长、高级工、中级工、初级工四个档次。按地区不同，分 8 个工资区。以元/工时为单位。一般地区人工预算单价计算标准见下表。

（单位：元/工时）

等级	枢纽工程	引水工程	河道工程
工长	11.55	9.27	8.02
高级工	10.67	8.57	7.40
中级工	8.90	6.62	6.16
初级工	6.13	4.64	4.26

核心考点四、基础单价——材料预算单价

◆ 材料预算单价

购买地运到工地分仓库（或堆放场地）的出库价格。包括（1）材料原价；（2）运杂费；（3）运输保险费；（4）采购及保管费四项，个别材料若规定另计包装费的另行计算。

（1）材料原价

根据《水利部办公厅关于印发〈水利工程营业税改征增值税计价依据调整方法〉的通知》（办水总［2016］132 号），投标报价文件采用含税价格编制时，材料价格可以采用将含税价格除以调整系数的方式调整为不含税价格。

主要材料除以 1.13 系数；次要材料除以 1.02 系数；砂、石、土除以 1.03 系数；商品混凝土除以 1.03 系数。

【考法题型及预测题】

2017（2）-13. 根据《水利部办公厅关于印发〈水利工程营业税改征增值税计价依据调整办法〉的通知》（办水总［2016］132 号）的通知，材料价格可以采用将含税价格除以调整系数的方式调整为不含税价格，其中混凝土的调整系数为（　　）。

A. 1.02　　B. 1.03　　C. 1.04　　D. 1.17

参考答案：B

（2）运杂费

由交货地点运至工地分仓库（或相当于工地分仓库的堆放场地）所发生的各种运载车辆的运费、调车费、装卸费和其他杂费等费用。

（3）运输保险费

运输保险费=材料原价×材料运输保险费率。（注：材料原价不是原价+运杂费）

（4）采购及保管费

指材料采购和保管过程中所发生的各项费用，按材料运到工地仓库价格（不包括运输保险费）。（注：基数是原价+运杂费，但是不含保险费）

材料原价、运杂费、运输保险费和采购及保管费等分别按不含增值税进项税额的价格计算，采购及保管费按现行计算标准乘以 1.10 调整系数。

采购及保管费费率

序号	材料名称	费率（%）
1	水泥、碎石、砂、块石	3.3
2	钢材	2.2
3	油料	2.2
4	其他材料	2.75

【考法题型及预测题】

1. 2018（1）5.2.

背景：

事件 2：某投标人编制的投标文件中，柴油预算价格计算样表见下表。

序号	费用名称	计算公式	不含增值税价格（元/t）	备注
1	材料原价			含税价格 6960 元/t，增值税率为 16%
2	运杂费			运距 20km，运杂费标准 10 元/t·km
3	运输保险费			费率 1.0%
4	采购及保管费			费率 2.2%
预算价格（不含增值税）				

问题：根据事件 2，在答题卡上绘制并完善柴油预算价格计算表。

序号	费用名称	计算公式	不含增值税价格（元/t）
1	材料原价		
2	运杂费		
3	运输保险费		
4	采购及保管费		
预算价格（不含增值税）			

参考答案：(满分 5 分)

序号	费用名称	计算公式	不含增值税价格（元/t）
1	材料原价	6960÷1.16	6000（1分）
2	运杂费	20×10	200（1分）
3	运输保险费	6000×1.0%	60（1分）
4	采购及保管费	（6000+200）×2.2%	136.4（1分）
预算价格（不含增值税）		6000+200+60+136.4	6396.4（1分）

注：计算公式用文字表示的也可。

2. 2016（2）-12［改编］．根据《水利工程设计概估算编制规定（工程部分）》（水总［2014］429 号），砂石材料采购及保管费费率为(　　)。

A. 2.2%　　　　B. 2.75%

C. 3.3%　　　　D. 3.75%

参考答案：C

◆ 混凝土材料单价

混凝土材料单价按混凝土配合比中各项材料的数量和不含增值税进项税额的材料价格进行计算。

当采用商品混凝土时，商品混凝土单价采用不含增值税进项税额的价格，其材料单价应按基价 200 元/m³计入工程单价取费，预算价格与基价的差额以材料补差形式进行计算，材料补差列入单价表中并计取税金。

【考法题型及预测题】

2019（1）4.4.［超纲，考核定额内容］

背景：

事件 2：投标人甲编制的投标文件中，河道护坡现浇混凝土配合比材料用量（部分）见下表。

序号	混凝土强度等级	A	B	C	预算材料量（kg/m³）				
					D	E	石子	泵送剂	F
	泵送混凝土								
1	C20（40）	42.5	二	0.44	292	840	1215	1.46	128
2	C25（40）	42.5	二	0.41	337	825	1185	1.69	138
	砂浆								
3	水泥砂浆 M10	42.5		0.7	262	1650			183
4	水泥砂浆 M7.5	42.5		0.7	224	1665			157

主要材料预算价格：水泥 0.35 元/kg，砂 0.08 元/kg，水 0.05 元/kg。

问题：分别指出事件 2 表中 A、B、C、D、E、F 所代表的含义。

参考答案：

A 代表水泥强度等级；B 代表级配；C 代表水灰比；D 代表水泥；E 代表砂（黄砂、

中粗砂)；F代表水。

核心考点五、基础单价——机械使用费

一台施工机械正常工作1小时所支出和分摊的各项费用之和，由第一、第二类费用组成。

根据（办财务函［2019］448号），施工机械台时费定额的折旧费除以1.13调整系数，修理及替换设备费除以1.09调整系数，安装拆卸费不变。

【考法题型及预测题】

2019（2）-13. 根据《水利部办公厅关于印发〈水利工程营业税改征增值税计价依据调整办法〉的通知》(办水总［2016］132号)，采用《水利工程施工机械台时费定额》计算施工机械使用费时，修理及替换设备费应除以(　　)的调整系数。

A. 1　　B. 1.1

C. 1.15　　D. 1.2

参考答案：1.09（2020年教材新规范）

核心考点六、单价分析

以价格形式表示的完成单位工程量（如$1m^3$、1t、1套等）所耗用的全部费用。包括直接费、间接费、利润和税金四部分内容，分为建筑和安装工程单价两类，由“量、价、费”三要素组成。

建筑工程单价计算：表格计算和综合系数计算

综合系数=(1+其他直接费率)×(1+间接费率)×(1+利润率)×(1+税率)

序号	项目	计算方法
1	直接费	(1)+(2)
(1)	基本直接费	1)+2)+3)
1)	人工费	∑(定额人工工时数×人工预算单价)
2)	材料费	∑定额材料用量×材料预算价格
3)	机械使用费	∑定额机械台时用量×机械台时费
(2)	其他直接费	(1)×其他直接费费率
2	间接费	1×间接费费率
3	利润	(1+2)×利润率
4	材料补差	(材料预算价格-材料基价)×材料消耗量
5	税金	(1+2+3+4)×税率
6	工程单价	1+2+3+4+5

【考法题型及预测题】

1. 2019（2）-14. 根据《水利工程设计概(估)算编制规定(工程部分)》(水总(2014)429号)，下列费用中，不属于工程单价构成要素中“费”的组成部分是(　　)。

A. 基本直接费　　B. 间接费

C. 企业利润　　D. 税金

参考答案：A

2. 2017（1）-18. 根据《水利部办公厅关于印发〈水利工程营业税改增值税计价依据调整办法〉的通知》（办水总［2016］132号），税金指应计入建筑安装工程费用内的增值税销项税额，税率为（　　）。

A. 7％　　　　B. 11％

C. 15％　　　　D. 20％

参考答案：9％（2020年教材新规范）

3. 2017（2）3.3＋3.4.

背景：

事件2：某投标文件中，基坑开挖采用1m³挖掘机配5t自卸车运输2km，其单价分析表部分信息见下表。

1m³挖掘机配5t自卸车运输2km单价分析表

工作内容：挖、装、运、回　　单位：100m³

序号	费用名称	单位	数量	单价（元）
一	直接工程费			
（一）	基本直接费			
1	人工费	工时	10	4.26
2	材料费			
3	机械使用费			
（1）	1m³挖掘机	台时	1	200
（2）	59kW推土机	台时	0.5	110
（3）	5t自卸汽车	台时	10	100
（二）	现场经费（费率3％）			
二	施工企业管理费（费率5％）			
三	企业利润（费率7％）			
四	增值税（税率3.22％）			
	工程单价			

问题：3. 根据《水利工程设计概估算编制规定（工程部分）》（水总［2014］429号）和《水利部办公厅关于印发〈水利工程营业税改征增值税计价依据调整办法〉的通知》（办水总［2016］132号），指出事件2单价分析表中“费用名称”一列中有关内容的不妥之处。

4. 计算事件2单价分析表中的机械使用费。

参考答案：3.（满分4分）

直接工程费改为直接费（1分），

现场经费改为其他直接费（1分），

施工企业管理费改为间接费（1分），

税率3.22％改为税率11.0％（1分）（2020版教材改为9.0％）。

参考答案：4.（满分4分）（计算题规范答题方法）

（1）1m³挖掘机：1×200＝200元/100m³（1分）；

（2）59kW推土机：0.5×110＝55元/100m³（1分）；

（3）5t 自卸汽车：10×100＝1000 元/100m^3（1 分）；

（4）机械使用费＝200＋55＋1000＝1255 元/100m^3（1 分）。

核心考点七、工程量清单组成

1. 工程量清单组成

根据《水利工程工程量清单计价规范》GB 50501—2007，工程量清单由分类分项工程量清单、措施项目清单、其他项目清单和零星工作项目清单组成。

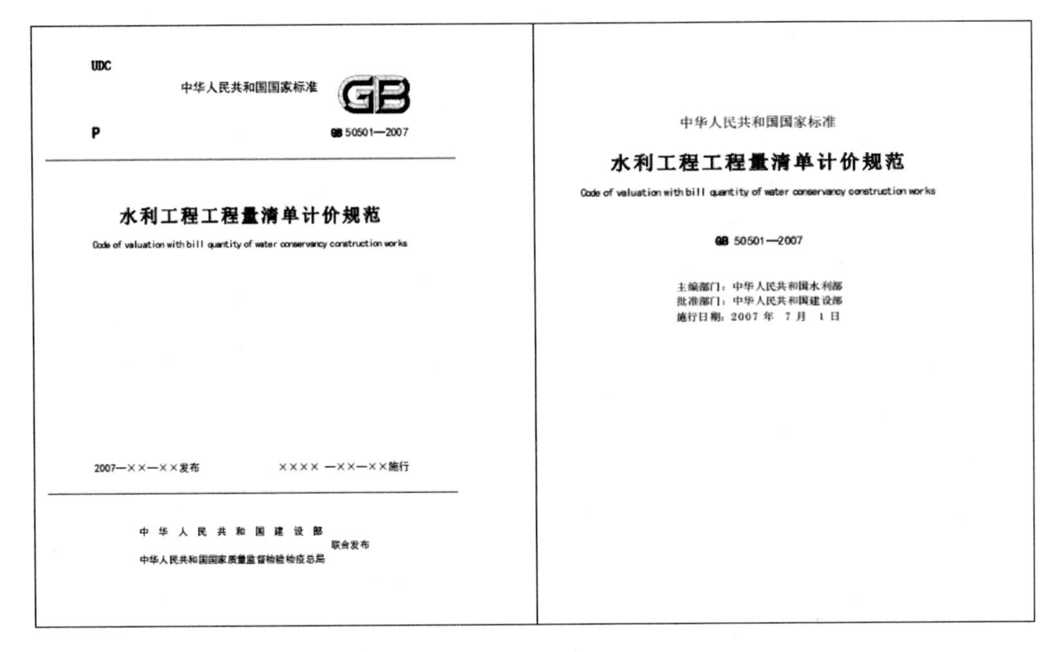
UDC

中华人民共和国国家标准 GB

P

GB 50501—2007

水利工程工程量清单计价规范

Code of valuation with bill quantity of water conservancy construction works

2007—××—××发布　　××××—××—××施行

中华人民共和国建设部
中华人民共和国国家质量监督检验检疫总局　联合发布

中华人民共和国国家标准

水利工程工程量清单计价规范

Code of valuation with bill quantity of water conservancy construction works

GB 50501—2007

主编部门：中华人民共和国水利部
批准部门：中华人民共和国建设部
施行日期：2007 年 7 月 1 日

2. 分类分项工程量清单项目编码、计价特点★★

◇ 分类分项工程量清单分为水利建筑工程工程量清单和水利安装工程工程量清单。

◇ 分类分项工程量清单：

十二位编码。一、二位：水利工程顺序码；三、四位：专业工程顺序码；五、六位：分类工程顺序码；七、八、九位：分项工程顺序码；十至十二位：清单项目名称顺序码。

◇除另有约定外，对有效工程量以外的超挖、超填工程量，施工附加量，加工损耗量等，所消耗的人工、材料和机械费用，均应摊入相应有效工程量的工程单价中。

例如：

土方开挖工程（编码 500101）

项目编码	项目名称	项目主要特征	计量单位	工程量计算规则	主要工作内容
500101001×××	场地平整	1. 土类分级 2. 土量平衡 3. 运距	m^2	按招标设计图示场地平整面积计量	1. 测量放线标点 2. 清除植被及废弃物处理 3. 推、挖、填、压、找平 4. 弃土(取土)装、运、卸

续表

项目编码	项目名称	项目主要特征	计量单位	工程量计算规则	主要工作内容
500101002×××	一般土方开挖	1. 土类分级 2. 开挖厚度 3. 运距	m^3	按招标设计图示尺寸计算的有效自然方体积计量	1. 测量放线标点 2. 处理渗水、积水 3. 支撑挡土板 4. 挖、装、运、卸 5. 弃土场平整
500101003×××	渠道土方开挖	1. 土类分级 2. 断面形式及尺寸 3. 运距			
500101004×××	沟、槽土方开挖				
500101005×××	坑土方开挖				

3. 措施项目组成、计价特点

组成：措施项目清单包括环境保护、文明施工、安全防护措施、小型临时工程、施工企业进退场费、大型施工设备安拆费等。

计价特点：发生于该工程项目施工前和施工过程中招标人不要求列明工程量的项目。（不需要明细的量，即总价支付）

4. 其他项目清单

包括：暂列金额和暂估价

考点	暂估价	暂列金额
定义	暂估价是指在工程投标阶段已经确定的、但又无法准确确定价格的材料、工程设计或工程项目	招标人为可能发生的合同变更而预留的金额和暂定项目
不同点	合同阶段暂估价操作，如何组织招投标，合同关系是什么关系？	数量：暂列金额＝（分类分项工程项目＋措施项目）×5％

【考法题型及预测题】

1. 2018（1）5. 4.

背景：

事件4：招标阶段，初设批复的管理设施无法确定准确价格，发包人以暂列金额600万元方式在工程量清单中明标列出，并说明若总承包单位未中标，该部分适用分包管理。合同实施期间，发包人对管理设施公开招标，总承包单位参与投标，但未中标。随后发包人与中标人就管理设施签订合同。

问题：指出事件4中发包人做法的不妥之处，并说明理由。

参考答案：（满分6分）

（1）不妥之处一：将管理设施列为暂列金额项目（1分）。理由：管理设施已经初设批复，属于确定实施项目，只是价格无法确定（1分），应当列为暂估价项目（1分）。

（2）不妥之处二：发包人与管理设施中标人签订合同（1分）。理由：总承包人没有中标管理设施时，暂估价项目应当由总承包人与管理设施中标人签订合同（2分）。

2. 2016（2）3. 4.

背景：

事件 3：经过评标，B 单位中标。工程实施过程中，B 单位认为闸底板 C20 混凝土强度偏低，建议将 C20 变更为 C25。经协商后，监理人将闸底板混凝土由 C20 变更为 C25。B 单位按照变更估价原则，以现行材料价格为基础提交了新单价，监理人认为应按投标文件所附材料预算价格为计算基础提交新单价。

问题：指出事件 3 中 B 单位提交的闸底板 C25 混凝土单价计算基础是否合理？说明理由。该变更涉及费用应计列在背景资料所述的哪个清单中？相应费用项目名称是什么？

参考答案：（满分 5 分）

（1）承包人提交的 C25 单价计算基础不合理（1 分）。因为中标人已标价工程量清单及其材料预算价格计算表已考虑合同实施期间的价格风险（1 分），构成合同组成部分，是变更估价的依据（1 分）。

（2）变更涉及费用应计列在其他项目清单中（1 分），费用项目名称为暂列金额（1 分）。

核心考点八、投标报价表组成及对应表格的填写

◆ 投标报价表由以下表格组成：

（1）投标总价。

（2）工程项目总价表。

（3）分类分项工程量清单计价表。

（4）措施项目清单计价表。

（5）其他项目清单计价表。

（6）零星工作项目清单计价表。

（7）工程单价汇总表。

（8）工程单价费（税）率汇总表。

（9）投标人生产电、风、水、砂石基础单价汇总表。

（10）投标人生产混凝土配合比材料费表。

（11）招标人供应材料价格汇总表（若招标人提供）。

（12）投标人自行采购主要材料预算价格汇总表。

（13）招标人提供施工机械台时（班）费汇总表（若招标人提供）。

（14）投标人自备施工机械台时（班）费汇总表。

（15）总价项目分类分项工程分解表。

（16）工程单价计算表。

（17）人工费单价汇总表。

上述 17 个表中，

（1）～（6）也称为主表，（7）～（17）也称为辅表。

需要注意的是，零星工作项目清单计价表只填报单价，不计入工程项目总价表。

◆ 对应表格填写（实操题）

【考法题型及预测题】

2018（2）3.2.　清单中总价项目分解（实操题）＋单价总价计量

背景：

某堤防工程合同估算价 2000 万元，工期 1 年。招标人依据《水利水电工程标准施工招标文件》（2009 年版）编制招标文件，部分内容摘录如下：

2. 临时工程为总价承包项目，总价承包项目应进行子目分解。临时房屋建筑工程中，投标人除考虑自身的生产、生活用房外，还需要考虑发包人、监理人、设计单位办公和生活用房。

某投标人按要求填报了“近5年完成的类似工程业绩情况表”，提交了相应的业绩证明资料。总价承包项目中临时房屋建筑工程子目分解见下表。

总价承包项目分解表　　　　子目：临时房屋建筑工程

序号	工程项目或费用名称	单位	数量	单价（元/m^2）	合价（元）	D
	临时房屋建筑工程				164000	
1	A	m^2	100	80	8000	第一个月支付
2	B	m^2	800	150	120000	按第一月70%、第二个月30%支付
3	C	m^2	120	300	36000	第一个月支付

问题：临时房屋建筑工程子目分解表中，填报的工程数量起何作用？指出A、B、C、D所代表的内容。

参考答案：（本小题5分）

1）总价承包项目分解表中的工程数量是承包人用于结算的最终工程量（1分）；

2）A代表施工仓库（1分）；B代表施工单位（办公、生活）用房（1分）；C代表发包人、监理人、设计单位办公和生活用房（1分）；D代表支付周期（时间）/附件（支付周期）（1分）。

核心考点九、投标报价策略

投标报价策略			
1. 投标报价高报	2. 投标报价低报	3. 不平衡报价	4. 无利润报价
（1）施工条件差的工程； （2）专业要求高且公司有专长的技术密集型工程； （3）合同估算价低自己不愿做、又不方便不投标的工程； （4）风险较大的特殊的工程； （5）工期要求急的工程； （6）投标竞争对手少的工程； （7）支付条件不理想的工程； （8）计日工单价可高报	（1）施工条件好、工作简单、工程量大的工程； （2）有策略开拓某一地区市场； （3）在某地区面临工程结束，机械设备等无工地转移时； （4）本公司在待发包工程附近有项目，而本项目又可利用该工程的设备、劳务，或有条件短期内突击完成的工程； （5）投标竞争对手多的工程； （6）工期宽松工程； （7）支付条件好的工程	（1）早日结账项目（如临时工程费、基础工程、土方开挖等）可适当提高。 （2）今后工程量会增加的项目，单价适当提高。 （3）招标图纸不明确，估计修改后工程量要增加的，可以提高单价；对工程内容不清楚的，则可适当降低一些单价，待澄清后可再要求提价	（1）中标后，拟将大部分工程分包给报价较低的一些分包商； （2）对于分期建设的项目，先以低价获得首期工程，而后赢得机会创造第二期工程中的竞争优势，并在以后的实施中赚得利润； （3）较长时期内，承包商没有在建的工程项目，如果再不中标，企业亏损会更大

1F420113　施工阶段成本管理

核心考点及可考性提示

考　　点		2020可考性提示
施工阶段成本管理	计量支付因素	★
★不大，★★一般，★★★极大		

核心考点剖析

核心考点　计量支付因素

内容比较多，具体内容见教材。

计量支付	案例题	考试一般喜欢考案例，案例题的回答，题目套路化，答案直接套公式
	选择题	考规范记忆，题目就非常难

【考法题型及预测题】

1. 2017（2）-11. 根据《水利工程工程量清单计价规范》GB 50501—2007，下列费用中，不包含在土方明挖工程单价中，需另行支付的是（　　）。

A. 植被清理费　　B. 场地平整费

C. 施工超挖费　　D. 测量放样费

参考答案：B

解析：

土方开挖工程	（1）场地平整按“有效工程量”的每平方米（m^2）工程单价支付。（即说明要单独计量，选项B）
	（4）承包人完成“植被清理”工作所需的费用，包含在《工程量清单》相应土方明挖项目有效工程量的每立方米（m^3）工程单价中，不另行支付。（选项A）
	（5）土方明挖工程单价包括承包人按合同要求完成场地清理，测量放样，临时性排水措施（包括排水设备的安拆、运行和维修），土方开挖、装卸和运输，边坡整治和稳定观测，基础、边坡面的检查和验收，以及将开挖可利用或废弃的土方运至监理人指定的堆放区并加以保护、处理等工作所需的费用。（选项D）
	（6）土方明挖开始前，承包人应根据监理人指示，测量开挖区的地形和计量剖面，经监理人检查确认后，作为计量支付的原始资料。土方明挖按施工图纸所示的轮廓尺寸计算有效自然方体积以立方米（m^3）为单位计量，按《工程量清单》相应项目有效工程量的每立方米工程单价支付。施工过程中增加的超挖量和施工附加量所需的费用，应包含在《工程量清单》相应项目有效工程量的每立方米工程单价中，不另行支付。（选项C）
总结：想做对这道选择题得1分，要记住这4条计价规范，考试的性价比不高	

2. 背景：

事件3：合同中关于砌体工程的计量和支付有如下约定：

（1）砌体工程按招标图纸所示尺寸计算的有效砌筑体以m^3为单位计量。

（2）浆砌块石砂浆按有效砌筑体以 m^3 为单位计量。

（3）砌体工程中的止水设施、排水管、垫层及预埋件等费用，包含在砌体项目有效工程量单价中，不另行支付。

（4）承包人按合同要求完成砌体建筑物的基础清理和施工排水等工作所需的费用，包含在措施项目费用中，不另行支付。

问题：4. 指出并改正事件 3 合同约定中的不妥之处。

参考答案：4.

（1）砌体工程按招标图纸计量不妥，应按施工图纸计量。

（2）浆砌块石砂浆按有效砌筑体以 m^3 为单位计量不妥，浆砌块石砂浆包含在砌体项目单价中，不另行支付。

（3）承包人按合同要求完成砌体建筑物的基础清理和施工排水等工作所需的费用，包含在措施项目中不妥，应包含在砌体项目有效工程量单价中。

解析：

案例题出题的套路题，一般考试套路为：

套路［1］：“招标图纸”错误，改为“施工图纸”。

套路［2］：“单独计量”或者“另行支付”错误，改为“已包含在××工程有效工程量单价中，不另行支付”。

套路［3］：费用的确是“不另行支付”，但是费用“不是包含在本工程有效工程量单价中”的错误，改为“已包含在××工程有效工程量单价中，不另行支付”。

套路［4］：在题干中四句或者五句话中，总有一句是正确的，然后答案的书写，全部套用正确的那句题干回答。

套路［5］：计量单位故意写错，比如钢筋是以“t”为计量单位，故意写错“kg”。

1F420120 水利工程建设监理

核心考点提纲

水利工程建设监理 {
- 水利工程施工监理的工作方法和制度
- 水利工程施工监理工作的主要内容

1F420121 水利工程施工监理的工作方法和制度

核心考点及可考性提示

考点		2020 可考性提示
水利工程施工监理的工作方法和制度	水利工程建设项目施工监理的主要工作方法	★★
	水利工程监理单位及其人员的要求	

★不大，★★一般，★★★极大

核心考点剖析

核心考点一、水利工程建设项目施工监理的主要工作方法

(1) 现场记录。监理机构记录每日施工现场的人员、原材料、中间产品、工程设备、施工设备、天气、施工环境、施工作业内容、存在问题及处理情况等。

(2) 发布文件。监理机构采用通知单、指示、批复、确认等书面文件开展施工监理工作。

(3) 旁站监理。监理机构按照监理合同约定和监理工作需要，在施工现场对工程重要部位和关键工序的施工实施连续性的全过程检查、监督和记录。

(4) 巡视检验。监理机构对所监理的工程施工进行定期或不定期的检查和监督。

(5) 跟踪检测。监理机构对承包人在质量检测中的取样和送检等实施监督与见证的活动。费用由承包人承担。

(6) 平行检测。监理机构在承包人对原材料、中间产品和工程质量自行检测的同时独立进行检测，以核验承包人的检测结果。费用由发包人承担。

(7) 协调。监理机构对施工合同各方之间的关系以及施工过程中出现的问题和争议进行沟通、协商和调解。

【考法题型及预测题】

根据《水利工程施工监理规范》SL 288—2014，下列说法正确的是(　　)。

A. 监理单位对承包人检验结果进行复核时可采用的工作方法是平行检测、交叉检测、第三方检测、强制性检测等

B. 在承包人对工程自行检测的同时，监理单位独立进行的检测称为跟踪检测，费用由承包人承担

C. 监理机构对承包人在质量检测中的取样和送检等实施监督与见证的活动称为跟踪检测，其费用由（发包人）承担

D. 监理机构对所监理的工程施工进行定期或不定期的检查和监督称为巡视检验

参考答案：D

解析：A 选项是 2016（2）选择题，错误；（交叉检测、第三方检测、强制性检测）不是监理采用的工作方法；B 选项是 2007（1）选择题，两处错误，正确为在承包人对工程自行检测的同时，监理单位独立进行的检测称为（平行）检测，费用由（发包人）承担；C 选项是错误，正确是其费用由（承包人）承担。

核心考点二、水利工程监理单位及其人员的要求

水利工程[监理单位]资质分类与分级…四个专业（单位、企业分类、分级）

单位分类	水利工程施工监理	水土保持工程施工监理	机电及金属结构设备制造监理	水利工程建设环境保护监理
分类后再分级	专业资质等级分为甲级、乙级、丙级三个等级	专业资质等级分为甲级、乙级、丙级三个等级	专业资质分为甲级、乙级两个等级	专业资质暂不分级

续表

监理人员分类及专业划分…4 类（监理人的分类、分专业）				
监理人分类	水利工程施工	水土保持工程施工	机电及金属设备制造	水利工程建设环境保护
分类后再分专业	水工建筑、机电设备安装、金属结构设备安装、地质勘察、工程测量 5 个专业	水土保持 1 个专业	机电设备制造、金属结构设备制造 2 个专业	环境保护 1 个专业
	特殊：总监理工程师不分类别、专业			
极易混淆的对比知识点：《水利工程质量检测管理规定》（水利部令第 36 号）检测单位资质				
单位分类	检测［单位资质］分为岩土工程、混凝土工程、金属结构、机械电气和量测共 5 个类别			
分类后再分级	每个类别分为甲级、乙级 2 个等级			

考试命题归纳：5 个考点

	分类	分类后再分级或分专业
监理单位	考法 1：单位分类	考法 2：分类后再分级
监理人员	考法 3：监理人分类	考法 4：分类后再分专业
检测单位	考法 5：单位分类	

【考法题型及预测题】

根据《水利工程施工监理规范》SL 288—2014，下列说法不正确的是(　　)。

A. 水利工程建设监理单位资质分为水利工程施工监理、水土保持工程施工监理、机电及金属结构设备制造监理、水利工程建设环境保护监理

B. 水利工程施工监理单位资格等级分为甲级、乙级和丙级三个等级，机电及金属结构设备制造监理单位资格等级分为专业甲级、专业乙级两个等级，水利工程建设环境保护监理暂不分级

C. 水利工程监理单位的监理人员中，不划分专业的是监理工程师

D. 总监理工程师的下列职责中，可授权给副总监理工程师的是审批监理实施细则、签发各类付款证书、签发监理月报、调整监理人员

E. 水利工程施工监理单位监理人员分为岩土工程、混凝土工程、金属结构、机械电气和量测五个专业

参考答案：B、C、D、E

解析：A 选项是 2010［福建］(2) 选择题，正确；B 选项是 2011 (2)、2006 (1) 选择题，机电及金属结构设备制造监理单位资格等级分为（甲级、乙级）两个等级；C 选项是 2010 (2) 选择题，不划分专业的是（总监理工程师)；D 选项是 2014 (1) 选择题，（审批监理实施细则、签发各类付款证书、签发监理月报）不可授权给副总监理工程师；

E 选项是 2016（2）选择题，水利工程施工监理单位（监理人员）分为：水工建筑、机电设备安装、金属结构设备安装、地质勘察、工程测量 5 个专业。质量检测（单位资质）分为岩土工程、混凝土工程、金属结构、机械电气和量测五个专业。

1F420122 水利工程施工监理工作的主要内容

核心考点及可考性提示

考点		2020 可考性提示
水利工程施工监理工作的主要内容	（施工准备阶段）监理工作的基本内容	★
	施工（实施阶段）监理工作的基本内容	★

★不大，★★一般，★★★极大

核心考点剖析

核心考点 （施工准备阶段）监理工作的基本内容和施工（实施阶段）监理工作的基本内容

［施工准备阶段］监理工作的基本内容（建设程序第“四”步）	施工［实施阶段］监理工作的基本内容（建设程序第“五”步）
检查开工前由发包人准备的施工条件情况： （1）首批开工项目施工图纸的提供； （2）测量基准点的移交； （3）施工用地的提供； （4）施工合同约定应由发包人负责的道路、供电、供水、通信及其他条件和资源的提供情况	1. 开工条件的控制 包括：签发开工通知、分部工程开工、单元工程开工、混凝土浇筑开仓。 2. 工程质量控制 平行检测：混凝土 3%，土方 5%； 跟踪检测：混凝土 7%，土方 10%

【考法题型及预测题】

根据《水利工程施工监理规范》SL 288—2014，下列说法正确的是(　　)。

A. 水利工程开工前，监理工程师应对由发包人准备的施工图纸和文件的供应情况、测量基准点的移交情况、施工用地提供情况等施工条件进行检查。

B. 水利工程建设项目施工监理实施阶段开工条件控制包括签发开工通知、分项工程开工、分部工程开工、单元工程开工、混凝土浇筑开仓

C. 监理单位跟踪检测混凝土试样的数量，应不少于承包人检测数量的 5%

D. 监理机构开展平行检测时，土方试样不应少于承包人检测数量的 10%

参考答案：A

解析：A 选项是 2011（1）选择题，正确，记忆简记成“图”“基”“地”“四通一

平”；B选项是2015（1）、2016（1）选择题，开工条件控制不包括（分项工程开工）；C选项是2013（2）、2014（2）、2015（2）选择题，跟踪检测，（混凝土→7%）、土方→10%；D选项是2015（8）选择题，平行检测，混凝土→3%、（土方→5%）。

1F420130 水力发电工程施工监理

核心考点提纲

水力发电工程施工监理 { 水力发电工程施工监理的工作方法和制度；水力发电工程施工监理工作的主要内容 }

1F420131 水力发电工程施工监理的工作方法和制度

略，详细内容参见考试用书。

1F420132 水力发电工程施工监理工作的主要内容

核心考点及可考性提示

考点		2020可考性提示
水力发电工程施工监理工作的主要内容	水力发电工程监理质量控制的内容	★
	水力发电工程监理合同商务管理的内容	★

★不大，★★一般，★★★极大

核心考点剖析

核心考点 水力发电工程监理质量控制的内容

◆ 工程项目划分及开工申报

工程项目划分工程开工申报及施工质量检查，一般按单位工程、分部工程、分项工程、单元工程（四级）进行划分。

◆ 工程质量检验

工程质量检验按单位工程、分部工程和单元工程（三级）进行。必须时，还应增加对重要分项工程进行工程质量检验。

【考法题型及预测题】

根据《水电水利工程施工监理规范》DL/T 5111—2012，下列说法不正确的是(　　)。

A. 工程项目划分一般按单位工程、分部工程、分项工程、单元工程进行划分

B. 工程质量检验按单位工程、分部工程和单元工程进行

C. 水力发电工程的工程变更分为常规设计变更、一般工程变更、较大工程变更和重

大工程变更

D. 根据《水利工程设计变更管理暂行办法》（水规计［2012］93号），水利工程设计变更分为常规设计变更、一般工程变更、较大工程变更和重大工程变更

参考答案：D

解析：A选项是2013（1）选择题，正确；B选项，正确；C选项是2012（1）、2014（1）、2019（2）选择题，正确；D选项是2014（2）选择题，（水利工程）设计变更只有一般设计变更和重大设计变更。

1F430000　水利水电工程项目施工相关法规与标准

1F431000　水利水电工程法规

1F431010　水法与工程建设有关的规定

核心考点提纲

水法与工程建设有关的规定：
- 河流上修建永久性拦河闸坝的补救措施
- 水工程实施保护的规定
- 水资源规划方面的水工程建设许可要求

1F431011　河流上修建永久性拦河闸坝的补救措施

核心考点剖析

《水法》第四条规定："开发、利用、节约、保护水资源和防治水害，应当全面规划、统筹兼顾、标本兼治、综合利用、讲求效益，发挥水资源的多种功能，协调好生活、生产经营和生态环境用水。"

《水法》第七条规定："国家对水资源依法实行取水许可制度和有偿使用制度。但是，农村集体经济组织及其成员使用本集体经济组织的水塘、水库中的水除外。国务院水行政主管部门负责全国取水许可制度和水资源有偿使用制度的组织实施。"

水资源定义：《水法》所称的水资源是指地表水和地下水。水常常被用于指代具体物，而水资源则用于指代抽象的、作为所有权和使用权客体的宏观资源。

【考法题型及预测题】

2019（1）-21. 根据《水法》，实行取水许可制度的水资源包括（　　）。

A. 农村集体经济组织的水塘

B. 农村集体经济组织的水库

C. 地下水

D. 湖泊

E. 江河

参考答案：C、D、E

1F431012 水工程实施保护的规定

核心考点剖析

核心考点一、禁止性规定和限制性规定的“对比”

◆ 禁止性规定：（一定不能做）

禁止在江河、湖泊、水库、运河、渠道内弃置、堆放阻碍行洪的物体和种植阻碍行洪的林木及高秆作物。

禁止在河道管理范围内建设妨碍行洪的建筑物、构筑物以及从事影响河势稳定、危害河岸堤防安全和其他妨碍河道行洪的活动。

在水工程保护范围内，禁止从事影响水工程运行和危害水工程安全的爆破、打井、采石、取土等活动。

◆ 限制性规定：（可以做，但要官方同意）

包括《水法》第三十八条规定：在河道管理范围内建设桥梁、码头和其他拦河、跨河、临河建筑物、构筑物，铺设跨河管道、电缆，应当符合国家规定的防洪标准和其他有关的技术要求，工程建设方案应当依照防洪法的有关规定报经有关水行政主管部门审查同意。

核心考点二、水工程的管理范围和保护范围“对比”

◆ 管理范围：（有产权）

指为了保证工程设施正常运行管理的需要而划分的范围，如堤防工程的护堤地等，水工程管理单位依法取得土地的使用权，管理范围通常视为水工程设施的组成部分。

◆ 保护范围：（无产权）

指为了防止在工程设施周边进行对工程设施安全有不良影响的其他活动，满足工程安全需要而划定的一定范围。保护范围内土地使用单位的土地使用权没有改变，但其生产建设活动受到一定的限制，即必须满足工程安全的要求。

核心考点三、水工程定义及容易混淆概念

◆ 水工程定义：

水工程是指在江河、湖泊和地下水源上开发、利用、控制、调配和保护水资源的各类工程。

◆ 水资源战略规划：

《水法》第十四条规定：国家制定全国水资源战略规划。开发、利用、节约、保护水资源和防治水害。

【考法题型及预测题】

《水法》第十四条规定：国家制定全国水资源战略规划，(　　)水资源和防治水害。

A. 开发　　　　　　　　　　　　　　B. 利用

C. 节约　　　　　　　　　　　　　　D. 调配

E. 保护

参考答案：A、B、C、E

解析：本题是考“水资源战略规划”。

考试技巧：无论是考“水工程定义”还是“水资源战略规划”，都有“开发、利用、保护”三个相同的内容，所以，这题只要记忆口诀“保利地产开发”即可。

根据中共中央办公厅、国务院办公厅印发的《关于全面推行河长制的意见》，全面建立省、市、县、乡四级河长体系。

各级河长负责组织领导相应河湖的：

(1) 管理和保护工作，包括水资源保护、水域岸线管理、水污染防治、水环境治理等，牵头组织对侵占河道、围垦湖泊、超标排污、非法采砂、破坏航道、电毒炸鱼等突出问题依法进行清理整治，协调解决重大问题；

(2) 对跨行政区域的河湖明晰管理责任，协调上下游、左右岸实行联防联控；

(3) 对相关部门和下一级河长履职情况进行督导，对目标任务完成情况进行考核，强化激励问责。

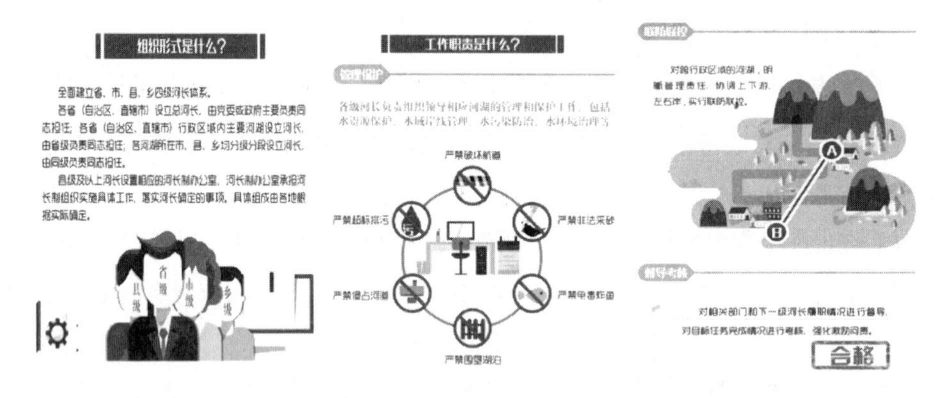

【考法题型及预测题】

2017 (1) -29. 根据《关于全面推行河长制的意见》，各级河长的职责主要有(　　)。

A. 水资源保护　　　　　　　　　　B. 牵头治理限量湖泊

C. 编制防洪规划　　　　　　　　　D. 水环境治理

E. 水污染防治

参考答案：A、B、D、E

1F431013　水资源规划方面的水工程建设许可要求

◆ 水资源规划按层次

《水法》第十四条规定：水资源规划按层次分为：全国战略规划、流域规划和区域规划。

◆ 水工程建设许可的要求

《水法》第十九条规定：建设水工程，必须（符合）流域综合规划。在国家确定的重要江河、湖泊和跨省、自治区、直辖市的江河、湖泊上建设水工程，其工程可行性研究报告报请批准前，有关流域管理机构应当对水工程的建设是否符合流域综合规划进行审查并签署意见。

◆ 水工程建设规划同意书制度的要求

水工程，是指水库、拦河闸坝、引（调、提）水工程、堤防、水电站（含航运水电枢纽工程）等在江河、湖泊上开发、利用、控制、调配和保护水资源的各类工程。桥梁、码头、道路、管道等涉河建设工程不用办理规划同意书。

水工程未取得流域管理机构或者县级以上地方人民政府水行政主管部门按照管理权限审查签署的水工程建设规划同意书的，不得开工建设。有关水行政主管部门是指水利部流域管理机构或者县级以上地方人民政府水行政主管部门，水利部负责水工程建设规划同意书制度实施的监督管理，不受理申请和审查签署规划同意书。

【考法题型及预测题】

2018（1）-24. 根据《水工程建设规划同意书制度管理办法（试行）》（水利部令第31号），水利工程不用办理规划同意书的有（　　）。

A. 桥梁　　B. 堤防

C. 水电站　　D. 码头

E. 水库

参考答案：A、D

解析：本题是“不需要”办理规划同意书的情况。这类规划同意书“需要”或者“不需要”办理的选择题，一建水利历史上考核过4次，35%左右概率再次考核，必须掌握。

1F431020　防洪的有关法律规定

核心考点提纲

防洪的有关法律规定
- 防洪规划方面的规定
- 在河道湖泊上建设工程设施的防洪要求
- 防汛抗洪方面的紧急措施
- 防汛组织的要求

1F431021　防洪规划方面的规定

核心考点剖析

《防洪法》第十一条规定：“编制防洪规划，应当遵循确保重点、兼顾一般，以及防汛和抗旱相结合、工程措施和非工程措施相结合的原则，充分考虑洪涝规律和上下游、左右岸的关系以及国民经济对防洪的要求，并与国土规划和土地利用总体规划相协调。防洪规划应当确定防护对象、治理目标和任务、防洪措施和实施方案，划定洪泛区、蓄滞洪区和防洪保护区的范围，规定蓄滞洪区的使用原则。”

《防洪法》第十七条规定：“在江河、湖泊上建设防洪工程和其他水工程、水电站等，应当符合防洪规划的要求；水库应当按照防洪规划的要求留足防洪库容。前款规定的防洪工程和其他水工程、水电站未取得有关水行政主管部门签署的符合防洪规划要求的规划同意书的，建设单位不得开工建设。”

1F431022　在河道湖泊上建设工程设施的防洪要求

核心考点剖析

◆ 防洪区定义：防洪区是指洪水泛滥可能淹及的地区，分为洪泛区、蓄滞洪区和防洪保护区。

洪泛区	洪泛区是指尚无工程设施保护的洪水泛滥所及的地区
蓄滞洪区	蓄滞洪区是指包括分洪口在内的河堤背水面以外临时贮存洪水的低洼地区及湖泊等
防洪保护区	防洪保护区是指在防洪标准内受防洪工程设施保护的地区。(被保护地区)

◆《防洪法》第二十七条规定：

建设跨河、穿河、穿堤、临河的桥梁、码头、道路、渡口、管道、缆线、取水、排水等工程设施，应当符合防洪标准、岸线规划、航运要求和其他技术要求，不得危害堤防安全，影响河势稳定、妨碍行洪畅通。

其可行性研究报告按照国家规定的基本建设程序报请批准前，其中的工程建设方案应当经有关水行政主管部门根据前述防洪要求审查同意。

◆《防洪法》第三十三条规定：

在洪泛区、蓄滞洪区内建设非防洪建设项目，应当就洪水对建设项目可能产生的影响和建设项目对防洪可能产生的影响作出评价，编制洪水影响评价报告，提出防御措施。建设项目可行性研究报告按照国家规定的基本建设程序报请批准时，应当附具有关水行政主管部门审查批准的洪水影响评价报告。

◆《防洪法》第三十三条规定：

在蓄滞洪区内建造房屋应当采用平顶式结构。房屋采用平顶式结构是一种紧急避洪措施。

◆《防洪法》第五十八条规定：

违反本法第三十三条第一款规定，在洪泛区、蓄滞洪区内建设非防洪建设项目，未编制洪水影响评价报告的，责令限期改正；逾期不改正的，处[五万元以下的罚款]。

1F431023　防汛抗洪方面的紧急措施

核心考点剖析

◆《防洪法》第四十一条规定：

保证水位：是指保证江河、湖泊在汛期安全运用的上限水位。相应保证水位时的流量称为安全流量。

警戒水位：江河、湖泊的水位在汛期上涨可能出现险情之前而必须开始警戒并准备防汛工作时的水位称为警戒水位。

设计洪水位：指水库遇到设计洪水时，在坝前达到的最高水位，是水库在正常运用设计情况下允许达到的最高水位。

【考法题型及预测题】

2019（2）-18. 河道在汛期安全运用的上限水位是指(　　)。

A. 保证水位　　B. 最高洪水位

C. 设计水位　　D. 校核水位

参考答案：A

1F431024　防汛组织的要求

◆《防汛条例》相关内容，是《防洪法》的下位法，内容类似，略。

1F431030　水土保持的有关法律规定

核心考点提纲

水土保持的有关法律规定
- 修建工程设施的水土保持预防规定
- 水土流失治理要求

1F431031　修建工程设施的水土保持预防规定

核心考点剖析

水土保持是针对水土流失现象提出的，是水土流失的相对语，是对[自然因素]和[人为活动]造成水土流失所采取的预防和治理措施。

[自然因素]包括地形、地质条件、土壤、降雨、植被等，其中降雨是产生水土流失的基本动力。

水土流失形式包括[水的损失]和[土的损失]（[土壤侵蚀]）。

水土流失程度用侵蚀模数表示，即单位时间内单位面积上土壤流失的数量。

【考法题型及预测题】

2019（2）-29. 开发建设项目水土流失防治指标包括（　　）。

A. 土地侵蚀模数　　B. 扰动土地整治率

C. 水土流失总治理度　　D. 土壤流失控制比

E. 拦渣率

参考答案：B、C、D、E

解析：本题土地侵蚀模数作为干扰选项出现，土地侵蚀模数是“水土流失程度的指标”，不是“防治指标”。

1F431032　水土流失治理要求

核心考点剖析

核心考点一、一禁止、三允许

《水土保持法》第二十条规定：

禁止在二十五度以上陡坡地开垦种植农作物。

允许在二十五度以上陡坡地种植经济林的，应当科学选择树种，合理确定规模，采取水土保持措施，防止造成水土流失。

《水土保持法》第二十三条规定：

允许在五度以上坡地植树造林、抚育幼林、种植中药材等，应当采取水土保持措施。

允许在禁止开垦坡度以下、五度以上［即 5 度<X<25 度］的荒坡地开垦种植农作物，应当采取水土保持措施。具体办法由省、自治区、直辖市根据本行政区域的实际情况规定。

【考法题型及预测题】

1. 2017（2）-18. 根据《中华人民共和国水土保持法》，在陡坡地上开垦种植农作物，坡度不得陡于（　　）度。

A. 十　　B. 十五

C. 二十　　D. 二十五

参考答案：D

解析：考核的知识点是“农作物”不允许。

2. ｛模拟题｝2017（2）-18. 根据《中华人民共和国水土保持法》，在（　　）荒坡地开垦种植农作物，应当采取水土保持措施。

A. 禁止开垦坡度以上、五度以上　　B. 禁止开垦坡度以下、五度以下

C. 禁止开垦坡度以上、五度以下　　D. 禁止开垦坡度以下、五度以上

参考答案：D

解析：考核的知识点是“农作物”允许。

核心考点二、水土保持方案分类、批准机关、三同时制度

◆ 水土保持方案分类

水土保持方案分为“水土保持方案报告书”和“水土保持方案报告表”。

◆ 水土保持方案批准机关

《水土保持法》第二十五条规定：在山区、丘陵区、风沙区以及水土保持规划确定的容易发生水土流失的其他区域开办可能造成水土流失的生产建设项目，生产建设单位应当编制水土保持方案，报县级以上人民政府水行政主管部门审批，并按照经批准的水土保持方案，采取水土流失预防和治理措施。水土保持措施需要作出重大变更的，应当经原审批机关批准。

◆ 水土保持方案三同时制度

《水土保持法》第二十七条规定：“依法应当编制水土保持方案的生产建设项目中的水土保持设施，应当与主体工程同时设计、同时施工、同时投产使用；生产建设项目竣工验收，应当验收水土保持设施；水土保持设施未经验收或者验收不合格的，生产建设项目不得投产使用。”

【考法题型及预测题】

2018（1）-12. 根据《中华人民共和国水土保持法》下列关于水土保持设施与主体“三同时”的说法错误的是（　　）。

A. 同时设计　　　　B. 同时施工

C. 同时投产使用　　D. 同时验收

参考答案：D

核心考点三、水土流失区的划分、防治指标和防治标准

◆ 水土流失区的划分

根据上述基本要求，国家在水土流失重点预防区和重点治理区，实行地方各级人民政府水土保持目标责任制和考核奖惩制度。

在水土保持规划中，对水土流失潜在危险较大的区域，划定为水土流失重点预防区；

对水土流失严重的区域，划定为水土流失重点治理区。

◆ 水土流失防治指标

六指标：开发建设项目水土流失防治指标应包括扰动土地整治率、水土流失总治理度、土壤流失控制比、拦渣率、林草植被恢复率、林草覆盖率等六项。

◆ 水土流失防治标准

三标准：根据开发建设项目所处地理位置可将其水土流失防治标准分为三级（一级标准、二级标准、三级标准）。

一级标准：国家级水土流失重点预防保护区、重点监督区和重点治理区及省级重点预防保护区。

二级标准：省级水土流失重点预防保护区和重点监督区。

三级标准：一级和二级未涉及的其他区域。

【考法题型及预测题】

1. 2019（2）-29. 开发建设项目水土流失防治指标包括（　　）。

A. 土地侵蚀模数　　B. 扰动土地整治率

C. 水土流失总治理度　　D. 土壤流失控制比

E. 拦渣率

参考答案：B、C、D、E

2. 2018（2）-16. 根据《水土保持法》，位于省级水土流失重点治理区的建设项目，其水土流失防治标准应为（　　）

A. 一级　　B. 二级

C. 三级　　D. 四级

参考答案：B

核心考点四、水土保持和治理措施

<table>
<tr><td rowspan="6">水土保持的措施</td><td colspan="2">水土保持的措施分为防冲措施、储存措施、覆垦措施、利用措施和植物措施</td></tr>
<tr><td>防冲措施</td><td>指针对生产建设项目而布设的相应防冲拦渣工程</td></tr>
<tr><td>储存措施</td><td>是指为弃土弃渣、尾矿尾砂而专门设置尾矿库或储渣储土库</td></tr>
<tr><td>覆垦措施</td><td>指针对废弃的开采场等覆土垦殖，增加植被，恢复利用</td></tr>
<tr><td>利用措施</td><td>指对废弃物综合利用</td></tr>
<tr><td>植物措施</td><td>（内容略）</td></tr>
<tr><td rowspan="3">水土治理的措施</td><td>水力侵蚀</td><td>在水力侵蚀地区，地方各级人民政府及其有关部门应当组织单位和个人，以天然沟壑及其两侧山坡地形成的小流域为单元，因地制宜地采取工程措施、植物措施和保护性耕作等措施，进行坡耕地和沟道水土流失综合治理</td></tr>
<tr><td>风力侵蚀</td><td>在风力侵蚀地区，地方各级人民政府及其有关部门应当组织单位和个人，因地制宜地采取轮封轮牧、植树种草、设置人工沙障和网格林带等措施，建立防风固沙防护体系</td></tr>
<tr><td>重力侵蚀</td><td>在重力侵蚀地区，地方各级人民政府及其有关部门应当组织单位和个人，采取监测、径流排导、削坡减载、支挡固坡、修建拦挡工程等措施，建立监测、预报、预警体系</td></tr>
</table>

【考法题型及预测题】

为弃土弃渣、尾矿尾砂而专门设置尾矿库或储渣储土库属于水土保持的(　　)措施。

A. 防冲措施　　B. 储存措施

C. 覆垦措施　　D. 利用措施

参考答案：B

1F431040　大中型水利水电工程建设征地补偿和移民安置的有关规定

核心考点提纲

大中型水利水电工程建设征地补偿和移民安置的有关规定：
- 大中型水利水电工程建设征地补偿标准的规定
- 大中型水利水电工程建设移民安置工程验收的规定

1F431041　大中型水利水电工程建设征地补偿标准的规定

核心考点剖析

核心考点一、移民原则和管理体制

◆ 移民原则

《水法》第二十九条规定：“国家对水工程建设移民实行开发性移民的方针，按照前期补偿、补助与后期扶持相结合的原则。”

◆管理体制

《条例》指出，移民安置工作实行政府领导、分级负责、县为基础、项目法人参与的管理体制。

核心考点二、征地补偿和移民安置资金包括内容

征地补偿和移民安置资金包括土地补偿费、安置补助费，农村居民点迁建、城(集)镇迁建、工矿企业迁建以及专项设施迁建或者复建补偿费(含有关地上附着物补偿费)，移民个人财产补偿费(含地上附着物和青苗补偿费)和搬迁费，库底清理费，淹没区文物保护费和国家规定的其他费用。

1F431042　大中型水利水电工程建设移民安置工程验收的规定

(略)

1F432000　水利水电工程建设强制性标准

1F432010　水利工程施工的工程建设标准强制性条文

核心考点提纲

水利工程施工的工程建设标准强制性条文：
- 水利工程建设标准体系框架
- 劳动安全与工业卫生的内容
- 水利工程土石方施工的内容
- 水工建筑物施工的内容

1F432011　水利工程建设标准体系框架

核心考点剖析

水利部组织制定了《水利技术标准体系表》。体系表采用由专业门类、专业序列和层次构成的三维框架结构。

体系结构统计表

功能序列	层次＼专业门类	A综合	B水资源	C水文水环境	D大中型水利水电工程	E防洪抗旱	F农村水利	G水土保持	H农村水电	I移民	J水利信息化	K水产	小计
a综合	1基础	14	2	1	6	1	3	1	1	1	17	37	84
	2通用	0	6	0	1	4	0	3	0	0	4	0	18
	3专用	3	8	4	8	5	32	22	2	1	23	0	108
	小计	17	16	5	15	10	35	26	3	2	44	37	210
b规划	1基础	1	2	0	0	3	0	1	2	3	0	0	12
	2通用	0	4	0	0	0	0	2	0	0	0	0	6
	3专用	0	7	4	6	1	4	0	4	0	0	0	26
	小计	1	13	4	6	4	4	3	6	3	0	0	44
c勘测	1基础	0	0	0	0	0	0	0	0	0	0	0	0
	2通用	0	0	0	3	0	0	0	0	0	0	0	3
	3专用	0	1	0	17	1	0	0	1	1	0	0	21
	小计	0	1	0	20	1	0	0	1	1	0	0	24
d设计	1基础	0	1	3	0	6	6	3	3	0	3	0	25
	2通用	0	0	0	2	0	0	0	0	0	2	0	4
	3专用	0	4	2	66	11	7	1	7	3	24	0	125
	小计	0	5	5	68	17	13	4	10	3	29	0	154
e施工安装	1基础	0	0	0	0	0	0	0	0	0	0	0	0
	2通用	0	0	0	1	0	0	0	0	0	0	0	1
	3专用	0	0	1	31	4	0	1	2	0	0	0	39
	小计	0	0	1	32	4	0	1	2	0	0	0	40

1F432012 劳动安全与工业卫生的内容

核心考点剖析

核心考点一、劳动安全

◆ 1.《水利水电工程劳动安全与工业卫生设计规范》GB 50706—2011

4.2.11 安全电压供电电路中的电源变压器，严禁采用自耦变压器。

4.2.16 易发生爆炸、火灾造成人身伤亡的场所应装设应急照明。

4.5.7 机械排水系统的排水管管口高程低于下游校核洪水位时，必须在排水管道上装设逆止阀。

4.5.8 防洪防淹设施应设置不少于 2 个的独立电源供电，且任意一电源均应能满足工作负荷的要求。

◆ 2.《水工建筑物滑动模板施工技术规范》SL 32—2014

9.3.3 操作平台及悬挂脚手架边缘应设防护栏杆，其高度应不小于 120cm，横挡间距应不大于 35cm，底部应设高度不小于 30cm 的挡板且应封闭密实。在防护栏杆外侧应挂安全网封闭。

9.4.5 人货两用的施工升降机在使用时，严禁人货混装。

◆ 3.《核子水分-密度仪现场测试规程》SL 275—2014

附录 B

B.1 凡使用核子水分一密度仪的单位均应取得“许可证”，操作人员应经培训并取得上岗证书。

B.2 由专业的人员负责仪器的使用、维护保养和保管，但不得拆装仪器内放射源。

B.5 仪器操作人员在使用仪器时，应佩戴射线剂量计，监测和记录操作人员所受射线剂量，并建立个人辐射剂量记录档案。

B.6 每隔 6 个月按相关规定对仪器进行放射源泄露检查，检查结果不符合要求的仪器不得再投入使用。

◆ 4.《水利水电工程施工组织设计规范》SL 303—2017

◇ 稳定安全系数

(1) 土石围堰边坡稳定安全系数应满足下表规定：

土石围堰边坡稳定安全系数

围堰级别	计算方法	
	瑞典圆弧法	简化毕肖普法
3 级	≥1.20	≥1.30
4 级、5 级	≥1.05	≥1.15

(2) 重力式混凝土围堰、浆砌石围堰应满足下表规定：

重力式混凝土围堰、浆砌石围堰

公式	要求1	要求2
采用抗剪断公式	安全系数K'应不小于3.0	排水失效时，安全系数K'应不小于2.5
采用抗剪强度公式计算时	安全系数K应不小于1.05	

◇ 堰顶高程计算

（1）堰顶高程不低于设计洪水的静水位与波浪高度及堰顶安全加高值之和，其堰顶安全加高不低于下表规定：

不过水围堰的安全超高下限值（m）

围堰形式	围堰级别	
	3	4、5
土石围堰	0.7	0.5
混凝土围堰、浆砌石围堰	0.4	0.3

（2）土石围堰防渗体顶部在设计洪水静水位以上的加高值：斜墙式防渗体为0.6～0.8m；心墙式防渗体为0.3～0.6m。

5.《水工建筑物地下开挖工程施工规范》SL 378—2007

8.4.2 竖井吊罐及斜井运输车牵引绳，应有断绳保险装置。

8.4.11 井口应设阻车器、安全防护栏或安全门。

11.1.1 地下洞室开挖施工过程中，洞内氧气体积不应少于20%，有害气体和粉尘含量应符合规定标准。

13.2.11 爆破完成后，待有害气体浓度降低至规定标准时，方可进入现场处理哑炮并对爆破面进行检查，清理危石。清理危石应由有施工经验的专职人员负责实施。

6.《小型水电站施工安全规程》SL 626—2013

◆ 3.7.1 闸门安装应符合下列规定：

底水封（或防撞装置）安装时，门体应处于全关（或全开）状态，启闭机应挂停机牌，并应派专人值守，严禁擅自启动。

3.7.13 检查机组内部应3人以上，并应配带手电筒，特别是进入钢管、蜗壳和发电机风洞内部时，应留1人在进入口处守候。

◆ 7.《水利水电地下工程施工组织设计规范》SL 642—2013

7.2.3 下列地区不应设置施工临时设施：

（1）严重不良地质区或滑坡体危害区。

（2）泥石流、山洪、沙暴或雪崩可能危害区。

（5）受爆破或其他因素影响严重的区域。

◆ 8.《水利水电工程施工安全防护设施技术规范》SL 714—2015

3.10.10 载人提升机械应设置下列安全装置，并保持灵敏可靠：

（1）上限位装置（上限位开关）。

（2）上极限限位装置（越程开关）。

（3）下限位装置（下限位开关）。

（4）断绳保护装置。

（5）限速保护装置。

（6）超载保护装置。

7.2.1　制冷系统车间应符合下列规定：

（1）控制盘柜与氨压机应分开隔离布置，并符合防火防爆要求。

（2）所有照明、开关、取暖设施等应采用防爆电器。

（3）设有固定式氨气报警仪。

（4）配备有便携式氨气检测仪。

（5）设置应急疏散通道并明确标识。

【考法题型及预测题】

1.2019（1）2.3.

背景：

事件4：施工现场设有氨压机车间，甲公司将其作为重大危险源进行管理，并依据《水利水电工程施工安全防护设施技术规范》SL 714—2015制定了氨压机车间必须采取的安全技术措施。

问题：事件4中氨压机车间必须采取的安全技术措施有哪些？

参考答案：（满分4分）

氨压机车间必须具备的安全技术措施：

控制盘柜与氨压机应分开隔离设置，并符合防火防爆要求；

所有照明、开关、取暖设施应采用防爆电器；

设有固定式氨气报警仪；

配备有便携式氨气检测仪；

设置应急疏散通道并明确标识。

2.2018（1）-29.《水利水电工程施工安全防护设施技术规范》SL 714—2015中，载人提升机械应设计的安全装置包括(　　)。

A. 超载保护装置　　B. 断绳保护装置

C. 防爆保护装置　　D. 限速保护装置

E. 防雨保护装置

参考答案：A、B、D

核心考点二、工业卫生

◆ 1.《水利水电工程施工通用安全技术规程》SL 398—2007

3.4.11　工程建设各单位应建立职业卫生管理规章制度和施工人员职业健康档案，对从事尘、毒、噪声等职业危害的人员应每年进行一次职业体检，对确认职业病的职工应及时给予治疗，并调离原工作岗位。

◆ 2.《水利水电地下工程施工组织设计规范》SL 642—2013

9.1.1　施工过程中，洞内氧气浓度不应小于20%。

【考法题型及预测题】

2017（1）-19. 根据《水利水电工程施工通用安全技术规程》SL 398—2007 规定，对从事尘、毒、噪声等职业危害的人员应进行(　　)职业体检。

A. 每季一次　　B. 每半年一次

C. 每年一次　　D. 每两年一次

参考答案：C

1F432013　水利工程土石方施工的内容

核心考点剖析

核心考点一、开挖规范

◆1.《水工建筑物岩石基础开挖工程施工技术规范》SL 47—1994

1.0.8　严禁在设计建基面、设计边坡附近采用洞室爆破法或药壶爆破法施工。

2.1.2　未经安全技术论证和主管部门批准，严禁采用自下而上的开挖方式。

【考法题型及预测题】

2019（2）-21. 根据《水工建筑物岩石基础开挖工程施工技术规范》SL 47—1994，水工建筑物岩石基础开挖临近建基面不应采用(　　)施工。

A. 洞室爆破　　B. 梯段爆破

C. 预留保护层人工撬挖　　D. 药壶爆破

E. 深孔爆破

参考答案：A、D

◆2.《水工建筑物地下开挖工程施工规范》SL 378—2007

5.2.2　地下洞室洞口削坡应自上而下分层进行，严禁上下垂直作业。进洞前，应做好开挖及其影响范围内的危石清理和坡顶排水，按设计要求进行边坡加固。

5.5.5　当特大断面洞室设有拱座，采用先拱后墙法开挖时，应注意保护和加固拱座岩体。拱脚下部的岩体开挖，应符合下列条件：

（1）拱脚下部开挖面至拱脚线最低点的距离不应小于 1.5m；

（2）顶拱混凝土衬砌强度不应低于设计强度的 75%。

13.2.6　当相向开挖的两个工作面相距小于 30m 或 5 倍洞径距离爆破时，双方人员均应撤离工作面；相距 15m 时，应停止一方工作，单向开挖贯通。

13.2.7　竖井或斜井单向自下而上开挖，距贯通面 5m 时，应自上而下贯通。

13.2.10　采用电力起爆方法，装炮时距工作面 30m 以内应断开电源，可在 30m 以外用投光灯或矿灯照明。

【考法题型及预测题】

2018（2）2.4.

背景：

事件 3：输水洞开挖采用爆破法施工，施工分甲、乙两组从输水洞两端相向进行。当两个开挖工作面相距 25m，乙组爆破时，甲组在进行出渣作业：当两个开挖工作面相距

10m，甲组爆破时，导致乙组正在作业的3名工人死亡。事故发生后，现场有关人员立即向本单位负责人进行了电话报告。

问题：指出事件3中施工方法的不妥之处，并说明正确做法。

参考答案：

（1）不妥之处：

① 当两个开挖工作面相距25m，乙组爆破时，甲组在进行出渣作业。

② 当两个开挖工作面相距10m，甲组爆破时，导致乙组正在作业的3名工人死亡。

（2）正确做法：

① 地下相向开挖的两端在相距30m以内时，装炮前应通知另一端暂停工作，退到安全地点。

② 当相向开挖的两端在相距30m以内时，一端应停止掘进，单头贯通。

核心考点二、锚固与支护规范

1.《水工预应力锚固施工规范》SL 46—1994

8.3.2　张拉操作人员未经考核不得上岗；张拉时必须按规定的操作程序进行，严禁违章操作。

2.《水利水电工程锚喷支护技术规范》SL 377—2007

9.1.17　竖井或斜井中的锚喷支护作业应遵守下列安全规定：

1. 井口应设置防止杂物落入井中的措施。

2. 采用溜筒运送喷射混凝土混合料时，井口溜筒喇叭口周围应封闭严密。

1F432014　水工建筑物施工的内容

核心考点一、混凝土工程规范

◆ 1.《水工建筑物滑动模板施工技术规范》SL 32—2014

6.4.2　混凝土面板堆石坝面板滑模设计应符合下列规定：

混凝土面板堆石坝滑动模板应具有制动保险装置；采用卷扬机牵引时，卷扬机应设置安全可靠的地锚。

8.0.5　每滑升1～3m，应对建筑物的轴线、尺寸、形状、位置及标高进行测量检查，并做好记录。

9.1.3　在滑模施工中应及时掌握当地气象情况，遇到雷雨、六级和六级以上大风时，露天的滑模应停止施工，采取停滑措施。全部人员撤离后，应立即切断通向操作平台的供电电源。

9.2.3　危险警戒区内的建筑物出入口、地面通道及机械操作场所，应搭设高度不小于2.5m的安全防护棚。

9.4.2　施工升降机应有可靠的安全保护装置，运输人员的提升设备的钢丝绳的安全系数不应小于12。

◆ 2.《水工碾压混凝土施工规范》SL 53—1994

1.0.3　施工前应通过现场碾压试验验证碾压混凝土配合比的适应性，并确定其施工工艺参数。

4.5.5 每层碾压作业结束后，应及时按网格布点检测混凝土的压实容重。所测容重低于规定指标时，应立即重复检测，并查找原因，采取处理措施。

4.5.6 连续上升铺筑的碾压混凝土，层间允许间隔时间（系指下层混凝土拌合物拌合加水时起到上层混凝土碾压完毕为止），应控制在混凝土初凝时间以内。

◆ 3.《水工混凝土施工规范》SL 677—2014

3.6.1 拆除模板的期限，应遵守下列规定：

（1）不承重的侧面模板，混凝土强度达到2.5MPa以上，保证其表面及棱角不因拆模而损坏时，方可拆除。

（2）钢筋混凝土结构的承重模板，混凝土达到下列强度后（按混凝土设计强度标准值的百分率计），方可拆除。

① 悬臂板、梁：跨度$l \leqslant 2$m，75%；跨度$l > 2$m，100%。

② 其他梁、板、拱：跨度$l \leqslant 2$m，50%；2m＜跨度$l \leqslant 8$m，75%；跨度$l > 8$m，100%。

核心考点二、灌浆工程规范

1.《水工建筑物水泥灌浆施工技术规范》SL 62—2014

8.1.1 接缝灌浆应在库水位低于灌区底部高程的条件下进行。蓄水前应完成蓄水初期最低库水位以下各灌区的接缝灌浆及其验收工作。

2.《水利水电建设工程验收规程》SL 223—2008

4.1.11 对涉及工程结构安全的试块、试件及有关材料，应实行见证取样。见证取样资料由施工单位制备，记录应真实齐全，参与见证取样人员应在相关文件上签字。

4.3.3 施工单位应按《单元工程评定标准》及有关技术标准对水泥、钢材等原材料与中间产品质量进行检验，并报监理单位复核。不合格产品，不得使用。

4.3.4 水工金属结构、启闭机及机电产品进场后，有关单位应按有关合同进行交货检查和验收。安装前，施工单位应检查产品是否有出厂合格证、设备安装说明书及有关技术文件。无出厂合格证或不符合质量标准的产品不得用于工程中。

1F432020 水力发电及新能源工程施工及验收的工程建设标准强制性条文

核心考点提纲

水力发电及新能源工程施工及验收的工程建设标准强制性条文｛水力发电工程地质与开挖的内容

1F432021 水力发电工程地质与开挖的内容

核心考点剖析

核心考点一、地下开挖工程施工技术规范

《水工建筑物地下工程开挖施工技术规范》DL/T 5099—2011

7.3.2　进行爆破时，人员应撤至飞石、有害气体和冲击波的影响范围之外，且无落石威胁的安全地点。

单向开挖隧洞，安全地点至爆破工作面的距离，应不少于200m。

7.3.3　洞室群几个工作面同时放炮时，应有专人统一指挥，确保起爆人员的安全和相邻炮区的安全准爆。

12.2.7　对有瓦斯、高温等作业区，应做专项通风设计。

12.3.2　施工中遇到含瓦斯地段时，并应遵守下列规定：

（1）机电设备及照明灯具等，均应采用防爆形式。

（2）应配备专职瓦斯检测人员。

12.3.3　洞内施工不应使用汽油机械，使用柴油机械时，宜加设废气净化装置。柴油机械燃料中宜掺添加剂，以减少有毒气体的排放量。

核心考点二、《水电水利工程爆破施工技术规范》DL/T 5135—2013

3.1.13　爆破后人员进入工作面检查等待时间应按下列规定执行：

1　明挖爆破时，应在爆破后5min进入工作面；当不能确认有无盲炮时，应在爆破后15min进入工作面。

2　地下洞室爆破应在爆破后15min，并经检查确认洞室内空气合格后，方可准许人员进入工作面。

3　拆除爆破应等待倒塌建（构）筑物和保留建（构）筑物稳定之后，方可准许人员进入现场。

3.1.15　保护层及邻近保护层的爆破孔不得使用散装流态炸药。

近年真题篇

2019年度全国一级建造师执业资格考试《水利水电工程管理与实务》真题

一、单项选择题（共20题，每题1分。每题的备选项中，只有1个最符合题意）

1. 高边坡稳定监测宜采用(　　)。

A. 视准线法　　B. 水准观测法

C. 交会法　　D. 三角高程法

2. 水库大坝级别为3级，其合理使用年限为(　　)年。

A. 30　　B. 50

C. 100　　D. 150

3. 混凝土粗集料最大粒径不应超过钢筋净间距的(　　)。

A. 1/4　　B. 1/2

C. 3/5　　D. 2/3

4. 水库最高洪水位以下的静库容是(　　)。

A. 总库容　　B. 防洪库容

C. 调洪库容　　D. 有效库容

5. Ⅱ类围岩的稳定性状态是(　　)。

A. 稳定　　B. 基本稳定

C. 不稳定　　D. 极不稳定

6. 水工隧洞中的灌浆施工顺序为(　　)。

A. 先接缝灌浆，后回填灌浆，再固结灌浆

B. 先固结灌浆，后回填灌浆，再接缝灌浆

C. 先回填灌浆，后固结灌浆，再接缝灌浆

D. 先回填灌浆，后接缝灌浆，再固结灌浆

7. 钢筋经过调直机调直后，其表面伤痕不得使钢筋截面面积减少(　　)以上。

A. 5%　　B. 6%

C. 7%　　D. 8%

8. 大型水斗式水轮机的应用水头约为(　　)m。

A. 5～100　　B. 20～300

C. 50～100　　D. 300～1700

9. 重新编报可行性研究报告的情形之一是，初步设计静态总投资超过可行性研究报告相应估算静态总投资(　　)时。

A. 5%　　B. 10%

C. 12%　　D. 15%

10. 水利工程项目建设实行的“三项”制度是(　　)。

A. 业主负责制、招标投标制、建设监理制

B. 合同管理制、招标投标制、建设监理监督制

C. 业主负责制、施工承包制、建设监理制

D. 项目法人责任制、招标投标制、建设监理制

11. 水闸首次安全鉴定应在竣工验收后(　　)年内进行。

A. 3　　B. 5

C. 8　　D. 10

12. 根据《水利部关于修订印发水利建设质量工作考核办法的通知》(水建管［2018］102号)，不属于监理单位质量控制考核内容的是(　　)。

A. 质量控制体系建立情况　　B. 监理控制相关材料报送情况

C. 监理控制责任履行情况　　D. 稽察提出质量问题整改情况

13. 混凝土入仓温度是指混凝土下料后平仓前测得的混凝土深(　　)处的温度。

A. 3～5cm　　B. 5～10cm

C. 10～15cm　　D. 15～20cm

14. 水利工程质量缺陷备案表由(　　)组织填写。

A. 项目法人　　B. 监理单位

C. 质量监督机构　　D. 第三方检测机构

15. 水闸工程建筑物覆盖范围以外，水闸两侧管理范围宽度最少为(　　)m。

A. 20　　B. 25

C. 30　　D. 35

16. 根据水利部建设项目验收相关规定，项目法人完成工程建设任务的凭据是(　　)。

A. 竣工验收鉴定书　　B. 工程竣工证书

C. 合同工程竣工鉴定书　　D. 项目投入使用证书

17. 根据用电负荷的重要性和停电造成的损失程度，钢筋加工厂的主要设备负荷属于(　　)类负荷。

A. 二　　B. 三

C. 四　　D. 五

18. 材料储量计算公式 $q=QdK/n$，其中 d 为(　　)。

A. 年工作日数　　B. 需要材料的储存天数

C. 材料总需要量的不均匀系数　　D. 需要材料储量

19. 夜间施工时，施工作业噪声传至以居住为主区域的等效声级限值不允许超过(　　)dB(A)。

A. 45　　B. 50

C. 55　　D. 60

20. 下列船舶类型中，不适合在沿海施工的是(　　)。

A. 750m^3/h 的链斗式挖泥船　　B. 500m^3/h 的绞吸式挖泥船
C. 4m^3的铲斗式挖泥船　　D. 294kW 的拖轮拖带泥驳

二、多项选择题（共 10 题，每题 2 分。每题的备选项中，有 2 个或 2 个以上符合题意，至少有 1 个错项。错选，本题不得分；少选，所选的每个选项得 0.5 分）

21. 根据《水法》，实行取水许可制度的水资源包括(　　)。
A. 农村集体经济组织的水塘　　B. 农村集体经济组织的水库
C. 地下水　　D. 湖泊
E. 江河

22. 岩层断裂构造分为(　　)。
A. 节理　　B. 蠕变
C. 劈理　　D. 断层
E. 背斜

23. 水工混凝土的配合比包括(　　)。
A. 水胶比　　B. 砂率
C. 砂胶比　　D. 浆骨比
E. 砂骨比

24. 混凝土防渗墙下基岩帷幕灌浆宜采用(　　)。
A. 自上而下分段灌浆　　B. 自下而上分段灌浆
C. 孔口封闭法灌浆　　D. 全孔一次灌浆
E. 纯压式灌浆

25. 土石坝土料填筑的压实参数包括(　　)等。
A. 铺土厚度　　B. 碾压遍数
C. 相对密度　　D. 压实度
E. 含水量

26. 水利 PPP 项目实施程序主要包括(　　)等。
A. 项目论证　　B. 项目储备
C. 社会资本方选择　　D. 设备采购
E. 项目执行

27. 根据《水利建设工程施工分包管理规定》，水利工程施工分包按分包性质分为(　　)。
A. 设备分包　　B. 材料分包
C. 工程分包　　D. 劳务作业分包
E. 质量检验分包

28. 根据《水利工程质量事故处理暂行规定》，水利工程质量事故分为(　　)。
A. 特大质量事故　　B. 重大质量事故
C. 较大质量事故　　D. 一般质量事故
E. 常规质量事故

29. 根据《水电建设工程质量管理暂行办法》，工程质量事故分类考虑的因素包括事故对(　　)的影响程度。

A. 工程耐久性　　B. 工程效益

C. 工程可靠性　　D. 工程外观

E. 正常使用

30. 水利工程档案的保管期限包括(　　)等。

A. 三年　　B. 十年

C. 永久　　D. 长期

E. 短期

三、实务操作和案例分析题（共 5 题，（一）、（二）、（三）题各 20 分，（四）、（五）题各 30 分）

（一）

背景资料：

某坝后式水电站安装两台立式水轮发电机组，甲公司承包主厂房土建施工和机电安装工程，主机设备由发包方供货。合同约定：(1) 应在两台机墩混凝土均浇筑至发电机层且主厂房施工完成后，方可开始水轮发电机组的正式安装工作；(2) 1 号机为计划首台发电机组；(3) 首台机组安装如工期提前，承包人可获得奖励，标准为 10000 元/天；工期延误，承包人承担逾期违约金，标准为 10000 元/天。

单台尾水管安装综合机械使用费合计 100 元/小时，单台座环蜗壳安装综合机械使用费合计 175 元/小时。机械闲置费用补偿标准按使用费的 50%计。

施工计划按每月 30 天、每天 8 小时计，承包人开工前编制首台机组安装施工进度计划，并报监理人批准。首台机组安装施工进度计划如下图所示（单位：天）。

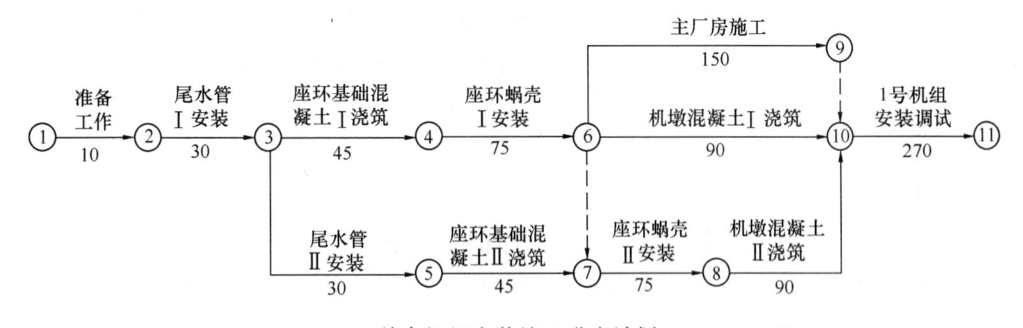

首台机组安装施工进度计划

事件一：座环蜗壳Ⅰ到货时间延期导致座环蜗壳Ⅰ安装工作开始时间延迟了 10 天，尾水管Ⅱ到货时间延期导致尾水管Ⅱ安装工作开始时间延迟了 20 天。承包人为此提出顺延工期和补偿机械闲置费要求。

事件二：座环蜗壳Ⅰ安装和座环基础混凝土Ⅱ浇筑完成后，因不可抗力事件导致后续工作均推迟一个月开始，发包人要求承包人加大资源投入，对后续施工进度计划进行优化调整，确保首台机组安装按原计划工期完成，承包人编制并报监理人批准的首台发电机组安装后续施工进度计划如下图所示（单位：天）。并约定，相应补偿措施费用 90 万元，其中包含了确保首台机组安装按原计划工期完成所需的赶工费用及工期奖励。

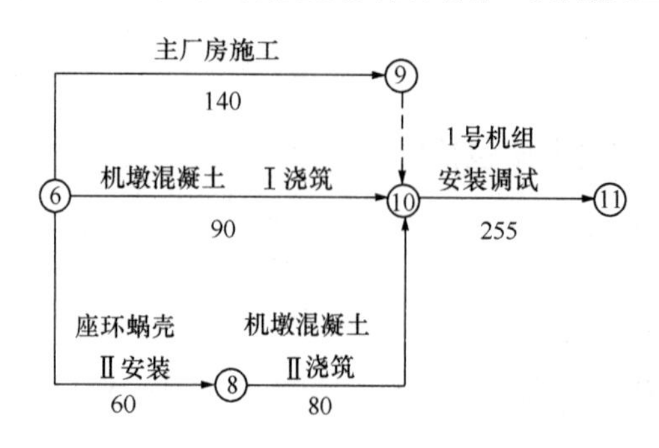

首台机组安装后续施工进度计划

事件三：监理工程师发现机墩混凝土Ⅱ浇筑存在质量问题，要求承包人返工处理，延长工作时间 10 天，返工费用 32600 元。为此，承包人提出顺延工期和补偿费用的要求。

事件四：主厂房施工实际工作时间为 155 天，1 号机组安装调试实际时间为 232 天，其他工作按计划完成。

问题：

1. 根据首台机组安装施工进度计划，计算施工进度计划总工期，并指出关键线路（以节点编号表示）。

2. 根据事件一，承包人可获得的工期顺延天数和机械闲置补偿费用分别为多少？说明理由。

3. 事件三中承包人提出的要求是否合理？说明理由。

4. 综合上述四个事件，计算首台机组安装的实际工期；指出工期提前或延误的天数，承包人可获得工期提前奖励或应承担的逾期违约金。

5. 综合上述四个事件计算承包人可获得的补偿及奖励或违约金的总金额。

（二）

背景资料：

甲公司承担了某大型水利枢纽工程主坝的施工任务。主坝长 1206.56m，坝顶高 64.00m，最大坝高 81.55m（厂房坝段），坝基最大挖深 13.50m。该标段主要由泄洪洞、河床式发电厂房、挡水坝段等组成。

施工期间发生如下事件：

事件一：甲公司施工项目部编制《××××年度汛方案》报监理单位批准。

事件二：针对本工程涉及的超过一定规模的危险性较大单项工程，分别编制了《纵向围堰施工方案》《一期上、下游围堰施工方案》《主坝基础土石方开挖施工方案》《主坝基础石方爆破施工方案》，施工单位对上述专项施工方案组织专家审查论证，将修改完成后的专项施工方案送监理单位审核。总监理工程师委托常务副总监对上述专项施工方案进行审核。

事件三：项目法人主持召开安全例会，要求甲公司按《水利水电工程施工安全管理导则》SL 721—2015及时填报事故信息等各类水利生产安全信息。安全例会通报中提到的甲公司施工现场存在的部分事故隐患见下表。

甲公司施工现场存在的部分事故隐患

序号	事故隐患内容描述
1	缺少40t履带吊安全操作规程
2	油库距离临时搭建的A休息室45m，且搭建材料的燃烧性能等级为B2
3	未编制施工用电专项方案
4	未对进场的6名施工人员进行入场安全培训
5	围堰工程未经验收合格即投入使用
6	13号开关箱漏电保护器失效
7	石方爆破工程未按专项施工方案施工
8	B休息室西墙穿墙电线未做保护，有两处破损

事件四：施工现场设有氨压机车间，甲公司将其作为重大危险源进行管理，并依据《水利工程施工安全防护设施技术规范》SL 714—2015制定了氨压机车间必须采取的安全技术措施。

事件五：木工车间的李某在用圆盘锯加工竹胶板时，碎屑飞入左眼，造成左眼失明。事后甲公司依据《工伤保险条例》，安排李某进行了劳动能力鉴定。

问题：

1. 根据《水利工程施工监理规范》SL 288—2014、《水利工程安全生产管理规定》（水利部令第26号），指出事件一和事件二中不妥之处，并简要说明原因。项目部编制度汛方案的最主要依据是什么？

2. 事件三中，除事故信息外，水利生产安全信息还应包括哪两类信息？指出甲公司施工现场存在的部分事故隐患表中可用直接判定法判定为重大事故隐患的隐患（用序号表示）。

3. 事件四中氨压机车间必须采取的安全技术措施有哪些？

4. 事件五中，造成事故的不安全因素是什么？根据《工伤保险条例》，在什么情况下，用人单位应安排工伤职工进行劳动能力鉴定？

（三）

背景资料：

某水利水电枢纽由拦河坝、溢洪道、发电引水系统、电站厂房等组成。水库库容为$12\times10^8m^3$。拦河坝为混凝土重力坝，最大坝高152m，坝顶全长905m。重力坝抗滑稳定计算受力简图如下图所示。

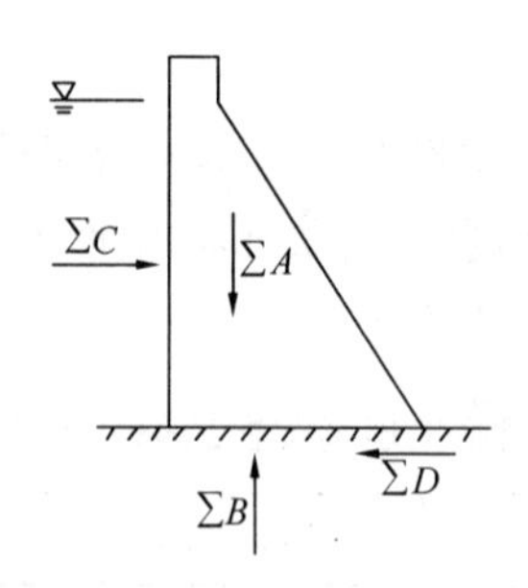

重力坝抗滑稳定计算受力简图

事件一：混凝土重力坝以横缝分隔为若干坝段。根据本工程规模和现场施工条件，施工单位将每个坝段以纵缝分为若干浇筑块进行混凝土浇筑。每个坝段采用竖缝分块形式浇筑混凝土。

事件二：混凝土重力坝基础面为岩基，开挖至设计高程后，施工单位对基础面表面松软岩石、棱角和反坡进行清除，随即开仓浇筑。

事件三：混凝土重力坝施工中，早期施工时坝体出现少量裂缝，经分析裂缝系温度应力所致。施工单位编制了温度控制技术方案，提出了相关温度控制措施，并提出出机口温度、表面保护等主要温度控制指标。

事件四：本工程混凝土重力坝为主要单位工程，分为 18 个分部工程，其中主要分部工程 12 个。单位工程施工质量评定时，分部工程全部合格，优良等级 15 个，其中主要分部工程优良等级 11 个。施工中无质量事故。外观质量得分率 91%。

问题：

1. 写出上图中$\sum A$、$\sum B$、$\sum C$、$\sum D$ 分别对应的荷载名称。

2. 事件一中，混凝土重力坝坝段分段长度一般为多少米？每个坝段的混凝土浇筑除采用竖缝分块以外，通常还可采用哪些分缝分块形式？

3. 事件二中，施工单位对混凝土重力坝基础面处理措施和程序是否完善？请说明理由。

4. 事件三中，除出机口温度、表面保护外，主要温度控制指标还应包括哪些？

5. 事件四中，混凝土重力坝单位工程施工质量等级能否评定为优良？说明原因。

（四）

背景资料

某大型引调水工程位于 Q 省 X 市，第 5 标段河道长 10km。主要工程内容包括河道开挖、现浇混凝土护坡以及河道沿线生产桥。工程沿线涉及黄庄村等 5 个村庄。根据地质资料，沿线河道开挖深度范围内均有膨胀土分布，地面以下 1～2m 地下水丰富且土层透水性较强。本标段土方 1100 万 m^3，合同价约 4 亿元，计划工期 2 年，招标文件按照《水利水电工程标准施工招标文件》（2009 年版）编制，评标办法采用综合评估法，招标文件中明确了最高投标限价。建设管理过程中发生如下事件：

事件一：评标办法中部分要求见下表。

评标办法（部分）

序号	评审因素	分值	评审标准
1	投标报价	30	评标基准价＝投标人有效投标报价去掉一个最高和一个最低后的算术平均值。 投标人有效投标报价等于评标基准价的得满分；在此基础上，偏差率每上升1%（位于两者之间的线性插值，下同）扣2分，每下降1%扣1分，扣完为止，偏差率计算保留小数点后2位。 投标人有效报价要求： （1）应当在最高投标限价85%～100%之间，不在此区间的其投标视为无效标； （2）无效标的投标报价不纳入评标基准价计算
2	投标人业绩	15	近5年每完成一个大型调水工程业绩得3分，最多得15分。业绩认定以施工合同为准
3	投标人实力	3	获得“鲁班奖”的得3分，获得“詹天佑奖”的得2分，获得Q省“青山杯”的得1分，同一获奖项目只能计算一次
4	对本标段施工的重点和难点认识	5	合理4～5分，较合理2～3分，一般1～2分，不合理不得分

招标文件约定，评标委员会在对实质性响应招标文件要求的投标进行报价评估时，对投标报价中算术性错误按现行有关规定确定的原则进行修正。

事件二：投标人甲编制的投标文件中，河道护坡现浇混凝土配合比材料用量（部分）见下表。

河道护坡现浇混凝土配合比材料用量（部分）

序号	混凝土强度等级	A	B	C	预算材料量（kg/m^3）				
					D	E	石子	泵送剂	F
	泵送混凝土								
1	C20（40）	42.5	二	0.44	292	840	1215	1.46	128
2	C25（40）	42.5	二	0.41	337	825	1185	1.69	138
	砂浆								
3	水泥砂浆M10	42.5		0.7	262	1650			183
4	水泥砂浆M7.5	42.5		0.7	224	1665			157

主要材料预算价格：水泥0.35元/kg，砂0.08元/kg，水0.05元/kg。

事件三：合同条款中，价格调整约定如下：

1. 对水泥、钢筋、油料三个可调因子进行价格调整；

2. 价格调整计算公式为$\Delta M=[P-(1\pm5\%)P_0]\times W$，式中$\Delta M$代表需调整的价格差额，$P$代表可调因子的现行价格，$P_0$代表可调因子的基本价格，$W$代表材料用量。

问题：

1. 事件一中，对投标报价中算术性错误进行修正的原则是什么？

2. 针对事件一，指出评标办法（部分）表中评审标准的不合理之处，并说明理由。

3. 根据背景材料，合理分析本标段施工的重点和难点问题。

4. 分别指出事件二表中A、B、C、D、E、F所代表的含义。

5. 计算事件二中每立方米水泥砂浆M10的预算单价。

6. 事件三中，为了价格调整的计算，还需约定哪些因素？

（五）

背景资料：

某水电站工程主要工程内容包括：碾压混凝土坝、电站厂房、溢洪道等，工程规模为中型。水电站装机容量为50MW，碾压混凝土坝坝顶高程417m，最大坝高65m。该工程施工平面布置示意图如下图所示。

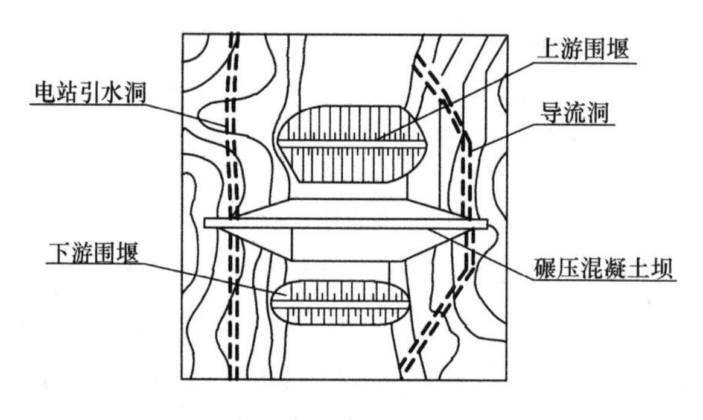

施工平面布置示意图

事件一：根据合同工期要求，该工程施工导流部分节点工期目标及有关洪水标准见下表。

施工导流部分节点工期目标及有关洪水标准表

时间节点	工期目标	洪水标准	备注
2015.11	围堰填筑完成	围堰洪水标准A	围堰顶高程362m；围堰级别为B级
2016.5	大坝施工高程达到377m高程	大坝施工期洪水标准C	相应拦洪库容为2000万m^3
2017.12	导流洞封堵完成	坝体设计洪水标准D；坝体校核洪水标准50～100年一遇	溢洪道尚不具备设计泄洪能力

事件二：上游围堰采用均质土围堰，围堰断面示意图如下图所示，施工单位分别采取瑞典圆弧法（K1）和简化毕肖普法（K2）计算围堰边坡稳定安全系数，K1、K2计算结

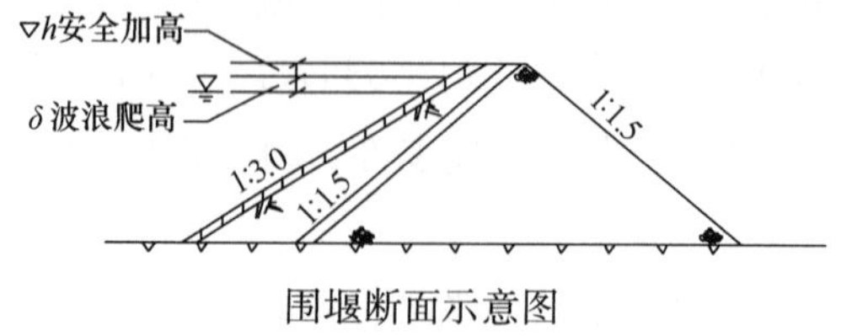

围堰断面示意图

果分别为1.03和1.08。施工单位组织编制了围堰工程专项施工方案，专项施工方案内容包括工程概况等。

事件三：碾压混凝土坝施工中，采取了仓面保持湿润等养护措施。2016年9月，现场对已施工完成的碾压混凝土坝体钻孔取芯，钻孔取芯检验项目及评价内容见下表。

钻孔取芯检验项目及评价内容

序号	检验项目	评价内容
1	芯样获得率	E
2	压水试验	F
3	芯样的物理力学性能试验	评价碾压混凝土均质性和力学性能
4	芯样断面位置及形态描述	评价碾压混凝土层间结合是否符合设计要求
5	芯样外观描述	G

事件四：为保证蓄水验收工作的顺利进行，2017年9月，施工单位根据工程进度安排，向当地水行政主管部门报送工程蓄水验收申请，并抄送项目审批部门。

问题：

1. 根据《水利水电工程施工组织设计规范》SL 303—2017，指出事件一中A、C、D分别对应的洪水标准；围堰级别B为几级？

2. 事件二中，$\bigtriangledown h$最小应为多少？K1、K2是否满足《水利水电工程施工组织设计规范》SL 303—2017的要求？规范规定的最小值分别为多少？

3. 事件二中，围堰专项施工方案除背景所述内容外，还应包括哪些内容？

4. 事件三中，除仓面保持湿润外，在碾压混凝土养护方面还应注意哪些问题？

5. 事件三表中，E、F、G分别所代表的评价内容是什么？

6. 根据《水电工程验收管理办法》（国能新能［2015］426号），指出并改正事件四中，在工程蓄水验收申请的组织方面存在的不妥之处。

2019年度真题参考答案及解析

一、单项选择题（共20题，每题1分。每题的备选项中，只有1个最符合题意）

1. C	2. B	3. D	4. A	5. B
6. C	7. A	8. D	9. D	10. D
11. B	12. D	13. B	14. B	15. C
16. A	17. B	18. B	19. A	20. D

二、多项选择题（共10题，每题2分。每题的备选项中，有2个或2个以上符合题意，至少有1个错项。错选，本题不得分；少选，所选的每个选项得0.5分）

21. C、D、E	22. A、C、D	23. A、B、D	24. A、B	25. A、B、E
26. A、B、C、E	27. C、D	28. A、B、C、D	29. A、C、E	30. C、D、E

三、实务操作和案例分析题（共5题，（一）、（二）、（三）题各20分，（四）、（五）题各30分）

（一）

1.

总工期595天。

关键线路：①→②→③→④→⑥→⑦→⑧→⑩→⑪。

2.

承包人可获得顺延工期10天，补偿机械闲置费15000元。

理由：座环蜗壳Ⅰ、尾水管Ⅱ到货延期均为发包人责任。座环蜗壳Ⅰ安装是关键工作，开始时间延迟10天，机械闲置费：10×8×175×50%=7000元。

尾水管Ⅱ安装工作总时差45天，尾水管Ⅱ安装开始时间延迟20天不影响工期。机械闲置费：20×8×100×50%=8000元。

3.

不合理，施工质量问题属于承包人责任。

4.

首台机组安装实际工期587天，工期提前8天，获得工期提前奖励8天×10000元/天=80000元。

5.

可获得：设备闲置费15000元+措施费900000元+提前奖励80000元=995000元。

（二）

1.

(1) 项目部将“××××年度汛方案”报监理单位批准不符合《水利工程建设安全生产管理规定》(水利部令第 26 号)，应报项目法人批准“××××年度汛方案”。

(2) 总监理工程师委托常务副总监审核专项施工方案不符合《水利工程施工监理规范》SL 288—2014，此工作属于总监工程师不可授权的范围，应自己审核签字。

(3) 项目部编制度汛方案的主要依据是项目法人编制的工程度汛方案及措施。

2.

(1) 水利生产安全信息还应包括：基本信息、隐患信息。

(2) 表 2 中的第 2、3、5、7 项可用直接判定法判定为重大事故隐患。

3.

氨压机车间必须具备的安全技术措施：

(1) 控制盘柜与氨压机应分开隔离设置，并符合防火防爆要求；

(2) 所有照明、开关、取暖设施应采用防爆电器；

(3) 设有固定式氨气报警仪；

(4) 配备有便携式氨气检测仪；

(5) 设置应急疏散通道并明确标识。

4.

(1) 李某未佩戴护目镜；木材加工机械的安全保护装置(排屑罩)未配备或损坏。

(2) 发生工伤，经治疗伤情相对稳定后存在残疾，影响劳动能力的，应当进行劳动能力鉴定。

(三)

1.

$\sum A$：自重；$\sum B$：扬压力；$\sum C$：水压力；$\sum D$：摩擦力。

2.

混凝土重力坝分段长度一般为 15～24m。

每个坝段的混凝土浇筑除采用竖缝分块以外，通常还可采用通仓浇筑、斜缝分块、错缝分块等分缝分块形式。

3.

不完善。混凝土重力坝基础面开挖至设计高程，应对基础面表面松软岩石、棱角和反坡进行清除，之后用高压水枪冲洗，若有油污可用金属丝清洗油污，再用高压枪吹至岩面无积水，经质检合格并按程序验收后，才能开仓浇筑。

4.

主要温度控制指标还应包括：浇筑温度、浇筑层厚度、间歇期、表面冷却、通水冷却等。

5.

不能评定为优良等级。

理由：本单位工程主要分部工程 12 个，其中优良 11 个，未达到全部优良的标准。

（四）

1.

对投标报价中算术性错误进行修正的原则是：

（1）用数字表示的数额与用文字表示的数额不一致的，以文字数额为准。

（2）单价与工程量的乘积与总价之间不一致的，以单价为准修正总价，但单价有明显的小数点错位的，以总价为准，并修改单价。

2.

投标人有效投标报价应当在最高投标限价 85%～100%之间，不妥。理由：招标文件不得设定最低投标限价。

获得 Q 省“青山杯”的得 1 分，不妥。理由：招标文件不得以本区域奖项作为加分项。

投标人业绩以施工合同为准，不妥。理由：投标人业绩除施工合同外，还包括中标通知书和合同工程完工验收证书（竣工验收证书或竣工验收鉴定书）。

3.

本标段主要施工重点和难点问题：

（1）沿线地下水丰富，施工过程中降排水问题；

（2）沿线膨胀土分布、膨胀土处理问题；

（3）本标段土方开挖量大，土方平衡与调配问题；

（4）本标段沿线涉及 5 个村庄，施工环境协调问题；

（5）本标段河道护坡现浇混凝土施工问题；

（6）本标段与其他相邻标段协调问题。

（7）本标段工程量大、工期紧，进度组织安排问题。

4.

A 代表水泥强度等级；B 代表级配；C 代表水灰比；D 代表水泥；E 代表砂（黄砂、中粗砂）；F 代表水。

5.

每立方米水泥砂浆 M10 的预算单价

＝水泥预算材料量×水泥预算价格＋砂预算材料量×砂预算价格＋水预算材料量×水预算价格

＝262×0.35＋1650×0.08＋183×0.05＝232.85 元/m^3。

6.

（1）水泥、钢筋、油料三个可调因子代表性材料选择；

（2）价格调整时间（频次）；

（3）变更、索赔项目的价格调整问题；

（4）价格调整依据的造价信息；

（5）可调因子现行价格和基本价格的具体时间约定。

（五）

1.

A 代表的洪水标准范围为 5～10 年一遇；

C 代表的洪水标准范围为 20～50 年一遇；

D 代表的洪水标准范围为 20～50 年一遇；

B 围堰级别为 5 级。

2.

▽h 最小应为 0.5m。

K1 不满足规范要求，规范规定的最小值为 1.05；K2 不满足规范要求，规范规定的最小值为 1.15。

3.

除工程概况外，专项施工方案内容还应包括：编制依据、施工计划、施工工艺技术、施工安全保证措施、劳动力计划、设计计算书及相关图纸等。

4.

碾压混凝土养护方面还应注意：

（1）正在施工和刚碾压完毕的仓面，应防止外来水流入（或不能洒水养护）；

（2）混凝土终凝后，应立即进行保湿养护；

（3）水平施工缝，洒水养护持续至上一层碾压混凝土开始铺筑；

（4）永久外露面，宜养护 28 天以上。

5.

E 评价碾压混凝土的均质性；

F 评价碾压混凝土的抗渗性；

G 评价碾压混凝土的均质性和密实性。

6.

根据《水电工程验收管理办法》（国能新能〔2015〕426 号），工程蓄水验收，项目法人应根据工程进度安排，在计划下闸蓄水前 6 个月，向工程所在地省级人民政府能源主管部门报送工程蓄水验收申请，并抄送验收主持单位。

（或：申请主体应是项目法人；申请提出时间应在计划下闸蓄水前 6 个月；应向工程所在地省级人民政府能源主管部门报送工程蓄水验收申请；应抄送验收主持单位。）

2018年度全国一级建造师执业资格考试《水利水电工程管理与实务》真题

一、单项选择题（共20题，每题1分。每题的备选项中，只有1个最符合题意）

1. 下列观测方法中，适用于翼墙沉降观测的是(　　)。

A. 交会法　　B. 视准线法

C. 小角度法　　D. 水准观测法

2. 某土石坝工程施工高程超过上游围堰顶高程，其相应的拦洪库容为$0.5\times10^8m^3$，该坝施工期临时度汛的洪水标准应为(　　)年一遇。

A. 20～50　　B. 50～100

C. 100～200　　D. 200～300

3. 某溢洪道工程控制段建筑物级别为2级，其闸门的合理使用年限应为(　　)年。

A. 20　　B. 30

C. 50　　D. 100

4. 右图为挡土墙底板扬压力示意图，图中的P_s是指(　　)。

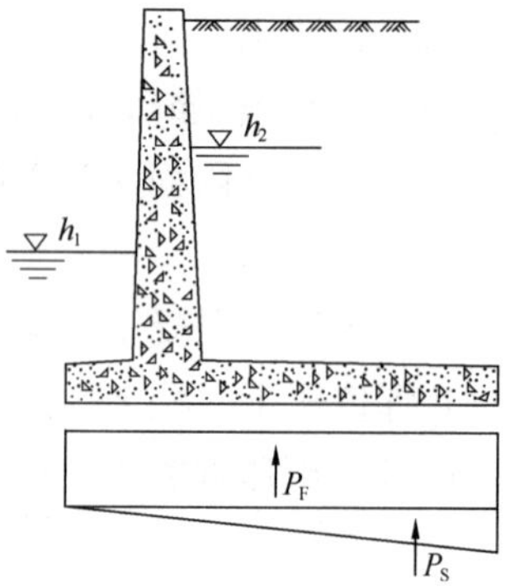

A. 浮托力

B. 静水压力

C. 动水压力

D. 渗透压力

5. 右图所示的消能方式属于(　　)。

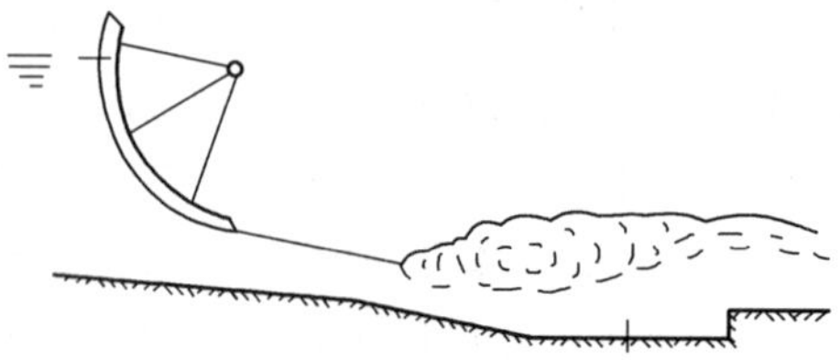

A. 底流消能

B. 挑流消能

C. 面流消能

D. 消力戽消能

6. 某5级均质土石围堰，采用简化毕肖普法验算其边坡稳定时，按《水利水电工程施工组织设计规范》SL 303—2017规定，其边坡稳定安全系数应不小于(　　)。

A. 1.05　　B. 1.15

C. 1.20　　D. 1.30

7. 采用钻孔法检查高喷墙的防渗性能时，钻孔检查宜在相应部位高喷灌浆结束(　　)后进行。

A. 7d　　B. 14d

C. 28d　　D. 56d

8. 黏性土堤防填筑施工中，在新层铺料前，需对光面层进行刨毛处理的压实机具是(　　)。

A. 羊足碾　　B. 光面碾

C. 凸块碾　　D. 凸块振动碾

9. 根据《水利水电工程施工组织设计规范》SL 303—2017，生产能力为 75m^3/h 的拌合系统规模为(　　)。

A. 大型　　B. 中型

C. 小（1）型　　D. 小（2）型

10. 在加工厂加工钢筋接头时，一般应采用(　　)。

A. 绑扎连接　　B. 气压焊连接

C. 接触点焊连接　　D. 闪光对焊连接

11. 明挖爆破施工，施工单位发出“鸣 10s、停、鸣 10s、停、鸣 10s”的音响信号属于(　　)。

A. 预告信号　　B. 起爆信号

C. 准备信号　　D. 解除信号

12. 根据《中华人民共和国水土保持法》，下列关于水土保持设施与主体工程“三同时”说法，错误的是(　　)。

A. 同时设计　　B. 同时施工

C. 同时投产使用　　D. 同时验收

13. 根据《水利建筑工程预算定额》，现浇混凝土定额中不包括(　　)。

A. 清仓　　B. 平仓振捣

C. 铺水泥砂浆　　D. 模板制作

14. 《水利部生产安全事故应急预案（试行）》（水安监［2016］443 号）中的应急管理工作原则不包括(　　)。

A. 综合管制　　B. 预防为主

C. 以人为本　　D. 专业指导

15. 根据《水利工程质量事故处理暂行规定》(水利部令第 9 号)，以下事故应由省级水行政主管部门组织调查的是(　　)。

A. 一般质量事故　　B. 较大质量事故

C. 重大质量事故　　D. 特大质量事故

16. 根据《水利工程施工转包违法分包等违法行为认定查处管理暂行办法》(水建管［2016］420 号)，“工程款支付凭证上载明的单位与施工合同中载明的承包单位不一致”的情形属于(　　)。

A. 转包　　B. 违法分包

C. 出借借用资质　　D. 其他违法行为

17. 根据《中华人民共和国招标投标法实施条例》(国务院令第 613 号)，投标保证金最高不得超过(　　)万元。

A. 30　　B. 50

C. 80　　D. 100

18. 根据《水利基本建设项目竣工财务决算编制规程》SL 19—2014，大型项目在进行竣工决算时，未完工程投资和预留费用的比例不得超过(　　)的3%。

A. 总概算　　B. 总估算

C. 预算总价　　D. 合同总价

19. 根据《水利建设项目稽察办法》(水安监 [2017] 341号)，稽察组应在现场稽察结束后5个工作日内提交由(　　)签署的稽察报告。

A. 稽察专家　　B. 稽察人员

C. 稽察特派员　　D. 特派员助理

20. 水闸在首次安全鉴定后，以后应每隔(　　)年进行一次全面安全鉴定。

A. 5　　B. 6

C. 10　　D. 15

二、多项选择题（共10题，每题2分。每题的备选项中，有2个或2个以上符合题意，至少有1个错项。错选，本题不得分；少选，所选的每个选项得0.5分）

21. 下列材料用量对比关系中，属于混凝土配合比设计内容的有(　　)。

A. 砂率　　B. 水砂比

C. 水胶比　　D. 浆骨比

E. 砂石比

22. 混凝土防渗墙的检测方法包括(　　)。

A. 开挖检验　　B. 取芯试验

C. 注水试验　　D. 光照检验

E. 无损检测

23. 关于施工现场临时10kV变压器安装的说法，正确的有(　　)。

A. 变压器装于地面时，应有0.5m的高台

B. 装于地面的变压器周围应装设栅栏

C. 杆上变压器安装的高度应不低于1.0m

D. 杆上变压器应挂有“止步，高压危险”的警示标志

E. 变压器的引线应采用绝缘导线

24. 根据《水工程建设规划同意书制度管理办法（试行）》(水利部令第31号)，下列工程不用办理规划同意书的有(　　)。

A. 桥梁　　B. 堤防

C. 水电站　　D. 码头

E. 水库

25. 根据《水利工程设计变更管理暂行办法》(水规计 [2012] 93号)，下列设计变更中，属于一般设计变更的是(　　)。

A. 河道治理范围变化　　B. 除险加固工程主要技术方案变化

C. 小型泵站装机容量变化　　　　　　D. 堤防线路局部变化

E. 金属结构附属设备变化

26. 根据《节水供水重大水利工程建设质量监督巡查实施细则》，对勘察设计单位巡查的内容包括（　　）。

A. 现场服务情况　　　　　　　　B. 现场质量控制情况

C. 施工资料完整情况　　　　　　D. 工程实体质量情况

E. 设计变更是否符合规定

27. 根据《国务院关于在市场体系建设中建立公平竞争审查制度的意见》（国发[2016] 34号），下列行为属于排斥外地经营者参加本地投标活动的有（　　）。

A. 限定个人只能购买本地企业的服务

B. 在边界设置关卡，阻碍本地产品运出

C. 不依法及时发布招标信息

D. 直接拒绝外地经营者参与本地投标

E. 限制外地经营者在本地设立分支机构

28. 根据《水利基本建设项目竣工决算审计规程》SL 557—2012，审计终结阶段要进行的工作包括（　　）。

A. 下达审计结论　　　　　　　　B. 征求意见

C. 出具审计报告　　　　　　　　D. 整改落实

E. 后续审计

29.《水利水电工程施工安全防护设施技术规范》SL 714—2015 中，载人提升机械应设置的安全装置包括（　　）。

A. 超载保护装置　　　　　　　　B. 断绳保护装置

C. 防爆保护装置　　　　　　　　D. 限速保护装置

E. 防雨保护装置

30. 根据《大中型水电工程建设风险管理规范》GB/T 50927—2013，水利水电工程建设风险类型包括（　　）。

A. 质量事故风险　　　　　　　　B. 工期延误风险

C. 人员伤亡风险　　　　　　　　D. 经济损失风险

E. 社会影响风险

三、实务操作和案例分析题（共5题，（一）、（二）、（三）题各20分，（四）、（五）题各30分）

（一）

背景资料：

某大（2）型水库枢纽工程由混凝土面板堆石坝、电站、溢流坝和节制闸等建筑物组成。节制闸共2孔，采用平板直升钢闸门，闸门尺寸为净宽15m，净高12m，闸门结构如下图所示。

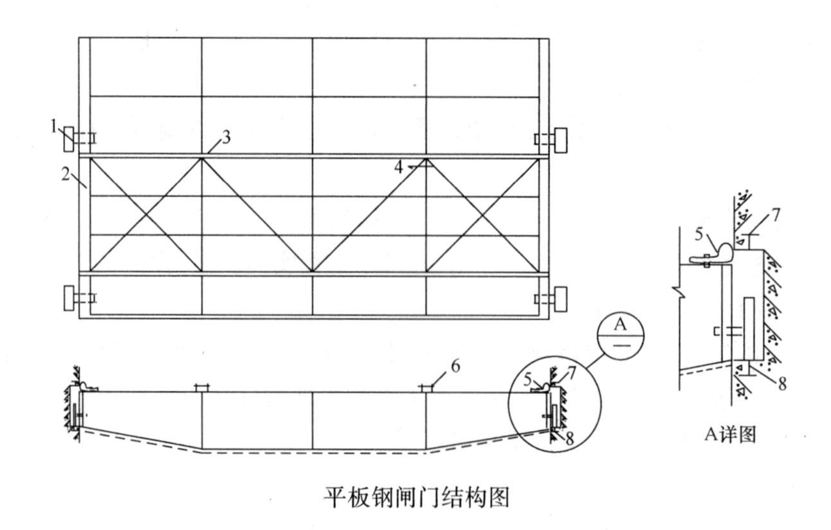

平板钢闸门结构图

某水利施工单位承担工程土建施工及金属结构、机电设备安装任务。闸门门槽采用留槽后浇二期混凝土的方法施工；闸门安装完毕后，施工单位及时进行了检查、验收和质量评定工作，其中平板钢闸门单元工程安装质量验收评定表见下表。

平板钢闸门单元工程安装质量验收评定表

<table>
<tr><td colspan="2">单位工程名称</td><td colspan="2">×××</td><td colspan="2">单元工程量</td><td colspan="2">×××</td></tr>
<tr><td colspan="2">A</td><td colspan="2">×××</td><td colspan="2">安装单位</td><td colspan="2">×××</td></tr>
<tr><td colspan="2">单元工程名称、部位</td><td colspan="2">×××</td><td colspan="2">评定日期</td><td colspan="2">×年×月×日</td></tr>
<tr><td rowspan="2">项次</td><td colspan="3" rowspan="2">项目</td><td colspan="2">主控项目（个）</td><td colspan="2">一般项目（个）</td></tr>
<tr><td>合格数</td><td>其中优良数</td><td>合格数</td><td>其中优良数</td></tr>
<tr><td>1</td><td colspan="3">反向滑块</td><td>12</td><td>9</td><td>/</td><td>/</td></tr>
<tr><td>2</td><td colspan="3">焊缝对口错边</td><td>17</td><td>14</td><td>/</td><td>/</td></tr>
<tr><td>3</td><td colspan="3">表面清除和凹坑焊补</td><td>/</td><td>/</td><td>24</td><td>18</td></tr>
<tr><td>4</td><td colspan="3">橡胶止水</td><td>20</td><td>16</td><td>28</td><td>22</td></tr>
<tr><td colspan="4">B</td><td colspan="4">质量标准 合格</td></tr>
<tr><td>安装单位
自评意见</td><td colspan="7">各项试验和单元工程试运行符合要求，各项报验资料符合规定。检验项目全部合格。检验项目优良率为 C ，其中主控项目优良率为79.6%，单元工程安装质量验收评定等级为 合格 。</td></tr>
</table>

问题：

1. 分别写出图1中代表主轨、橡胶止水和主轮的数字序号。

2. 结合背景材料说明门槽二期混凝土应采用具有什么性能特点的混凝土；指出门槽二期混凝土在入仓、振捣时的注意事项。

3. 根据《水闸施工规范》SL 27—2014规定，闸门安装完毕后水库蓄水前需作什么启闭试验？指出该试验目的和注意事项。

4. 根据《水利水电工程单元工程施工质量验收评定标准 水工金属结构安装工程》SL 635—2012要求，写出表1中A、B、C字母所代表的内容（计算结果以百分数表示，并保留1位小数)。

5. 根据《水利水电建设工程验收规程》SL 223—2008规定，该水库在蓄水前应进行哪项阶段验收？该验收应由哪个单位主持？施工单位应以何种身份参与该验收？

(二)

背景资料：

某承包人依据《水利水电工程标准施工招标文件》(2009年版)与发包人签订某引调水工程引水渠标段施工合同，合同约定：(1)合同工期465天，2015年10月1日开工；(2)签约合同价为5800万元；(3)履约保证金兼具工程质量保证金功能，施工进度付款中不再预留质量保证金。(4)工程预付款为签约合同价的10%，开工前分两次支付，工程预付款的扣回与还清按下列公式计算。

$R=\dfrac{A\times(C-F_1S)}{(F_2-F_1)\times S}$，其中 $F_1=20\%$，$F_2=90\%$。

合同签订后发生如下事件：

事件一：项目部按要求编制了该工程的施工进度计划如下图所示，经监理人批准后，工程如期开工。

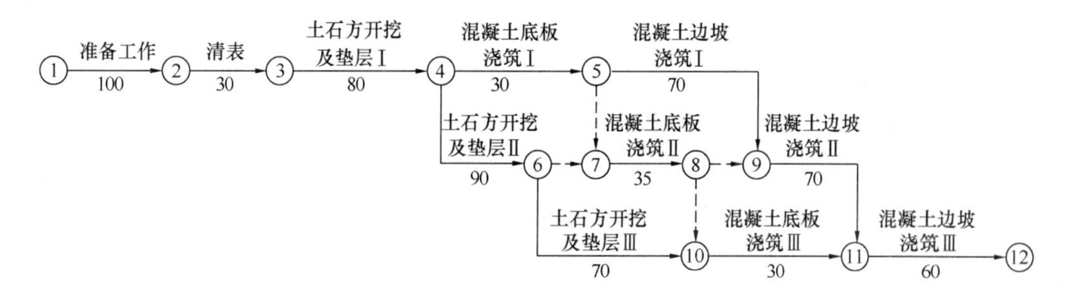

施工进度计划图(单位：天)

事件二：承包人完成施工控制网测量后，按监理人指示开展了抽样复测：(1)发现因发包人提供的某基准线不准确，造成与此相关的数据均超过允许误差标准，为此监理人指示承包人对发包人提供的基准点、基准线进行复核，并重新进行了施工控制网的测量，产生费用共计3万元，增加工作时间5天；(2)由于测量人员操作不当造成施工控制网数据异常，承包人进行了测量修正，修正费用0.5万元，增加工作时间2天。针对上述两种情况承包人提出了延长工期和补偿费用的索赔要求。

事件三："土石方开挖及垫层Ⅲ"施工中遇到地质勘探未查明的软弱地层，承包人及时通知监理人。监理人会同参建各方进行现场调查后，把该事件界定为不利物质条件，要求承包人采取合理措施继续施工。承包人按要求完成地基处理工作，导致"土石方开挖及垫层Ⅲ"工作时间延长20天，增加费用8.5万元。承包人据此提出了延长工期20天和增加费用8.5万元的要求。

事件四：截至2016年10月份，承包人累计完成合同金额4820万元，2016年11月份监理人审核批准的合同金额为442万元。

问题：

1. 指出事件一施工进度计划图（图2）的关键线路（用节点编号表示）、“土石方开挖及垫层Ⅲ”工作的总时差。

2. 事件二中，承包人应获得的索赔有哪些？简要说明理由。

3. 事件三中，监理人收到承包人提出延长工期和增加费用的要求后，监理人应按照什么处理程序办理？承包人的要求是否合理？简要说明理由。

4. 计算2016年11月份的工程预付款扣回金额、承包人实得金额（单位：万元，保留2位小数）。

（三）

背景资料：

某调水枢纽工程主要由泵站和节制闸组成，其中泵站设计流量 $120m^3/s$，安装7台机组（含备机1台），总装机容量11900kW，年调水量 $7.6\times10^8m^3$；节制闸共5孔，单孔净宽8.0m，非汛期（含调水期）节制闸关闭挡水，汛期节制闸开敞泄洪，最大泄洪流量 $750m^3/s$。该枢纽工程在施工过程中发生如下事件：

事件一：为加强枢纽工程施工安全生产管理，施工单位在现场设立安全生产管理机构，配备了专职安全生产管理人员，专职安全生产管理人员对该项目的安全生产管理工作全面负责。

事件二：基坑开挖前，施工单位编制了施工组织设计，部分内容如下：

（1）施工用电从附近系统电源接入，现场设临时变压器一台；

（2）基坑开挖采用管井降水，开挖边坡比1∶2，最大开挖深度9.5m；

（3）泵站墩墙及上部厂房采用现浇混凝土施工，混凝土模板支撑最大搭设高度15m，落地式钢管脚手架搭设高度50m；

（4）闸门、启闭机及机电设备采用常规起重机械进行安装，最大单件吊装重量150kN。

事件三：泵站下部结构施工时正值汛期，某天围堰下游发生管涌，由于抢险不及时，导致围堰决口基坑进水，部分钢筋和钢构件受水浸泡后锈蚀。该事故后经处理虽然不影响工程正常使用，但对工程使用寿命有一定影响。事故处理费用70万元（人民币），延误工期40天。

问题：

1. 根据《水利水电工程等级划分及洪水标准》SL 252—2017，说明枢纽工程等别、工程规模和主要建筑物级别。

2. 指出并改正事件一中的不妥之处。专职安全生产管理人员的主要职责有哪些？

3. 根据《水利水电工程施工安全管理导则》SL 721—2015，说明事件二施工组织设计中，哪些单项工程需要组织专家对专项施工方案进行审查论证。

4. 根据《水利工程质量事故处理暂行规定》（水利部令第9号），说明水利工程质量事故分为哪几类，事件三中的质量事故属于哪一类？该事故应由哪些单位或部门组织调查组进行调查？调查结果报哪个单位或部门核备？

（四）

背景资料：

某水利枢纽由混凝土重力坝、引水隧洞和电站厂房等建筑物组成。最大坝高 123m，水库总库容 $2\times10^8m^3$，电站装机容量 240MW。混凝土重力坝剖面图见下图。

本工程在施工中发生如下事件：

事件一：施工单位根据《水工建筑物水泥灌浆施工技术规范》DL/T 5148—2014 和设计图纸编制了帷幕灌浆施工方案，计划三排帷幕孔按顺序 A→B→C 依次进行灌浆施工。

事件二：施工单位根据《水利水电工程施工组织设计规范》SL 303—2017，先按高峰月浇筑强度初步确定了混凝土生产系统规模，同时又按平层浇筑法计算公式 $Q_h \geqslant K_h SD/(t_1-t_2)$，复核了混凝土生产系统的小时生产能力。

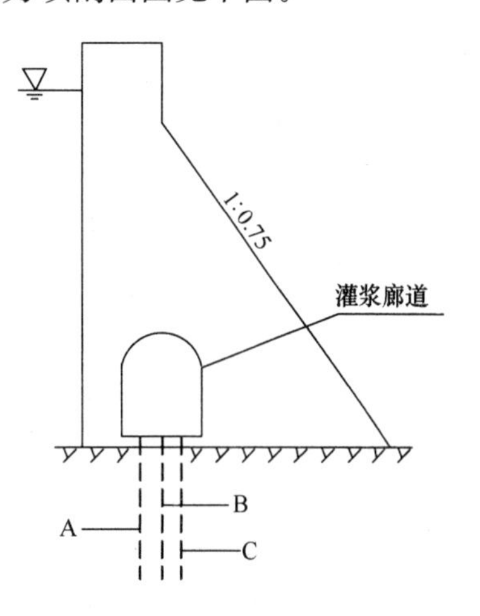

混凝土重力坝剖面图

事件三：施工单位根据《水工混凝土施工规范》SL 667—2014，对大坝混凝土采取了温控措施。首先对原材料和配合比进行优化，降低混凝土水化热温升，其次在混凝土拌合、运输和浇筑等过程中采取多种措施，降低混凝土的浇筑温度。

事件四：施工单位在某一坝段基础 C20 混凝土浇筑过程中，共抽取混凝土试样 35 组进行抗压强度试验，试验结果统计：（1）有 3 组试样抗压强度为设计强度的 80%，（2）试样混凝土的强度保证率为 78%。施工单位按《水利水电工程施工质量检验与评定规程》SL 176—2007 对混凝土强度进行评定，评定结果为不合格，并对现场相应部位结构物的混凝土强度进行了检测。

事件五：本工程各建筑物全部完工并经一段时间试运行后，项目法人组织勘测、设计、监理、施工等有关单位的代表开展竣工验收自查工作，召开自查工作会议。自查完成后，项目法人向工程主管部门提交了竣工验收申请报告。工程主管部门提出：本工程质量监督部门未对工程质量等级进行核定，不得验收。

问题：

1. 改正事件一中三排帷幕孔的灌浆施工顺序。简述帷幕灌浆施工工艺流程（施工过程）。

2. 指出事件二 Q_h 的计算公式中 K_h、S、D、t_1、t_2 的含义。

3. 说明事件三中“混凝土浇筑温度”这一规范术语的含义。指出在混凝土拌合、运输过程中降低混凝土浇筑温度的具体措施。

4. 说明事件四中混凝土强度评定为不合格的理由。指出对结构物混凝土强度进行检测的方法有哪些？

5. 除事件五中列出的参加会议的单位外，还有哪些单位代表应参加自查工作和列席自查工作会议？工程主管部门的要求是否妥当？说明理由。

（五）

背景资料：

某大型引调水工程施工标投标最高限价3亿元，主要工程内容包括水闸、渠道及管理设施等。招标文件按照《水利水电工程标准施工招标文件》（2009年版）编制。建设管理过程中发生如下事件：

事件一：招标文件有关投标保证金的条款如下：

条款1：投标保证金可以银行保函方式提交，以现金或支票方式提交的，必须从其基本账户转出；

条款2：投标保证金应在开标前3天向招标人提交；

条款3：联合体投标的，投标保证金必须由牵头人提交；

条款4：投标保证金有效期从递交投标文件开始，延续到投标有效期满后30天止；

条款5：签订合同后5个工作日内，招标人向未中标的投标人退还投标保证金和利息，中标人的投标保证金和利息在扣除招标代理费后退还。

事件二：某投标人编制的投标文件中，柴油预算价格计算样表见下表。

柴油预算价格计算表

序号	费用名称	计算公式	不含增值税价格（元/t）	备注
1	材料原价			含税价格6960元/t，增值税率为16%
2	运杂费			运距20km，运杂费标准10元/t·km
3	运输保险费			费率1.0%
4	采购及保管费			费率2.2%
预算价格（不含增值税）				

事件三：中标公示期间，第二中标候选人投诉第一中标候选人项目经理有在建工程（担任项目经理）。经核查该工程已竣工验收，但在当地建设行政主管部门监管平台中未销号。

事件四：招标阶段，初设批复的管理设施无法确定准确价格，发包人以暂列金额600万元方式在工程量清单中标明列出，并说明若总承包单位未中标，该部分适用分包管理。合同实施期间，发包人对管理设施公开招标，总承包单位参与投标，但未中标。随后发包人与中标人就管理设施签订合同。

事件五：承包人已按发包人要求提交履约保证金。合同支付条款中，工程质量保证金的相关规定如下：

条款1：工程建设期间，每月在工程进度支付款中按3%比例预留，总额不超过工程价款结算总额的3%；

条款2：工程质量保修期间，以现金、支票、汇票方式预留工程质量保证金的，预留总额为工程价款结算总额的5%；以银行保函方式预留工程质量保证金的，预留总额为工程价款结算总额的3%；

条款3：工程质量保证金担保期限从通过工程竣工验收之日起计算；

条款4：工程质量保修期限内，由于承包人原因造成的缺陷，处理费用超过工程质量保证金数额的，发包人还可以索赔；

条款5：工程质量保修期满时，发包人将在30个工作日内将工程质量保证金及利息退回给承包人。

问题：

1. 指出并改正事件一中不合理的投标保证金条款。

2. 根据事件二，在答题卡上绘制并完善柴油预算价格计算表。

序号	费用名称	计算公式	不含增值税价格（元/t）
1	材料原价		
2	运杂费		
3	运输保险费		
4	采购及保管费		
预算价格（不含增值税）			

3. 事件三中，第二中标候选人的投诉程序是否妥当？调查结论是否影响中标结果？并分别说明理由。

4. 指出事件四中发包人做法的不妥之处，并说明理由。

5. 根据《建设工程质量保证金管理办法》（建质［2017］138号）和《水利水电工程标准施工招标文件》（2009年版），事件五工程质量保证金条款中，不合理的条款有哪些？说明理由。

2018 年度真题参考答案及解析

一、单项选择题（共 20 题，每题 1 分。每题的备选项中，只有 1 个最符合题意）

1. D

【解析】

（1）滑坡、高边坡稳定监测	采用交会法
（2）水平位移监测	采用视准线法（活动觇牌法和小角度法）
（3）垂直位移观测	宜采用水准观测法，光电测距三角高程法
（4）地基回弹	采用水准仪与悬挂钢尺相配合的观测方法

2. B

【解析】

水库大坝施工期洪水标准

坝型	拦洪库容（$10^8 m^3$）			
	≥10	<10，≥1.0	<1.0，≥0.1	<0.1
土石坝［重现期（年）］	≥200	200～100	100～50	50～20
混凝土坝、浆砌石坝［重现期（年）］	≥100	100～50	50～20	20～10

3. C

【解析】

1 级、2 级永久性水工建筑物中闸门的合理使用年限应为 50 年，

其他级别的永久性水工建筑物中闸门的合理使用年限应为 30 年。

4. D

【解析】

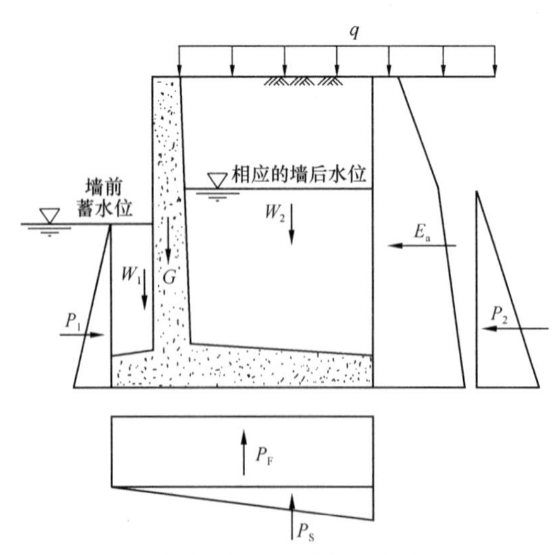

悬臂式挡土墙受力示意图

P_1、P_2—静水压力；W_1—前趾上水重；G—挡土墙重；W_2—后踵上土重；E_a—墙后主动土压力；q—墙顶水平面以上的荷载；P_F—浮托力；P_s—渗透压力

5. A

【解析】

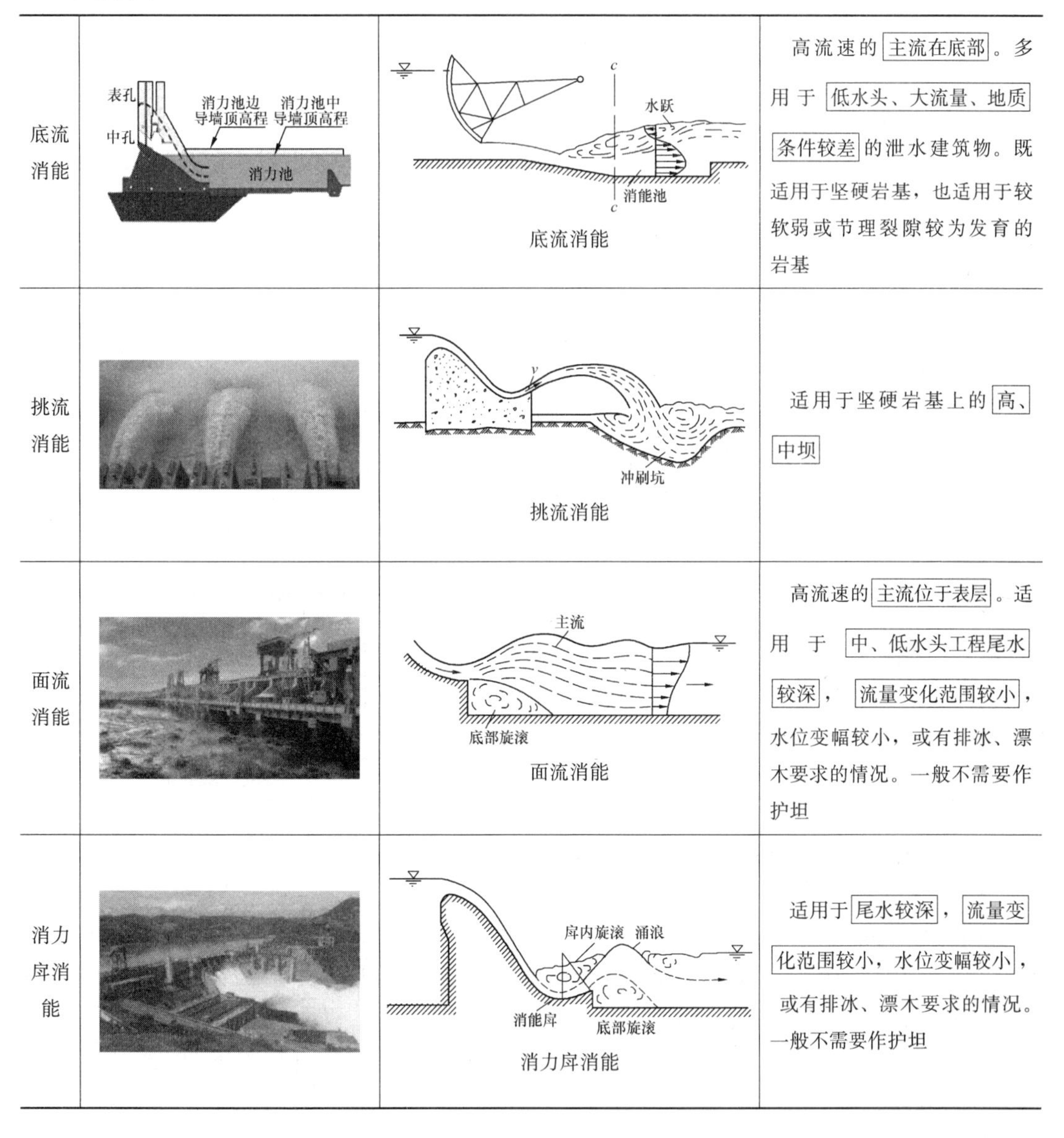

底流消能		底流消能	高流速的主流在底部。多用于低水头、大流量、地质条件较差的泄水建筑物。既适用于坚硬岩基，也适用于较软弱或节理裂隙较为发育的岩基
挑流消能		挑流消能	适用于坚硬岩基上的高、中坝
面流消能		面流消能	高流速的主流位于表层。适用于中、低水头工程尾水较深，流量变化范围较小，水位变幅较小，或有排冰、漂木要求的情况。一般不需要作护坦
消力戽消能		消力戽消能	适用于尾水较深，流量变化范围较小，水位变幅较小，或有排冰、漂木要求的情况。一般不需要作护坦

6. B

【解析】

土石围堰边坡稳定安全系数应满足下表的规定。

土石围堰边坡稳定安全系数

围堰级别	计算方法	
	瑞典圆弧法	简化毕肖普法
3 级	≥1.20	≥1.30
4 级、5 级	≥1.05	≥1.15

7. C

【解析】

高喷墙的防渗性能应根据墙体结构形式和深度选择围井、钻孔或其他方法进行检查。

高喷墙质量检查宜在以下重点部位进行：地层复杂的部位；漏浆严重的部位；可能存在质量缺陷的部位。

围井检查法适用于所有结构形式的高喷墙；厚度较大的和深度较小的高喷墙时选用钻孔检查法。

围井检查宜在围井的高喷灌浆结束 7d 后进行，如需开挖或取样，宜在 14d 后进行。钻孔检查宜在该部位高喷灌浆结束 28d 后进行。

8. B

【解析】

对于汽车上坝或光面压实机具压实的土层，应刨毛处理，以利层间结合。通常刨毛深度 3～5cm，可用推土机改装的刨毛机刨毛，工效高、质量好。

9. B

【解析】

拌合系统生产能力分类表

规模定型	小时生产能力（m^3/h）	月生产能力（万 m^3/月）
大型	＞200	＞6
中型	50～200	1.5～6
小型	＜50	＜1.5

10. D

【解析】

钢筋的接头方式：

（1）钢筋接头应优先采用焊接接头或机械连接接头；轴心受拉构件、小偏心受拉拘件和承受振动的构件，纵向受力钢筋接头不应采用绑扎接头；双面配置受力钢筋的焊接骨架，不应采用绑扎接头；受拉钢筋直径大于 28mm 或受压钢筋直径大于 32mm 时，不宜采用绑扎接头。

（2）加工厂加工钢筋接头应采用闪光对焊。不能进行闪光对焊时，宜采用电弧焊（搭接焊、帮条焊、熔槽焊等）和机械连接（墩粗锥螺纹接头、墩粗直螺纹接头、剥肋滚压直螺纹接头等）。

11. B

【解析】

明挖爆破音响信号规定如下：

（1）预告信号：间断鸣三次长声，即鸣 30s、停、鸣 30s、停、鸣 30s；此时现场停止作业，人员迅速撤离。

（2）准备信号：在预告信号 20min 后发布，间断鸣一长、一短三次，即鸣 20s、鸣

10s、停、鸣 20s、鸣 10s、停、鸣 20s、鸣 10s。

（3）起爆信号：准备信号 10min 后发出，连续三短声，即鸣 10s、停、鸣 10s、停、鸣 10s。

（4）解除信号：由爆破作业负责人通知警报房发出解除信号：一次长声，鸣 60s。

12. D

【解析】

为保证经过批准的水土保持方案的严格实施，建设项目中的水土保持设施，必须与主体工程同时设计、同时施工、同时投产使用（简称“三同时”）。建设工程竣工验收时，应当同时验收水土保持设施，并有水行政主管部门参加。水土保持设施验收不合格的，工程项目不得投入使用。

13. D

【解析】

混凝土工程定额：

（2）现浇混凝土定额不含模板制作、安装、拆除、修整；预制混凝土定额中的模板材料均按预算消耗量计算，包括制作（钢模为组装）、安装、拆除、维修的消耗，并考虑了周转和回收。

14. A

【解析】

应急管理工作原则：

（1）以人为本，安全第一。

（2）属地为主，部门协调。按照国家有关规定，生产安全事故救援处置的领导和指挥以地方人民政府为主，水利部发挥指导、协调、督促和配合作用。

（3）分工负责，协同应对。

（4）专业指导，技术支撑。

（5）预防为主，平战结合。建立健全安全风险分级管控和隐患排查治理双重预防性工作机制，坚持事故预防和应急处置相结合，加强教育培训、预测预警、预案演练和保障能力建设。

15. C

【解析】

<table>
<tr><th rowspan="2">质量事故</th><th colspan="2">表 1：调查权限</th><th colspan="3">表 2：事故处理职责划分</th><th rowspan="2">质量事故</th></tr>
<tr><th>组织调查</th><th>核备单位</th><th>处理方案</th><th>审定部门</th><th>备案单位</th></tr>
<tr><td>一般</td><td>法人</td><td>主管单位</td><td rowspan="2">法人制定</td><td>—</td><td>主管单位</td><td>一般</td></tr>
<tr><td>较大</td><td>主管单位</td><td>省水利厅</td><td>主管单位</td><td>省水利厅</td><td>较大</td></tr>
<tr><td>重大</td><td>省水利厅</td><td>水利部</td><td rowspan="2">法人提出</td><td>省水利厅</td><td>—</td><td>重大</td></tr>
<tr><td>特别重大</td><td>水利部</td><td>—</td><td>省水利厅</td><td>水利部</td><td>特别重大</td></tr>
<tr><td>特别重大</td><td>国务院</td><td>—</td><td></td><td></td><td></td><td>特别重大</td></tr>
</table>

16. C

【解析】

出借或借用资质：

（1）单位或个人借用其他单位的资质承揽工程的；

（2）投标人法定代表人的授权代表人不是投标人本单位人员的；

（3）实际施工单位使用承包人资质中标后，以承包人分公司、项目部等名义组织实施，但两者无实质产权、人事、财务关系的；

（4）工程分包的发包单位不是该工程的承包人的，但项目法人依约作为发包单位的除外；

（5）劳务作业分包的发包单位不是该工程的承包人或工程分包单位的；

（6）承包人派驻施工现场的项目负责人、技术负责人、财务负责人、质量管理负责人、安全管理负责人中部分人员不是本单位人员的；

（7）承包人与项目法人之间没有工程款收付关系，或者工程款支付凭证上载明的单位与施工合同中载明的承包单位不一致的；

（8）合同约定由承包人负责采购、租赁的主要建筑材料、工程设备等，由其他单位或个人采购、租赁，或者承包人不能提供有关采购、租赁合同及发票等证明，又不能进行合理解释并提供材料证明的；

（9）法律法规规定的其他出借借用资质行为。

17. C

【解析】

投标人在递交投标文件的同时，应按招标文件规定的金额、形式和“投标文件格式”规定的投标保证金格式递交投标保证金，并作为其投标文件的组成部分。投标保证金一般不超过合同估算价的2%，但最高不得超过80万元。

18. A

【解析】

竣工财务决算应按大中型、小型项目分别编制。项目规模以批复的设计文件为准。设计文件未明确的，非经营性项目投资额在3000万元（含3000万元）以上，经营性项目投资额在5000万元（含5000万元）以上的为大中型项目；其他项目为小型项目。

建设项目未完工程投资及预留费用可预计纳入竣工财务决算。大中型项目应控制在总概算的3%以内，小型项目应控制在5%以内。

19. C

【解析】

稽察组应于现场稽察结束5个工作日内，提交由稽察特派员签署的稽察报告。稽察工作机构应根据稽察发现的问题，及时下达整改通知，提出整改要求，必要时可向有关地方人民政府通报相关情况。被稽察单位应根据整改通知要求，明确责任单位和责任人，制定整改措施，认真整改，在规定时间内上报整改情况。稽察工作机构对稽察发现的问题要建立台账，跟踪整改落实情况，必要时组织复查，及时通报相关情况。

20. C

【解析】

水工建筑物实行定期安全鉴定：

（1）水闸首次安全鉴定应在竣工验收后5年内进行，以后应每隔10年进行一次全面安全鉴定。

（2）水库大坝实行定期安全鉴定制度，首次安全鉴定应在竣工验收后5年内进行，以后应每隔6～10年进行一次。

二、多项选择题（共10题，每题2分。每题的备选项中，有2个或2个以上符合题意，至少有1个错项。错选，本题不得分；少选，所选的每个选项得0.5分）

21. A、C、D

【解析】

混凝土配合比的设计，实质上就是确定四种材料用量之间的三个对比关系：水胶比、砂率、浆骨比。

水胶比表示水与水泥用量之间的对比关系；

砂率表示砂与石子用量之间的对比关系；

浆骨比是用单位体积混凝土用水量表示是表示水泥浆与骨料用量之间的对比关系。

22. A、B、C、E

【解析】

墙体质量检查应在成墙28d后进行，检查内容为必要的墙体物理力学性能指标、墙段接缝和可能存在的缺陷。

检查可采用钻孔取芯、注水试验或其他检测等方法。检查孔的数量宜为每15～20个槽孔1个，位置应具有代表性。遇有特殊要求时，可酌情增加检测项目及检测频率，固化灰浆和自凝灰浆的质量检查可在合适龄期进行。

23. A、B、D、E

【解析】

现场临时变压器安装：

施工用的10kV及以下变压器装于地面时，应有0.5m的高台，高台的周围应装设栅栏，其高度不低于1.7m，栅栏与变压器外廓的距离不得小于1m，杆上变压器安装的高度应不低于2.5m，并挂“止步、高压危险”的警示标志。变压器的引线应采用绝缘导线。

24. A、D

【解析】

水工程，是指水库、拦河闸坝、引（调、提）水工程、堤防、水电站（含航运水电枢纽工程）等在江河、湖泊上开发、利用、控制、调配和保护水资源的各类工程。桥梁、码头、道路、管道等涉河建设工程不用办理规划同意书。

25. D、E

【解析】

对工程质量、安全、工期、投资、效益影响较小的局部工程设计方案、建筑物结构形式、设备形式、工程内容和工程量等方面的变化为一般设计变更。

水利枢纽工程中次要建筑物基础处理方案变化，布置及结构形式变化，施工方案变化，附属建设内容变化，一般机电设备及金属结构设计变化。

堤防和河道治理工程的局部线路、灌区和引调水工程中非骨干工程的局部线路调整或者局部基础处理方案变化，次要建筑物布置及结构形式变化，施工组织设计变化，中小型泵站、水闸机电及金属结构设计变化等，可视为一般设计变更。

26. A、E

【解析】

水利工程建设质量监督巡查：

（1）对项目法人（建设单位）巡查的主要内容……

（2）对勘察设计单位巡查的主要内容，包括现场服务情况，设计变更是否符合规定，设计图纸和施工技术要求是否满足施工需要，是否按规定参加质量评定与验收工作等情况。

（3）对监理单位巡查的主要内容……

（4）对施工单位巡查的主要内容……

（5）对金属结构及设备制造单位巡查的主要内容……

（6）对安全监测、检测单位巡查的主要内容……

（7）对政府质量监督工作的巡查……

对比：这题难度太大，24 选 2 题目。

正确选项	错误项目
②对勘察设计单位巡查的主要内容，包括现场服务情况（A），设计变更是否符合规定（E），设计图纸和施工技术要求是否满足施工需要，是否按规定参加质量评定与验收工作等情况	① ……（5 条内容） ③ 对监理单位巡查的主要内容……（4 条内容）现场质量控制情况（B） ④ 对施工单位巡查的主要内容……（5 条内容）施工资料完整情况（C）、工程实体质量情况（D） ⑤ ……（2 条内容） ⑥ ……（3 条内容） ⑦ ……（1 条内容）

27. C、D

【解析】

不得排斥或者限制外地经营者参加本地招标投标活动，包括但不限于：

（1）不依法及时有效地发布招标信息。

（2）直接明确外地经营者不能参与本地特定的招标投标活动。

（3）对外地经营者设定明显高于本地经营者的资质要求或者评审标准。

（4）通过设定与招标项目的具体特点和实际需要不相适应或者与合同履行无关的资格、技术和商务条件，变相限制外地经营者参加本地招标投标活动。

28. D、E

【解析】

这题难度比较大，11 选项选 2 选项。

(1) 审计准备阶段。包括审计立项、编制审计实施方案、送达审计通知书等环节。

(2) 审计实施阶段。包括收集审计证据、编制审计工作底稿、征求意见[B]等环节。

(3) 审计报告阶段。包括出具审计报告[C]、审计报告处理、下达审计结论[A]等环节。

(4) 审计终结阶段。包括整改落实[D]和后续审计[E]等环节。

29. A、B、D

【解析】

载人提升机械应设置下列安全装置，并保持灵敏可靠：

(1) 上限位装置（上限位开关）。

(2) 上极限限位装置（越程开关）。

(3) 下限位装置（下限位开关）。

(4) 断绳保护装置。

(5) 限速保护装置。

(6) 超载保护装置。

30. B、C、D、E

【解析】

水利工程建设项目风险管理：

根据《大中型水电工程建设风险管理规范》GB/T 50927—2013，水利水电工程建设风险分为以下五类：

(1) 人员伤亡风险。

(2) 经济损失风险。

(3) 工期延误风险。

(4) 环境影响风险。

(5) 社会影响风险。

三、实务操作和案例分析题（共 5 题，（一）、（二）、（三）题各 20 分，（四）、（五）题各 30 分）

（一）

1. 主轨—8、止水—5、主轮—1。

2. 门槽二期混凝土应采用补偿收缩细石混凝土；本工程门槽较高，不得直接从高处下料，应分段安装模板和浇筑混凝土。振捣时不得振动已安装好的金属构件，可在模板中部开孔振捣。

3. 闸门安装完毕后，需作无水状态下的全行程启闭试验。试验目的：检验门叶启闭是否灵活无卡阻现象，闸门关闭是否严密。注意事项：试验过程中需对橡胶止水浇水润滑。

4. A——分部工程名称、B——试运行效果、C——78.2%。

5. 水库蓄水前应进行下闸蓄水验收；该验收应由竣工验收主持单位或其委托的单位主持；施工单位应派代表参加阶段验收，并作为被验单位在验收鉴定书上签字。

（二）

1. 关键线路：①→②→③→④→⑥→⑦→⑧→⑨→⑪→⑫。

"土石方开挖及垫层Ⅲ" 工作的总时差 5d。

2. 承包人应获得的索赔有：延长工期 5d，补偿费用 3 万元。

理由：(1) 发包人提供的基准线不准确是发包人责任，应予补偿；

(2) 测量人员操作不当是承包人责任，不予补偿。

3. 应按变更处理程序办理。

承包人提出延长工期 20d 不合理，增加费用 8.5 万元的要求合理；

理由：该事件影响工期为 15d，不利物质条件事件是发包人责任。

4. 工程预付款总额：5800×10%=580.00 万元。

截至 2016 年 10 月份工程预付款累计已扣回金额：

$$R=\frac{5800\times10\%}{(90\%-20\%)\times5800}(4820-5800\times20\%)=522.86\text{ 万元。}$$

按公式计算截至 2016 年 11 月份工程预付款累计扣回金额：

$$R=\frac{5800\times10\%}{(90\%-20\%)\times5800}(4820+442-5800\times20\%)=586.00\text{ 万元}>580\text{ 万元。}$$

2016 年 11 月份工程预付款扣回金额：580−522.86=57.14 万元。

2016 年 11 月份承包人实得金额：442−57.14=384.86 万元。

（三）

1. 枢纽工程等别为Ⅱ等，工程规模为大（2）型，主要建筑物级别为 2 级。

2. 不妥之处：专职安全生产管理人员全面负责该项目的安全生产管理工作。

正确做法：施工单位主要负责人对本单位的安全生产工作全面负责；项目负责人（项目经理）对本项目安全生产管理全面负责。

专职安全生产管理人员的主要职责：负责对安全生产进行现场监督检查。发现安全事故隐患，应及时向项目负责人和安全生产管理机构报告；对违章指挥，违章操作的，应当立即制止。

3. 需组织专家审查论证专项施工方案的单项工程有：深基坑工程（或基坑开挖、降水工程）、混凝土模板支撑工程、钢管脚手架工程。

4. 水利工程质量事故分为一般质量事故、较大质量事故、重大质量事故和特大质量事故四类。

事件三中的质量事故属于较大质量事故；该事故应由项目主管部门组织调查组进行调查，调查结果报上级主管部门批准并报省级水行政主管部门核备。

(四)

1. (1) 三排帷幕施工顺序：C→A→B

(2) 帷幕灌浆施工工艺：钻孔、裂隙冲洗、压水试验、灌浆和灌浆质量检查。

2. K_h——小时不均匀系数；

S——最大混凝土块的浇筑面积；

D——最大混凝土块的浇筑分层厚度；

t_1——混凝土的初凝时间；

t_2——混凝土出机后到入仓所经历时间。

3. (1) 混凝土浇筑温度，是指在混凝土平仓振捣后，覆盖上层混凝土前，距混凝土表面下 10cm 处的混凝土温度。

(2) 混凝土拌合、运输过程中降低混凝土浇筑温度的措施有：

合理安排混凝土施工时间，减少运输途中和仓面温度回升。

在混凝土拌合时，加冷水、加冰和骨料预冷（骨料水冷、骨料风冷）。

4. (1) 不合格原因：

1) 任一组试样混凝土抗压强度的最低强度合格要求，不应低于设计强度的 85%，而试件中有三组试样仅为设计强度的 80%。

2) 试样混凝土的强度保证率合格要求不低于 80%，而实际只有 78%。

(2) 检测方法有：钻孔取芯和无损检测。

5. 应参加自查工作的单位代表还有：主要设备（供应）商和运行管理单位代表；质量监督和安全监督机构代表应列席自查工作会议。工程主管部门要求不妥，工程质量监督机构应对工程质量结论进行核备，而不是核定。

(五)

1. 条款 2 不妥。投标保证金应在开标前随投标文件向招标人提交；

条款 4 不妥。投标保证金有效期从递交投标文件开始，延续到投标有效期满；

条款 5 不妥。签订合同后 5 个工作日内，招标人向未中标人和中标人退还投标保证金和利息。

2.

序号	费用名称	计算公式	不含增值税价格（元/t）
1	材料原价	6960÷1.16	6000
2	运杂费	20×10	200
3	运输保险费	6000×1.0%	60
4	采购及保管费	（6000+200）×2.2%	136.4
预算价格（不含增值税）		6000+200+60+136.4	6396.4

注：计算公式用文字表示的也可。

3. 投诉程序不妥；

理由：应先提出异议，不满意再投诉。

不影响中标结果；

理由：该项目经理所负责工程已经竣工验收。

4. 不妥之处一：将管理设施列为暂列金额项目。

理由：管理设施已经初设批复，属于确定实施项目，只是价格无法确定，应当列为暂估价项目。

不妥之处二：发包人与管理设施中标人签订合同。

理由：总承包人没有中标管理设施时，暂估价项目应当由总承包人与管理设施中标人签订合同。

5. 条款 1 不妥。工程建设期间，承包人已提交履约保证金的，每月工程进度支付款不再预留工程质量保证金；

条款 2 不妥。以现金、支票、汇票方式预留工程质量保证金的，预留总额亦不应超过工程价款结算总额的 3%；

条款 3 不妥。工程质量保证金担保期限从通过合同工程完工验收之日起计算。

模拟预测篇

2020年度全国一级建造师执业资格考试模拟预测试卷一

一、单项选择题（共20题，每题1分。每题的备选项中，只有1个最符合题意）

1. 现场放样所取得的测量数据，应记录在规定的(　　)中。

A. 放样手簿　　B. 放样数据手册

C. 控制点成果　　D. 数据记录文件

2. 根据《水利水电工程等级划分及洪水标准》SL 252—2017，某水库设计灌溉面积为100万亩，则此水库的工程等别至少应为(　　)等。

A. Ⅱ　　B. Ⅲ

C. Ⅳ　　D. Ⅴ

3. 引气剂的作用是，改善混凝土的和易性，(　　)。

A. 降低混凝土的抗渗性，降低混凝土强度

B. 降低混凝土的抗渗性，提高混凝土强度

C. 提高混凝土的抗渗性，降低混凝土强度

D. 提高混凝土的抗渗性，提高混凝土强度

4. 钢筋的屈强比表示结构可靠性的潜力，抗震结构要求钢筋屈强比(　　)。

A. 不大于0.5　　B. 不小于0.5

C. 不大于0.8　　D. 不小于0.8

5. 渗透系数k的计算公式为：$K=(QL)/(AH)$，式中H表示(　　)。

A. 通过渗流的土样面积　　B. 通过渗流的土样高度

C. 实测的水头损失　　D. 实验水压

6. 根据《水利水电工程施工工组织设计规范》SL 303—2017，采用瑞典圆弧法法计算时，3级均质土围堰边坡稳定安全系数，应不低于(　　)。

A. 1.05　　B. 1.15

C. 1.20　　D. 1.30

7. 某坝后水力发电枢纽工程，其水库库容10亿m^3，电站装机容量500MW，则该水力发电枢纽工程的合理使用年限是(　　)年。

A. 150　　B. 100

C. 50　　D. 30

8. 模板拉杆及锚定的最小安全系数是(　　)。

A. 1.0　　B. 2.0

C. 3.0　　D. 4.0

9. 根据《水工碾压混凝土施工规范》，碾压混凝土的水胶比应根据设计提出的混凝土

强度、抗渗性、抗冻性和拉伸变形等要求确定，其值宜(　　)。

A. 不大于 0.65　　B. 不大于 0.70

C. 不小于 0.65　　D. 不小于 0.70

10. 根据《水工碾压混凝土施工规范》，对于建筑物的外部混凝土相对压实度不得(　　)。

A. 小于 98%　　B. 小于 97%

C. 大于 98%　　D. 大于 97%

11. 钢筋混凝土结构物质量检测方法应以(　　)为主。

A. 无损检测　　B. 钻孔取芯检测

C. 压水试验　　D. 原型观测

12. 根据启闭机结构形式分类，型号“QP－□×□－□/□”表示的是(　　)启闭机。

A. 液压式　　B. 螺杆式

C. 卷扬式　　D. 移动式

13. 某 1 级土石坝导流泄水建筑物封堵期间，进口临时挡水设施的设计水位的洪水标准应为(　　)年一遇。

A. 20～50　　B. 50～100

C. 100～200　　D. 200～500

14. 根据《水利工程建设项目勘察（测）设计招标投标管理办法》（水总［2004］511 号），中标结果通知发布后，招标人应当在(　　)工作日内逐一返还投标文件。

A. 14　　B. 10

C. 7　　D. 5

15. 根据《水利工程质量事故处理暂行规定》（水利部令第 9 号）规定，特别重大事故由(　　)组织调查。

A. 项目主管部门　　B. 省级以上水行政主管部门

C. 水利部　　D. 国务院或者国务院授权有关部门

16.《水利部生产安全事故应急预案（试行）》（水安监［2016］443 号），生产安全事故应急响应分(　　)个等级。

A. 二　　B. 三

C. 四　　D. 五

17. 根据水利部《水利安全生产信息报告和处置规则》（水安监［2016］220 号），不属于隐患信息报告的是(　　)。

A. 隐患基本信息　　B. 隐患事故信息

C. 整改方案信息　　D. 整改改进信息

18. 机组启动验收，项目法人应在第一台水轮发电机组进行机组启动验收前(　　)月，向工程所在地省级人民政府能源主管部门报送机组启动验收申请，并抄送电网经营管理单位。

A. 1 个月　　B. 3 个月

C. 6 个月　　D. 12 个月

19. 根据《水利工程施工监理规范》SL 288—2014，总监理工程师的下列职责中，可授权给副总监理工程师的是(　　)。

A. 审批监理实施细则　　B. 签发各类付款证书

C. 签发监理月报　　D. 调整监理人员

20. 根据《水法》规定，堤防工程护堤地属于(　　)。

A. 工程效益范围　　B. 工程管理范围

C. 工程保护范围　　D. 工程行洪范围

二、多项选择题（共 10 题，每题 2 分。每题的备选项中，有 2 个或 2 个以上符合题意，至少有 1 个错项。错选，本题不得分；少选，所选的每个选项得 0.5 分）

21. 在边坡变形破坏中，属于过渡类似有(　　)。

A. 塌滑　　B. 错落

C. 倾倒　　D. 蠕变

E. 滑坡

22. 对泵站作为独立项目立项建设时，其工程等别按照承担的(　　)确定。

A. 工程任务　　B. 工程规模

C. 重要程度　　D. 装机流量

E. 装机功率

23. 水流形态中的 . 渐变流属于(　　)。

A. 恒定流　　B. 非恒定流

C. 均匀流　　D. 非均匀流

E. 急变流

24. 混凝土拌合物出现下列情况之一者，应按不合格料处理(　　)。

A. 混凝土产生初凝

B. 混凝土产生终凝

C. 混凝土塑性降低较多无法振捣

D. 混凝土失水过多

E. 混凝土中含有冻块严重影响混凝土质量

25. 吹填工程量按吹填土方量计算时，总工程量应为(　　)之和。

A. 设计吹填方量　　B. 设计允许超填方量

C. 地基沉降量　　D. 计算超宽

E. 计算超深工程量

26. 水利基本建设项目竣工财务决算由项目法人或项目责任单位组织编制，其中项目法人的法定代表人对竣工财务决算的(　　)负责。

A. 真实性　　B. 完整性

C. 合法性　　D. 效益性

E. 科学性

27. 根据《水利水电工程标准施工招标文件》(2009 年版)，发生下述(　　)情形之一的，招标人不得接收投标文件。

A. 未通过资格预审的申请人递交的投标文件

B. 逾期送达的投标文件

C. 未按招标文件要求密封的投标文件

D. 未提交投标保证金

E. 原件不合格的

28. 根据水利部关于印发《贯彻落实〈中共中央国务院关于推进安全生产领域改革发展的意见〉实施办法》的通知（水安监［2017］261 号），到 2020 年，(　　)。

A. 水利安全生产监管机制成熟

B. 水利安全生产规章制度体系完善

C. 水利安全生产监管机构健全

D. 水利安全生产治理体系完备

E. 水利安全生产治理能力现代化

29. 根据《水电工程验收管理办法》(国能新能［2015］426 号）和《水电工程验收规程》NB/T 35048—2015，下列验收中，应由省级人民政府能源主管部门负责的是(　　)。

A. 工程蓄水验收　　B. 工程截流验收

C. 水轮发电机组启动验收　　D. 枢纽工程专项验收

E. 竣工验收

30. 根据《水利工程施工转包违法分包等违法行为认定查处管理暂行办法》（水建管［2016］420 号文）下列情形中，属于违法分包的有(　　)。

A. 承包人将工程分包给不具备相应资质的单位

B. 承包人将工程分包给不具备相应资质的个人

C. 承包人将工程分包给不具备安全生产许可的单位

D. 承包人将工程分包给不具备安全生产许可的个人

E. 承包人未设立现场管理机构

三、实务操作和案例分析题（共 5 题，（一）、（二）、（三）题各 20 分，（四）、（五）题各 30 分）

（一）

背景资料：

某水库枢纽工程由大坝、溢洪道、水电站及放水洞等建筑物组成。水库总库容为 $0.8\times10^8m^3$，电站装机容量为 33×10^4kW，水库大坝为黏土心墙土石坝，大坝高度为 100m。

工程在施工过程中发生如下事件：

事件一：依据水利部关于印发《贯彻落实〈中共中央国务院关于推进安全生产领域改革发展的意见〉实施办法》的通知（水安监［2017］261 号），水利建设项目法人、勘察(测)、设计、施工、监理等参建单位要加强施工现场的全时段、全过程和全员安全管理，落实工程专项施工方案和安全技术措施，严格执行安全设施与主体工程同时设计、同时施工、同时投入生产和使用的“三同时”制度。做到安全工作“五到位”。

事件二：在溢洪道上部预制构件安装过程中，由于设备故障，起重机吊装的预制件突然坠落，致1人死亡、2人重伤、1人轻伤。事故发生后，施工单位项目经理立即向项目法人报告然后立即启动生产安全事故应急响应程序，调配应急资源。

问题：

1. 说明该水库枢纽工程的规模、等级及建筑物大坝、水电站和围堰的级别。

2. 根据事件一，指出安全工作“五到位”的具体内容？

3. 根据《水利部生产安全事故应急预案（试行）》（水安监［2016］443号），指出生产安全事故分为哪几个等级？事件二中的事故属于哪一等级？

4. 在事件二中，生产安全事故应急响应中的调配应急资源包括哪些具体资源？

（二）

背景资料：

承包人与发包人依据《水利水电工程标准施工招标文件》（2009年版）签订了某水闸项目的施工合同，合同工期为8个月，工程开工日期为2012年11月1日，承包人依据合同工期编制并经监理人批准的部分项目进度计划（每月按30d计，不考虑间歇时间）见下表。

进度计划表

工作代码	工作名称	紧前工作	持续时间（d）	工作起止时间
A	基坑开挖	……	40	2012年11月1日—2012年12月10日
B	闸底板混凝土施工	A	35	T_B
C	闸墩混凝土施工	B	100	2013年1月16日—2013年4月25日
D	闸门制作与运输	……	150	2012年11月16日—2013年4月15日
E	闸门安装与调试	C、D	30	T_E
F	桥面板预制	B	60	2013年3月1日—2013年4月30日
G	桥面板安装及面层铺装	E、F	35	T_G

事件一：监理人对队闸底板进行质量检查时，发现局部混凝土未达到质量标准，需返工处理。B工作于2013年1月20日完成，返工增加费用2万元。

事件二：发包人负责闸门的设计和采购，因闸门设计变更，D工作中闸门于2013年4月25日才运抵工地现场，且增加安装与调试费用8万元。因此监理人可向承包人发出变更意向通知书，并附必要的图纸和相关资料。

事件三：由于桥面板预制设备出现故障，F工作于2013年5月20日完成。

除上述发生的事件外，其余工作均按该进度计划实施。

问题：

1. 指出进度计划表中T_B、T_E，T_G所代表的工作起止时间。

2. 指出事件一中，变更意向书的具体内容是什么。

3. 分别指出事件二、事件三、事件四对进度计划和合同工期有何影响？指出该部分项目的实际完成日期。

4. 依据《水利水电工程标准施工招标文件》(2009 年版)，指出承包人可向发包人提出延长工期的天数和增加费用的金额，并说明理由。

(三)

背景资料：

某河道治理工程主要建设内容包括河道裁弯取直（含两侧新筑堤防）、加高培厚堤防、新建穿堤建筑物及跨河桥梁。堤防级别为 1 级。堤身采用黏性土填筑，设计压实度为 0.94，料场土料的最大干密度为 1.68g/cm³。堤后压重平台采用砂性土填筑。工程实施过程中发生下列事件：

事件一：新建穿堤建筑物前，发现基础处存在坑塘。施工单位进行了排水、清基、削坡后，再分层填筑施工，如下图所示。

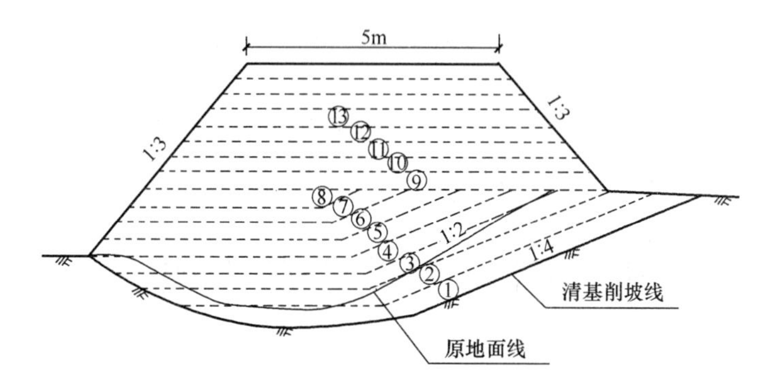

软基部位处理及分层填筑示意图

注：①～④为坑塘顺坡填筑分层

⑨～⑬为堰身水平填筑分层

事件二：施工组织设计对相邻施工堤段垂直堤轴线的接缝和加高培厚堤防堤坡新老土层结合面均提出了具体施工技术要求。

事件三：在堤防填筑过程中，施工单位对已经压实的土方进行了质量检测，检测结果见下表。

土方填筑压实质量检测结果表

土样编号	1	2	3	4	5	6	7	备注
湿密度（g/cm³）	1.96	2.01	1.99	1.96	2.00	1.92	1.98	
含水率（%）	22.3	21.5	22.0	23.6	20.9	25.8	24.5	
干密度（g/cm³）	1.60	1.65	1.63	1.59	1.65	1.53	1.59	
压实度	A	0.98	B	0.95	0.98	0.91	0.95	

事件四：堤防某段基础发生渗漏事件，施工单位随即采用混凝土防渗墙防渗，防渗墙机构平面布置示意图如下所示。

事件五：工程完工后，竣工验收主持单位组织了竣工验收，成立了竣工验收委员会。验收委员会由竣工验收主持单位、有关地方人民政府和部门、有关水行政主管部门和流域

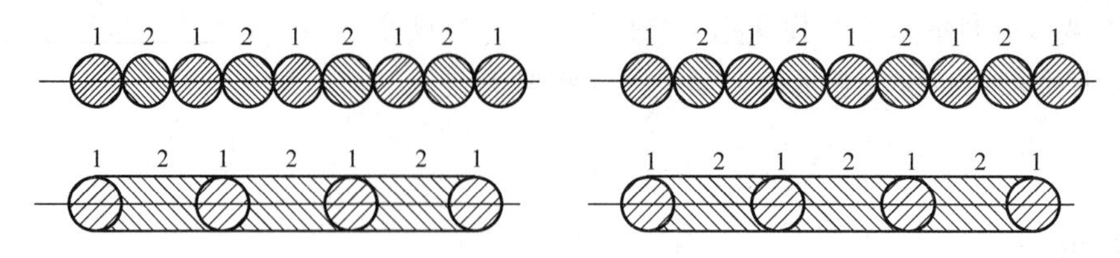

防渗墙机构平面布置示意图

管理机构、质量和安全监督机构、项目法人、设计单位、运行管理单位等的代表及有关专家组成。竣工验收委员会同意质量监督机构的质量核定意见，工程质量等级为优良。

问题：

1. 根据《堤防工程施工规范》SL 260—2014，指出并改正事件一图中坑塘部位在清基、削坡、分层填筑方面的不妥之处。

2. 根据《堤防工程施工规范》SL 260—2014，事件二中提出的施工技术要求应包括哪些主要内容？

3. 计算表2中A、B的值（计算结果保留两位小数）；根据《堤防工程施工质量评定与验收规程》SL 239—1999，判断此层填土压实质量是否合格，并说明原因（不考虑检验的频度）。

4. 防渗墙按墙体结构形式分哪些类型？事件四中所涉及的防渗墙属于哪些类型？

5. 指出事件五中的不妥之处，并改正。

（四）

背景资料：

某大型水闸工程施工招标中，招标文件规定开标时间为2009年9月21日上午9：00。

事件一：本次共有甲、乙、丙、丁4家投标人参加投标。投标过程中，甲要求招标人提供初步设计文件中的施工围堰设计方案。为此，招标人发出招标文件澄清通知如下：

> 招标文件澄清通知
>
> （第1号）
>
> 甲、乙、丙、丁：
>
> 甲单位提出的澄清要求已收悉。经研究，提供初步设计文件中的施工围堰设计方案（见附件），供参考。
>
> 招标人：盖（单位）公章
>
> 2009年9月10日
>
> 附件：×××水闸工程初步设计文件中的施工围堰设计方案

事件二：某公司参加了投标，为编制投标文件，公司做了以下准备工作。

根据招标文件中对项目经理的职称和业绩加分要求，拟定张某为项目经理，准备了张某的身份证、工资关系、人事劳动合同证明材料、社会保险证明材料、相关证书及类似项目业绩。

事件三：水闸工程施工招标文件按《水利水电工程标准施工招标文件》（2009 年版）编制。部分内容如下：

（1）已标价工程量清单由分类分项工程量清单、措施项目清单、其他项目清单、零星工作项目清单组成。其中闸底板 C20 混凝土是工程量清单的个子目，其单价（单位：$100m^3$）根据《水利建筑工程预算定额》（2002 年版）编制，并考虑了配料、拌制、运输、浇筑等过程中的损耗和附加费用。

（2）第四章合同条款及格式：

1）仅对水泥部分进行价格调整，价格调整按公式 $\Delta P = P_0(A + B \times F_t/F_0 - 1)$ 计算（相关数 据依据中标人投标函附录价格指数和权重表，其中 ΔP 代表需调整的价格差额，P_0 指付款证书中承包人应得到的已完成工程量的金额）。

2）工程质量保证金总额为签约合同价的 5%，按 5%的比例从月工程进度款中扣留。

经过评标甲投标人中标，与发包人签订了施工合同，投标函附录价格指数和权重见下表。

中标人投标函附录价格指数和权重表

可调因子	权重		价格指数	
	定值权重	变值权重	基本价格指数	现行价格指数
水泥	70%	30%	100	115

工程实施中，三月份经监理审核的结算数据如下：已完成原合同工程量清单金额 300 万元，扣回预付款 10 万元，变更金额 6 万元（按现行价格计价）。

问题：

1. 指出事件一中招标文件澄清通知中的不妥之处。

2. 指出事件二中，背景资料中提到的类似工程业绩，其业绩类似性包括哪几个方面？类似工程的业绩证明资料有哪些？

3. 事件三中，分别说明闸底板混凝土的单价分析中，配料、拌制、运输、浇筑等过程的损耗和附加费用应包含在哪些用量或单价中？

4. 指出背景材料价格调整公式中 A、B、F_t、F_0 所代表的含义。

5. 分别说明工程质量保证金扣留、预付款扣回及变更费用在价格调整计算时，是否应计入 P_0？计算 3 月份需调整的水泥价格差额 ΔP。

（五）

背景资料：

川河分洪闸为大（2）型工程，项目划分为一个单位工程。单位工程完工后，项目法人组织监理单位、施工单位成立了工程外观质量评定组。评定组由 4 人组成，其中高级工程师 2 名，工程师 1 名，助理工程师 1 名。竣工验收主持单位发现评定组织工作存在不妥之处并予以纠正。

评定组对工程外观质量进行了评定，部分评定结果见水工建筑物外观质量评定表（见下表）。

单位工程名称		川河分洪闸工程	施工单位				第二水利建筑安装公司
主要工程量		混凝土 52100m^3	评定日期				2010 年 4 月 1 日
项次	项　目	标准分（分）	评定得分（分）				备注
			一级 100%	二级 90%	三级 70%	四级 60%	
1	建筑外部尺寸	12		9			
2	轮廓线顺直	10		9			
3	表面平整度	10			7		
4	立面垂直度	10		9			
5	大角方正	5			4		
6	曲面与平面联结平顺	9	/				
7	扭面与平面联结平顺	9	/				
8	马道及排水沟	3（4）		2.7			
9	梯步	2（3）	2				
10	栏杆	2（3）	2				
11	扶梯	2	/				
12	闸坝灯饰	2	/				
13	混凝土表面缺陷情况	10			7		
14	表面钢筋割除	2（4）		1.8			
15	砌体勾缝　宽度均匀、平整	4	/				
16	砌体勾缝　竖、横缝平直	4	/				
17	浆砌卵石露头均匀、整齐	8	/				
18	变形缝	3（4）		2.7			
19	启闭机平台梁、桩、排架	5		4			
20	建筑物表面清洁、无附着物	10			7		
21	升压变电工程围墙（栏栅）、杆、架、塔、柱	5	/				
22	水工金属结构外表面	6（7）			4.2		
23	电站盘柜	7	/				
24	电缆线路敷设	4（5）	/				
25	电站油、气、水管路	3（4）	/				
26	厂区道路及排水沟	4	/				
27	厂区绿化	8	/				
合计		应得　　分，实得　　分，得分率　%					
外观质量评定组成员		单位	职称				签名
		项目法人					
工程质量监督机构		核定意见：	核定人：				

单位工程质量评定的其他有关资料如下：

（1）工程划分为1个单位工程，9个分部工程；

（2）分部工程质量全部合格，优良率为77.8%；

（3）主要分部工程为闸室段分部工程、地基防渗和排水分部工程，其中，闸室段分部工程质量为优良；

（4）施工中未发生质量事故；

（5）单位工程施工质量检验与评定资料齐全；

（6）工程施工期及试运行期，单位工程观测资料分析结果符合国家和行业技术标准以及合同约定的标准要求。

问题：

1. 根据《水利水电工程施工质量检验与评定规程》SL 176—2007有关规定，指出工程外观质量评定组织工作的不妥之处，并提出正确做法。

2. 在背景资料的水工建筑物外观质量评定表中，数据上的“—”[如“(4)”]和空格中的“/”各表示什么含义？

3. 根据《水利水电工程施工质量检验与评定规程》SL 176—2007有关规定，指出水工建筑物外观质量评定表中各项次“评定得分”的错误之处，并写出正确得分（有小数点的，保留小数点后1位，下同）。

4. 根据背景资料中的水工建筑物外观质量评定表，指出参加评分的项次；计算表中“合计”栏内的有关数据。

5. 根据背景资料评定本单位工程的质量等级，并说明理由。

模拟预测试卷一参考答案及解析

一、单项选择题（共20题，每题1分。每题的备选项中，只有1个最符合题意）

1. A

【解析】

放样前	应根据设计图纸和有关数据及使用的控制点成果，［计算］放样数据，［绘制］放样草图，所有数据、草图均应经两人独立计算与核算
放样中	应将施工区域内的平面控制点、高程控制点、轴线点、测站点等测量成果，以及设计图纸中工程部位的各种坐标（桩号）、方位、尺寸等几何数据［编制］成放样数据手册，供放样人员使用
施工中	现场放样所取得的测量数据，应［记录］在规定的放样手簿中

2. A

【解析】

水利水电工程分等指标

工程等别	工程规模	水库总库容（10^8m^3）	防洪			灌溉	供水		发电
			保护人口（10^4人）	保护农田（10^4亩）	保护区当量经济规模（10^4人）	灌溉面积（10^4亩）	供水对象重要性	年引水量（10^8m^3）	装机容量（MW）
Ⅰ	大（1）型	≥10	≥150	≥500	≥300	≥150	特别重要	≥10	≥1200
Ⅱ	大（2）型	<10，≥1.0	<150，≥50	<500，≥100	<300，≥100	<150，≥50	重要	<10，≥3	<1200，≥300
Ⅲ	中型	<1.0，≥0.10	<50，≥20	<100，≥30	<100，≥40	<50，≥5	中等	<3，≥1	<300，≥50
Ⅳ	小（1）型	<0.1，≥0.01	<20，≥5	<30，≥5	<40，≥10	<5，≥0.5	一般	<1，≥0.3	<50，≥10
Ⅴ	小（2）型	<0.01，≥0.001	<5	<5	<10	<0.5		<0.5	<1

3. C

【解析】作用：改善和易性，显著提高混凝土的抗渗性、抗冻性，但混凝土强度略有降低。

4. C

【解析】有物理屈服点的钢筋的屈服强度是钢筋强度的设计依据。另外，钢筋的屈强比（屈服强度与极限抗拉强度之比）表示结构可靠性的潜力，抗震结构要求钢筋屈强比不大于0.8，因而钢筋的极限强度是检验钢筋质量的另一强度指标。

5. C

【解析】

Q——实测的流量（m^3/s）；

A——通过渗流的土样横断面面积（m^2）；

L——通过渗流的土样高度（m）；

H——实测的水头损失（m）。

6. C

【解析】

土石围堰边坡稳定安全系数

围堰级别	计算方法	
	瑞典圆弧法	简化毕肖普法
3 级	≥1.20	≥1.30
4 级、5 级	≥1.05	≥1.15

重力式混凝土围堰、浆砌石围堰采用抗剪断公式计算时，安全系数 K' 应小于 3.0，排水失效时，安全系数 K' 应不小于 2.5；

采用抗剪强度公式计算时，安全系数 K 应不小于 1.05。

7. A

【解析】

工程等别	工程类别					
	水库	防洪	治涝	灌溉	供水	发电
Ⅰ	150	100	50	50	100	100
Ⅱ	100	50	50	50	100	100
Ⅲ	50	50	50	50	50	50
Ⅳ	50	30	30	30	30	30
Ⅴ	50	30	30	30		30

8. B

【解析】

模板附件的最小安全系数

附件名称	结构形式	安全系数
模板拉杆及锚定头	所有使用的模板	2.0
模板锚定件	仅支承模板重量和混凝土压力的模板	2.0
	支承模板和混凝土重量、施工活荷载和冲击荷载的模板	3.0
模板吊钩	所有使用的模板	4.0

9. A

【解析】普通钢材：碾压混凝土的水胶比应根据设计提出的混凝土强度、抗渗性、抗冻性和拉伸变形等要求确定，其值宜不大于 0.65。

大体积混凝土材料应满足下列要求：

（1）应采用合适的混凝土原材料，提高混凝土的密实性，改善混凝土性能。应优先选用中热硅酸盐水泥或发热量较低的硅酸盐水泥。

（2）混凝土水胶比根据混凝土分区或部位宜按考试用书对应表格内容确定。碾压混凝土的水胶比应小于0.70。

（3）基础混凝土强度等级不应低于C15，过流表面混凝土强度等级不应低于C30。碾压混凝土坝表层混凝土强度等级不应低于C_{180}15，上游面防渗层混凝土强度等级不应低于C_{180}20且宜优先采用二级配碾压混凝土。

10. A

【解析】对于建筑物的外部混凝土，相对密实度不得小于98%；对于内部混凝土，相对密实度不得小于97%。

11. A

【解析】施工质量检测方法：

已建成的结构物——应进行钻孔取芯和压水试验。

大体积混凝土——取芯和压水试验可按每万立方米混凝土钻孔2～10m，具体钻孔取样部位、检测项目与压水试验的部位、吸水率的评定标准，应根据工程施工的具体情况确定（模拟题）。

钢筋混凝土结构物——应以无损检测为主，必要时采取钻孔法检测混凝土。

12. C

【解析】

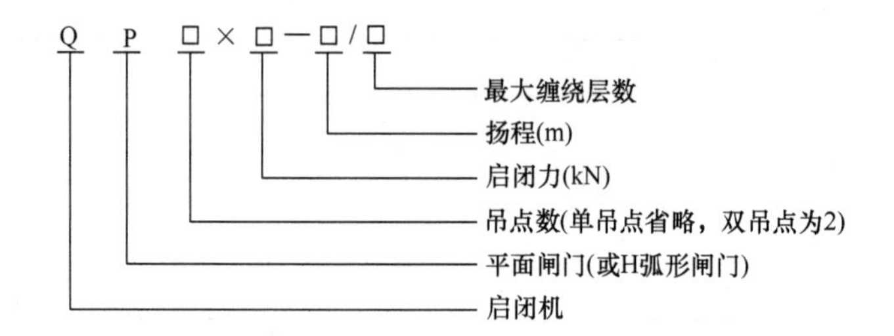

13. D

【解析】

水库工程导流泄水建筑物封堵后坝体洪水标准

坝型		大坝级别		
		1	2	3
混凝土坝、浆砌石坝［重现期（年）］	设计	200～100	100～50	50～20
	校核	500～200	200～100	100～50
土石坝［重现期（年）］	设计	500～200	200～100	100～50
	校核	1000～500	500～200	200～100

14. C

【解析】水利工程勘察设计招标投标的要求（勘察设计标）：

（1）评标方法：

投标人的勘察设计费报价不能作为招标的主要条件。因此，“无标底”成为勘察设计招标与施工、设备材料招标明显区别的一个特点。一般采取综合评估法进行。

（2）知识产权保护：

中标结果通知发布后，招标人应当在7个工作日内逐一返还投标文件。

招标文件中规定给予补偿的，招标人应在与中标人签订合同后5个工作日内给付未中标人。

15. C

【解析】事故调查管理（权限）按以下原则确定：

（1）（一般事故）由项目（法人）组织设计、施工、监理等单位进行调查，调查结果报（项目主管部门）核备。

（2）（较大质量事故）由（项目主管部门）组织调查组进行调查，调查结果报上级主管部门批准并报（省级以上水行政主管部门）核备。

（3）（重大质量事故）由（省级以上水行政主管部门）组织调查组进行调查，调查结果报（水利部）核备。

（4）（特别重大事故）故由（水利部）组织调查。[根据《水利工程质量事故处理暂行规定》（水利部令第9号）规定]。

（5）（特别重大事故）由（国务院）或者国务院授权有关部门组织事故调查组进行调查。[根据《生产安全事故报告和调查处理条例》（国务院令第493号）的规定]。

16. B

【解析】根据《水利部生产安全事故应急预案（试行）》（水安监［2016］443号）：

生产安全事故应急响应：

（1）应急响应分级。应急响应设定为一级、二级、三级三个等级。

（2）应急响应流程。①启动响应；②成立应急指挥部；③会商研究部署；④派遣现场工作组；⑤跟踪事态进展；⑥调配应急资源（应急专家、专业救援队伍和有关物资、器材）；⑦及时发布信息；⑧配合政府或有关部门开展工作；⑨其他应急工作（配合有关单位或部门做好技术甄别工作等）；⑩响应终止。

对比：根据《水电水利工程施工重大危险源辨识及评价导则》DL/T 5274—2012，依据事故可能造成的人员伤亡数量及财产损失情况（与“1F420055 水利工程程建设项目风险管理和安全事故应急管理”中事故划分标准一致），重大危险源划分为一级重大危险源、二级重大危 险源、三级重大危险源以及四级重大危险源等4级。

17. B

【解析】水利安全生产信息。包括基本信息、隐患信息和事故信息等，均通过水利安全生产信息上报系统（以下简称信息系统）报送。

隐患信息报告主要包括隐患基本信息、整改方案信息、整改进展信息、整改完成情况信息等四类信息。

18. B

【解析】阶段验收申请：

工程截流验收，项目法人应在计划截流前 6 个月，向省级人民政府能源主管部门报送工程截流验收申请。

工程蓄水验收，项目法人应根据工程进度安排，在计划下闸蓄水前 6 个月，向工程所在地省级人民政府能源主管部门报送工程蓄水验收申请，并（抄送）验收主持单位。

机组启动验收，项目法人应在第一台水轮发电机组进行机组启动验收前 3 个月，向工程所在地省级人民政府能源主管部门报送机组启动验收申请，并（抄送）电网经营管理单位。

19. D

20. B

【解析】水工程的管理范围和保护范围。

管理范围：指为了保证工程设施正常运行管理的需要而划分的范围，如（堤防工程的护堤地）等，水工程管理单位依法取得土地的使用权，管理范围通常视为水工程设施的组成部分。

保护范围：指为了防止在工程设施周边进行对工程设施安全有不良影响的其他活动，满足工程安全需要而划定的一定范围。保护范围内土地使用单位的土地使用权没有改变，但其生产建设活动受到一定的限制，即必须满足工程安全的要求。

二、多项选择题（共 10 题，每题 2 分。每题的备选项中，有 2 个或 2 个以上符合题意，至少有 1 个错项。错选，本题不得分；少选，所选的每个选项得 0.5 分）

21. A、B、C

【解析】边坡变形破坏的类型和特征：

常见的边坡变形破坏主要有松弛张裂、蠕变、崩塌、滑坡四种类型。此外尚有塌滑、错落、倾倒等过渡类型。另外泥石流也是一种边坡破坏的类型。

22. A、B

【解析】对拦河水闸、灌排泵站作为水利水电工程中的一个组成部分或单个建筑物时不再单独确定工程等别，作为独立项目立项建设时，其工程等别按照承担的工程任务、规模确定。

23. A、D

【解析】

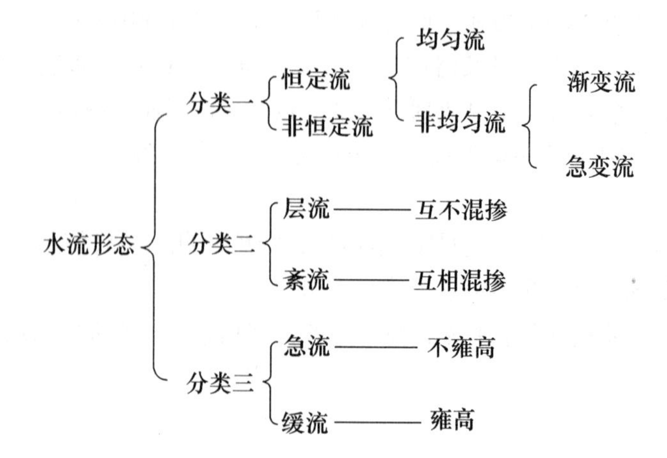

24. A、C、D、E

【解析】混凝土运输过程中，因故停歇过久，混凝土拌合物出现下列情况之一者，应按不合格料处理：

（1）混凝土产生初凝。

（2）混凝土塑性降低较多，已无法振捣。

（3）混凝土被雨水淋湿严重或混凝土失水过多。

（4）混凝土中含有冻块或遭受冰冻，严重影响混凝土质量。

25. A、B、C

【解析】疏浚工程量：如以水下方计算工程量，（设计工程量）应为设计断面方量、计算超宽、计算超深工程量之和，并应分别列出。计算允许超深、超宽值满足《疏浚与吹填工程技术规范》SL 17—2014 要求。

吹填工程量：吹填工程量按吹填土方量计算时，（总工程量）应为设计吹填方量与设计允许超填方量以及地基沉降量（之和），超填厚度不应大于0.2m，吹填土流失量也应计算并列出；按取土量计算工程量时，吹填工程量应疏浚工程的规定执行。

26. A、B

【解析】对比选择题。

竣工财务决算	真实性、完整性
竣工决算审计	真实性、合法性和效益性

27. A、B、C

【解析】开标，发生下述情形之一的，招标人不得接收投标文件：

（1）未通过资格预审的申请人递交的投标文件。

（2）逾期送达的投标文件。

（3）未按招标文件要求密封的投标文件。

除此之外，招标人（不得以）未提交投标保证金（或提交的投标保证金不合格）、未备案（或注册）、原件不合格、投标文件修改函不合格、投标文件数量不合格、投标人的法定代表人或委托代理人身份不合格等作为（不接收投标文件的理由）。发生前述相关问题应当形成开标记录，交由评标委员会处理。

28. A、B、C

【解析】根据水利部关于印发《贯彻落实〈中共中央国务院关于推进安全生产领域改革发展的意见〉实施办法》的通知（水安监［2017］261）到2020年，水利安全生产监管机制基本成熟，规章制度体系基本完善，各级水行政主管部门和流域管理机构安全生产监管机构基本健全。到2030年，全面实现水利安全生产治理体系和治理能力现代化。

29. A、D、E

【解析】归纳：水电验收总结

名称	几个月申请	验收组织（谁主持）
工程截流验收	提前 6 个月	项目法人会同省级发展改革委、能源主管部门共同组织验收委员会进行
工程蓄水验收	提前 6 个月	省级人民政府能源主管部门负责
水轮发电机组启动验收	提前 3 个月	项目法人会同电网经营管理单位共同组织验收委员会进行
特殊单项工程验收	提前 3 个月	竣工验收主持单位组织
枢纽工程专项验收	提前 3 个月	省级人民政府能源主管部门负责
竣工验收	基本完工或全部机组投产发电后的一年内	省级人民政府能源主管部门负责

30. A、B、C、D

【解析】具有下列情形之一的，认定为违法分包：

（1）承包人将工程分包给不具备相应资质或安全生产许可的单位或个人施工的；

（2）施工合同中没有约定，又未经项目法人书面同意，承包人将其承包的部分工程分包给其他单位施工的；

（3）承包人将主要建筑物的主体结构工程分包的；

（4）工程分包单位将其承包的工程中非劳务作业部分再分包的；

（5）劳务作业分包单位将其承包的劳务作业再分包的；

（6）劳务作业分包单位除计取劳务作业费用外，还计取主要建筑材料款和大中型机械设备费用的；

（7）承包人未与分包人签订分包合同，或分包合同未遵循承包合同的各项原则，不满足承包合同中相应要求的；

（8）法律法规规定的其他违法分包行为。

三、实务操作和案例分析题（共 5 题，（一）、（二）、（三）题各 20 分，（四）、（五）题各 30 分）

（一）

1. 工程规模大（2）型，工程等别Ⅱ等；大坝级别 1 级，水电站级别 2 级，围堰级别 4 级。

2. “五到位”是指做到安全责任、管理、投入、培训和应急救援到位。

3. 生产安全事故分为特别重大事故、重大事故、较大事故和一般事故 4 个等级，事故二属于一般事故。

4. 调配应急资源包括应急专家、专业救援队伍和有关物资、器材。

（二）

1. T_B：2012 年 12 月 11 日—2013 年 01 月 15 日。

T_E：2013 年 04 月 26 日—2013 年 05 月 25 日。

T_G：2013 年 05 月 26 日—2013 年 06 月 30 日。

2. 变更意向书内容：变更的具体内容和发包人对变更的时间要求，并附必要的图纸和相关资料。

3. 事件二，工作 B 计划工期延误 5d，因 B 是关键工作，影响合同工期 5d。

事件三，工作 D 计划工期延误 10d，D 为非关键工作，总时差为 10d，合同工期不延误。

事件四，工作 F 计划工期延误 20d，F 为非关键工作，总时差为 25d，合同工期不延误。

该工程实际完成时间为 2013 年 7 月 5 日。

4. 承包人可向发包人提出延期 0d（或：承包人不能向发包人提出延期）要求。因事件二中影响合同工期的责任方为承包人。

承包人可向发包人提出增加费用 8 万元的要求。因事件三的责任方为发包人，增加费用由发包人承担；事件一和事件二的责任方为承包人，增加费用自行承担。

(三)

1. 堰基坑塘部位削坡至 1∶4 不妥，应削至缓于 1∶5。

堰基坑塘部位顺坡分层填筑不妥，应水平分层填筑。

2. 对新填土与老堤坡结合处，应将结合处挖成台阶状并刨毛，以利新、老层间密实结合；应按水平分层由低处开始逐层填筑，不得顺坡铺填；作业面应分层统一铺土、统一碾压，严禁出现界沟，上、下层的分段接缝应错开；相邻施工段的作业面宜均衡上升，段间出现高差，应以斜坡面相接。

3. $A=0.95$；$B=0.97$；合格，因为合格率为 85.7%，大于 1 级堤防 85%的要求，同时不合格试样不低于压实度设计值 96%（$0.96\times0.94=90.2\%<96.0\%$）。

4. 按墙体结构形式分，主要有桩柱型防渗墙、槽孔型防渗墙和混合型防渗墙三类。

5. 验收委员会组成人员不妥。不应包括项目法人和设计单位代表。验收委员会认定质量结论为优良不妥，质量结论应为合格。

(四)

1. ①泄露甲、乙、丙、丁名称不妥；②泄露问题来源为甲不妥；③发送的时间不妥（或，应在提交投标文件截止日期至少 15d 前、发出澄清通知）。

2. 一般指类似工程业绩。包括功能、结构、规模、造价等方面。

业绩证明资料有中标通知书和（或）合同协议书、工程接收证书（工程竣工验收证书）、合同工程完工证书的复印件。

3. 配料过程中的损耗和附加费用包含在配合比材料用量（或混凝土材料单价）中；

拌制过程中的损耗和附加费用包含在配合比材料用量（或混凝土材料单价）中；

运输过程中的损耗和附加费用包含在定额混凝土用量中；

浇筑过程中的损耗和附加费用包含在定额混凝土用量中。

4. A 代表定值权重或不调部分权重；

B 代表可调因子的变值权重或可调部分的权重；

F_t 代表可调因子的现行价格指数，或付款证书相关周期最后一天的前 42 天的可调因子的价格指数；

F_0 代表可调因子的基本价格指数，或基准日期的可调因子的价格指数。

5. 预付款扣回不计入；

工程质量保证金扣留不计入；

变更（按现行价格计价）不计入。

需调整的价格差额 $\Delta P = 300 \times (0.7 + 0.3 \times 1.15 - 1) = 13.5$ 万元。

（五）

1. 不妥之处：项目法人组织监理单位、施工单位成立了工程外观质量评定组，评定组组成不妥；评定组由 4 人组成不妥；评定组成员职称不妥。

正确做法：项目法人组织监理、设计、施工及工程运行管理等单位组成工程外观质量评定组，进行工程外观质量检验评定并将评定结论报工程质量监督机构核定。参加工程外观质量评定的人员应具有工程师以上技术职称或相应执业资格。评定组人数大型工程不宜少于 7 人。

2. 数据上的“—”[如“（4）”] 表示工作量大时的标准分，空格中的“/”表示该项不是抽测到的项目。

3. 1 项的“9”改为“10.8”，5 项的“4”改为“3.5”，19 项的“4”改为“4.5”。

4. 项次为：14 项，应得分为 90 分，实得分为：73.2 分，得分率为：81.3%。

5. 依据评定标准，等级为：合格。

（1）分部工程质量全部合格；

（2）外观质量得分率 70%以上；

（3）施工中未发生质量事故；

（4）单位工程施工质量检验与评定资料齐全；

（5）工程施工期及试运行期，单位工程观测资料分析结果符合国家和行业技术标准以及合同约定的标准要求。

2020年度全国一级建造师执业资格考试
模拟预测试卷二

一、单项选择题（共20题，每题1分。每题的备选项中，只有1个最符合题意）

1. 土坝工程施工期间滑坡、高边坡稳定监测采用(　　)。

A. 交会法　　B. 水准观测法

C. 活动觇牌法　　D. 视准线法

2. 两次独立测量同一区域的开挖工程量其差值小于(　　)岩石和(　　)土方时，可取中数作为最后值。填筑工程量测算，两次独立测量同一工程，其测算体积之差，在小于该体积的(　　)时，可取中数作为最后值。

A. 3%　5%　7%　　B. 7%　5%　3%

C. 5%　7%　3%　　D. 5%　3%　7%

3. 某拦河闸永久性水工建筑物的级别为3级，其校核洪水过闸流量分大于(　　)m^3/s，其建筑物级别可提高一级，但洪水标准可不提高。

A. 1000　　B. 2000

C. 3000　　D. 5000

4. 重力式混凝土围堰、浆砌石围堰采用抗剪断公式计算时，安全系数K'应小于3.0。采用抗剪强度公式计算时，安全系数K应不小于(　　)。

A. 1.05　　B. 1.15

C. 2.5　　D. 3.5

5. 某土石坝地基采用帷幕灌浆处理，灌浆总孔数为200个，如用单点法进行简易压水试验，试验孔数最少需(　　)个。

A. 5　　B. 10

C. 15　　D. 20

6. 爆破后人员进入工作面检查等待时间，明挖爆破时，应在爆破后(　　)进入工作面。

A. 5min　　B. 10min

C. 15min　　D. 20min

7. 运行稳定且效率高，是现代应用最广泛的一种水轮机(　　)水轮机。

A. 双击式　　B. 贯流式

C. 斜流式　　D. 混流式

8. 碾压混凝土的V_C值太大，说明(　　)。

A. 拌合料湿，不易压实　　B. 拌合料湿，灰浆太少

C. 拌合料干，不易压实　　D. 拌合料干，灰浆太多

9. 水利工程中，起重机械从100V高压线通过时，其最高点与高压线之间的最小垂直距离不得小于(　　)m。

A. 4　　B. 5

C. 6　　D. 7

10. 在引水压力钢管内部焊接时的照明电源电压不得大于(　　)V。

A. 12　　B. 36

C. 48　　D. 60

11. 除合同另有约定外，解释顺序优先于投标报价书的是(　　)。

A. 专用合同条款　　B. 已标价工程量清单

C. 技术条款　　D. 中标通知书

12. 水电工程建设监理单位对其验收合格项目的施工质量负(　　)责任。

A. 部分　　B. 全部

C. 直接　　D. 间接

13. 工程量清单应由(　　)提供，其中分类分项工程量清单十二位编码中，第五、六位是(　　)编码。

A. 投标人　　分类工程顺序码

B. 投标人　　分项工程顺序码

C. 招标人　　分类工程顺序码

D. 招标人　　分项工程顺序码

14. 按照“政府监督、项目法人负责、社会监理、企业保证”的要求，建立健全质量管理体系，质量由项目法人负(　　)。

A. 领导责任　　B. 直接领导责任

C. 全面责任　　D. 直接责任

15. 安全生产考核合格证书有效期满后，可申请延期，施工企业应于有效期截止日前(　　)内，向原发证机关提出延期申请。

A. 1个月　　B. 3个月

C. 5个月　　D. 6个月

16. 水利建设市场主体信用等级中的A级表示信用(　　)。

A. 好　　B. 较好

C. 一般　　D. 差

17. 根据《水电水利工程施工监理规范》DL/T 5111—2012，工程质量检验按三级进行，其中三级中不包括(　　)。

A. 单位工程　　B. 分部工程

C. 单元工程　　D. 分项工程

18. 以下不属于水利工程建设监理单位资质专业的是(　　)。

A. 水利工程施工监理　　B. 水土工程移民监理

C. 机电及金属结构设备制造监理　　D. 水利工程建设环境保护监理

19. 水利工程监理单位平行检测的费用由(　　)承担。

A. 项目法人　　B. 监理单位

C. 施工单位　　D. 检测单位

20. 根据《防洪法》，在蓄滞洪区内建设非防洪建设项目，未编制洪水影响评价报告且逾期不改正的，最多可处以(　　)万元罚款。

A. 3　　B. 5

C. 7　　D. 10

二、多项选择题（共 10 题，每题 2 分。每题的备选项中，有 2 个或 2 个以上符合题意，至少有 1 个错项。错选，本题不得分；少选，所选的每个选项得 0.5 分）

21. 根据《水工碾压混凝土施工规范》DL/T 5112—2009，水工碾压混凝土施工配合比设计参数包括(　　)。

A. 水胶比　　B. 浆骨比

C. 掺和料掺量　　D. 单位用水量

E. 砂率

22. 与砂砾石地基相比，软土地基具有的特点有(　　)。

A. 承载能力差　　B. 空隙率大

C. 含水量大　　D. 渗透性系数小

E. 触变性强

23. 碾压混凝土施工每一碾压层至少在 6 个不同地点，每 2h 至少检测一次。压实密度可采用核子水分密度仪、谐波密实度计和加速度计等方法，目前多采用(　　)进行检测。

A. 核子水分密度仪　　B. 谐波密实度计

C. 加速度计　　D. 挖坑填砂法

E. 环刀法

24. 在面板堆石坝的施工过程中，坝体堆石料铺筑宜采用进占法，垫层料为减轻物料的分离，摊铺多用后退法，并采用(　　)压实方法。

A. 机械振动碾　　B. 砂浆固坡法

C. 斜坡振动碾　　D. 液压平板振动器

E. 夯板

25. 可行性研究报告，按国家现行规定的审批权限报批。申报项目可行性研究报告，必须同时提出(　　)。

A. 施工单位组建方案　　B. 资金筹措方案

C. 资金结构　　D. 回收资金的办法

E. 建设实施评价

26. 下列关于混凝土工程计量与支付的说法正确的是(　　)。

A. 现浇混凝土的模板费用，应另行计量和支付

B. 混凝土预制构件模板所需费用不另行支付

C. 施工架立筋、搭接、套筒连接、加工及安装过程中操作损耗等所需费用不另行支付

D. 不可预见地质原因超挖引起的超填工程量所发生的费用应按单价另行支付

E. 混凝土在冲（凿）毛、拌合、运输和浇筑过程中的操作损耗不另行支付

27. 根据《基本建设项目建设成本管理规定》（财建［2016］504号），同时满足(　　)条件的，可以支付代建单位利润或奖励资金。

A. 按时完成代建任务　　B. 工程质量优良

C. 项目投资控制在批准概算总投资范围内　　D. 代建期间无安全生产事故发生

E. 代建期间无工程质量事故发生

28. 根据《水利建设工程文明工地创建管理办法》（水精［2014］3号），下列工作中，属于文明工地创建标准的是(　　)。

A. 体制机制健全　　B. 环境和谐有序

C. 质量管理到位　　D. 安全施工到位

E. 进度管理到位

29. 根据水利部印发了《贯彻质量发展纲要提升水利工程质量的实施意见》（水建管［2012］581号），质量检测的总体要求是(　　)。

A. 施工自检　　B. 作业队复检

C. 项目部终检　　D. 监理平行检测

E. 积极推进第三方检测

30. 根据《大中型水利水电工程建设征地补偿和移民安置条例》（国务院令第471号），大型水利水电工程移民安置工作的管理体制包括(　　)。

A. 政府领导　　B. 分级负责

C. 县为基础　　D. 项目法人参与

E. 企业保证

三、实务操作和案例分析题（共5题，（一）、（二）、（三）题各20分，（四）、（五）题各30分）

（一）

背景资料：

某水库枢纽工程有大坝、溢洪道、引水洞和水电站组成。水库大坝为黏土心墙土石坝，最大坝高为70m。在工程施工过程中发生以下事件：

事件一：施工单位报送的施工方案部分内容如下：选用振动碾对坝体填筑土料进行压实；施工前通过碾压试验确定土料填筑压实参数：坝体填筑时先进行黏土心墙填筑，待心墙填筑 完成后，再进行上下游反滤料及坝壳料填筑，并分别进行碾压。

事件二：溢洪道混凝土施工中，两名工人沿上、下脚手架的斜道向上搬运钢管时，不小心触碰到脚手架斜道外侧不远处的380V架空线路，造成1人死亡、1人重伤。事故调查中发现脚手架外缘距该架空线路最小距离为2.0m。

事件三：事故调查结果表明，施工单位落实安全制度方面不到位，该项目部不重视“三级安全教育”工作。随后，施工单位根据《水利水电工程施工安全管理导则》SL 721—2015，施工单位重新组织制定了安全生产管理制度，对危险源分类、识别管理及应对措施作出详细规定，同时制定了应急救援预案。

问题：

1. 简单说明事件二中施工单位通过碾压试验，确定的黏土心墙土料填筑压实参数主要包括哪些？

2. 指出事件二中坝体填筑的不妥之处，并说明正确做法。

3. 指出事件三中脚手架及斜道架设方案在施工用电方面的不妥之处。根据《水利部生产安全事故应急预案（试行）》（水安监［2016］443号），生产安全事故分为几级？事件三的质量与安全事故属于哪一级？

4. 简单说明事件三中施工单位制定的安全生产管理制度应包括哪几项主要内容？

5. 根据《水利水电工程安全管理导则》SL 721—2015：“三级安全教育”中项目部（二级）教育主要进行哪些方面的教育？

（二）

背景资料：

南方某以防洪为主，兼顾灌溉、供水和发电的中型水利工程，需进行扩建和加固，两座黏土心墙土石坝副坝（1号和2号）的加固项目签约合同价为600万元，合同工期8个月（每月按30d计），2012年11月10日开工。

合同约定：

（1）承包商的施工安排要符合水库调度方案；

（2）工程预付款为签约合同价的10%，当工程进度款累积达到签约合同的40%时，从超出部分的工程进度款中按30%扣回工程预付款，扣完为止；

（3）工程进度款按月支付；

（4）按工程进度款的5%扣留工程质量保证金。承包商拟定的施工进度计划如下图所示：

说明：

1. 每月按30d计，时间单位为天：

2. 日期以当日末为准，如11月10日开工表示11月10日末开工。11月10日完工，表示11月10日末完工。

实施过程中发生了如下事件：

事件一：按照2012年12月10日上级下达的水库调度方案，坝基清理最早只能在2013年1月25日开始。

事件二：按照水库调度方案，坝坡护砌迎水面施工最迟应在2013年5月10日完成。坝坡迎水面与背水面护砌所需时间相同，按先迎水面后背水面顺序安排施工。

事件三：2013年6月20日检查工程进度，1号、2号副坝坝顶道路已完成的工程量

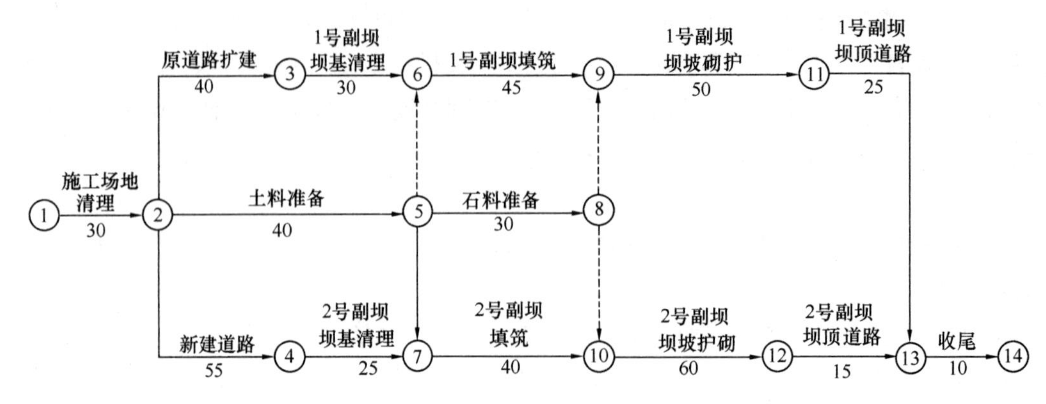

施工进度计划网络图（单位：d）

分别为3/5、2/5。

事件四：截至2013年5月底，承包人累计完成工程进度款为428万元，承包人提出了6月份工程进度款支付申请报告，经监理单位确认的工程款为88万元，变更、索赔和其他金额均为0。

问题：

1. 确定计划工期；根据水库调度方案，分别指出1号、2号副坝坝基清理最早何时开始。

2. 根据水库调度方案，两座副坝的坝坡护砌迎水面护砌施工何时能完成？可否满足5月10日完成的要求？

3. 根据6月20日检查结果，分析坝顶道路施工进展状况；若未完成的工程量仍按原计划施工强度进行，分析对合同工期的影响。

4. 根据事件四，计算6月份承包人进度付款申请单中有关款项的金额。

（三）

背景资料：

某立交地涵工程主要由进口控制段、涵身、出口段等部分组成。涵身共有23节，每节长15m，涵身剖面如下图所示。

施工中发生如下事件：

事件一：根据本工程具体特点，施工单位进场后，对工程施工项目进行了合理安排。工程主要施工项目包括：①涵身施工；②干砌石河底护底；③排水清淤；④土方回填；⑤降水井点；⑥围堰填筑；⑦基坑开挖。

事件二：承包人在人2016年9月份完成工程量清单中的项目包括："围堰填筑工"142万元，"降水井点"82万元。随后承包人向监理人提交了进度款申请单。

事件三：2016年10月初，基坑开挖后发现地质条件与原勘察资料不符，基坑开挖地基为风化岩，且破碎严重。监理单位指示施工单位暂停施工，并要求施工单位尽快提交处理方案。施工单位提交了开挖清除风化岩和水泥固结灌浆两种处理方案。监理单位确定采

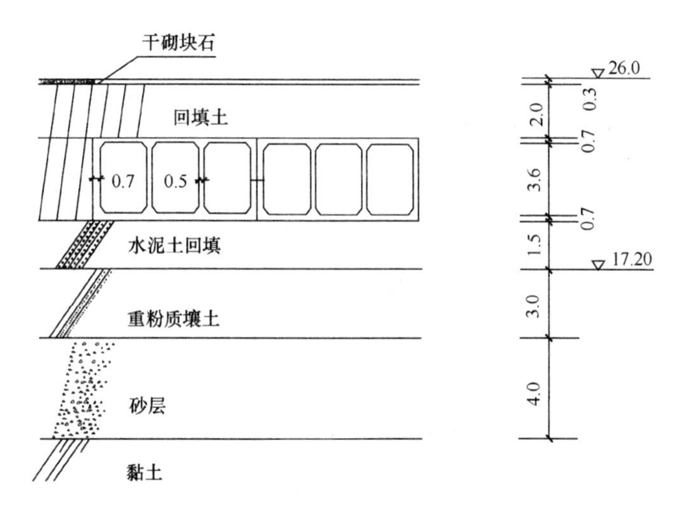

涵身剖面示意图（单位：m）

用灌浆方案，并及时发出了书面变更通知。

事件四：在工程建设管理过程中，上级单位对该项目进行了质量监督巡查，并注重对参建单位质量工程进行了考核。

事件五：工程具备竣工验收条件后，竣工验收主持单位组织了工程竣工验收，项目法人随后主持了档案专项正式验收，并将档案专项验收意见提交竣工验收委员会。

问题：

1. 指出事件一中主要施工项目的合理施工顺序（用工作编号表示）。

2. 事件二中，承包人向监理人提交的进度款申请单还应包括哪些主要内容？

3. 事件三中，指出关于变更处理的不妥之处，并说明正确做法。

4. 根据《水利部关于修订印发水利建设质量工作考核办法的通知》（水建管［2018］102 号），涉及施工单位质量保证的考核要点包括哪些内容？

5. 事件五中，按验收主持单位分类，本工程档案验收属于哪类验收？指出并改正档案专项正式验收组织中的不妥之处。

（四）

背景资料：

陈家村渠首枢纽工程为大（1）型水利工程，枢纽工程土建及设备安装招标文件按《水利水电工程标准施工招标文件》（2009 年版）编制。专用合同条款规定：钢筋由发包人供应，投标人按到工地价 3800 元/t 计算预算价格，税前扣除；

在陈家村渠首枢纽工程建设中发生如下事件：

事件一：招标人对主体工程施工标进行公开招标，招标人拟定的招标公告中有如下内容：

（1）投标人须必须有水利水电工程施工总承包二级及以上企业资质，年检合格，并在有效期内，近 5 年至少有 2 项类似工程业绩；

（2）投标人项目经理须由持有一级建造师执业资格证书和安全生产考核合格证书的人员担任，并具有类似项目业绩；

（3）招标文件设定投标最高限价为4000万元，最低限价3000万元；

（4）水利建设市场主体信用等别为诚信。

事件二：由于石材短缺，为满足工期的需要，监理人指示承包人将护坡形式由砌石变更为混凝土砌块，按照合同约定，双方依据现行水利工程概（估）算编制管理规定编制了混凝土砌块单价，单价中人工费、材料费、机械使用费分别为10元/m^3、389元/m^3、1元/m^3。受混凝土砌块生产安装工艺限制，承包人无力完成，发包人向承包人推荐了专业化生产安装企业A作为发包人。

事件三：按照施工进度计划，施工期第1月承包人应当完成基坑降水、基坑开挖（部分）和基础处理（部分）的任务，除基坑降水是承包人应完成的临时工程总价承包项目外，其余均是单价承包项目，为了确定基坑降水方案，承包人对基坑降水区域进行补充勘探，发生费用3万元，施工期第1月末承包人申报的结算工程量清单见下表。

结算工程量清单一览表

编号	工程或费用名称	单位	合同工程量（金额）	按设计图示尺寸计算的工程量	结算工程量（金额）	备 注
1	基坑降水	万元	12		15	结算金额计入补充勘探费用3万元
2	基坑土方开挖	m^3	10000	11500	12500	结算工程量按设计图示尺寸计算的工程量加上不可避免的施工超挖量1000m^3
3	基础处理	m^3	1000	950	1000	以合同工程量作为结算工程量

问题：

1. 在事件一中，指出并改正已列出的对投标人资格要求的不妥之处。

2. 在事件二中，符合投标人资格要求的水利建设市场主体信用级别有哪些？

3. 除名称、价格和扣除方式外，专用合同条款中关于发包人供应钢筋还需明确哪些内容？

4. 发包人向承包人推荐了专业化生产安装企业A作为分包人，对此，承包人可以如何处理？对承包人的相应要求有哪些？

5. 若其他直接费费率取2%，现场经费费率取6%，间接费费率取6%，企业利润率取7%，增值税率为10%。计算背景材料中每立方米混凝土砌块单价中的其他直接费、间接费、企业利润和税金（保留两位小数）。

6. 指出施工期第1月结算工程量清单中结算工程量（金额）不妥之处，并说明理由。

（五）

背景资料：

某水电站枢纽工程由碾压式混凝土重力坝、坝后式电站、溢洪道等建筑物组成；其中重力坝最大坝高 46m，坝顶全长 290m；电站装机容量 20 万 kW，采用地下升压变电站。某施工单位承担该枢纽工程施工，工程施工过程中发生如下事件：

事件一：地下升压变电站项目划分为一个单位工程，其中包含开关站（土建）、其他电气设备安装、操作控制室等分部工程。

事件二：坝后式电站输水洞开挖采用爆破法施工，施工分甲、乙两组从输水洞两端相向进行。当两个开挖工作面相距 25m，乙组爆破时，甲组在进行出渣作业：当两个开挖工作面相距 10m，甲组爆破时，导致乙组正在作业的 3 名工人死亡。事故发生后，现场有关人员立即向本单位负责人进行了电话报告。

事件三：开工前，施工单位在现场设置了混凝土制冷（热）系统等主要施工工厂设施。

事件四：承包人承担某重力坝工程施工，编制的施工总进度计划中相关工作如下：①场内建路，②对外交通，③征地、移民，④施工供电，⑤材料仓库，⑥基坑开挖，⑦导流明渠开挖，⑧办公、生活用房等。

事件五：本枢纽工程导（截）流验收前，经检查，验收条件全部具备，其中包括：

（1）截流后壅高水位以下的移民搬迁及库底清理已完成并通过验收；

（2）碍航问题已得到解决；

（3）满足截流要求的水下隐蔽工程已完成等。

项目法人主持进行了该枢纽工程导（截）流验收，验收委员会由竣工验收主持单位、设计单位、监理单位、质量和安全监督机构、地方人民政府有关部门、运行管理单位的代表及相关专家等组成。

问题：

1. 根据《水利水电工程施工质量检验与评定规程》SL 176—2007，指出事件一中该单位工程应包括的其他分部工程名称；该单位工程的主要分部工程是什么？

2. 根据《水利安全生产信息报告和处置规则》（水安监［2016］220 号）事件二施工单位负责人在接到事故电话报告后，应在多长时间内向哪些单位（部门）电话报告？

3. 结合本工程具体情况，事件三中主要施工工厂设施还应包括哪些？

4. 根据《水利水电工程施工组织设计规范》SL 303—2017。指出背景资料的相关工作中属于工程准备期的工作（用编号表示）工程施工总工期中，除工程准备期外，还应包括哪些施工时段？

5. 根据《水利水电建设工程验收规程》SL 223—2008，补充说明事件五中导（截）流验收具备的其他条件。

6. 根据《水利水电建设工程验收规程》SL 223—2008，指出并改正事件五中导（截）流验收组织的不妥之处。

模拟预测试卷二参考答案及解析

一、单项选择题（共 20 题，每题 1 分。每题的备选项中，只有 1 个最符合题意）

1. A

【解析】观测方法的选择：

滑坡、高边坡稳定监测采用交会法；

水平位移监测采用视准线法（活动觇牌法和小角度法）；

垂直位移观测，宜采用水准观测法，也可采用满足精度要求的光电测距三角高程法；

地基回弹宜采用水准仪与悬挂钢尺相配合的观测方法。

2. C

【解析】两次独立测量同一区域的开挖工程量其差值小于 5%（岩石）和 7%（土方）时，可取中数作为最后值。

两次独立测量同一工程，其测算体积之差，在小于该体积的 3%时，可取中数作为最后值。

3. A

【解析】拦河闸永久性水工建筑物的级别，应根据其所属工程的等别按表 1F411021-2 确定。按表 1F411021-2 规定为 2 级、3 级，其校核洪水过闸流量分别大于 $5000m^3/s$、$1000m^3/s$ 时，其建筑物级别可提高一级，但洪水标准可不提高。

4. A

【解析】重力式混凝土围堰、浆砌石围堰采用抗剪断公式计算时，安全系数 K' 应小于 3.0，排水失效时，安全系数 K' 应不小于 2.5；

采用抗剪强度公式计算时，安全系数 K 应不小于 1.05。

5. B

【解析】帷幕灌聚检查孔数量可按灌浆孔数的一定比例确定。单排孔帷幕时，检查孔数量可为灌浆孔总数的 10%左右，多排孔帷幕时，检查孔的数量可按主排孔数 10%左右。一个坝段或一个单元工程内，至少应布置一个检查孔。

帷幕灌浆检查孔应采取岩芯，绘制钻孔柱状图，岩芯应全部拍照，重要岩芯应长期保留。

6. A

【解析】爆破后人员进入工作面检查等待时间应按下列规定执行：

（1）明挖爆破时，应在爆破后 5min 进入工作面；当不能确定有无盲炮时，应在爆破后 15min 进入工作面。

（2）地下洞室爆破应在爆破后 15min，并经检查确认洞室内空气合格后，方可准许人员进入工作面。

（3）拆除爆破应等待倒塌建（构）筑物和保留建（构）筑物稳定之后，方可准许人员进入现场。

7. D

【解析】混流式：应用水头范围广（约为 20～700m）、结构简单、运行稳定且效率高，是现代应用最广泛的一种水轮机。

轴流式：中低水头、大流量水电站中广泛应用。

斜流式：适用水头为 40～200m。与轴流相似。

贯流式：适用水头为 1～25m。低水头、大流量水电站的一种专用机型。

8. C

【解析】碾压时拌合料干湿度的控制：

一般用 V_C 值来表示。值越大，表混凝土越干。

碾压 3～4 遍（>3～4 遍）后仍无灰浆泌出，表明混凝土料太干；

碾压 1～2 遍（<3～4 遍）后，表面就有灰浆泌出，低挡行驶有陷车情况，表明拌合料太湿。

碾压 3～4 遍后（=3～4 遍），表面有明显灰浆泌出，则表明混凝土料干湿适度。

9. A

【解析】

在建工程（含脚手架）的外侧边缘与外电架空线路的边线之间

最小安全操作距离

外电线路电压（kV）	<1	1～10	35～110	154～220	330～500
最小安全操作距离（m）	4	6	8	10	15

10. A

【解析】一般场所宜选用额定电压为 220V 的照明器，对下列特殊场所应使用安全电压照明器：

（1）地下工程，有高温、导电灰尘，且灯具离地面高度低于 2.5m 等场所的照明，电源电压应不大于 36V；

（2）在潮湿和易触及带电体场所的照明电源电压不得大于 24V；

（3）在特别潮湿的场所、导电良好的地面、锅炉或金属容器内工作的照明电源电压不得不大于 12V 。

11. D

【解析】合同文件的构成：

（1）协议书——签字并盖单位章后，合同生效；

（2）中标通知书；

（3）投标函及投标函附录；

（4）专用合同条款；

（5）通用合同条款；

(6) 技术标准和要求（合同技术条款）；
(7) 图纸——变更的依据，不能直接用于施工；
(8) 已标价工程量清单；
(9) 经合同双方确认进入合同的其他文件。
上述次序也是解释合同的优先顺序。

12. C

【解析】根据《水电建设工程质量管理暂行办法》（电水农［1997］220 号），建设各方质量管理的职责如下：

(1) 工程建设实施过程中的工程质量由项目法人负总责。
(2) 项目法人应认真履行以下职责（略）。
(3) 监理单位：
对工程（建设过程中）的设计与施工质量负监督与控制责任；
对其（验收合格项目）的施工质量负直接责任。
(4) 设计单位对设计质量负责。
(5) 施工单位对所承包项目的施工质量负责。
在监理单位（验收前）对施工质量负全部责任；
在监理单位（验收后），对其隐瞒或虚假部分负直接责任。

13. C

【解析】一、二位：水利工程顺序码；三、四位：专业工程顺序码五、六位：分类工程顺序码；七、八、九位：分项工程顺序码十至十二位：清单项目名称顺序码。

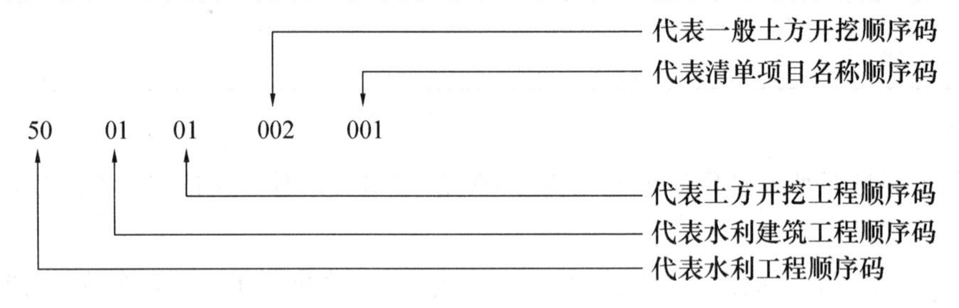

14. C

【解析】

	对象	所负责任
单位责任	项目法人	全面责任
	监理、施工、设计	各自负责
	质量监督机构	政府部门监督职能
人的责任	单位的负责人	领导责任
	项目负责人	直接领导责任
	技术负责人	技术责任
	具体工作人员	直接责任人

15. C

【解析】考核合格证书有效期为 3 年。

考核合格证书有效期满后，可申请 2 次延期，每次延期期限为 3 年。施工企业应于有效期截止日前 5 个月内，向原发证机关提出延期申请。有效期满而未申请延期的考核合格证书自动失效。

安全生产管理三类人员在考核合格证书的每一个有效期内，应当至少参加一次由原发证机关组织的、不低于 8 个学时的安全生产继续教育。

16. B

【解析】根据《水利部关于印发水利建设市场主体信用评价管理暂行办法的通知》（水建管［2015］377 号），

信用等级分为 AAA（信用很好）、AA（信用好）、A（信用较好）、BBB（信用一般）和 CCC（信用较差）三等五级。

17. B

【解析】

（四级）划分	工程项目划分工程开工申报及施工质量检查，一般按单位工程、分部工程、分项工程、单元工程（四级）进行划分
（三级）划分	工程质量检验按单位工程、分部工程和单元工程（三级）进行。必须时，还应增加对重要分项工程进行工程质量检验

18. B

【解析】

<table>
<tr><td colspan="5">水利工程监理单位资质分类与分级……四个专业（单位、企业分类、分级）</td></tr>
<tr><td>单位分类</td><td>水利工程施工监理</td><td>水土保持工程施工监理</td><td>机电及金属结构设备制造监理</td><td>水利工程建设环境保护监理</td></tr>
<tr><td>分类后再分级</td><td>专业资质等级分为甲级、乙级、丙级三个等级</td><td>专业资质等级分为甲级、乙级、丙级三个等级</td><td>专业资质分为甲级、乙级两个等级</td><td>专业资质暂不分级</td></tr>
<tr><td colspan="5">监理人员分类及专业划分……4 类（监理人的分类、分专业）</td></tr>
<tr><td>监理人分类</td><td>水利工程施工</td><td>水土保持工程施工</td><td>机电及金属设备制造</td><td>水利工程建设环境保护</td></tr>
<tr><td rowspan="2">分类后再分专业</td><td>水工建筑、机电设备安装、金属结构设备安装、地质勘察、工程测量 5 个专业</td><td>水土保持 1 个专业</td><td>机电设备制造、金属结构设备制造 2 个专业</td><td>环境保护 1 个专业</td></tr>
<tr><td colspan="4">特殊：总监理工程师不分类别、专业</td></tr>
</table>

19. A

【解析】平行检测和跟踪检测工作都应由具有国家规定的资质条件的检测机构承担。平行检测的费用由发包人承担。

20. B

【解析】《防洪法》第五十八条规定：

"违反本法第三十三条第一款规定，在洪泛区、蓄滞洪区内建设非防洪建设项目，未编制洪水影响评价报告的，责令限期改正；逾期不改正的，处五万元以下的罚款"。

二、多项选择题（共10题，每题2分。每题的备选项中，有2个或2个以上符合题意，至少有1个错项。错选，本题不得分；少选，所选的每个选项得0.5分）

21. A、C、D、E

【解析】普通混凝土配合比参数：水胶比、浆骨比、砂率；

碾压混凝土施工配合比设计参数：①掺合料掺量；②水胶比；③砂率；④单位用水量；⑤外加剂。

22. A、C、D、E

【解析】

砂砾石地基	软土地基
① 砂砾石地基是由砂砾石、砂卵石等构成的地基，它的空隙大，孔隙率高，因而渗透性强	② 软土地基是由淤泥、壤土、粉细砂等细微粒子的土质构成的地基。这种地基具有孔隙率大、压缩性大、（含水量大）、（渗透系数小）、水分不易排出、承载能力差、沉陷大、触变性强等特点，在外界的影响下很易变形

23. A、D

【解析】卸料、平仓、碾压中的质量控制：

每一碾压层至少在6个不同地点，每2h至少检测一次。

压实密度可采用（核子水分密度仪）、（谐波密实度计）和（加速度计）等方法，目前多采用（挖坑填砂法）和（核子水分密度仪法）进行检测。

24. C、D

【解析】垫层料：

摊铺多用后退法，以减轻物料的分离。

采用斜坡振动碾或液压平板振动器压实。

25. B、C、D、E

【解析】可行性研究报告，按国家现行规定的审批权限报批。申报项目可行性研究报告，必须同时提出项目法人组建方案及运行机制、资金筹措方案、资金结构及回收资金的办法。

26. B、C、D、E

【解析】模板包含在混凝土或钢筋混凝土项目单价中。不另行支付。

钢筋按施工图纸所示有效重量（t）计量。架立筋、搭接、套筒连接、加工及安装过程中操作损耗等所需费用，包含在钢筋工程单价中，不另行支付。

不可预见地质原因超挖引起的超填工程量按变更单价支付。冲（凿）毛、拌合、运输和浇筑过程中的操作损耗，临时性施工措施增加的附加量包含在工程单价中，不另行支付。

27. A、B、C

【解析】依据财政部《基本建设项目建设成本管理规定》（财建［2016］504号），同时满足按时完成代建任务、工程质量优良、项目投资控制在批准概算总投资范围内3个条件的，可以支付代建单位利润或奖励资金，一般不超过代建管理费的10%。未完成代建任务的，应当扣减代建管理费。

28. A、B、C、D

【解析】文明工地创建标准：

正确选项：	（1）体制机制健全；（2）质量管理到位； （3）安全施工到位；（4）环境和谐有序； （5）文明风尚良好；（6）创建措施有力
干扰选项：	（7）成本管理到位（×）；　（8）进度管理有序　（×）

29. A、D、E

【解析】对比：

质量检测	质量检测的总体要求是，严格开展施工自检、监理平行检测，积极推进第三方检测
“三级检查制度”	单元工程的检查验收，施工单位应按“三级检查制度”（班组初检、作业队复检、项目部终检）的原则进行自检，在自检合格的基础上，由监理单位进行终检验收

30. A、B、C、D

【解析】《大中型水利水电工程建设征地补偿和移民安置条例》（国务院令第471号，简称《条例》）规定大中型水利水电工程建设征地补偿和移民安置应当遵循原则是：

（1）以人为本，保障移民的合法权益，满足移民生存与发展的需求；

（2）顾全大局，服从国家整体安排，兼顾国家、集体、个人利益；

（3）节约利用土地，合理规划工程占地，控制移民规模；

（4）可持续发展，与资源综合开发利用、生态环境保护相协调；

（5）因地制宜，统筹规划。

《条例》指出，移民安置工作实行政府领导、分级负责、县为基础、项目法人参与的管理体制。

三、实务操作和案例分析题（共5题，（一）、（二）、（三）题各20分，（四）、（五）题各30分）

（一）

1. 压实参数主要包括：碾压机具的重量（或碾重）、土料的含水量、碾压遍数、铺土厚度、震动频率、行走速率。

2. 不妥之处：①先进行黏土心墙填筑，在进行上下游反滤料及坝壳料填筑；②分别进行碾压（或心墙与上、下游反滤料及坝壳施工顺序）。

正确做法：心墙应同上下游反滤料及坝壳料平起填筑，跨缝碾压。

3.（1）脚手架外缘距该架空线路最小距离为2.0m不符合规范要求，应为4.0m；

（2）生产安全事故分为四级（特别重大、重大、较大、一般四级）；

（3）一般事故。

4. 安全生产管理制度主要包括：①安全生产目标管理制度。②安全生产责任制度。③安全生产考核奖惩制度。④安全生产费用管理制度。⑤意外伤害保险管理制度。⑥安全技术措施审查制度。⑦安全设施“三同时”管理制度。⑧用工管理、安全生产教育培训制度等。

5. 项目部（工段、区、队）教育（二级教育）主要进行现场规章制度和遵章守纪教育。

（二）

1. 计划工期为235d；1号、2号副坝坝基清理最早分别于1月25日、2月5日开始。

2. 按计划1号、2号副坝坝坡护砌迎水面施工可于5月5日、5月10日完成，可满足要求；

3. 6月20日检查，1号副坝坝顶道路已完成3/5，计划应完成4/5，推迟5d；2号副坝坝顶道路已完成2/5，计划应完成2/3，推迟4d。由于计划工期比合同工期提前5d，而1号副坝推迟工期也为5d，故对合同工期没有影响。

4. 截至本次付款周期末已实施工程的价款516万元；变更金额0元；索赔金额0元；应扣减的返还预付款[60－(428－240)×0.3＝3.6]3.6万元；应扣减的质量保证金4.4万元；根据合同应增加和扣减的其他金额0元。

（三）

1. ⑥→③→⑤→⑦→①→④→②。

2. ①截至本次付款周期末已实施工程的价款；②变更金额；③索赔金额；④应支付的预付款和扣减的返还预付款；⑤应扣减的质量保证金；⑥根据合同应增加和扣减的其他金额。

3. 不妥之处一：监理单位要求施工单位提交处理方案；

不妥之处二：监理单位确定处理方案。

正确做法：勘察单位进行补充勘察，提交勘察资料；设计单位据此提交设计变更（处理方案）；监理单位发出变更通知。

4. 施工单位施工质量保证的考核要点：①质量保证体系建立情况；②施工过程质量控制情况；③施工现场管理情况；④已完工程实体质量情况。

5.（1）属于政府验收。

（2）项目法人主持档案验收不妥；

改正：档案专项验收分为初步验收和正式验收，初步验收可由工程竣工验收主持单位委托相关单位组织进行，正式验收应由工程竣工验收主持单位的档案业务主管部门负责。

(四)

1. 不妥之处一：必须有水利水电工程施工总承包二级及以上企业资质不妥；

改正："投标人须必须有水利水电工程施工总承包一级及以上企业资质"。

不妥之处二：投标人项目经理须由持有一级建造师执业资格证书和安全生产考核合格证书的人员担任不妥。

改正："投标人项目经理须由持有一级建造师（水利水电专业）注册证书和有效的安全生产考核合格证书"。

不妥之处三：最低限价3000万元不妥。

改正：删除原投标文件中的"最低限价3000万元"。

2. 符合投标人资格要求的水利建设市场主体信用级别有：AAA级，AA级，A级。

3. 规格，数量，交货方式，交货地点和计划交货日期等。

4. (1) 承包人可以同意。承包人必须与分包人A签订分包合同，并对分包人A的行为负全部责任。

(2) 承包人有权拒绝。可以自行选择分包人，承包人自行选择分包人必须经发包人书面认可。

5. 其他直接费：(10＋389＋1)×2%＝8元/m^3；

间接费：(10＋389＋1＋8)×6%＝－24.48元/m^3；

企业利润：(10＋389＋1＋8＋24.48)×7%＝30.27元/m^3；

税金：(10＋389＋1＋8＋24.48＋30.27)×10%＝46.28元/m^3。

6. (1) 补充勘探费用不应计入。承包人为其临时工程所需进行的补充勘探费用由承包人自行承担。

(2) 不可避免的土方开挖超挖量不应计入。该费用已包含在基坑土方开挖单价中。

(3) 以合同工程量作为申报结算工程量有错误。合同工程量是合同工程估算工程量，结算工程量应为按设计图示尺寸计算的有效实体方体积量。

(五)

1. 其他分部工程：变电站（土建）、主变压器安装、交通洞。

主要分部工程：主变压器安装。

2. 单位负责人接到报告后，在1h内向主管单位和事故发生地县级以上水行政主管部门电话报告。水行政主管部门接到事故发生单位的事故信息报告后，对特别重大、重大、较大和造成人员死亡的一般事故以及较大涉险事故信息，应当逐级上报水利部。

3. 主要施工工厂设施还有：

(1) 混凝土生产系统；

(2) 砂石料加工系统；

(3) 风、水、电供应系统；

(4) 综合加工厂（钢筋加工厂、木材加工厂、混凝土预制构件厂）；

(5) 机械修配厂。

4.（1）属于工程准备期的工作有：①、⑤、⑦、⑧。

(2) 还应包括：主体工程施工期、工程完建期。

5. 导（截）流验收还应具备的条件有：

(1) 导流工程已基本完成并具备过流条件。

(2) 截流设计已获批准，截流方案已编制完成。

(3) 度汛方案已经有管辖权的防汛指挥部门批准。

(4) 验收文件、资料已齐全、完整。

6. 项目法人主持不妥，应由竣工验收主持单位或其委托的单位主持。

设计、监理单位为验收委员会成员不妥，应是被验收单位。